物理光学简明教程

顾 宏 编著

清华大学出版社
北京

内容简介

本书是在给光电信息科学与工程专业讲授专业基础课的讲义基础上修改、补充而成，以光的电磁理论为基础，系统阐述经典物理光学的基本概念、原理，主要现象和重要的应用，力求简洁、易懂。全书内容分为5章。第1章，光的电磁理论；第2章，光的干涉；第3章，光的衍射；第4章，晶体光学基础；第5章，光的吸收、色散和散射。

本书可作为高等学校光电信息类各专业的物理光学教科书，也可作为工程技术人员的参考书。

图书在版编目(CIP)数据

物理光学简明教程/顾宏编著. —北京：清华大学出版社，2018 (2024.3重印)
ISBN 978-7-302-51556-2

Ⅰ. ①物… Ⅱ. ①顾… Ⅲ. ①物理光学—教材 Ⅳ. ①O436

中国版本图书馆 CIP 数据核字(2018)第 257219 号

责任编辑：朱红莲
封面设计：常雪影
责任校对：赵丽敏
责任印制：曹婉颖

出版发行：清华大学出版社
网　　址：https://www.tup.com.cn，https://www.wqxuetang.com
地　　址：北京清华大学学研大厦 A 座　　**邮　　编**：100084
社 总 机：010-83470000　　**邮　　购**：010-62786544
投稿与读者服务：010-62776969，c-service@tup. tsinghua. edu. cn
质量反馈：010-62772015，zhiliang@tup. tsinghua. edu. cn
印 装 者：三河市龙大印装有限公司
经　　销：全国新华书店
开　　本：185mm×260mm　　**印　　张**：15.25　　**字　　数**：372 千字
版　　次：2018 年 10 月第 1 版　　**印　　次**：2024 年 3 月第4次印刷
定　　价：45.00 元

产品编号：077158-01

前言
foreword

本书是以作者给光电信息科学与工程专业本科生讲授"物理光学"的讲义为基础，经过整理、修改而成。

"物理光学"是光电信息科学与工程专业必修的专业基础课，是一门经典理论与近代技术相结合的应用性很强的课程。在讲授物理光学的过程中，作者发现"物理光学"与物理专业的基础课"光学"的最大区别，是"物理光学"更加注重光学知识的应用，突出了光学的工程属性。在这本书中，有很多地方均体现了这一特点。

在过去几十年中，光学在很多领域都取得了重大的突破和进展。其中包括傅里叶光学理论的建立和完善、激光技术的出现和突飞猛进、非线性光学的提出与发展、信息处理技术的发展和广泛应用、纤维光学与集成光学的发展和应用、量子光学的研究和应用等。但是把这些内容放在"物理光学"课程中讲授是不合适的，且在课程设置上也不允许有那么多的课时。所以作者在编排章节时，仍然以将本书作为一本基础光学教材为目的，重点讲授基础理论，同时考虑专业的需要并适度联系现代发展和应用。

作者把第1章电磁理论作为重点知识向学生讲授，这主要是因为学生通过这一章的学习能够对光的波动性的本质有一个深刻的认识。在这一章中，增加了光波的叠加与分析一节内容，因为这样可以使学生能够更加容易理解群速度、偏振光的形成与演变等基本概念，有利于后续章节的学习。这本教材的另一个重要特点是删除了傅里叶光学的内容，这主要是考虑到一般情况下，由于课时的限制，在物理光学课程中很少会讲授傅里叶光学的知识，且光电信息科学与工程专业及其相关专业一般都会设置专业课——信息光学，在这门课中会详细讲授傅里叶光学的相关内容，这是符合目前的实际情况的。本书另一个重要的特点是把第4章晶体光学作为非常重要的一章来编写。根据目前光学发展的特点，除了光学中传统内容干涉、衍射和偏振之外，晶体在现代光学中的应用越来越广泛，在物理光学中介绍晶体的基本知识，对于光电信息类专业的学生学习后续课程甚至以后的工作都是有极大好处的。

本书主要是为光电信息科学与工程专业的本科生编写的教材，也可以作为光电子、仪器仪表、测控等专业本科生的选用教材。学时安排为60学时左右。

通过物理光学的学习，学生可以掌握光的物理本质、现象、计算方法和应用，掌握物理光学基本实验方法和技巧；可以培养独立自主地分析和解决实际问题的能力，为进一步学习光学、光电子和精密仪器类等专业课程提供应用基础知识。

哈尔滨工业大学李淳飞教授生前审阅了本书的大部分内容，提出了许多宝贵的意见。作者在此向李淳飞教授表示深深的敬意和浓浓的怀念之情。

书中不妥和错误之处难免，恳请广大教师和读者批评指正。

顾　宏

2018 年秋

于天津工业大学泮湖

目录
contents

绪论…… 1

第1章 光的电磁理论…… 5

1.1 光波的性质 …… 5

1.1.1 麦克斯韦方程组…… 5

1.1.2 物质方程…… 7

1.1.3 电磁场的波动性…… 8

1.1.4 平面电磁波 …… 12

1.1.5 其他形式的光波 …… 18

1.2 光波的叠加与分析…… 21

1.2.1 两个频率相同、振动方向相同的单色平面光波的叠加…… 21

1.2.2 两个振动方向相同、频率不同的单色平面光波的叠加…… 24

1.2.3 两个频率相同、振动方向互相垂直的光波的叠加…… 28

1.3 光波在介质界面上的反射和折射…… 35

1.3.1 电磁场的边值关系 …… 35

1.3.2 反射定律和折射定律 …… 37

1.3.3 菲涅耳公式 …… 38

1.3.4 反射率和透射率 …… 41

1.3.5 反射和折射的相位特性 …… 43

1.3.6 反射和折射的偏振特性 …… 45

1.3.7 全反射 …… 47

习题 …… 51

第2章 光的干涉 …… 55

2.1 光波干涉的实现…… 55

2.1.1 产生干涉的条件 …… 55

2.1.2 实现光束干涉的基本方法 …… 58
2.2 双光束干涉…… 59
2.2.1 杨氏双缝干涉 …… 59
2.2.2 分波面干涉的其他实验装置 …… 61
2.2.3 平行平板产生的干涉 …… 63
2.2.4 楔形平板产生的干涉——等厚干涉 …… 66
2.2.5 牛顿环的等厚干涉 …… 68
2.3 平行平板的多光束干涉…… 69
2.3.1 干涉场的强度公式 …… 69
2.3.2 多光束干涉图样的特点 …… 71
2.4 光学薄膜的多光束干涉…… 74
2.4.1 单层介质膜 …… 75
2.4.2 多层膜 …… 78
2.5 典型干涉仪…… 85
2.5.1 迈克尔逊干涉仪 …… 85
2.5.2 马赫-泽德干涉仪…… 88
2.5.3 萨格纳克干涉仪 …… 89
2.5.4 法布里-珀罗干涉仪 …… 90
2.6 光的相干性…… 96
2.6.1 光的干涉特性 …… 96
2.6.2 干涉的定域性…… 101
2.6.3 相干性的定量描述…… 102
习题…… 103
第3章 光的衍射 …… 108
3.1 惠更斯-菲涅耳原理 …… 109
3.1.1 惠更斯原理…… 109
3.1.2 惠更斯-菲涅耳原理 …… 109
3.2 基尔霍夫衍射公式 …… 110
3.2.1 基尔霍夫积分定理…… 110
3.2.2 菲涅耳-基尔霍夫衍射公式 …… 111
3.2.3 基尔霍夫衍射公式的近似…… 114
3.3 夫琅禾费衍射 …… 116
3.3.1 夫琅禾费衍射装置…… 116
3.3.2 夫琅禾费矩形孔和单缝衍射…… 117
3.3.3 夫琅禾费圆孔衍射…… 121
3.3.4 光学成像系统的分辨本领(分辨率) …… 124
3.3.5 夫琅禾费双缝和多缝干涉 …… 127
3.3.6 衍射光栅…… 132

3.3.7 闪耀光栅 …… 136
3.3.8 正弦振幅光栅 …… 138
3.3.9 三维光栅 …… 139
3.3.10 光纤光栅 …… 141
3.4 菲涅耳衍射 …… 142
3.4.1 圆孔和圆屏的菲涅耳衍射 …… 142
3.4.2 菲涅耳直边衍射 …… 150
3.4.3 菲涅耳单缝衍射 …… 152
习题 …… 153
第 4 章 晶体光学基础 …… 157
4.1 双折射 …… 157
4.1.1 双折射现象和基本规律 …… 157
4.1.2 晶体的各向异性及介电张量 …… 159
4.2 单色平面波在晶体中的传播 …… 160
4.2.1 晶体中单色平面波的各矢量关系 …… 160
4.2.2 晶体中光波传输的基本方程 …… 162
4.2.3 菲涅耳方程 …… 163
4.2.4 光在单轴晶体中的传播 …… 163
4.3 光在晶体中传播规律的图形表示 …… 166
4.3.1 折射率椭球 …… 167
4.3.2 折射率曲面和波矢曲面 …… 172
4.3.3 波法线曲面 …… 174
4.3.4 光线曲面 …… 176
4.4 平面光波在晶体界面上的反射和折射 …… 177
4.4.1 光在晶体界面上的双反射和双折射现象 …… 177
4.4.2 斯涅耳作图法 …… 178
4.4.3 惠更斯作图法 …… 179
4.5 晶体光学元件 …… 181
4.5.1 晶体偏振器 …… 181
4.5.2 波片和补偿器 …… 185
4.6 晶体的偏光干涉 …… 188
4.6.1 平行光的偏光干涉 …… 189
4.6.2 会聚光的偏光干涉 …… 192
4.7 晶体的电光效应 …… 196
4.7.1 晶体的线性电光效应 …… 197
4.7.2 晶体的二次电光效应——克尔效应 …… 207
4.7.3 电光效应的应用 …… 208
4.8 晶体的旋光效应与法拉第效应 …… 210

4.8.1 晶体的旋光效应…………………………………………………… 210
4.8.2 法拉第效应…………………………………………………………… 213
习题……………………………………………………………………………… 214

第5章 光的吸收、色散和散射 ……………………………………………… 219

5.1 光的吸收 …………………………………………………………………… 219
5.1.1 光吸收定律…………………………………………………………… 219
5.1.2 吸收与波长的关系…………………………………………………… 220
5.1.3 吸收光谱……………………………………………………………… 220
5.2 光的色散 …………………………………………………………………… 221
5.2.1 色散率………………………………………………………………… 222
5.2.2 正常色散与反常色散………………………………………………… 222
5.3 光的散射 …………………………………………………………………… 224
5.3.1 光的散射现象………………………………………………………… 224
5.3.2 瑞利散射……………………………………………………………… 225
5.3.3 米氏散射……………………………………………………………… 226
5.3.4 分子散射……………………………………………………………… 227
5.3.5 喇曼散射……………………………………………………………… 227
习题……………………………………………………………………………… 229

习题答案……………………………………………………………………… 231

参考文献……………………………………………………………………… 236

绪论

一、光学的发展简史

"物理光学"作为一门专业基础课,是光电信息科学与工程、光电子、仪器仪表等专业本科生接触的第一门光学类课程。学生有必要了解光学的发展简史。

光学是一门有着悠久历史的学科,它的发展史可追溯到 2000 多年前,最初人类对光的研究主要是试图回答"人怎么能看见周围的物体"之类的问题。约在公元前 400 多年(先秦时代),中国的《墨经》中记录了世界上最早的光学知识。它有八条关于光学的记载,叙述影的定义和生成,光的直线传播性和针孔成像,并且以严谨的文字讨论了在平面镜、凹球面镜和凸球面镜中物和像的关系。

自《墨经》开始,公元 11 世纪阿拉伯人伊本·海赛木发明透镜;公元 1590 年到 17 世纪初,詹森和李普希同时独立地发明显微镜;一直到 17 世纪上半叶,才由斯涅耳和笛卡儿将光的反射和折射的观察结果,归结为今天大家所惯用的反射定律和折射定律。

1665 年,牛顿进行太阳光的实验,他把太阳光分解成简单的组成部分,这些成分形成一个颜色按一定顺序排列的光分布——光谱。它使人们第一次接触到光的客观的和定量的特征,各单色光在空间上的分离是由光的本性决定的。

牛顿还发现了把曲率半径很大的凸透镜放在光学平玻璃板上,当用白光照射时,则见透镜与玻璃平板接触处出现一组彩色的同心环状条纹;当用某一单色光照射时,则出现一组明暗相间的同心环条纹,后人把这种现象称牛顿环。借助这种现象可以用第一暗环的空气隙的厚度来定量地表征相应的单色光。

胡克(Hooke)第一个提出光的波动理论。他主张光由快的振动所组成,有非常大的传播速度。但是胡克的波动理论在光的直进和偏振方面遇到了困难。

牛顿致力于发展光的微粒理论。他根据光的直线传播特性,认为光是一种微粒流。微粒从光源飞出来,在均匀媒质内遵从力学定律作等速直线运动。牛顿用这种观点对光的直进、折射和反射现象作了解释。在解释牛顿环现象时,微粒说遇到了困难。

以后的几十年,是弹性以太理论的发展时期。在进一步的研究中,人们观察到了光的偏振和偏振光的干涉。为了解释这些现象,菲涅耳假定光是一种在连续媒质(以太)中传播的横波。为说明光在各不同媒质中的不同速度,又必须假定以太的特性在不同的媒质中是不同的;在各向异性媒质中还需要有更复杂的假设。此外,还必须给以太以更特殊的性质才能解释光不是纵波。

1846 年,法拉第发现了光的振动面在磁场中发生旋转;1856 年,韦伯发现光在真空中的速度等于电流强度的电磁单位与静电单位的比值。他们的发现表明光学现象与磁学、电学现象间有一定的内在关系。

当复色光在介质界面上折射时，介质对不同波长的光有不同的折射率，各色光因折射角不同而彼此分离，这就是光的色散现象。

1860年前后，麦克斯韦指出，电场和磁场的改变，不能局限于空间的某一部分，而是以一定的速度传播着，光就是这样一种电磁现象。这个结论在1888年为赫兹的实验证实。然而，这样的理论还不能说明能产生像光这样高的频率的电振子的性质，也不能解释光的色散现象。到了1896年洛伦兹创立电子论，才解释了发光和物质吸收光的现象，也解释了光在物质中传播的各种特点，包括对色散现象的解释。在洛伦兹的理论中，以太乃是广袤无限的不动的媒质，其唯一特点是，在这种媒质中光振动具有一定的传播速度。

对于像炽热的黑体的辐射中能量按波长分布这样重要的问题，洛伦兹理论还不能给出令人满意的解释。并且，如果认为洛伦兹关于以太的概念是正确的话，则可将不动的以太选作参照系，使人们能区别出绝对运动。而事实上，1887年迈克耳逊用干涉仪测"以太风"，得到否定的结果，这表明到了洛伦兹电子论时期，人们对光的本性的认识仍然有不少片面性。

1900年，普朗克从物质的分子结构理论中借用不连续性的概念，提出了辐射的量子论。他认为各种频率的电磁波，包括光，各自确定的一系列分立的能量从振子射出这种能量微粒称为量子，光的量子称为光子。

量子论不仅很自然地解释了灼热体辐射能量按波长分布的规律，而且以全新的方式提出了光与物质相互作用的整个问题。量子论不但给光学，也给整个物理学提供了新的概念，所以通常把它的诞生视为近代物理学的起点。

1905年，爱因斯坦运用量子论解释了光电效应。他给光子作了十分明确的定义，特别指出光与物质相互作用时，光也是以光子为最小单位进行的。1905年9月，德国《物理学年鉴》发表了爱因斯坦的《关于运动媒质的电动力学》一文，其中第一次提出了狭义相对论基本原理。文中指出，从伽利略和牛顿时代以来占统治地位的古典物理学，其应用范围只限于速度远远小于光速的情况，而他的新理论可解释与很大运动速度有关的过程的特征，彻底放弃了以太的概念，圆满地解释了运动物体的光学现象。

这样，在20世纪初，一方面从光的干涉、衍射、偏振以及运动物体的光学现象确证了光是电磁波；而另一方面又从热辐射、光电效应、光压以及光的化学作用等方面无可怀疑地证明了光的量子性——微粒性。

1922年发现的康普顿效应、1928年发现的喇曼效应，以及当时已能从实验上获得的原子光谱的超精细结构，都表明光学的发展是与量子物理紧密相关的。光学的发展历史表明，现代物理学中的两个最重要的基础理论——量子力学和狭义相对论都是在关于光的研究中诞生和发展的。

此后，光学开始进入了一个新的时期，已成为现代物理学和现代科学技术前沿的重要组成部分。其中最重要的成就，就是发现了爱因斯坦于1916年预言过的原子和分子的受激辐射，并且创造了许多具体的产生受激辐射的技术。

爱因斯坦研究辐射时指出，在一定条件下，如果能使受激辐射继续去激发其他粒子，造成连锁反应，雪崩似地获得放大效果，最后就可得到单色性极强的辐射，即激光。1960年，梅曼用红宝石制成第一台可见光的激光器；同年制成氦-氖激光器；1962年产生了半导体激光器；1963 年产生了可调谐染料激光器。由于激光具有极好的单色性、高亮度和良好的方向性，所以自 1958 年发现以来，得到了迅速的发展和广泛应用，引起了科学技术的重大变化。

光学的另一个重要的分支是由成像光学、全息术和光学信息处理组成的。这一分支最早可追溯到 1873 年阿贝提出的显微镜成像理论和 1906 年波特为之完成的实验验证；1935 年泽尔尼克提出位相反衬观察法，并依此由蔡司工厂制成相衬显微镜；1948 年伽柏提出现代全息照相术的前身——波阵面再现原理。

自 20 世纪 50 年代以来，人们开始把数学、电子技术和通信理论与光学结合起来，给光学引入了频谱、空间滤波、载波、线性变换及相关运算等概念，更新了经典成像光学，形成了所谓“傅里叶光学”。再加上由于激光所提供的相干光和由利思及阿帕特内克斯改进了的全息术，形成了一个新的学科领域——光学信息处理。

光纤通信就是依据这方面理论的重要成就，它为信息传输和处理提供了崭新的技术。信息化的理论告诉我们，电磁波的频率越高，能携带的信息量也就越多，所以光波可以比无线电波传播更多的信息。

在现代光学领域，由强激光产生的非线性光学现象正为越来越多的人所注意。激光光谱学，包括激光喇曼光谱学、高分辨率光谱和皮秒超短脉冲，以及可调谐激光技术的出现，已使传统的光谱学发生了很大的变化，成为深入研究物质微观结构、运动规律及能量转换机制的重要手段。它为凝聚态物理学、分子生物学和化学的动态过程的研究提供了前所未有的技术。

二、物理光学的研究内容

物理光学是研究光物质的基本属性、传播规律和光物质与其他物质之间的相互作用的一门学科。物理光学可以分为波动光学和量子光学，前者研究光的波动性，后者研究光的量子性。一般情况下，物理光学只讨论波动光学的内容，量子光学的内容在研究生阶段的“量子光学”课程中会讲述。

波动光学的基础就是经典电动力学的麦克斯韦方程组。本教材不详细讨论介电常数和磁导率与物质结构的关系，而侧重于解释光波的表现规律。采用波动光学的方法可以解释光在散射媒质和各向异性媒质中的传播现象，以及光在媒质界面附近的特性；也能解释色散现象和各种媒质中的压力、温度、声场、电场和磁场对光的传播的影响。

物理光学讨论的内容相当广泛，传统的内容主要有：光的干涉、衍射和偏振现象，光的传播规律。光的传播规律包括光在各向同性介质中的传播规律(包括光的反射和折射，光的吸收、色散和散射规律)以及光在各向异性晶体中的传播规律。随着 20 世纪 60 年代激光的问世，光学开始了新的发展，出现并发展了许多新兴的光学学科，例如傅里叶光学、薄膜光学、集成光学、纤维光学、全息光学、信息光学、非线性光学、统计光学以及近场光学和衍射光学等。

本教材重点讨论物理光学的传统内容。

三、物理光学的应用

物理光学是一门应用性很强的学科，在科学技术各部门中的应用十分广泛，尤其在生产和国防上有着重要的应用。特别是激光问世后，大大扩充了它的应用领域，已经应用于通信、医疗、受控热核反应、航天、信息处理等高新技术领域，为发展科学技术、生产力和巩固国防做出了重要贡献。在精密测量方面，各种光学零件的表面粗糙度、平面度，以及长度、角度的测量，至今最精密的测量方法仍然是波动光学方法。另外，波动光学方法可以测量光学系统的各种像差，评价光学系统的成像质量等。

以光的干涉原理为基础的各种干涉仪器，是光学仪器中数量颇多且最为精密的一个组成部分。根据衍射原理制成的光栅光谱仪，在分析物质的微观结构(原子、分子结构)和化学成分等方面起着最为主要的作用。

近几十年来，由于现代光学的崛起，发展了一批新型的光学仪器，如相衬显微镜、光学传递函数仪、傅里叶变换光谱仪，以及各种全息和信息处理装置、电光和光电转换(光电池、CCD)装置，激光器等。它们在物质结构分析、光通信、光计算、成像和显示技术、材料加工、医学和军事等方面的应用越来越重要。

第1章 光的电磁理论

光的电磁理论首先是由 J. C. 麦克斯韦提出的。经过多年尝试，他于 1864 年发表了较完整的理论。在麦克斯韦以前，科学家们已认识到光是横波。为了说明这种横波，以 A. J. 菲涅耳为代表的一些科学家设想光波是在一种特殊媒质——以太中传播的波，但是遇到了不可克服的困难。在光学发展的同时，电磁学有了很大发展。麦克斯韦引入位移电流，建成了电磁场方程组(常称为麦克斯韦方程组)。从这组方程出发，麦克斯韦由理论上推断出电磁波的存在，其速度与光速相同，因此，他认为光波是一种电磁波。到 1888 年，H. R. 赫兹证实了电磁波的存在，并测量了电磁波速。接着他又证实电磁波与光波一样有衍射、折射、偏振等性质，最终确立了光的电磁理论。现代光学尽管产生了许多新的领域，并且许多光学现象需要用到量子理论来解释，但是光的电磁理论仍然是阐明大多数光学现象以及掌握现代光学的一个重要基础。本章将简要叙述光的电磁理论和它对一些光学现象所作的理论分析，这些是研究光的干涉、衍射和偏振现象的基础。

1.1 光波的性质

1.1.1 麦克斯韦方程组

静电场、稳恒磁场、感应电场和位移电流的基本概念和规律可以总结为麦克斯韦方程组。从方程组出发，结合具体的条件，可以定量地研究在这些给定条件下发生的光学现象。麦克斯韦方程组有积分和微分两种形式。

1. 麦克斯韦方程组的积分形式

在大学物理的课程中，同学们已经学习了麦克斯韦方程组的积分形式，它们可以写为

$$\begin{cases} \oint\!\!\!\oint \boldsymbol{D}\cdot \mathrm{d}\boldsymbol{S} = Q \\ \oint\!\!\!\oint \boldsymbol{B}\cdot \mathrm{d}\boldsymbol{S} = 0 \\ \oint \boldsymbol{E}\cdot \mathrm{d}\boldsymbol{l} = -\iint \dfrac{\partial \boldsymbol{B}}{\partial t}\cdot \mathrm{d}\boldsymbol{S} \\ \oint \boldsymbol{H}\cdot \mathrm{d}\boldsymbol{l} = I + \iint \dfrac{\partial \boldsymbol{D}}{\partial t}\cdot \mathrm{d}\boldsymbol{S} \end{cases} \tag{1-1}$$

式中，$\boldsymbol{D}$、$\boldsymbol{E}$、$\boldsymbol{B}$、$\boldsymbol{H}$ 分别表示电感应强度(电位移矢量)、电场强度、磁感应强度和磁场强度，对 $\mathrm{d}\boldsymbol{l}$ 和 $\mathrm{d}\boldsymbol{S}$ 的积分分别表示电磁场任一闭合回路和闭合曲面上的积分。Q 表示积分闭合曲面内包含的总自由电荷电量，I 表示积分闭合回路包围的传导电流。

第一个式子就是高斯定理，它的物理意义是电位移矢量通过某一闭合曲面 $\boldsymbol{S}$ 的电位移通量等于该闭合曲面 $\boldsymbol{S}$ 所包围的自由电荷的总量。

第二个式子称为磁高斯定理，它的物理意义是通过任意闭合面的磁通量为零，即磁场是无源场。

第三个式子揭示出变化磁场与感应电场的关系，是麦克斯韦对电磁学理论做出的杰出贡献之一。它表明变化的磁场要产生感应电场，变化的磁场是感应电场的涡旋中心。这个式子的物理意义是感应电场沿着某一闭合回路的环流等于这个回路所包围的磁通量的变化率，且感应电场与变化的磁场间呈左手螺旋关系。

第四个式子称为全电流定律，它告诉我们，磁场强度沿着某一回路的环流等于穿过以该回路为边界的任意曲面的全电流。

对于自由空间，$I=0$，$Q=0$，麦克斯韦方程组简化为

$$\begin{cases}\oiint \boldsymbol{D}\cdot \mathrm{d}\boldsymbol{S}=0\\ \oiint \boldsymbol{B}\cdot \mathrm{d}\boldsymbol{S}=0\\ \oint \boldsymbol{E}\cdot \mathrm{d}\boldsymbol{l}=-\iint \dfrac{\partial \boldsymbol{B}}{\partial t}\cdot \mathrm{d}\boldsymbol{S}\\ \oint \boldsymbol{H}\cdot \mathrm{d}\boldsymbol{l}=\iint \dfrac{\partial \boldsymbol{D}}{\partial t}\cdot \mathrm{d}\boldsymbol{S}\end{cases}\tag{1-2}$$

这组方程反映了电与磁是相互激发、相互依赖的不可分割的统一整体，即电磁场。

2. 麦克斯韦方程组的微分形式

在实际应用中，积分形式的麦克斯韦方程组只适合求解具有对称性分布的电磁场的场量。对于如何求解电磁场中某一给定点的场量，积分形式的麦克斯韦方程组已经无能为力，这时通常使用麦克斯韦方程组的微分形式。

对于方程组(1-1)中的第 1 式，如果电荷是连续分布的，则 $Q=\iiint \rho \mathrm{d}V$，$\rho$ 为电荷体密度，积分区域就是闭合曲面包围的体积。所以 $\oiint \boldsymbol{D}\cdot \mathrm{d}\boldsymbol{S}=\iiint \rho \mathrm{d}V$，根据高等数学中的高斯定理，$\oiint \boldsymbol{D}\cdot \mathrm{d}\boldsymbol{S}=\iiint \nabla\cdot \boldsymbol{D}\mathrm{d}V$，由此可以得到

$$\nabla\cdot \boldsymbol{D}=\rho$$

方程组(1-1)中的第 2 式与第 1 式类似，也可以得到

$$\nabla\cdot \boldsymbol{B}=0$$

根据高等数学中的斯托克斯定理，$\oint \boldsymbol{E}\cdot \mathrm{d}\boldsymbol{l}=\iint(\nabla\times \boldsymbol{E})\cdot \mathrm{d}\boldsymbol{S}$，得到

$$\nabla\times \boldsymbol{E}=-\frac{\partial \boldsymbol{B}}{\partial t}$$

同样的道理，如果把 I 写为 $I=\iint \boldsymbol{j}\cdot \mathrm{d}\boldsymbol{S}$，$\boldsymbol{j}$ 为传导电流密度，定义为从垂直于电场方向的单位截面上流过的电流量。由方程组(1-1)的第 4 式可以得到

$$\nabla\times \boldsymbol{H}=\boldsymbol{j}+\frac{\partial \boldsymbol{D}}{\partial t}$$

这样，综合起来，微分形式的麦克斯韦方程组为

$$\begin{cases}\nabla\cdot \boldsymbol{D}=\rho \\ \nabla\cdot \boldsymbol{B}=0 \\ \nabla\times \boldsymbol{E}=\dfrac{\partial \boldsymbol{E}}{\partial t} \\ \nabla\times \boldsymbol{H}=\boldsymbol{j}+\dfrac{\partial \boldsymbol{D}}{\partial t}\end{cases} \tag{1-3}$$

1.1.2 物质方程

在麦克斯韦方程组中，$\boldsymbol{E}$ 和 $\boldsymbol{B}$ 是电磁场的基本物理量，它们代表介质中总的宏观电磁场，而 $\boldsymbol{D}$ 和 $\boldsymbol{H}$ 是引进的两个辅助场量，$\boldsymbol{E}$ 和 $\boldsymbol{D}$、$\boldsymbol{B}$ 和 $\boldsymbol{H}$ 的关系与电磁场所在介质的性质有关。对于各向同性线性介质，有

$$\boldsymbol{D}=\varepsilon\boldsymbol{E} \tag{1-4}$$

$$\boldsymbol{B}=\mu\boldsymbol{H} \tag{1-5}$$

式中，$\varepsilon=\varepsilon_r\varepsilon_0$ 和 $\mu=\mu_r\mu_0$ 是两个标量，分别称为介电常数(或电容率)和磁导率。ε_0 是真空介电常数，ε_r 是相对介电常数，μ_0 是真空磁导率，μ_r 是相对磁导率。在真空中，$\varepsilon=\varepsilon_0=8.85\times 10^{-12}\mathrm{C}^2/\mathrm{N}\cdot\mathrm{m}^2$(库^2/(牛·米^2))，$\mu=\mu_0=4\pi\times 10^{-7}\mathrm{N}\cdot\mathrm{s}^2/\mathrm{C}^2$(牛·秒^2/库^2)。对于非磁性物质，$\mu\approx\mu_0$。

另外，在导电物质中还有电流与电场强度之间的关系，即欧姆定律的微分形式

$$\boldsymbol{j}=\sigma\boldsymbol{E} \tag{1-6}$$

σ 称为电导率。式(1-4)、式(1-5)和式(1-6)叫作物质方程，它们描述的是物质在电磁场影响下的特性，在通过麦克斯韦方程组求解各个场量时，上述物质方程是必不可少的。

应当指出的是，在一般情况下，介质的光学性质具有不均匀性，ε、μ 和 σ 是空间位置的坐标函数，即应当表示成 $\varepsilon(x,y,z)$、$\mu(x,y,z)$ 和 $\sigma(x,y,z)$。若介质的光学特性是各向异性的，则 ε、μ 和 σ 应当是张量，因而物质方程应为如下形式

$$\boldsymbol{D}=\varepsilon\cdot\boldsymbol{E} \tag{1-7}$$

$$\boldsymbol{B}=\mu\cdot\boldsymbol{H} \tag{1-8}$$

$$\boldsymbol{j}=\sigma\cdot\boldsymbol{E} \tag{1-9}$$

即 $\boldsymbol{D}$ 与 $\boldsymbol{E}$、$\boldsymbol{B}$ 与 $\boldsymbol{H}$、$\boldsymbol{j}$ 与 $\boldsymbol{E}$ 一般不再同向；当光强度很强时，光与介质的相互作用过程会表现出非线性光学特性，因而描述介质光学特性的量不再是常数，而应是与光场强有关系的量，例如介电常数应为 $\varepsilon(\boldsymbol{E})$，电导率应为 $\sigma(\boldsymbol{E})$。对于均匀的各向同性介质，ε、μ 和 σ 是与空间位置和方向无关的常数；在线性光学范畴内，ε、σ 与光场强无关；透明、无耗介质中，$\sigma=0$；非铁磁性材料的 μ_r 可视为 1。

本书中绝大部分内容涉及的都是光波在各向同性线性介质中的传播。除非特别说明(第

4 章涉及光在各向异性介质中的传播)，在以后的章节中都将作为各向同性线性介质来处理。

1.1.3 电磁场的波动性

1. 电磁场的传播

由《大学物理》教材中相关的内容，或直接从麦克斯韦方程组出发，可以得到两个结论：第一，任何随时间变化的磁场在周围空间产生电场，这种电场具有涡旋性质，电场的方向由左手定则来确定；第二，任何随时间变化的电场(位移电流)在周围空间产生磁场，磁场是涡旋的，磁场的方向由右手定则决定。由此可见，电场和磁场紧密相连，其中一个变化时随即出现另一个，它们互相激发形成统一的场——电磁场。变化的电磁场可以以一定的速度向周围空间传播出去。如在空间某区域内电场有变化，那么在临近的区域就要引起随时间变化的磁场。这变化的磁场又在较远的区域引起新的变化电场，接着这新的变化电场又在更远的区域引起新的变化磁场，变化的电场和磁场交替产生，使电磁场传播到很远的区域。交变的电磁场在空间以一定的速度由近到远的传播即形成电磁波。

2. 电磁场的波动方程

从麦克斯韦方程出发，可以证明电磁场的传播具有波动性。为简单起见，我们讨论在无限大的各向同性均匀介质中的情况，这时 ε 是常数，μ 是常数，并且在远离辐射源的区域不存在自由电荷和传导电流($\rho=0, \boldsymbol{j}=0$)，因而麦克斯韦方程组(1-3)可以简化为

$$\begin{cases}\nabla\cdot \boldsymbol{E}=0\\ \nabla\cdot \boldsymbol{B}=0\\ \nabla\times \boldsymbol{E}=-\dfrac{\partial \boldsymbol{B}}{\partial t}\\ \nabla\times \boldsymbol{B}=\mu\varepsilon\dfrac{\partial \boldsymbol{E}}{\partial t}\end{cases} \tag{1-10}$$

对第 3 式两边取旋度，并将第 4 式代入，得到

$$\nabla\times(\nabla\times \boldsymbol{E})=-\nabla\times\frac{\partial \boldsymbol{B}}{\partial t}=-\frac{\partial}{\partial t}(\nabla\times \boldsymbol{B})=-\mu\varepsilon\frac{\partial^2}{\partial t^2}\boldsymbol{E}$$

根据场论公式

$$\nabla\times(\nabla\times \boldsymbol{E})=\nabla(\nabla\cdot \boldsymbol{E})-\nabla^2\boldsymbol{E}$$

因为$\nabla\cdot\boldsymbol{E}=0$，所以

$$\nabla^2\boldsymbol{E}-\mu\varepsilon\frac{\partial^2}{\partial t^2}\boldsymbol{E}=0 \tag{1-11}$$

同样，对第 4 式两边取旋度，再将第 3 式代入，得到

$$\nabla^2\boldsymbol{B}-\mu\varepsilon\frac{\partial^2}{\partial t^2}\boldsymbol{B}=0 \tag{1-12}$$

若令

$$v=\frac{1}{\sqrt{\varepsilon\mu}} \tag{1-13}$$

则式(1-11)和式(1-12)两式可以化为

$$\begin{cases} \nabla^2 \boldsymbol{E} - \dfrac{1}{v^2}\dfrac{\partial^2}{\partial t^2}\boldsymbol{E} = 0 \\ \nabla^2 \boldsymbol{B} - \dfrac{1}{v^2}\dfrac{\partial^2}{\partial t^2}\boldsymbol{B} = 0 \end{cases} \tag{1-14}$$

形式满足(1-14)的偏微分方程称为波动方程，其解包括各种形式的波。$\boldsymbol{E}$ 和 $\boldsymbol{B}$ 满足波动方程，表明电场和磁场的传播是以波动形式进行的，电磁波的传播速度

$$v = 1/\sqrt{\varepsilon\mu}$$

在真空中，$\varepsilon=\varepsilon_0$，$\mu=\mu_0$，因此，电磁波在真空中的传播速度

$$c = \frac{1}{\sqrt{\varepsilon_0\mu_0}} \tag{1-15}$$

已知 $\varepsilon_0=8.8542\times10^{-12}\,\mathrm{C^2/(N\cdot m^2)}$，$\mu_0=4\pi\times10^{-7}\,\mathrm{N\cdot s^2/C^2}$，所以得到 $c=2.99794\times10^8\,\mathrm{m/s}$。根据我国的国家标准 GB 3102.6—1993，真空中的光速为 $c=(2.99793458\pm0.000000012)\times10^8\,\mathrm{m/s}$。

3. 电磁波

电磁波是电磁场的一种运动形态。电与磁可以说是一体两面，变化的电场会产生磁场(即电流会产生磁场)，变化的磁场则会产生电场。变化的电场和变化的磁场构成了一个不可分离的统一的场，这就是电磁场，而变化的电磁场在空间的传播形成了电磁波，电磁的变动就如同微风轻拂水面产生水波一般，因此被称为电磁波，也常称为电波。

电磁波首先由詹姆斯·麦克斯韦于 1865 年预测出来，而后由德国物理学家海因里希·赫兹于 1887 年至 1888 年间在实验中证实存在。麦克斯韦推导出电磁波方程(一种波动方程)，它清楚地显示出电场和磁场的波动本质。因为电磁波方程预测的电磁波速度与光速的测量值相等，麦克斯韦推论光波也是电磁波。

电磁波频率低时，主要借由有形的导电体才能传递。原因是在低频的电振荡中，磁电之间的相互变化比较缓慢，其能量几乎全部返回原电路而没有能量辐射出去；电磁波频率高时既能量可以在自由空间内传递，也可以束缚在有形的导电体内传递。在自由空间内传递的原因是在高频率的电振荡中，磁电互变甚快，能量不可能全部返回原振荡电路，于是电能、磁能随着电场与磁场的周期变化以电磁波的形式向空间传播出去，不需要介质也能向外传递能量，这就是一种辐射。举例来说，太阳与地球之间的距离非常遥远，但在户外时，我们仍然能感受到和煦阳光的光与热，这就好比是“电磁辐射借由辐射现象传递能量”的原理一样。

现在已经知道，除了光波和无线电波外，X 射线、γ 射线也都是电磁波，它们的波长比光波波长更短，但是它们在本质上和光波、无线电波完全相同。按照波长或频率的顺序把这些电磁波排列起来，就是电磁波谱，见图 1.1。如果把每个波段的频率由低至高依次排列的话，它们是低频电磁波、无线电波(分为长波、中波、短波、微波)、红外线、可见光、紫外线、X 射线及 γ 射线。其中以无线电的波长最长，宇宙射线(X 射线、γ 射线和波长更短的射线)的波长最短。

无线电波可用于通信等，微波可用于微波炉，红外线可用于遥控、热成像仪、红外制导导弹等，可见光是大部分生物用来观察事物的基础，紫外线可用于医用消毒、验证假钞、测量距离、工程上的探伤等，X 射线可用于 CT 照相，伽马射线可用于治疗，使原子发生跃迁从而产生新的射线等。它们的波长范围分别为：

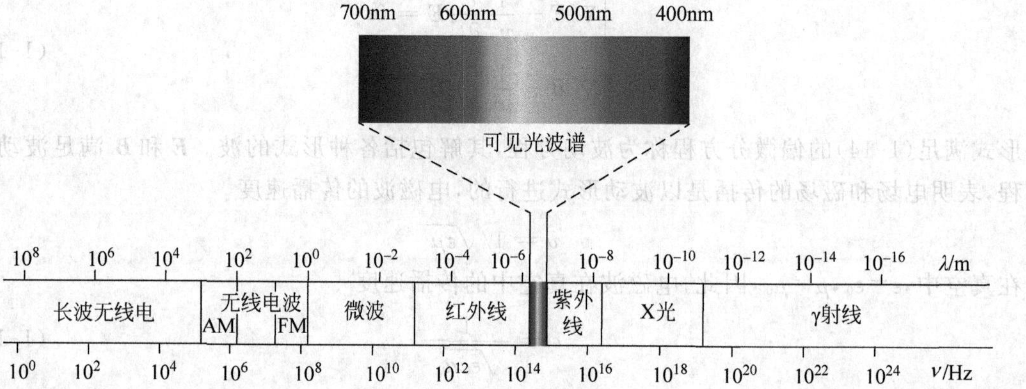

图 1.1 电磁波谱

无线电波 3000m～0.3mm(微波 0.1～100cm)；

红外线 0.3mm～0.75μm(其中：近红外为 0.76～3μm，中红外为 3～6μm，远红外为 6～15μm，超远红外为 15～300μm)；

可见光 0.7～0.4μm；

紫外线 0.4μm～10nm；

X 射线 10～0.1nm；

γ 射线 0.1nm～1pm；

高能射线小于 1pm；

传真(电视)用的波长是 3～6m；雷达用的波长在 3 米到几毫米。

电磁波在真空中的速度与在介质中的速度之比称为绝对折射率 n(通常简称折射率)，即

$$n=\frac{c}{v} \tag{1-16}$$

把式(1-13)和式(1-15)代入，得

$$n=\frac{c}{v}=\sqrt{\varepsilon_r\mu_r} \tag{1-17}$$

除磁性介质外，大多数介质的相对磁导率 $\mu_r\approx1$，所以

$$n=\sqrt{\varepsilon_r} \tag{1-18}$$

式(1-18)称为麦克斯韦关系。对于一般介质，ε_r、n 都是频率的函数，具体的函数关系取决于介质的结构。

4. 光电磁场的能流密度

在大学物理课程中，已经计算过电磁场的能量密度为

$$w=\frac{1}{2}(\boldsymbol{E}\cdot\boldsymbol{D}+\boldsymbol{H}\cdot\boldsymbol{B})=\frac{1}{2}\left(\varepsilon E^2+\frac{1}{\mu}B^2\right) \tag{1-19}$$

式(1-19)第一项是电场的能量密度，第二项是磁场的能量密度。为了描述电磁能量的传播，引进能流密度矢量，也叫坡印亭(Poynting)矢量 $\boldsymbol{S}$。该矢量定义为单位时间内通过与波的传播方向垂直的单位面积的能量，其大小为

$$S = wv \tag{1-20}$$

式中，v 是电磁波的波速。利用$\sqrt{\varepsilon}E=\sqrt{\mu}H$，得到

$$\frac{1}{2}\varepsilon E^2 = \frac{1}{2}\sqrt{\varepsilon}E\sqrt{\mu}H$$

$$\frac{1}{2}\mu H^2 = \frac{1}{2}\sqrt{\mu}H\sqrt{\varepsilon}E$$

因为 $v=1/\sqrt{\mu\varepsilon}$，所以最终可以得到

$$S = EH$$

坡印亭矢量的方向反映了电磁波能量的传播方向，与波速的方向一致。考虑到电场 $\boldsymbol{E}$、磁场 $\boldsymbol{H}$ 和电磁波传播速度 $\boldsymbol{v}$ 之间呈右手螺旋关系，即 $\boldsymbol{v}/\!/\boldsymbol{E}\times\boldsymbol{H}$，而电场和磁场相互垂直，所以有

$$\boldsymbol{S} = \boldsymbol{E}\times\boldsymbol{H} \tag{1-21}$$

比如，对于一种沿 z 方向传播的平面光波，光场表示为

$$\boldsymbol{E} = E_0\cos(\omega t - kz)\boldsymbol{e}_x$$

$$\boldsymbol{H} = H_0\cos(\omega t - kz)\boldsymbol{e}_y$$

则光波的能流密度

$$\boldsymbol{S} = \boldsymbol{E}\times\boldsymbol{H} = E_0H_0\cos^2(\omega t - kz)\boldsymbol{e}_z$$

式中 $\boldsymbol{e}_z$ 是能流密度方向上的单位矢量，由$\nabla\times\boldsymbol{E}=-\dfrac{\partial\boldsymbol{B}}{\partial t}$得

$$\nabla\times\boldsymbol{E} = E_0k\sin(\omega t - kz)\boldsymbol{e}_y$$

$$-\frac{\partial\boldsymbol{B}}{\partial t} = -\mu\frac{\partial\boldsymbol{H}}{\partial t} = \mu H_0\omega\sin(\omega t - kz)\boldsymbol{e}_y$$

$$k = \frac{2\pi}{\lambda} = \frac{2\pi}{vT} = \frac{2\pi}{v\cdot\dfrac{2\pi}{\omega}} = \frac{\omega}{v} = \omega\cdot\sqrt{\varepsilon\mu}$$

所以

$$\sqrt{\varepsilon}E_0 = \sqrt{\mu}H_0$$

则

$$\begin{aligned}\boldsymbol{S} &= E_0\cdot\sqrt{\frac{\varepsilon}{\mu}}E_0\cos^2(\omega t - kz)\boldsymbol{e}_z\\ &= E_0^2\frac{1}{\mu}\sqrt{\varepsilon\mu}\cos^2(\omega t - kz)\boldsymbol{e}_z\\ &= E_0^2\frac{1}{\mu}\frac{1}{v}\cos^2(\omega t - kz)\boldsymbol{e}_z\end{aligned} \tag{1-22}$$

对于非磁性材料，$\mu\approx\mu_0$，所以有

$$\boldsymbol{S} = \frac{n}{c}\frac{1}{\mu_0}E_0^2\cos^2(\omega t - kz)\boldsymbol{e}_z \tag{1-23}$$

这个式子说明，这个平面光波的能量沿 z 方向以波动形式传播。由于光的频率很高，例如可见光为 10^{14} 量级，因而 $\boldsymbol{S}$ 的大小随时间的变化很快。而相比较而言，目前光探测器的响应时间都比较慢，例如响应最快的光电二极管仅为 $10^{-8}\sim10^{-9}$ s，远远跟不上光能量的瞬时变化，只能给出 S 的平均值。所以在实验应用中都利用能流密度的时间平均值$\langle S\rangle$表示光

电磁场的能量传播，并将$\langle S\rangle$称为光强度，以I表示。假设光探测器的响应时间为T，则

$$I=\langle S\rangle=\frac{1}{T}\int_0^T S\mathrm{d}t=\frac{n}{c}\frac{1}{\mu}E_0^2\frac{1}{T}\int_0^T\cos^2(\omega t-kz)\mathrm{d}t$$

$$=\frac{1}{2}\frac{n}{\mu c}E_0^2=\frac{1}{2}\sqrt{\frac{\varepsilon}{\mu}}E_0^2\approx\frac{1}{2}\sqrt{\frac{\varepsilon}{\mu_0}}E_0^2 \tag{1-24}$$

由此可见，在同一种介质中，光强度与电场强度振幅的平方成正比。若已知光波的强度，便可以计算出光波电场的振幅。比如，一束10000W的激光，用透镜聚焦到$1\times10^{-9}\,\mathrm{m}^2$的面积上，则在透镜焦平面上的光强度约为

$$I=\frac{10^4}{10^{-9}}\mathrm{W/m^2}=10^{13}\mathrm{W/m^2}$$

相应的光电场的振幅为

$$E_0=\left(\frac{2\mu_0 cI}{n}\right)^{1/2}=8.68\times10^7\,\mathrm{V/m}$$

这样强的电场能够产生极高的温度，致使激光照射到的目标烧毁。目前大功率激光器已经广泛应用于国民经济的各个领域，其中激光制造、激光增材是热点。

再比如，一个光功率为100W的灯泡，在距离5m处的强度为(假定灯泡在各个方向均匀发光)

$$I=\frac{100}{4\pi\times5^2}\mathrm{W/m^2}=0.32\mathrm{W/m^2}$$

相应光场的振幅为

$$E_0=\left(\frac{2\times4\pi\times10^{-7}\times3\times10^8\times0.32}{1}\right)^{1/2}\mathrm{V/m}=15.53\mathrm{V/m}$$

需要注意的是在有些应用场合，由于只考虑某种介质中的光强，只关心光强的相对值，可以省略比例系数，所以通常把式(1-24)写为

$$I=\langle E^2\rangle=E_0^2 \tag{1-25}$$

但是如果考虑在不同的介质中的光强，比例系数不能省略。

1.1.4 平面电磁波

前面已经提到，波动方程(1-14)是两个偏微分方程，它们的解可以有多种形式，例如平面波、球面波和柱面波解。方程的解还可以写成各种频率的简谐波及其叠加。所以要解决解的具体形式，必须根据$\boldsymbol{E}$和$\boldsymbol{B}$满足的边界条件和初始条件求解方程。我们首先以平面波为例，求解波动方程，并讨论在光学中有重要意义的平面波解。

1. 波动方程的平面波解

现在讨论波动方程的一种最基本的解——平面波解。平面电磁波是电场强度或磁场强度在与传播方向正交的平面上各点具有相同值的波。假设平面波沿直角坐标系xyz的z方向传播(图1.2)，那么平面波的$\boldsymbol{E}$和$\boldsymbol{B}$仅与z,t有

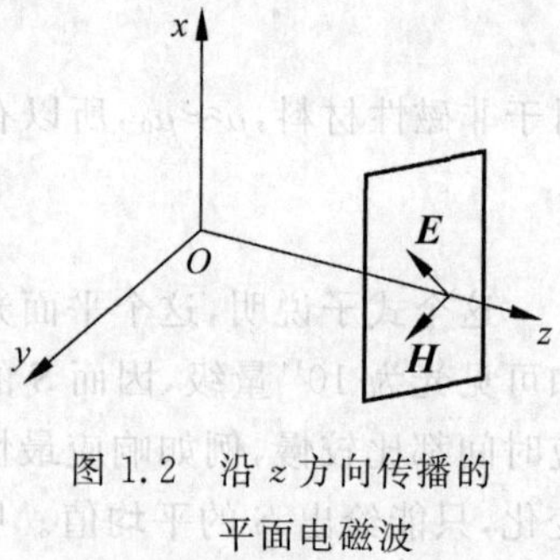

图1.2 沿z方向传播的平面电磁波

关,而与 x,y 无关。这样电磁波的波动方程(1-14)就可简化为

$$\begin{cases}\dfrac{\partial^2 \boldsymbol{E}}{\partial z^2}-\dfrac{1}{v^2}\dfrac{\partial^2 \boldsymbol{E}}{\partial t^2}=0\\[2ex]\dfrac{\partial^2 \boldsymbol{B}}{\partial z^2}-\dfrac{1}{v^2}\dfrac{\partial^2 \boldsymbol{B}}{\partial t^2}=0\end{cases}\tag{1-26}$$

令

$$\xi=z-vt,\quad \eta=z+vt$$

则

$$\begin{aligned}\frac{\partial^2 \boldsymbol{E}}{\partial z^2}&=\frac{\partial}{\partial z}\left(\frac{\partial \boldsymbol{E}}{\partial z}\right)\\&=\frac{\partial}{\partial z}\left(\frac{\partial \boldsymbol{E}}{\partial \xi}\cdot\frac{\partial \xi}{\partial z}+\frac{\partial \boldsymbol{E}}{\partial \eta}\cdot\frac{\partial \eta}{\partial z}\right)\\&=\frac{\partial}{\partial z}\left(\frac{\partial \boldsymbol{E}}{\partial \xi}+\frac{\partial \boldsymbol{E}}{\partial \eta}\right)=\frac{\partial}{\partial \xi}\left(\frac{\partial \boldsymbol{E}}{\partial \xi}+\frac{\partial \boldsymbol{E}}{\partial \eta}\right)\frac{\partial \xi}{\partial z}+\frac{\partial}{\partial \eta}\left(\frac{\partial \boldsymbol{E}}{\partial \xi}+\frac{\partial \boldsymbol{E}}{\partial \eta}\right)\frac{\partial \eta}{\partial z}\\&=\frac{\partial^2 \boldsymbol{E}}{\partial \xi^2}+2\frac{\partial^2 \boldsymbol{E}}{\partial \xi\partial \eta}+\frac{\partial^2 \boldsymbol{E}}{\partial \eta^2}\end{aligned}$$

类似地,可以得到

$$\frac{\partial^2 \boldsymbol{E}}{\partial t^2}=v^2\left(\frac{\partial^2 \boldsymbol{E}}{\partial \xi^2}-2\frac{\partial^2 \boldsymbol{E}}{\partial \xi\partial \eta}+\frac{\partial^2 \boldsymbol{E}}{\partial \eta^2}\right)$$

因此

$$\frac{\partial^2 \boldsymbol{E}}{\partial \xi^2}-\frac{1}{v^2}\frac{\partial^2 \boldsymbol{E}}{\partial t^2}=4\frac{\partial^2 \boldsymbol{E}}{\partial \xi\partial \eta}=0$$

即

$$\frac{\partial}{\partial \eta}\left(\frac{\partial \boldsymbol{E}}{\partial \xi}\right)=0$$

对 η 积分得

$$\frac{\partial \boldsymbol{E}}{\partial \xi}=\boldsymbol{g}(\xi)$$

再对 ξ 进行积分,可以得到

$$\begin{aligned}\boldsymbol{E}&=\int \boldsymbol{g}(\xi)\mathrm{d}\xi+\boldsymbol{f}_2(\eta)=\boldsymbol{f}_1(\xi)+\boldsymbol{f}_2(\eta)\\&=\boldsymbol{f}_1(z-vt)+\boldsymbol{f}_2(z+vt)\end{aligned}\tag{1-27}$$

对于式中的 $\boldsymbol{f}_1(z-vt)$,凡是 $(z-vt)$ 为常数的点都处于相同的振动状态。$\boldsymbol{f}_1(z-vt)$ 表示的是沿 z 方向以速度 v 传播的波。类似分析可知,$\boldsymbol{f}_2(z+vt)$ 表示的是沿 $-z$ 方向以速度 v 传播的波。将某一时刻振动相位相同的点连结起来,所组成的曲面叫波阵面。由于此时的波阵面是垂直于传播方向 z 的平面(图 1.2),因而 $\boldsymbol{f}_1$ 和 $\boldsymbol{f}_2$ 是平面光波,式(1-27)是平面光波情况下波动方程(1-26)的一般解。

如果用 v 的正负表示波传播方向,利用 $v>0$ 表示沿正方向传播,$v<0$ 表示沿负方向传播,则式(1-27)可以取一种形式:

$$\boldsymbol{E}=f(z-vt)\tag{1-28}$$

同样,可以得

$$\boldsymbol{B} = f'(z - vt) \tag{1-29}$$

如果用一个余弦函数作为波动方程的特解，则

$$\boldsymbol{E} = \boldsymbol{f}(z - vt) = \boldsymbol{A}\cos[k(z - vt)] \tag{1-30}$$

$$\boldsymbol{B} = \boldsymbol{f}'(z - vt) = \boldsymbol{A}'\cos[k(z - vt)] \tag{1-31}$$

以上两式中，k 是一个常量，$\boldsymbol{A}$ 和 $\boldsymbol{A}'$ 是常矢量。

2. 单色平面光波

式(1-30)和式(1-31)是平面简谐波的波函数，对于光波来说，上述两式就表示单色平面光波。对于余弦函数形式的波函数来说，它的周期是 2π，它的整个自变量 $k(z-vt)$ 称为波的位相。我们把任一时刻位相相差 2π 的两点间的距离称为波长，用 λ 表示。把同一位置电场一次周期变化所需的时间称为周期，用 T 表示。

很显然 $k=2\pi/\lambda$，称为波数，它是波矢量 $\boldsymbol{k}$ 的大小，$\boldsymbol{k}$ 的方向沿着等相面法线方向(在各向同性介质中，k 的方向也是波能量的传播方向)。

又因为 $kv=2\pi/T=\omega$，ω 为角频率，所以式(1-30)可以写为

$$\boldsymbol{E} = \boldsymbol{e}_x E_0 \cos(kz - \omega t)$$

按照习惯，一般情况下写成

$$\boldsymbol{E} = \boldsymbol{e}_x E_0 \cos(\omega t - kz) \tag{1-32}$$

和

$$\boldsymbol{E} = \boldsymbol{e}_x E_0 \cos\left[\omega\left(t - \frac{z}{v}\right)\right] \tag{1-33}$$

以及

$$\boldsymbol{E} = \boldsymbol{e}_x E_0 \cos\left[2\pi\left(\frac{t}{T} - \frac{z}{\lambda}\right)\right] \tag{1-34}$$

这里假设光电场的振幅为 E_0。这就是我们熟知的平面简谐光波的三角函数表达式，式中 $\boldsymbol{e}_x$ 是 $\boldsymbol{E}$ 振动方向上的单位矢量。

以上讨论中，我们假设平面简谐光波沿 xyz 坐标系的 z 轴方向传播，如果进一步，平面简谐光波沿着任一波矢 $\boldsymbol{k}$ 方向传播，且传播方向并不沿 xyz 坐标系的任一坐标轴(图1.3)，这时可设想将新坐标轴 z' 取在平面简谐光波波矢量 $\boldsymbol{k}$ 的方向，并且在新坐标下平面简谐光波的波函数可以写为

$$\boldsymbol{E} = \boldsymbol{e}_x E_0 \cos(\omega t - kz')$$

很显然，

$$kz' = \boldsymbol{k} \cdot \boldsymbol{r}$$

上式中 $\boldsymbol{r}$ 是平面波波面上任一点 P(坐标为 x、y、z)的位置矢量。如果考虑光源发光具有初始位相，则一般坐标系下的平面简谐光波的波函数三角函数形式可以表示为

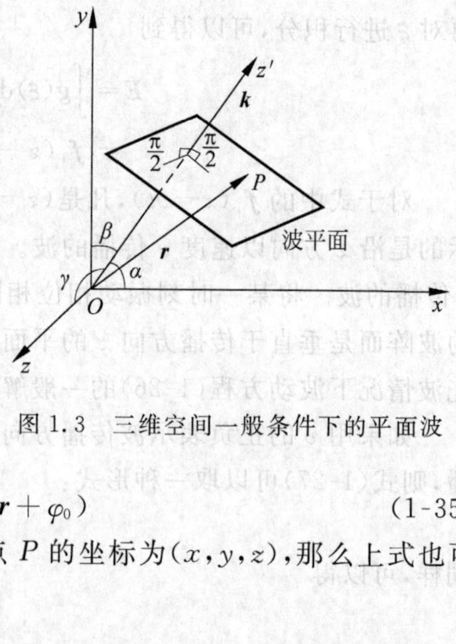

图 1.3　三维空间一般条件下的平面波

$$\boldsymbol{E} = \boldsymbol{e}_x E_0 \cos(\omega t - \boldsymbol{k} \cdot \boldsymbol{r} + \varphi_0) \tag{1-35}$$

若设 $\boldsymbol{k}$ 的方向余弦分别为 $\cos\alpha$、$\cos\beta$、$\cos\gamma$，任意点 P 的坐标为(x,y,z)，那么上式也可

以写成

$$\boldsymbol{E} = \boldsymbol{e}_x E_0 \cos[\omega t - k(x\cos\alpha + y\cos\beta + z\cos\gamma) + \varphi_0] \tag{1-36}$$

当 $\boldsymbol{k}$ 的方向取为 z 轴时，有

$$\boldsymbol{k} \cdot \boldsymbol{r} = kz$$

此时式(1-35)化为式(1-32)的形式。

式(1-35)，式(1-36)表示的平面简谐光波是一个单色平面简谐光波。所谓单色，指光波是单一频率的。单色平面简谐波波函数的最显著的特点是它的时间周期性和空间周期性。一个单色平面光波是一个在时间上无限延续，空间上无限延伸的光波动，任何时间周期性和空间周期性的破坏，都意味着单色光波单色性的破坏。其时间周期性用 T、ν、ω 来表征。空间周期性用 λ、$1/\lambda$、k 这些量来表示，分别称为空间周期、空间频率和空间圆频率。单色平面简谐波的时间周期性与空间周期性密切相关，由

$$\lambda = v/\nu$$

可知，在不同的介质中，由于单色光波有不同的传播速度，所以它的空间周期和空间频率将不再相同。设单色光波在真空中的空间周期(波长)为 λ_0，且 $\lambda_0 = c/\nu$，因此 λ 和 λ_0 的关系为

$$\lambda = \lambda_0 / n$$

式中，n 是介质的折射率。

3. 单色平面简谐波的复数表示

为便于运算，经常把平面简谐光波的波函数写成复数形式，比如将沿 z 方向传播的平面光波写成

$$\boldsymbol{E} = \boldsymbol{E}_0 \mathrm{e}^{-\mathrm{i}(\omega t - kz)} \tag{1-37}$$

采用这种形式，可以用简单的指数运算代替比较繁杂的三角函数运算。可以证明，对复数表达式进行线性运算(加、减、微分、积分)之后再取实数部分，与对余弦函数式进行同样运算所得的结果相同。

需要大家注意的是：任何描述真实存在的物理量的参量都应是实数，这里采用复数形式只是数学上的方便，对式(1-37)取实部即为式(1-32)所示的三角函数形式，所以对复数形式的量进行线性运算，只有取实部后才有物理意义。另外，由于对复数函数 $\exp[-\mathrm{i}(\omega t - kz)]$和 $\exp[\mathrm{i}(\omega t - kz)]$两种形式取实部得到形式完全相同的函数，因而对于平面简谐光波，采用 $\exp[-\mathrm{i}(\omega t - kz)]$和 $\exp[\mathrm{i}(\omega t - kz)]$两种形式完全等价。因此在不同的书籍中，根据作者习惯不同，可以采取其中任意一种形式，本书根据学生之前的课程内容，采取前一种形式。

对于平面简谐光波的复数表达式，可以将时间相位因子与空间相位因子分开来写

$$\boldsymbol{E} = \boldsymbol{E}_0 \mathrm{e}^{\mathrm{i}\boldsymbol{k}\cdot\boldsymbol{r}} \cdot \mathrm{e}^{-\mathrm{i}\omega t} \tag{1-38}$$

把振幅和空间相位因子

$$\widetilde{\boldsymbol{E}} = \boldsymbol{E}_0 \mathrm{e}^{\mathrm{i}\boldsymbol{k}\cdot\boldsymbol{r}} \tag{1-39}$$

称为复振幅。这样波函数就等于复振幅和时间相位因子的乘积。复振幅表示场振动的振幅和相位随空间的变化(对于平面波，空间各点的振幅相同)，时间相位因子表示场振动随时间的变化。若考虑场强的初相位，则复振幅可以表示为

$$\widetilde{\boldsymbol{E}} = \boldsymbol{E}_0 e^{i(\boldsymbol{k}\cdot\boldsymbol{r}-\varphi_0)} \tag{1-40}$$

在许多应用中，由于时间相位因子 $\exp(-i\omega t)$ 在空间各处都相同，因此当我们只关心场振动的空间分布时（如在光的干涉、衍射等问题中），可以将 $\exp(-i\omega t)$ 略去，仅讨论复振幅的变化。

为了进一步了解复振幅的空间变化，下面讨论平面简谐波在一个平面上的复振幅分布。假定平面简谐波的波矢量 $\boldsymbol{k}$ 平行于 xy 平面（图 1.4(a)），其方向余弦为 $\cos\alpha$、$\cos\beta$、0，而考察平面取为 $y=0$ 平面（即 xOz），这时，由式(1-39)，在 $y=0$ 平面上的复振幅可以写为

$$\widetilde{\boldsymbol{E}} = \boldsymbol{E}_0 \exp(ikx\cos\alpha) \tag{1-41}$$

上式表明，复振幅的变化只依赖于相位因子，等相位点轨迹是 x 为常量的直线，如图 1.4(b)所示。从图中可以看出，等相线实际上是平面光波的等相面与 $y=0$ 平面的交线。

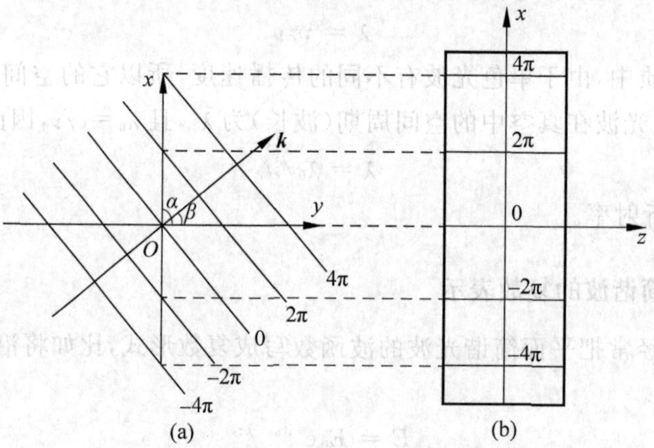

图 1.4　平面波在 $y=0$ 平面上的位相分布

在信息光学中，经常用到相位共轭光波的概念。所谓相位共轭光波，是指两列同频率的光波，它们的复振幅之间是复数共轭的关系。接下来我们来看一下相位共轭光波的意义。对于图 1.4 所示的平面波，在 $y=0$ 平面上的复振幅还可以写成

$$\widetilde{\boldsymbol{E}} = \boldsymbol{E}_0 \exp(ikx\sin\beta) \tag{1-42}$$

而与该平面波共轭的光波在 $y=0$ 平面上的复振幅分布可以写为

$$\begin{aligned}\widetilde{\boldsymbol{E}}^* &= \boldsymbol{E}_0 \exp(-ikx\sin\beta)\\ &= \boldsymbol{E}_0 \exp[ikx\sin(-\beta)]\end{aligned} \tag{1-43}$$

上式表明共轭光波是一个与 y 轴夹角为 $-\beta$，波矢量 $\boldsymbol{k}$ 平行于 xy 平面的平面波(图 1.5)。

现在讨论更一般的情况，若平面简谐波沿着任一波矢 $\boldsymbol{k}$ 方向传播，则其复数形式表示为

$$\boldsymbol{E} = \boldsymbol{E}_0 \exp[-i(\omega t - \boldsymbol{k}\cdot\boldsymbol{r} + \varphi_0)]$$

则复振幅可以表示为

$$\widetilde{\boldsymbol{E}} = \boldsymbol{E}_0 \exp[i(\boldsymbol{k}\cdot\boldsymbol{r} - \varphi_0)]$$

共轭光波可以写为

$$\widetilde{\boldsymbol{E}}^* = \boldsymbol{E}_0 e^{i\varphi_0} e^{i\boldsymbol{k}\cdot(-\boldsymbol{r})} \tag{1-44}$$

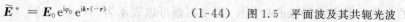

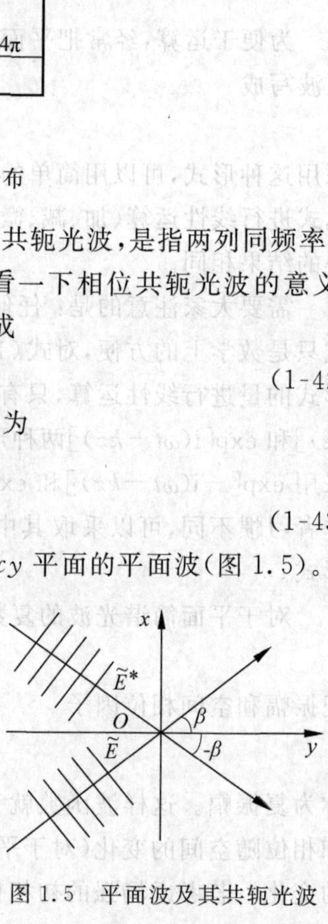

图 1.5　平面波及其共轭光波

式(1-44)也可以写成

$$\widetilde{E}^{*} = E_0 e^{i\varphi_0} e^{i(-k)\cdot r} \tag{1-45}$$

所以沿 $-k$ 方向与 $\widetilde{E}$ 波反方向传播的平面波也是共轭光波，但是一般情况下不对它进行讨论。

4. 平面光波的横波特性

已知平面光波的电场强度和磁场强度可以表示为

$$E = E_0 \exp[-i(\omega t - k \cdot r + \varphi_0)]$$
$$H = H_0 \exp[-i(\omega t - k \cdot r + \varphi_0)]$$

将以上两式代入麦克斯韦方程组(1-10)第1式和第2式，有

$$\begin{aligned}\nabla\cdot E &= E_0 \cdot \nabla\cdot \exp[-i(\omega t - k \cdot r + \varphi_0)]\\ &= ik \cdot E_0 \exp[-i(\omega t - k \cdot r + \varphi_0)]\\ &= ik \cdot E = 0\end{aligned}$$

所以

$$k \cdot E = 0 \tag{1-46}$$

对于非铁磁性介质，因为 $B=\mu_0 H$，同理可得

$$k \cdot H = 0 \tag{1-47}$$

以上两式表明，平面光波的电场矢量和磁场矢量均垂直于波矢方向(波阵面法线方向)。因此，平面光波是横电磁波。

将平面光波的电场强度和磁场强度表达式代入式(1-10)第3式，有

$$\nabla\times E = \{\nabla\exp[i(\omega t - k \cdot r + \varphi_0)]\} \times E_0 = -ik \times E_0$$

$$\frac{\partial B}{\partial t} = i\omega B$$

因而得到

$$B = \frac{1}{\omega} k \times E \tag{1-48}$$

$$H = \frac{1}{\omega\mu_0} k \times E \tag{1-49}$$

由此可见，E 和 B、H 相互垂直，因此，k、$D(E)$、$B(H)$ 三矢量构成右手螺旋关系。又根据上面的关系式，还可以写出

$$\frac{|E|}{|H|} = \sqrt{\frac{\mu}{\varepsilon}} \tag{1-50}$$

即 E 和 H 的振幅之比为一正实数，所以两矢量始终同位相，电磁波传播时它们同步变化。

综上所述，可以将一个沿 z 方向传播、电场矢量限于 xOz 平面内振动的电磁场表示为如图 1.6 所示。

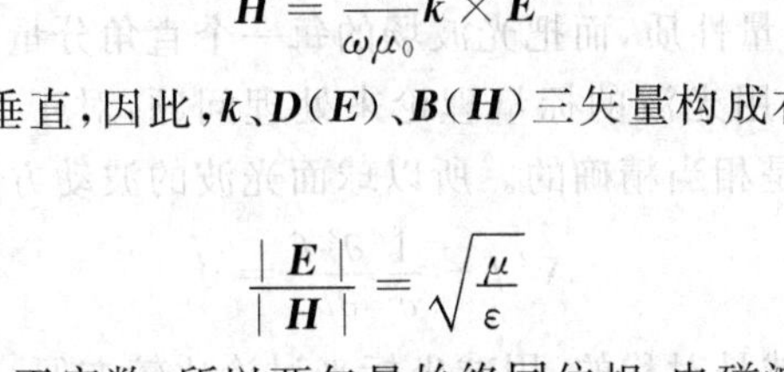

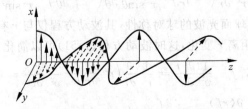

图 1.6 沿 z 轴方向传播的平面简谐波

1.1.5 其他形式的光波

1. 球面光波

一个各向同性的点光源，它向外发射的光波是球面光波，等相位面是以光源为中心，随着距离的增大而逐渐扩展的同心球面，如图 1.7 所示。

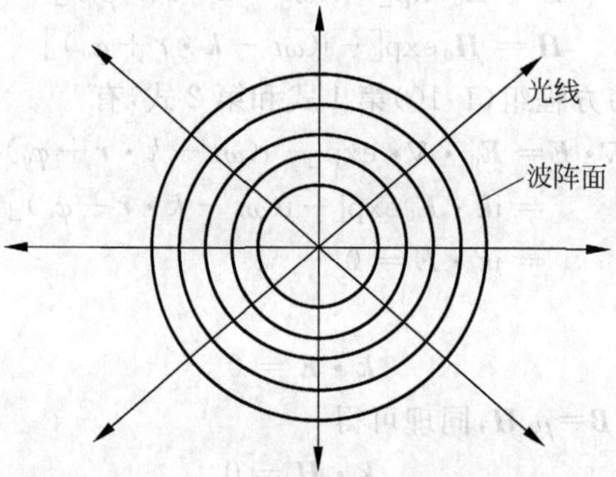

图 1.7 球面光波波阵面示意图

球面光波所满足的波动方程仍然是

$$\nabla^2 \boldsymbol{f}-\frac{1}{v^2}\frac{\partial^2 \boldsymbol{f}}{\partial t^2}=0$$

对于一个在某个方向上振动的光源发出的球面光波，要求出它的矢量表达式并不容易。因为这时空间各点的场量不仅与它们到光源的距离有关，而且也与它们相对于光源振动方向的方位有关，这就是说场量的各个直角分量的相对大小与场点的方位有关。这样一来，如要用光波的矢量理论来讨论某些光学问题，就会使问题变得十分复杂。实际上，实际光源发出光波的场方向随时间极快地无规则变化，使我们只能够研究矢量的平均效果。所以一般在光学中常常忽略场的矢量性质，而把光波场的每一个直角分量孤立地看作标量场，用标量场的理论来研究问题。采用光波的标量理论来处理问题，对于大部分光学问题（如光的干涉、衍射），所得到的结果是相当精确的。所以球面光波的波动方程可以表示为

$$\nabla^2 f-\frac{1}{v^2}\frac{\partial^2 f}{\partial t^2}=0 \tag{1-51}$$

对于球面光波，因为球是对称的，用球坐标来讨论比较方便。在球坐标中拉普拉斯算符 ∇^2 的表达式

$$\nabla^2=\frac{1}{r^2}\frac{\partial}{\partial r}\left(r^2\frac{\partial f}{\partial r}\right)+\frac{1}{r^2\sin\theta}\frac{\partial}{\partial\theta}\left(\sin\theta\frac{\partial f}{\partial\theta}\right)+\frac{1}{r^2\sin^2\theta}\frac{\partial^2 f}{\partial\varphi^2}$$

对于标量理论，由于球面光波的球对称性，其波动方程仅与 r 有关，与坐标 θ、φ 无关，因而球面光波的振幅只随距离 r 变化，这时波动方程(1-51)可以简化为

$$\nabla^2 f-\frac{1}{v^2}\frac{\partial^2 f}{\partial t^2}=\frac{1}{r^2}\frac{\partial}{\partial r}\left(r^2\frac{\partial f}{\partial r}\right)-\frac{1}{v^2}\frac{\partial^2 f}{\partial t^2}=0 \tag{1-52}$$

因为 $$r\frac{\partial(rf)}{\partial r}=r^2\frac{\partial f}{\partial r}+rf$$

即
$$r^2\frac{\partial f}{\partial r}=r\cdot\frac{\partial(fr)}{\partial r}-rf$$
所以
$$\frac{\partial}{\partial r}\left(r^2\frac{\partial f}{\partial r}\right)=r\cdot\frac{\partial^2(rf)}{\partial r^2}+\frac{\partial fr}{\partial r}-\frac{\partial fr}{\partial r}=r\cdot\frac{\partial^2(rf)}{\partial r^2}$$
则
$$\frac{\partial^2(rf)}{\partial r^2}-\frac{r}{v^2}\frac{\partial^2 f}{\partial t^2}=\frac{\partial^2(rf)}{\partial r^2}-\frac{1}{v^2}\frac{\partial^2(rf)}{\partial t^2}=0$$
将 rf 作为一个新的函数,可令
$$u=rf=u(r,t)$$
根据前面的推导,通解可以写成如下的形式:
$$u=f_1(r-vt)+f_2(r+vt)=rf$$
所以
$$f=\frac{f_1(r-vt)}{r}+\frac{f_2(r+vt)}{r} \tag{1-53}$$
其中 f_1/r 代表沿 r 正方向向外发散的球面光波。凡是 $r-vt$ 为常数的点都是位相相同的点,很显然,在某一时刻,把位相相同的点连接起来而构成的波阵面,是一个球面,并且球面波的振幅与 r 成反比例变化。f_1/r 表示向内会聚的球面光波。

已知单色平面光波的波函数可以表示为(这里仅考虑标量场)
$$E=E_0\cos(\omega t-\boldsymbol{k}\cdot\boldsymbol{r})$$
根据式(1-53),则球面光波可以表示为
$$E=\frac{E_0}{r}\cdot\cos(\omega t-kr) \tag{1-54}$$
写成复数形式为
$$E=\frac{E_0}{r}\cdot\exp[-\mathrm{i}(\omega t-kr)] \tag{1-55}$$
复振幅为
$$\widetilde{E}=\frac{E_0}{r}\mathrm{e}^{\mathrm{i}kr} \tag{1-56}$$
这里的 E_0 为离开点光源单位距离处的振幅。

2. 柱面光波

一个各向同性的无限长线光源,向外发射的波是柱面光波,其等相位面是以线光源为中心轴,随着距离的增大而逐渐扩展的同轴圆柱面(图 1.8)。

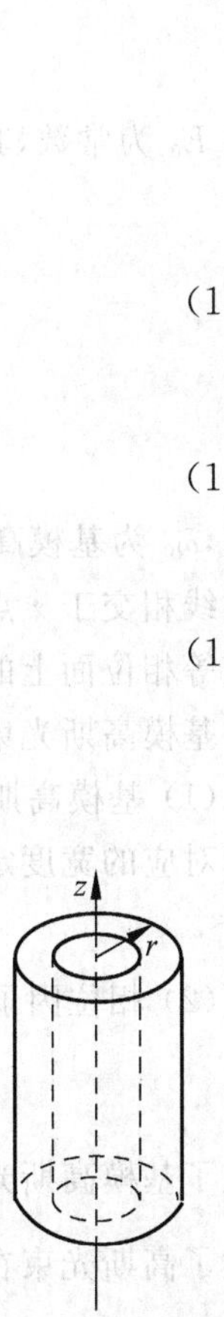

图 1.8 柱面光波波阵面示意图

对于柱面光波,采用以 z 轴为对称轴,不含 z 的圆柱坐标系形式的波函数来描述:
$$\frac{1}{r}\frac{\partial}{\partial r}\left(r\frac{\partial f}{\partial r}\right)-\frac{1}{v^2}\frac{\partial^2 f}{\partial t^2}=0 \tag{1-57}$$
令 $q=\sqrt{r}$,则上式形式上可以转化为单色球面光波的波函数。所以单色柱面光波场的解可以写成

$$E = \frac{E_0}{\sqrt{r}}\cos(\omega t - kr) \tag{1-58}$$

$$E = \frac{E_0}{\sqrt{r}}e^{-i(\omega t - kr)} \tag{1-59}$$

相应的复振幅为

$$\widetilde{E} = \frac{E_0}{\sqrt{r}}e^{ikr} \tag{1-60}$$

上式说明柱面光波的振幅与$\sqrt{r}$成反比。E_0 是离开线光源单位距离处光波场的振幅。

3. 高斯光束

激光器产生的激光束既不是上面讨论的均匀平面光波，也不是均匀球面光波，而是一种振幅和等相位面都在变化的高斯球面光波，称为高斯光束。在由激光器产生的各种模式的激光中，最基本、应用最多的是基模高斯光束，这里仅讨论基模高斯光束。从波动方程解的观点看，基模高斯光束仍是波动方程(1-51)的一种特解。它是以 z 轴为柱对称的波，沿着 z 轴的方向传播，可以采用柱坐标系讨论，可以证明，基模高斯光束标量场的解为如下形式：

$$E_{00}(r,z,t) = \frac{E_0}{\widetilde{\omega}(z)}e^{-\frac{r^2}{\widetilde{\omega}^2(z)}}e^{i\left[k\left(z+\frac{r^2}{2R(z)}\right)-\arctan\frac{z}{f}\right]}\cdot e^{-i\omega t} \tag{1-61}$$

这里 E_0 为常数，其余符号的意义为

$$\begin{cases} k = 2\pi/\lambda \\ \widetilde{\omega}(z) = \widetilde{\omega}_0 \cdot \sqrt{1+(z/f)^2} \\ r^2 = x^2 + y \\ R(z) = z + f^2/z \\ f = \pi\widetilde{\omega}_0^2/\lambda \end{cases} \tag{1-62}$$

这里，$\widetilde{\omega}_0$ 为基模高斯光束的束腰半径；f 为高斯光束的共焦参数或瑞利长度；$R(z)$为与传播轴线相交于 z 点的高斯光束等相位面的曲率半径；$\widetilde{\omega}(z)$为与传播轴线相交于 z 点的高斯光束等相位面上的光斑半径。

基模高斯光束的基本特征如下：

(1) 基模高斯光束在横截面内的光电场振幅分布服从高斯分布，由中心振幅下降到 $1/e$ 点所对应的宽度定义为光斑半径

$$\widetilde{\omega}(z) = \widetilde{\omega}_0 \cdot \sqrt{1+(z/f)^2}$$

(2) 相位因子

$$\varphi_{00}(r,z) = k\left(z + \frac{r^2}{2R(z)}\right) - \arctan\frac{z}{f}$$

决定了基模高斯光束的空间相移特性。其中，kz 描述了高斯光束的几何相移；$\arctan(z/f)$ 描述了高斯光束在空间传输到 z 处、相对于几何相移的附加相移；因子$\frac{kr^2}{2R(z)}$则表示与横向坐标 r 有关的相移，它表明高斯光束的等相位面是以 $R(z)$为半径的球面。

(3) 基模高斯光束既非平面波，又非均匀球面波，其等相位面是曲率中心不断变化的球面，振幅和强度在横截面内保持高斯分布。

1.2 光波的叠加与分析

两个(或多个)的光波在空间某一区域相遇时,会发生光波的叠加现象。一般说来,频率、振幅和位相都不相同的光波的叠加,情形是很复杂的。本小节仅限于讨论频率相同或频率相差很小的单色光波的叠加,在这种情况下,可以写出结果的数学表达式。尽管实际光源发出的光波不能认为是单色光波,但是,任何复杂的光波都可以分解为一组由余弦函数和正弦函数表示的单色光波之和,因此讨论单色光波有非常重要的现实意义。

光波的叠加服从叠加原理,叠加原理可以表述为:两个(或多个)光波在相遇点产生的合振动是各个波单独产生的振动的矢量和。叠加原理体现的是光传播的独立性,也就是说,每一个波独立地产生作用,这种作用不因其他波的存在而受到影响。日常生活中有许多现象都可以说明光波的独立性。比如两个光波在相遇之后又分开,每一个光波仍保持原有的特性(频率、振动方向等),按照原来的方向继续传播,好像在各自的路程上并未遇到其他光波一样。但是也要注意光波的叠加原理只有在光波的场强较小时才正确,当光波的场强很大时,例如使用场强高达 10^{12} V/m 的激光,由于介质的极化不仅与场强的一次方成正比,还与场强的二次方、三次方等有关,即介质对光波的响应是非线性的,此时,线性叠加原理已经不再适用。

光的叠加原理可用数学式子表示为

$$\boldsymbol{E} = \boldsymbol{E}_1 + \boldsymbol{E}_2 + \boldsymbol{E}_3 + \cdots = \sum_i \boldsymbol{E}_i \tag{1-63}$$

式中 $\boldsymbol{E}_1$、$\boldsymbol{E}_2$、$\boldsymbol{E}_3$、…是各个光波独立存在时在相遇点的场强,$\boldsymbol{E}$ 是合场强。如果叠加光波的场矢量方向相同,这时光波场可用标量表示,叠加光波的合场强等于各个标量场的代数和。

1.2.1 两个频率相同、振动方向相同的单色平面光波的叠加

1. 代数加法

设两个频率相同、振动方向相同的单色平面光波分别发自光源 S_1 和 S_2,P 点是两光波相遇区域内的任意一点,P 到 S_1 和 S_2 的距离分别为 r_1 和 r_2,因此,两光波各自在 P 点产生的光振动可以写成

$$E_1 = E_{01}\cos(\omega t - kr_1) \tag{1-64}$$

$$E_2 = E_{02}\cos(\omega t - kr_2) \tag{1-65}$$

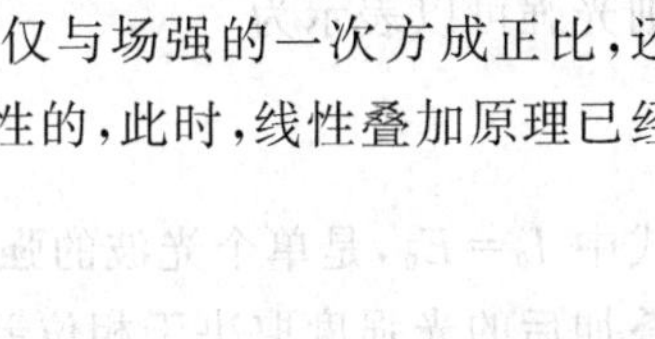

图 1.9 两光波在 P 点叠加

则总的合振动为

$$\begin{aligned} E &= E_1 + E_0 \\ &= E_{01}\cos(\omega t - kr_1) + E_{02}\cos(\omega t - kr_2) \end{aligned}$$

令 $\varphi_1 = kr_1$,$\varphi_2 = kr_2$,上式化为

$$\begin{aligned} E &= E_{01}\cos(\omega t - \varphi_1) + E_{02}\cos(\omega t - \varphi_2) \\ &= E_{01}\cos\omega t\cos\varphi_1 + E_{01}\sin\omega t\sin\varphi_1 + E_{02}\cos\omega t\cos\varphi_2 + E_{02}\sin\omega t\sin\varphi_2 \end{aligned}$$

$$= (E_{01}\cos\varphi_1 + E_{02}\cos\varphi_2)\cos\omega t + (E_{01}\sin\varphi_1 + E_{02}\sin\varphi_2)\sin\omega t$$

因为 $I \propto E^2$，E_{01}、E_{02}、φ_1、φ_2 都是常数，所以可以令

$$E_{01}\cos\varphi_1 + E_{02}\cos\varphi_2 = E_0\cos\varphi \tag{1-66a}$$

$$E_{01}\sin\varphi_1 + E_{02}\sin\varphi_2 = E_0\sin\varphi \tag{1-66b}$$

$$E_0^2 = E_{01}^2 + E_{02}^2 + 2E_{01}E_{02}\cos(\varphi_2 - \varphi_1) \tag{1-67}$$

$$\tan\varphi = \frac{E_{01}\sin\varphi_1 + E_{02}\sin\varphi_2}{E_{01}\cos\varphi_1 + E_{02}\cos\varphi_2} \tag{1-68}$$

因此，P 点的合振动可以写为

$$E = E_0\cos\varphi\cos\omega t + E_0\sin\varphi\sin\omega t = E_0\cos(\omega t - \varphi) \tag{1-69}$$

上式说明 P 点的合振动也是一个简谐振动，振动频率和振动方向都与两单色平面光波相同，振幅和初相位分别由式(1-67)和式(1-68)决定。

如果两个单色平面光波在 P 点的振幅相等，而 $E_{01}=E_{02}=E_0$，则 P 点的合振幅由下式决定

$$E^2 = 2E_0^2 + 2E_0^2\cos(\varphi_2 - \varphi_1) = 4E_0^2\cos^2\frac{\delta}{2} \tag{1-70}$$

则光强可以表示为

$$I = 4I_0\cos^2\frac{\delta}{2} \tag{1-71}$$

式中 $I_0=E_0^2$，是单个光波的强度；$\delta=\varphi_2-\varphi_1$，是两光波在 P 点的相位差。上式表示在 P 点叠加后的光强度取决于相位差 δ。当 δ 为 2π 的整数倍时，即

$$\delta = \pm 2m\pi \quad (m = 0,1,2,\cdots) \tag{1-72}$$

时，$I=4I_0$，P 点光强度有最大值。而当 δ 为 π 的奇数倍时，即

$$\delta = \pm(2m+1)\pi \quad (m = 0,1,2,\cdots) \tag{1-73}$$

时，$I=0$，P 点的光强有最小值。位相差介于两者之间时，P 点的光强在 0 和 $4I_0$ 之间。

如果两光波在 S_1 和 S_2 处的相位相同，那么两光波在 P 点的相位差就是由于从两光源到 P 点的距离不同而引起的，我们很容易把相位差表示为 P 点到两光源的距离 r_1 和 r_2 之差。因为 $\varphi_1=kr_1$，$\varphi_2=kr_2$，所以

$$\delta = \varphi_2 - \varphi_1 = -k(r_2 - r_1)$$

或者写为

$$\delta = -\frac{2\pi}{\lambda}(r_2 - r_1)$$

这里的 λ 为光波在介质中的波长，$\lambda=\lambda_0/n$，λ_0 为真空中的波长，n 为介质的折射率。所以

$$\delta = -\frac{2\pi}{\lambda_0}n(r_2 - r_1) \tag{1-74}$$

$n(r_2-r_1)$是光程差，记为 ΔL。

光程差是光源 S_1 和 S_2 到 P 点的光程之差。所谓光程，就是光波在某一介质中所通过的几何路程和这个介质的折射率的乘积。采用光程的好处是可以把光在不同介质中的传播路程都折算为在真空中的传播路程，便于相互比较。式(1-74)是物理光学中非常重要的关系式，表示从两个不同的光源到考察点 P 的光程差和它所引起的相位差之间的关系。根据这个关系式，也可以把在 P 点产生最大光强度的条件写为

$$\Delta L = n(r_2 - r_1) = \pm m\lambda \quad (m = 0,1,2,\cdots) \tag{1-75}$$

即光程差等于波长的整数位。(注意 λ 是真空中的波长,在本书中如果不作特别说明,λ 一律指真空中的波长。)

把在 P 点产生最小光强度的条件写为

$$\Delta L = n(r_2 - r_1) = \pm(2m+1)\lambda/2 \quad (m = 0,1,2,\cdots) \tag{1-76}$$

即光程差等于半波长的奇数倍。

实际写出式(1-64)和式(1-65)时

$$\begin{cases} E_1 = E_{01}\cos(\omega t - kr_1) \\ E_2 = E_{02}\cos(\omega t - kr_2) \end{cases}$$

这里已经假设 S_1 和 S_2 两点光振动的初相位为零。如果在 S_1 和 S_2 两点的初相位不同,则式(1-74)所表示的两光波在 P 点的相位差还必须加上 S_1 和 S_2 的初相差这一项,即

$$\delta = -\frac{2\pi}{\lambda_0}n(r_2 - r_1) + (\varphi_{02} - \varphi_{01}) \tag{1-77}$$

显而易见,在两光波叠加区域内,不同的点将可能含有不同的光程差,故而就含有不同的光强度。满足条件 $\Delta L = \pm m\lambda$,光强最大,满足 $\Delta L = \pm(2m+1)m\lambda/2$ 的光强度最小,其余的点介于最大强度和最小强度之间。只要两光波的位相差不变,在叠加区域内各点的强度分布是不变的。我们把这种在叠加区域出现的光强度稳定的强弱分布现象称为干涉,把能产生干涉的光波称为相干光波,而把光源称为相干光源。

2. 复数方法

采用复数表示时,光源发出的单色光波在 P 点产生的光振动可以写为

$$E_1 = E_{01}\exp[-\mathrm{i}(\omega t - \varphi_1)] \tag{1-78}$$

$$E_2 = E_{02}\exp[-\mathrm{i}(\omega t - \varphi_2)] \tag{1-79}$$

则合振动

$$E = E_1 + E_2 = (E_{01}\mathrm{e}^{\mathrm{i}\varphi_1} + E_{02}\mathrm{e}^{\mathrm{i}\varphi_2})\mathrm{e}^{-\mathrm{i}\omega t}$$

括号之内两复数之和仍为复数,设

$$E_0\mathrm{e}^{\mathrm{i}\varphi} = E_{01}\mathrm{e}^{\mathrm{i}\varphi_1} + E_{02}\mathrm{e}^{\mathrm{i}\varphi_2} \tag{1-80}$$

得

$$E = E_0\mathrm{e}^{\mathrm{i}\varphi}\mathrm{e}^{-\mathrm{i}\omega t} = E_0\mathrm{e}^{-\mathrm{i}(\omega t - \varphi)} \tag{1-81}$$

所以

$$\begin{aligned} E^2 &= (E_0\mathrm{e}^{\mathrm{i}\varphi})(E_0\mathrm{e}^{\mathrm{i}\varphi})^* \\ &= (E_{01}\mathrm{e}^{\mathrm{i}\varphi_1} + E_{02}\mathrm{e}^{\mathrm{i}\varphi_2})(E_{01}\mathrm{e}^{\mathrm{i}\varphi_1} + E_{02}\mathrm{e}^{\mathrm{i}\varphi_2})^* \\ &= E_{01}^2 + E_{02}^2 + E_{01}E_{02}[\mathrm{e}^{\mathrm{i}(\varphi_2 - \varphi_1)} + \mathrm{e}^{-\mathrm{i}(\varphi_2 - \varphi_1)}] \\ &= E_{01}^2 + E_{02}^2 + 2E_{01}E_{02}\cos(\varphi_2 - \varphi_1) \end{aligned} \tag{1-82}$$

将式(1-80)写成三角函数形式,很容易得到

$$\tan\varphi = \frac{E_{01}\sin\varphi_1 + E_{02}\sin\varphi_2}{E_{01}\cos\varphi_1 + E_{02}\cos\varphi_2} \tag{1-83}$$

所得结果与代数方法完全相同。

3. 矢量图法

用一个矢量来表示光波振动,矢量长度代表光波振幅的大小,与给定轴 Ox 的夹角表示这个光振动的相位。

若两矢量绕 O 点以角速度 ω 逆时针方向旋转,则两矢量的末端在 Ox 轴上投影的运动便表示两个简谐振动

$$E_1 = E_{01}\cos(\omega t + \varphi_1')$$
$$E_2 = E_{02}\cos(\omega t + \varphi_2')$$

这里,$\varphi_1' = -\varphi_1$,$\varphi_2' = -\varphi_2$。

显然合振动矢量 $\boldsymbol{E}$ 也绕 O 点以同一角速度 ω 逆时针方向旋转,且 $\boldsymbol{E}$ 的末端在 Ox 轴上投影的运动也是简谐振动。假设合振动写成

$$E = E_0\cos(\omega t + \varphi')$$

上式中,$\varphi' = -\varphi$,由图 1.10 可知

$$E_0^2 = E_{01}^2 + E_{02}^2 + 2E_{01}E_{02}\cos(\varphi_2' - \varphi_1')$$
$$\tan\varphi' = \frac{E_{01}\sin\varphi_1' + E_{02}\sin\varphi_2'}{E_{01}\cos\varphi_1' + E_{02}\cos\varphi_2'}$$

将 $\varphi_1' = -\varphi_1$,$\varphi_2' = -\varphi_2$ 和 $\varphi' = -\varphi$ 代入上面两式,即可得到

$$E_0^2 = E_{01}^2 + E_{02}^2 + 2E_{01}E_{02}\cos(\varphi_2 - \varphi_1)$$

和

$$\tan\varphi = \frac{E_{01}\sin\varphi_1 + E_{02}\sin\varphi_2}{E_{01}\cos\varphi_1 + E_{02}\cos\varphi_2}$$

对于几个振动的合成,一般采用矢量图法比较简便。这时可以将矢量进行平移,使矢量首尾相连,构成多变形的一部分,两相邻矢量间的夹角为两相应振动的位相差。合矢量的起点在第一个矢量的起点,终点在第 n 个矢量的终点,如图 1.11 所示。在要求不是很精确的场合,可以根据图上合矢量的长度和它与 Ox 轴的夹角估计合振动的振幅和位相。采用矢量图法计算多个振幅相等的振动的合成时,特别方便,将大大降低计算量。

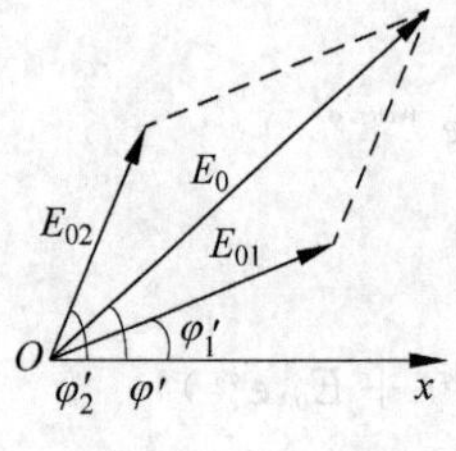

图 1.10 两个矢量相加

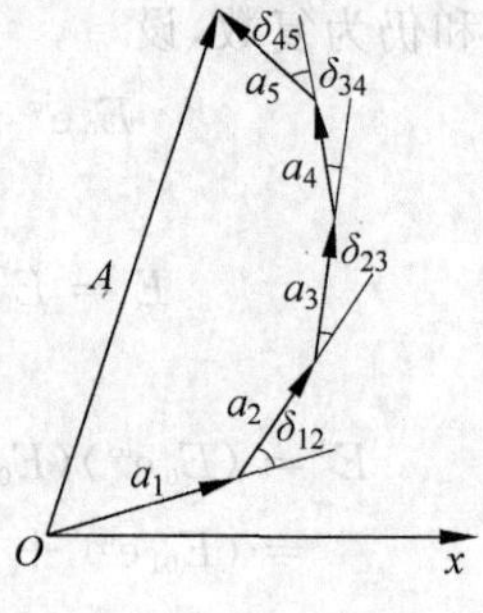

图 1.11 矢量图

1.2.2 两个振动方向相同、频率不同的单色平面光波的叠加

现在讨论两个在同一个方向上传播的振动方向相同、振幅相等而频率相差很小的单色平面光波的叠加,这样的两个波叠加的结果将产生光学上非常有意义的“拍”现象。

1. 光学拍

设角频率分别为 ω_1 和 ω_2 的两个单色光波沿 z 方向传播，波函数为

$$E_1 = E_0\cos(\omega_1 t - k_1 z)$$
$$E_2 = E_0\cos(\omega_2 t - k_2 z)$$

则两个波叠加后的合成波为

$$E = E_1 + E_2 = E_0[\cos(\omega_1 t - k_1 z) + \cos(\omega_2 t - k_2 z)]$$

应用三角公式 $\cos\alpha+\cos\beta=2\cos\frac{1}{2}(\alpha+\beta)\cos\frac{1}{2}(\alpha-\beta)$，则合成波可以写为

$$E = 2E_0\cos\left[(\omega_1+\omega_2)t-\frac{1}{2}(k_1+k_2)z\right]\cos\left[(\omega_1-\omega_2)t-\frac{1}{2}(k_1-k_2)z\right] \tag{1-84}$$

引入平均角频率 $\bar{\omega}$ 和平均波数 $\bar{k}$，且

$$\bar{\omega} = \frac{1}{2}(\omega_1+\omega_2),\quad \bar{k} = \frac{1}{2}(k_1+k_2)$$

以及调制角频率 ω_{m} 和调制波数 k_{m}，

$$\omega_{\mathrm{m}} = \frac{1}{2}(\omega_1-\omega_2),\quad k_{\mathrm{m}} = \frac{1}{2}(k_1-k_2)$$

则合成波可以写为

$$E = 2E_0\cos(\omega_{\mathrm{m}}t-k_{\mathrm{m}}z)\cos(\bar{\omega}t-\bar{k}z) \tag{1-85}$$

若令 $A=2E_0\cos(\omega_{\mathrm{m}}t-k_{\mathrm{m}}z)$，则合成波可以表示成

$$E = 2A\cos(\bar{\omega}t-\bar{k}z) \tag{1-86}$$

上式表明合成波可以看作一个频率为 $\bar{\omega}$ 而振幅受到调制（随时间和位置在 $-2E_0$ 和 $2E_0$ 之间变化）的波。图 1.12 表示了这样两个波的叠加情况，图(a)表示两个单色波，图(b)表示合成波。如果 $\omega_1\approx\omega_2$，同时由于光波的频率很高，则 $\bar{\omega}\gg\omega_{\mathrm{m}}$，因而振幅 A 变化缓慢，而电场强度 E 变化极快。合成波的强度为

$$I = A^2 = 4E_0^2\cos^2(\omega_{\mathrm{m}}t-k_{\mathrm{m}}z) \tag{1-87}$$

或

$$I = 2E_0^2[1+\cos^2(\omega_{\mathrm{m}}t-k_{\mathrm{m}}z)] \tag{1-88}$$

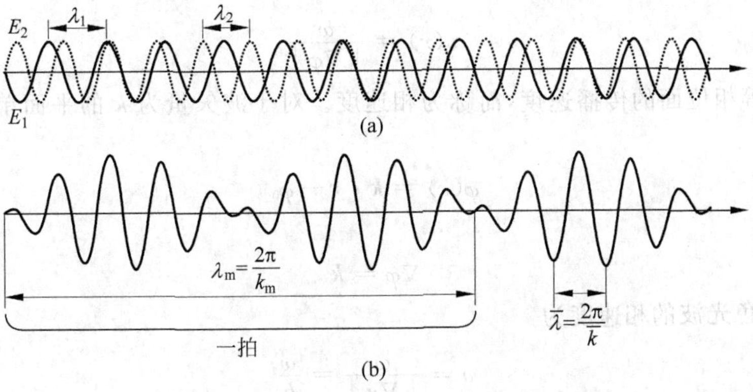

图 1.12　两个频率相近的单色光波的叠加

可见合成波的强度随时间和位置在 $0\sim4E_0^2$ 之间变化，这种强度时大时小的现象称为拍(图 1.12(b))。由上式可知拍频等于 $2\omega_m$，为振幅调制频率的两倍，或等于两叠加单色光波频率之差 $\omega_1-\omega_2$。

激光间也有光学拍现象，由于激光有很强的单色性和强度，光学拍现象的观测就变得容易多了。现在光学拍已成为光学中检测微小频率差的一种很好的方法。

2. 相速度和群速度

前面已经讲过，单色光波(注意，不一定是单色平面波!)的电场强度可以表示为

$$E=E_0\cos[\omega t-\varphi(\boldsymbol{r})] \tag{1-89}$$

式中，$\varphi(\boldsymbol{r})$是随位置矢量变化的相位项，满足 $\omega t-\varphi(\boldsymbol{r})=C$($C$ 为常数)的空间点构成的曲面是该单色光波的等相位面，满足该条件的 $\boldsymbol{r}$ 是这个相位状态在不同时刻的位置矢量。$\omega t-\varphi(\boldsymbol{r})=C$ 两边分别对时间求导，可得

$$\omega-\frac{\mathrm{d}[\varphi(\boldsymbol{r})]}{\mathrm{d}t}=0$$

进一步可以写成

$$\omega-\frac{\mathrm{d}[\varphi(\boldsymbol{r})]}{\mathrm{d}\boldsymbol{r}}\cdot\frac{\mathrm{d}\boldsymbol{r}}{\mathrm{d}t}=0$$

因为$\frac{\mathrm{d}[\varphi(\boldsymbol{r})]}{\mathrm{d}\boldsymbol{r}}=\nabla\varphi(\boldsymbol{r})$，上式经过整理可以得到

$$\omega-\nabla\varphi(\boldsymbol{r})\cdot\boldsymbol{v}=0$$

写成标量形式

$$\omega-|\nabla\varphi(\boldsymbol{r})|\cdot|\boldsymbol{v}|\cos(\boldsymbol{v},\nabla\varphi(\boldsymbol{r}))=0$$

可得

$$v(\boldsymbol{r})=\frac{\omega}{|\nabla\varphi(\boldsymbol{r})|\cos(\boldsymbol{v},\nabla\varphi)}$$

毫无疑问，当 $\cos(\hat{\boldsymbol{r}},\nabla\varphi)=1$，即$\hat{\boldsymbol{r}}$与$\nabla\varphi$ 方向相同时($\nabla\varphi$ 为相位梯度)，上式值最小，此时

$$v(\boldsymbol{r})=\frac{\omega}{|\nabla\varphi|}$$

在要求不是很严格的场合，上式可以简化为

$$v(r)=\frac{\omega}{|\nabla\varphi|} \tag{1-90}$$

该 $v(r)$就是等相位面的传播速度，简称为相速度。对于波矢量为 $\boldsymbol{k}$ 的平面单色光波，其空间相位项为

$$\varphi(r)=\boldsymbol{k}\cdot\boldsymbol{r}-\varphi_0$$

因此

$$\nabla\varphi=\boldsymbol{k}$$

所以，平面单色光波的相速度为

$$v=\frac{\omega}{|\nabla\varphi|}=\frac{\omega}{k} \tag{1-91}$$

上式表明平面光波的相速度 $v=c/\sqrt{\varepsilon_r\mu_r}$。相速度是单色光波特有的一种速度，由于它表示

的不是光波能量的传播速度，所以当 $n=\sqrt{\varepsilon_r\mu_r}<1$，例如在色散介质的反常色散区，就有相速度 v 大于真空中光速度 c 的情况，但这并不违背相对论的结论。

但是，实际上的光波都不是严格的单色光波，而是复色光波，它的光电场是所包含的各个单色光波电场的叠加。为简单起见，我们以图 1.12 所示的由两个单色光波叠加后的二色光波为例，讲述它的传播速度如何表示。合成波

$$E=2E_0\cos(\omega_m t-k_m z)\cos(\bar{\omega}t-\bar{k}z)$$

包含两种传播速度：等相位面的传播速度和等振幅面的传播速度。前者就是这个合成波的相速度，它由位相不变条件

$$\bar{\omega}t-\bar{k}z=\text{常数}$$

求得

$$v=\frac{z}{t}=\frac{\bar{\omega}}{\bar{k}} \tag{1-92}$$

合成光波可以表示成式(1-86)的形式，它的振幅是时间和空间的余弦函数，在任一时刻，满足$(\omega_m t-k_m z)=$常数的 z 值，代表了某等振幅面的位置，该等振幅面位置对时间的变化率即为等振幅面的传播速度——复色光波的群速度，且有

$$v_g=\frac{\omega_m}{k_m}=\frac{\omega_1-\omega_2}{k_1-k_2}=\frac{\Delta\omega}{\Delta k}$$

当 $\Delta\omega\to 0$ 时，上式可以写成

$$v_g=\frac{d\omega}{dk} \tag{1-93}$$

因为 $\omega=kv$，所以利用上式还可以得到群速度 v_g 与相速度 v 之间的关系：

$$v_g=\frac{d\omega}{dk}=\frac{d(kv)}{dk}=v+k\frac{dv}{dk} \tag{1-94}$$

由 $k=\frac{2\pi}{\lambda}$，有 $dk=-\frac{2\pi}{\lambda^2}d\lambda$，得到

$$v_g=v-\lambda\frac{dv}{d\lambda} \tag{1-95}$$

由 $v=\frac{c}{n}$，有 $dv=-\frac{c}{n^2}dn$，还可以得到

$$v_g=v\left(1+\frac{\lambda}{n}\frac{dn}{d\lambda}\right) \tag{1-96}$$

式(1-96)表明，当叠加的两单色光波在无色散($dn/d\lambda=0$)真空中传播时，两个单色光波的速度相同，因而合成波是一个波形稳定的拍，这时相速度和群速度相等。但是如果两光波在折射率 n 随波长变化的色散介质中传播时，两单色光波的传播速度不相等，合成波的群速度将不等于相速度：对于正常色散介质($dn/d\lambda<0$)，$v>v_g$；对于反常色散介质($dn/d\lambda>0$)，$v<v_g$。

以上讨论的是两个频率相差很小的单色光波叠加而成的复杂波的群速度。可以证明，对于多个不同频率的单色光波合成的更复杂的复色波，只要各个波的频率相差不大，它们只集中在某一“中心”频率附近，同时介质的色散又不大，就仍然有群速度的概念，并且式(1-94)，式(1-95)和式(1-96)仍然适用。

需要特别指出的是:

(1) 复色光波是由许多单色光波组成的,只有复色光波的频谱宽度 $\Delta\omega$ 很窄,各个频率集中在某一"中心"频率附近时,才能构成式(1-86)所示的波群,上述关于复色光波速度的讨论才有意义。如果 $\Delta\omega$ 较大,得不到稳定的波群,则复色波群速度的概念没有意义。

(2) 波群在介质中传播时,由于介质的色散效应,不同单色光波的传播速度因而不同,其合成波的波形将会在传播过程中不断地发生微小的变形。因此,随着传播的推移,波群发生"弥散",严重时,其形状完全与初始波群不同。由于不存在不变的波群,其群速度的概念也就没有意义。但是对于 $\omega_1 \approx \omega_2, \bar{\omega} \gg \omega_m$ 可以认为合成波的波形不变或变化极为缓慢,因而仍可用调制包络的移动速度来定义群速度。所以,只有在色散很小的介质中传播时,群速度才可以视为一个波群的传播速度。

(3) 由于光波的能量正比于电场振幅的平方,而群速度是波群等振幅点的传播速度,所以在群速度有意义的情况下,它即是光波能量的传播速度。在通常的利用光脉冲(光信号)进行光速测量的实验中,测量到的是光脉冲的传播速度,即群速度,而不是相速度。

1.2.3 两个频率相同、振动方向互相垂直的光波的叠加

1. 椭圆偏振光

假设 S_1 和 S_2 发出的单色光波的频率相同,但振动方向互相垂直,如图 1.13 所示。一个波的振动方向平行于 x 轴,另一个波的振动方向平行于 y 轴,现在考察它们在 z 轴方向上任一点 P 处的叠加。两光波在该处产生的光振动可以写为

$$\boldsymbol{E}_x = \boldsymbol{e}_x E_{0x}\cos(\omega t - kz_1) \tag{1-97a}$$

或

$$\boldsymbol{E}_x = \boldsymbol{e}_x E_{0x}\mathrm{e}^{-\mathrm{i}(\omega t - kz_1)} \tag{1-97b}$$

以及

$$\boldsymbol{E}_y = \boldsymbol{e}_y E_{0y}\cos(\omega t - kz_2) \tag{1-98a}$$

或

$$\boldsymbol{E}_y = \boldsymbol{e}_y E_{0y}\mathrm{e}^{-\mathrm{i}(\omega t - kz_2)} \tag{1-98b}$$

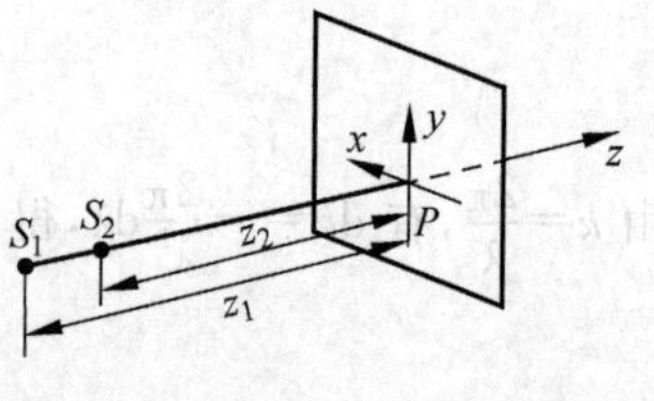

图 1.13 振动方向互相垂直的两个光波的叠加

式中,z_1 和 z_2 分别为两光源到 P 点的距离,$\boldsymbol{e}_x$ 和 $\boldsymbol{e}_y$ 分别为 x 方向和 y 方向的单位矢量。并且为简单起见,假设了在 S_1 和 S_2 两点振动的初相位为零。根据叠加原理,P 点处的合振动为

$$\boldsymbol{E} = \boldsymbol{e}_x E_{0x}\cos(\omega t - kz_1) + \boldsymbol{e}_y E_{0y}\cos(\omega t - kz_2)$$

因为两个振动分别在 x 方向和 y 方向,所以两个振动的叠加要作矢量相加。可以看到,合振动的大小和方向一般随时间变化,合矢量末端的运动轨迹可以由式(1-97)和式(1-98)消去参数 t 求得,因此,把上面两个式子写成

$$E_x = E_{0x}\cos(\omega t + \varphi_x) \quad 或 \quad E_x = E_{0x}\mathrm{e}^{-\mathrm{i}(\omega t + \varphi_x)} \tag{1-99}$$

$$E_y = E_{0y}\cos(\omega t + \varphi_y) \quad 或 \quad E_y = E_{0y}\mathrm{e}^{-\mathrm{i}(\omega t + \varphi_y)} \tag{1-100}$$

式中 $\varphi_x = -kz_1, \varphi_y = -kz_2$,得到

$$\frac{E_x}{E_{0x}} = \cos\varphi_x \cos\omega t + \sin\varphi_x \sin\omega t \tag{1-101}$$

$$\frac{E_y}{E_{0y}} = \cos\varphi_y \cos\omega t + \sin\varphi_y \sin\omega t \tag{1-102}$$

将式(1-101)乘以 $\cos\varphi_y$，$\cos\varphi_x$ 乘以式(1-102)，然后两式相减，得到

$$\frac{E_x}{E_{0x}}\cos\varphi_y - \frac{E_y}{E_{0y}}\cos\varphi_x = \sin\omega t \sin(\varphi_x - \varphi_y) \tag{1-103}$$

以 $\sin\varphi_y$ 乘以式(1-101)，$\sin\varphi_x$ 乘以式(1-102)，再将两式相减，得到

$$\frac{E_x}{E_{0x}}\sin\varphi_y - \frac{E_y}{E_{0y}}\sin\varphi_x = \cos\omega t \sin(\varphi_y - \varphi_x) \tag{1-104}$$

将式(1-103)和式(1-104)平方后相加即可消去 t，得

$$\frac{E_x^2}{E_{0x}^2} + \frac{E_y^2}{E_{0y}^2} - 2\frac{E_x E_y}{E_{0x}E_{0y}}\cos\delta = \sin^2\delta \tag{1-105}$$

式中，$\delta = \varphi_y - \varphi_x$。一般来说，这是一个椭圆方程式，表示合矢量末端的轨迹为一椭圆，这个椭圆内接于一长方形，长方形各边与坐标轴平行，边长为 $2E_{0x}$ 和 $2E_{0y}$，如图 1.14 所示。

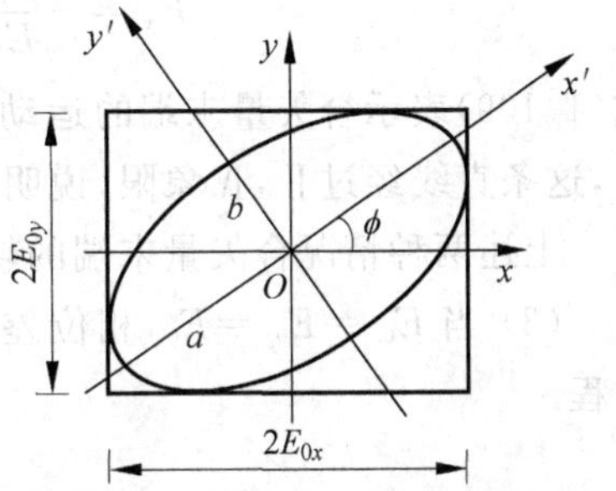

图 1.14 偏振椭圆及其参量

由于两叠加光波的角频率为 ω，那么 P 点合矢量沿椭圆旋转的频率也为 ω。我们把光矢量周期性的旋转，其末端的运动描述成一个椭圆的这种光称为椭圆偏振光。因此，使两个在同一方向上传播的频率相同、振动方向互相垂直的单色光波叠加，一般将得到椭圆偏振光。相位差 δ 和振幅比 E_y/E_x 的不同，决定了椭圆形状和空间取向的不同，从而决定了不同偏振状态。图 1.15 画出了几种不同 δ 值相应的椭圆偏振态。实际上，线偏振态和圆偏振态都可以被认为是椭圆偏振态的特殊情况。

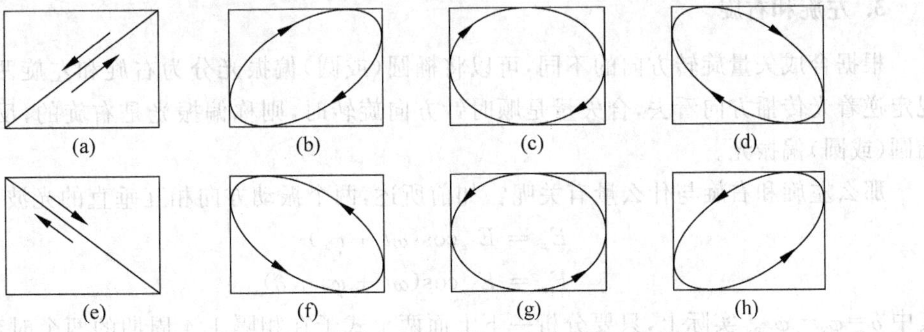

图 1.15 相位差 δ 取不同值时的椭圆偏振

(a) $\delta=0$；(b) $0<\delta<\pi/2$；(c) $\delta=\pi/2$；(d) $\pi/2<\delta<\pi$；(e) $\delta=\pi$；(f) $\pi<\delta<3\pi/2$；(g) $\delta=3\pi/2$；(h) $3\pi/2<\delta<2\pi$

2. 几种特殊情况

(1) δ 等于 0 或 $\pm 2\pi$ 的整数倍

$$\frac{E_y}{E_x} = \frac{E_{0y}}{E_{0x}}e^{-i2m\pi} = \frac{E_{0y}}{E_{0x}} \tag{1-106}$$

式中 $m=0,\pm1,\pm2,\cdots$，得到

$$\frac{E_x^2}{E_{0x}^2}+\frac{E_y^2}{E_{0y}^2}-2\frac{E_xE_y}{E_{0x}E_{0y}}=0$$

即

$$E_y=\frac{E_{0y}}{E_{0x}}E_x \tag{1-107}$$

式(1-107)表示合矢量末端的运动是沿着一条经过坐标原点，斜率为 E_{0y}/E_{0x} 的直线，称为线偏振光。此时，这条直线经过Ⅰ，Ⅲ象限，说明光矢量的振动方向在Ⅰ，Ⅲ象限内。

(2) δ 等于 $\pm2\pi$ 的半整数倍

这时

$$\frac{E_y}{E_x}=\frac{E_{0y}}{E_{0x}}\mathrm{e}^{-\mathrm{i}(2m+1)\pi}\quad(m=0,\pm1,\pm2,\cdots) \tag{1-108}$$

$$E_y=-\frac{E_{0y}}{E_{0x}}E_x \tag{1-109}$$

式(1-109)表示合矢量末端的运动沿着一条经过坐标原点，且斜率为 $-E_{0y}/E_{0x}$ 的直线。此时，这条直线经过Ⅱ，Ⅳ象限，说明光矢量的振动方向在Ⅱ，Ⅳ象限内。

上述两种情况合矢量末端的轨迹由椭圆退化为一条直线，称为线偏振光。

(3) 当 $E_{0x}=E_{0y}=E_0$，相位差 $\delta=m\pi/2(m=\pm1,\pm3,\pm5,\cdots)$ 时，椭圆方程退化为圆方程

$$E_x^2+E_y^2=E_0^2 \tag{1-110}$$

用复数表示时，有

$$\frac{E_y}{E_x}=\mathrm{e}^{-\mathrm{i}m\pi/2}=\pm\mathrm{i}\quad(m=\pm1,\pm3,\pm5,\cdots) \tag{1-111}$$

注意上式中 m 取的值不同，将导致符号不同，结果将完全不同。

3. 左旋和右旋

根据合成矢量旋转方向的不同，可以将椭圆(或圆)偏振光分为右旋和左旋两种。通常规定逆着光传播方向看去，合矢量是顺时针方向旋转时，则称偏振光是右旋的，反之是左旋椭圆(或圆)偏振光。

那么左旋和右旋与什么量有关呢？如前所述，两个振动方向相互垂直的光波可以为

$$E_x=E_{0x}\cos(\omega t+\varphi_x)$$

$$E_y=E_{0y}\cos(\omega t+\varphi_x+\delta)$$

其中 $\delta=\varphi_y-\varphi_x$。实际上，只要分析一下上面两个式子在相隔 1/4 周期的两个时刻的值，就可以判断什么情况下为右旋，什么情况下为左旋。

若假设在 t_0 时刻 $\omega t_0+\varphi_x=0$，则 $E_x=E_{0x}$，而 $E_y=E_{0y}\cos\delta$。在 $t=t_0+\dfrac{T}{4}$(T 为周期)时刻，

$$E_x=E_{0x}\cos\left(\omega t_0+\frac{\pi}{2}+\varphi_x\right)=0$$

因为

$$\cos\left(\frac{\pi}{2}+\delta\right)=\cos\frac{\pi}{2}\cos\delta-\sin\frac{\pi}{2}\sin\delta=-\sin\delta$$

所以

$$E_y=E_{0y}\cos\left(\omega t_0+\frac{\pi}{2}+\varphi_x+\delta\right)=-E_{0y}\sin\delta$$

根据上面的分析可以确定：

(1) 如果 $0<\delta\leqslant\pi/2$，如图 1.16(a)所示，偏振光为右旋椭圆偏振光；

(2) 如果 $\pi/2<\delta<\pi$，如图 1.16(b)所示，偏振光为右旋椭圆偏振光；

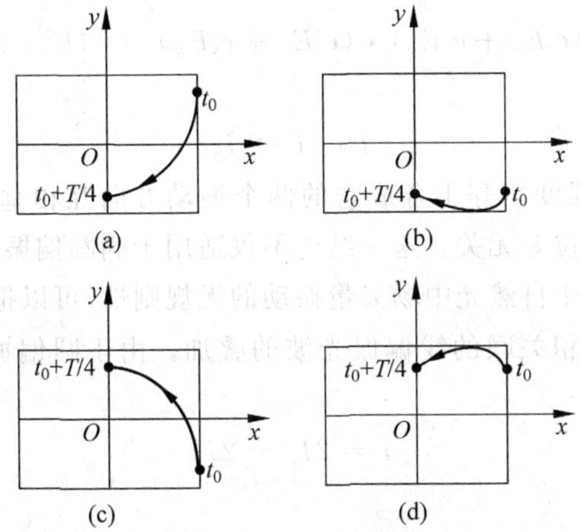

图 1.16 光矢量在 $T/4$ 周期内的运动

(a) $0<\delta\leqslant\pi/2$；(b) $\pi/2<\delta<\pi$；(c) $\pi<\delta\leqslant3\pi/2$；(d) $3\pi/2<\delta<2\pi$

即 $0<\delta<\pi$ 时，偏振光都为右旋椭圆偏振光。

(3) 如果 $\pi<\delta\leqslant3\pi/2$ 时，如图 1.16(c)所示，偏振光为左旋椭圆偏振光；

(4) 如果 $3\pi/2<\delta<2\pi$ 时，如图 1.16(d)所示，偏振光为左旋椭圆偏振光。

即 $\pi<\delta<2\pi$ 时，偏振光都为左旋椭圆偏振光。

注意：只有当它们的相位差 $\delta=(2m+1)\frac{\pi}{2}(m=\pm1,\pm2,\cdots)$时，且振幅 $E_{0x}=E_{0y}$，才会获得圆偏振光。

以上讨论的是两光波传播路程上某一点 P 的合矢量的运动情况。如果要考察某一时刻传播路程上各点的合矢量位置，容易看出各点场矢量的末端构成一螺旋线，螺旋线的空间周期等于波长，同时各点场矢量的大小不一，其末端在与传播的方向垂直的平面上的投影为一个椭圆(对于圆偏振光，各点场矢量的大小相等，其末端在与传播的方向垂直的平面上的投影为一个圆)。对于左旋椭圆偏振光的情形，各点场矢量的末端构成的螺旋线的旋向与光传播方向成右手螺旋系统；而对于右旋椭圆偏振光的情形，螺旋线的旋向与光传播方向成左手螺旋系统(见图 1.17)。

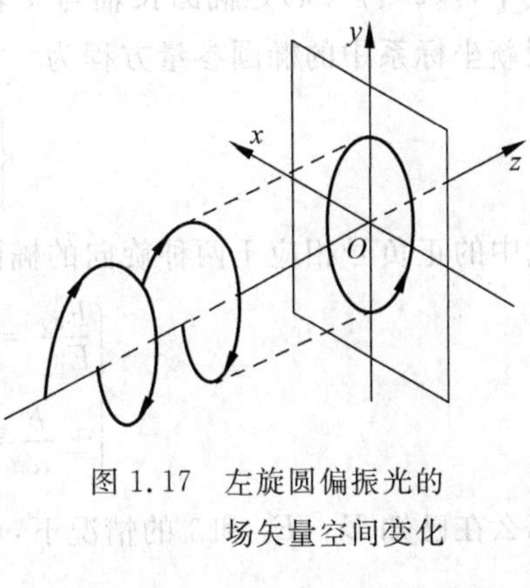

图 1.17 左旋圆偏振光的场矢量空间变化

4. 偏振光的强度

对于线偏振光的强度，在1.1.3节中已经交代过，这里不再重复。这里主要讨论如何表示椭圆偏振光的强度。根据式(1-24)，光波的强度可以写为

$$I=\langle S\rangle=v\varepsilon\langle E^2\rangle$$

在同一种介质中，只要考虑光波的相对强度就可以，这时，上式可以简化为

$$I=\langle E^2\rangle$$

对于椭圆偏振光

$$I=\langle(\boldsymbol{e}_xE_x+\boldsymbol{e}_yE_y)\cdot(\boldsymbol{e}_xE_x+\boldsymbol{e}_yE_y)\rangle=\langle E_x^2\rangle+\langle E_y^2\rangle$$

即

$$I=I_x+I_y \tag{1-112}$$

上式表示椭圆偏振光的强度恒等于合成它的两个振动方向互相垂直的单色光波的强度之和，与两个叠加光波的相位差无关。这一结论不仅适用于椭圆偏振光，也适用于圆偏振光和自然光。对于自然光，由于自然光中场矢量振动的无规则性，可以把自然光看作两个振动方向互相垂直，彼此没有位相关联的线偏振光波的叠加。由于圆偏振光和自然光中 $I_x=I_y$，所以

$$I=2I_x=2I_y \tag{1-113}$$

5. 偏振光的表示

刚才我们学习了当两个振动方向相互垂直的偏振光叠加时，通常形成椭圆偏振光，其电场矢量端轨迹的椭圆长短轴之比及空间取向，随两个线偏振光的振幅比 E_{0y}/E_{0x} 及其相位差 δ 变化，它们决定了该光的偏振态。下面介绍几种经常采用的偏振光表示法。

(1) 三角函数表示法

在实际应用中，经常采用由椭圆长短轴构成的新直角坐标系 $x'Oy'$ 中两个正交电场分量 $E_{x'}$ 和 $E_{y'}$ 描述偏振态，

$$\begin{cases}E_{x'}=E_x\cos\phi+E_y\sin\phi\\ E_{y'}=-E_x\sin\phi+E_y\cos\phi\end{cases} \tag{1-114}$$

式中，$\phi(0\leqslant\phi<\pi)$是椭圆长轴与 x 轴间的夹角。设 $2a$ 和 $2b$ 分别为椭圆的长短轴的长度，则新坐标系中的椭圆参量方程为

$$\begin{cases}E_{x'}=a\cos(\tau+\varphi_0)\\ E_{y'}=\pm b\sin(\tau+\varphi_0)\end{cases} \tag{1-115}$$

式中的正负号相应于两种旋向的椭圆偏振光，$\tau=\omega t-kz$，

$$\begin{cases}\dfrac{E_{0y}}{E_{0x}}=\tan\alpha & \left(0\leqslant\alpha\leqslant\dfrac{\pi}{2}\right)\\ \pm\dfrac{b}{a}=\tan\chi & \left(-\dfrac{\pi}{4}\leqslant\chi\leqslant\dfrac{\pi}{4}\right)\end{cases} \tag{1-116}$$

那么在已知 E_{0x}，E_{0y} 和 δ 的情况下，可以求出 a，b 和 ϕ，

$$\begin{cases} \tan 2\alpha \cos\delta = \tan 2\phi \\ \sin 2\alpha \sin\delta = \sin 2\chi \\ E_{0x}^2 + E_{0y}^2 = a^2 + b^2 \end{cases} \tag{1-117}$$

反过来，已知 a、b 和 ϕ，可以求出 E_{0x}、E_{0y} 和 δ。

(2) 琼斯矩阵表示法

由本小节第一部分的讨论可知，沿 z 方向传播的任何一种偏振光，不管是线偏振光、圆偏振光还是椭圆偏振光，都可以表示为光矢量分别沿 x 轴和 y 轴的两个线偏振光的叠加：

$$\boldsymbol{E} = \boldsymbol{e}_x E_{0x}\cos(\omega t - kz_1) + \boldsymbol{e}_y E_{0y}\cos(\omega t - kz_2) \tag{1-118}$$

反过来，这就说明，任一种偏振光的光矢量都可以用沿着 x 轴和 y 轴的两个分量来表示：

$$\boldsymbol{E}_x = \boldsymbol{e}_x E_{0x}\cos(\omega t - kz_1), \quad \boldsymbol{E}_y = \boldsymbol{e}_y E_{0y}\cos(\omega t - kz_2)$$

这两个分量的振幅比和位相差决定该偏振光的偏振态。将两个分量写成复数形式：

$$\boldsymbol{E}_x = \boldsymbol{e}_x E_{0x}\mathrm{e}^{-\mathrm{i}(\omega t - kz_1)}, \quad \boldsymbol{E}_y = \boldsymbol{e}_y E_{0y}\mathrm{e}^{-\mathrm{i}(\omega t - kz_2)} \tag{1-119}$$

当省去上式中的公共位相因子 $\mathrm{e}^{-\mathrm{i}\omega t}$ 时，上式可用复振幅表示为

$$\widetilde{\boldsymbol{E}}_x = \boldsymbol{e}_x E_{0x}\mathrm{e}^{\mathrm{i}kz_1}, \quad \widetilde{\boldsymbol{E}}_y = \boldsymbol{e}_y E_{0y}\mathrm{e}^{\mathrm{i}kz_2} \tag{1-120}$$

显然，任一偏振光可以用由它的光矢量的两个分量构成的一列矩阵表示，这个矩阵通常称为琼斯矢量，也称琼斯矩阵。记为

$$\begin{bmatrix} E_x \\ E_y \end{bmatrix} = \begin{bmatrix} E_{0x}\mathrm{e}^{-\mathrm{i}\varphi_x} \\ E_{0y}\mathrm{e}^{-\mathrm{i}\varphi_y} \end{bmatrix} \tag{1-121}$$

上式中 $\varphi_x = -kz_1$，$\varphi_y = -kz_2$。一般我们只关心相对位相差，因而上式中的公共位相因子提到矩阵外，或者干脆弃去不写，这样，琼斯矩阵可以写为

$$\begin{bmatrix} E_x \\ E_y \end{bmatrix} = \begin{bmatrix} E_{0x} \\ E_{0y}\mathrm{e}^{-\mathrm{i}\delta} \end{bmatrix} \tag{1-122}$$

对于线偏振光，当 $\delta = 0, \pm 2m\pi$ 时，琼斯矩阵写为

$$\begin{bmatrix} E_x \\ E_y \end{bmatrix} = \begin{bmatrix} E_{0x} \\ E_{0y} \end{bmatrix} \tag{1-123}$$

当 $\delta = (2m+1)\pi$ 时，琼斯矩阵写为

$$\begin{bmatrix} E_x \\ E_y \end{bmatrix} = \begin{bmatrix} E_{0x} \\ -E_{0y} \end{bmatrix} \tag{1-124}$$

对于右旋、左旋圆偏振光，对应的相位差为 $\delta = \frac{\pi}{2}$，$\delta = -\frac{\pi}{2}$，分振动振幅 $E_{0x} = E_{0y} = E_0$，则有

$$\begin{bmatrix} E_x \\ E_y \end{bmatrix} = \begin{bmatrix} E_{0x} \\ \mp \mathrm{i}E_{0y} \end{bmatrix} = \begin{bmatrix} 1 \\ \mp \mathrm{i} \end{bmatrix} E_0 \tag{1-125}$$

因为光强 $I = E_{0x}^2 + E_{0y}^2$，有时将琼斯矢量的每一个分量除以 $\sqrt{I}$，得到标准的归一化琼斯矢量。对 x 方向振动的线偏振光、y 方向振动的线偏振光、沿与 x 轴成 45°方向振动的线偏振光、振动方向与 x 轴成 θ 角的线偏振光、左旋圆偏振光、右旋圆偏振光的标准归一化琼斯矩阵分别为

$$\begin{bmatrix} 1 \\ 0 \end{bmatrix}, \begin{bmatrix} 0 \\ 1 \end{bmatrix}, \frac{\sqrt{2}}{2}\begin{bmatrix} 1 \\ 1 \end{bmatrix}, \begin{bmatrix} \cos\theta \\ \sin\theta \end{bmatrix}, \frac{\sqrt{2}}{2}\begin{bmatrix} 1 \\ -\mathrm{i} \end{bmatrix}, \frac{\sqrt{2}}{2}\begin{bmatrix} 1 \\ \mathrm{i} \end{bmatrix} \tag{1-126}$$

如果两个偏振光满足如下关系，则称这两个偏振光是正交偏振态：

$$E_1E_2^* = \begin{bmatrix} E_{1x} & E_{1y} \end{bmatrix}\begin{bmatrix} E_{2x}^* \\ E_{2y}^* \end{bmatrix} = 0$$

比如：x、y 方向振动的两个线偏振光，右旋圆偏振光和左旋圆偏振光等均是互为正交的偏振态。

利用琼斯矢量可以很方便地计算二偏振元件的叠加：

$$\begin{bmatrix} E_x \\ E_y \end{bmatrix} = \begin{bmatrix} E_{1x} \\ E_{1y} \end{bmatrix} + \begin{bmatrix} E_{2x} \\ E_{2y} \end{bmatrix} = \begin{bmatrix} E_{1x} + E_{2x} \\ E_{1y} + E_{2y} \end{bmatrix} \tag{1-127}$$

也可方便地计算线偏振光 E_1 通过几个偏振元件之后的偏振态：

$$\begin{bmatrix} E_x \\ E_y \end{bmatrix} = \begin{bmatrix} a_n & b_n \\ c_n & d_n \end{bmatrix} \cdots \begin{bmatrix} a_2 & b_2 \\ c_2 & d_2 \end{bmatrix}\begin{bmatrix} a_1 & b_1 \\ c_1 & d_1 \end{bmatrix}\begin{bmatrix} E_{1x} \\ E_{1y} \end{bmatrix} \tag{1-128}$$

$\begin{bmatrix} a_n & b_n \\ c_n & d_n \end{bmatrix}$为第 n 个光学元件偏振特性的琼斯矩阵。

(3) 斯托克斯参量表示法

从前面三角函数法中可知，为了表示椭圆偏振状态，必须有三个独立参量，例如振幅 E_x、E_y 和相位之差 δ，或者椭圆的长、短半轴 a、b 和表示椭圆取向的 ϕ 角。

一个平面单色光波的斯托克斯参量是：

$$\begin{cases} S_0 = E_x^2 + E_y^2 \\ S_1 = E_x^2 - E_y^2 \\ S_2 = 2E_xE_y\cos\delta \\ S_3 = 2E_xE_y\sin\delta \end{cases} \tag{1-129}$$

其中只有三个参量是独立的，因为它们之间存在下面的恒等式关系：

$$S_0^2 = S_1^2 + S_2^2 + S_3^2 \tag{1-130}$$

参量 S_0 显然正比于光波的强度，参量 S_1、S_2 和 S_3 则与图 1.14 所示的表示椭圆取向的 ϕ 角($0 \leqslant \phi \leqslant \pi$)和表示椭圆率及椭圆转向的 χ 角($-\pi/4 \leqslant \chi \leqslant \pi/4$)有如下关系：

$$\begin{cases} S_1 = S_0\cos 2\chi\sin 2\phi \\ S_2 = S_0\cos 2\chi\sin 2\phi \\ S_3 = S_0\sin 2\chi \end{cases} \tag{1-131}$$

(4) 邦加球表示法

邦加球是一个半径为 S_0 的球面 Σ，其上任意点 P 的直角坐标为 S_1、S_2 和 S_3，而 2χ 和 2ϕ 则是该点的相应球面直角坐标(图 1.18)。

也就是说，一个平面单色光波，当其强度给定时(S_0 = 常数)，对于它的每个可能的偏振态，Σ 上都有一点与之对应，反过来也是这样。因为当偏振是右旋时 χ 为正，而左旋时 χ 为负，所以，Σ 赤道面(xOy 平面)上面的点代表右旋椭圆的偏振光，下面的点代表左旋椭圆的偏振光。由于线偏振光的相位差 δ 是零或 2π 的整数倍，所以斯托克斯参量 S_3 为零，所以各线偏振光分别由赤道面上的点代表。对于圆偏振光，因为 $E_{0x} = E_{0y}$，所以分别由南、北极两点代表左、右旋圆偏振光。至于偏振光的检测等相关内容留到后面学习晶体光学部分再加以讨论。

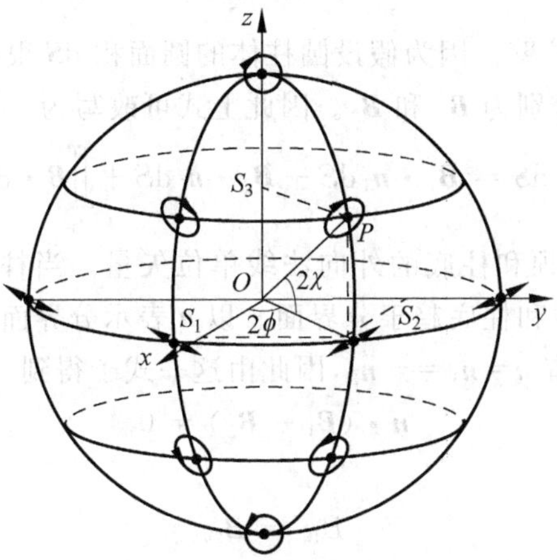

图 1.18 偏振光的邦加球表示

1.3 光波在介质界面上的反射和折射

光在传播过程中遇到介质界面时，总是要发生反射和折射。由光的电磁理论可知，光在介质界面上的反射和折射，实际上是光与介质相互作用的结果，严格的理论分析非常复杂，在这里不考虑光与介质的微光作用，只根据麦克斯韦方程组和边界条件来研究平面光波在两介质分界面上的反射和折射。

1.3.1 电磁场的边值关系

在处理光波从一种介质到另一种介质的传播问题时，由于两种介质的物理性质不同，电磁场在两种介质的分界面上将是不连续的，但仍然存在一定的关系，通常把这种关系称为电磁场的边值关系。

由于电磁场在分界面上发生跃变，微分形式的麦克斯韦方程组不再适用，这时可应用积分形式的麦克斯韦方程组来研究边值关系。

1. 磁感应强度和电感应强度的法向分量

在分界面上作出一个扁平的小圆柱体，圆柱体的高为 dh，圆面积为 dS，如图 1.19 所示。把麦克斯韦方程组(1-1)的第 2 式，即

$$\oiint \boldsymbol{B}\cdot \mathrm{d}\boldsymbol{S}=0$$

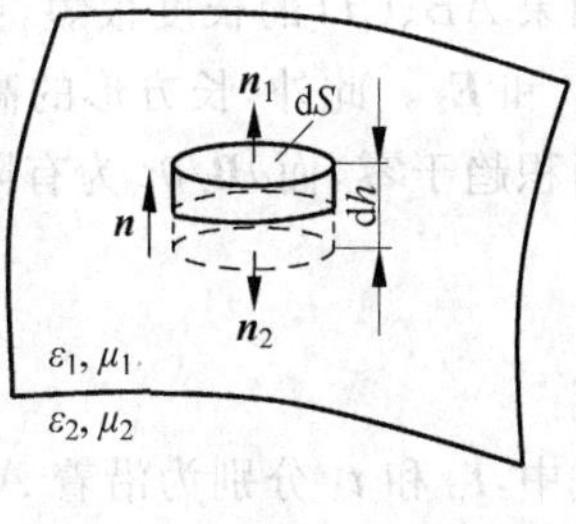

图 1.19 分界面上的假想小圆柱体

应用于小圆柱体，那么上式左边的面积分应遍及整个圆柱体

表面，它可以写成对柱顶、柱底和柱壁三个面积分之和，即

$$\oiint \boldsymbol{B}\cdot \mathrm{d}\boldsymbol{S}=\iint_{S_1}\boldsymbol{B}\cdot \mathrm{d}\boldsymbol{S}+\iint_{S_2}\boldsymbol{B}\cdot \mathrm{d}\boldsymbol{S}+\iint_{S_3}\boldsymbol{B}\cdot \mathrm{d}\boldsymbol{S}$$

S_1、S_2、S_3 分别是顶、底和柱壁。因为假设圆柱体的圆面积 $\mathrm{d}\boldsymbol{S}$ 很小，所以可认为 $\boldsymbol{B}$ 在此范围内是常数，在柱顶和柱底分别为 $\boldsymbol{B}_1$ 和 $\boldsymbol{B}_2$。因此上式可改写为

$$\oiint \boldsymbol{B}\cdot \mathrm{d}\boldsymbol{S}=\boldsymbol{B}_1\cdot \boldsymbol{n}_1\mathrm{d}S+\boldsymbol{B}_2\cdot \boldsymbol{n}_2\mathrm{d}S+\iint_{S_3}\boldsymbol{B}\cdot \mathrm{d}\boldsymbol{S}=0$$

上式中，$\boldsymbol{n}_1$ 和 $\boldsymbol{n}_2$ 分别为柱顶和柱底的外向法线单位矢量。当柱高 $\mathrm{d}h$ 趋于零时，上式第三项积分也趋于零，并且柱顶和柱底趋于分界面。以 $\boldsymbol{n}$ 表示分界面法线方向的单位矢量(方向从介质 2 指向介质 1)，则有 $\boldsymbol{n}=\boldsymbol{n}_1=-\boldsymbol{n}_2$，因此由这一式子得到

$$\boldsymbol{n}\cdot(\boldsymbol{B}_1-\boldsymbol{B}_2)=0 \tag{1-132a}$$

或

$$B_{1n}=B_{2n} \tag{1-132b}$$

上面两式表明，在通过分界面时磁感应强度 $\boldsymbol{B}$ 虽然整个地发生跃变，但它的法向分量却是连续的。

对于电感应强度 $\boldsymbol{D}$，把麦克斯韦方程组的第 1 式应用于上述圆柱体，在没有自由电荷的情况下，同样可以得到

$$\boldsymbol{n}\cdot(\boldsymbol{D}_1-\boldsymbol{D}_2)=0 \tag{1-133a}$$

$$D_{1n}=D_{2n} \tag{1-133b}$$

即在分界面上没有自由面电荷的情况下，电感应强度的法向分量也是连续的。

2. 电场强度和磁场强度的切向分量

下面讨论电磁场切向分量的关系，为此，把图 1.19 中的小圆柱体换成长方形 $ABCD$，令其四边分别平行和垂直于分界面，如图 1.20 所示。把麦克斯韦方程组(1-1)第 3 式

$$\oint \boldsymbol{E}\cdot \mathrm{d}\boldsymbol{l}=-\iint \frac{\partial \boldsymbol{B}}{\partial t}\mathrm{d}\boldsymbol{S}$$

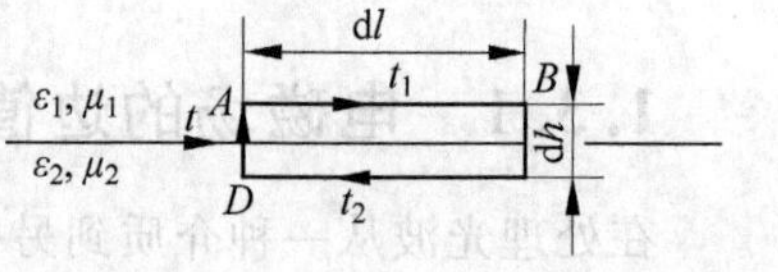

图 1.20 分界面上的假想长方形

应用到此矩形，式中线积分应沿着矩形的周界，它可以写成下面四个积分之和：

$$\oint \boldsymbol{E}\cdot \mathrm{d}\boldsymbol{l}=\left(\int_{AB}+\int_{BC}+\int_{CD}+\int_{DA}\right)\boldsymbol{E}\cdot \mathrm{d}\boldsymbol{l}=-\iint \frac{\partial \boldsymbol{B}}{\partial t}\mathrm{d}\boldsymbol{S}$$

如果 AB、CD 的长度很短，则在两线段范围内 $\boldsymbol{E}$ 可认为是常数，在介质 1 和介质 2 内分别为 $\boldsymbol{E}_1$ 和 $\boldsymbol{E}_2$。此外，长方形的高 $\mathrm{d}h$ 趋于零时，沿 BC 和 DA 的积分趋于零，并且由于长方形的面积趋于零，而$\partial \boldsymbol{B}/\partial t$ 为有限量，所以上式右边的积分也为零，因此得到

$$\int_{AB}\boldsymbol{E}\cdot \mathrm{d}\boldsymbol{l}+\int_{CD}\boldsymbol{E}\cdot \mathrm{d}\boldsymbol{l}=0$$

或

$$\boldsymbol{E}_1\cdot \boldsymbol{t}_1\mathrm{d}l+\boldsymbol{E}_2\cdot \boldsymbol{t}_2\mathrm{d}l=0$$

式中，$\boldsymbol{t}_1$ 和 $\boldsymbol{t}_2$ 分别为沿着 AB 和 CD 的切线方向单位矢量，$\mathrm{d}l$ 为 AB 和 CD 的长度。以 $\boldsymbol{t}$ 表示分界面的切线方向单位矢量(方向取 A 向 B 的方向)，则 $t=t_1=-t_2$，因此由上式得到

$$(\boldsymbol{E}_1-\boldsymbol{E}_1)\cdot \boldsymbol{t}=0 \tag{1-134a}$$

或

$$E_{1t}=E_{2t} \tag{1-134b}$$

上式表明，在通过分界面时电场强度的切向分量连续。

由式(1-134a)还可以看出，$(\boldsymbol{E}_1-\boldsymbol{E}_2)$垂直于界面，或者说平行于界面法线 $\boldsymbol{n}$，所以式(1-134a)还可以写为

$$\boldsymbol{n}\times(\boldsymbol{E}_1-\boldsymbol{E}_2)=0 \tag{1-135}$$

同样，在没有面电流的情况下，由麦克斯韦方程组的第4式，也可以得到

$$\boldsymbol{n}\times(\boldsymbol{H}_1-\boldsymbol{H}_2)=0 \tag{1-136a}$$

$$H_{1t}=H_{2t} \tag{1-136b}$$

总而言之，在两种介质的分界面上电磁场量是不连续的，但是在界面没有自由面电荷和面电流的情况下，$\boldsymbol{B}$ 和 $\boldsymbol{D}$ 的法向分量及 $\boldsymbol{E}$ 和 $\boldsymbol{H}$ 的切向分量则是连续的。这些边值关系可以总括为

$$\begin{cases}\boldsymbol{n}\cdot(\boldsymbol{B}_1-\boldsymbol{B}_2)=0\\ \boldsymbol{n}\cdot(\boldsymbol{D}_1-\boldsymbol{D}_2)=0\\ \boldsymbol{n}\times(\boldsymbol{E}_1-\boldsymbol{E}_2)=0\\ \boldsymbol{n}\times(\boldsymbol{H}_1-\boldsymbol{H}_2)=0\end{cases} \tag{1-137}$$

1.3.2 反射定律和折射定律

光由一种介质入射到另一种介质时，在界面上将产生反射和折射。现假设两介质为均匀、透明、各向同性介质，分界面为无穷大的平面，入射、反射和折射光均为平面光波，其电场表达式为

$$\boldsymbol{E}_m=\boldsymbol{E}_{0m}\mathrm{e}^{-\mathrm{i}(\omega_m t-\boldsymbol{k}_m\cdot\boldsymbol{r})}\quad(m=1,2,3) \tag{1-138}$$

上式中，脚标1,2,3分别代表入射光、反射光和折射光；$\boldsymbol{r}$ 是界面上任意点的矢径，在图1.21所示的坐标情况下，有

$$\boldsymbol{r}=x\boldsymbol{i}+y\boldsymbol{j}$$

由于三个波的初相位可以不同，所以振幅 $\boldsymbol{E}_{0m}$ 一般是复数。由电磁场边值关系式(1-135)，注意介质1中的电场强度是入射波和反射波的电场强度之和，所以得到

$$\boldsymbol{n}\times(\boldsymbol{E}_1+\boldsymbol{E}_2)=\boldsymbol{n}\times\boldsymbol{E}_3 \tag{1-139}$$

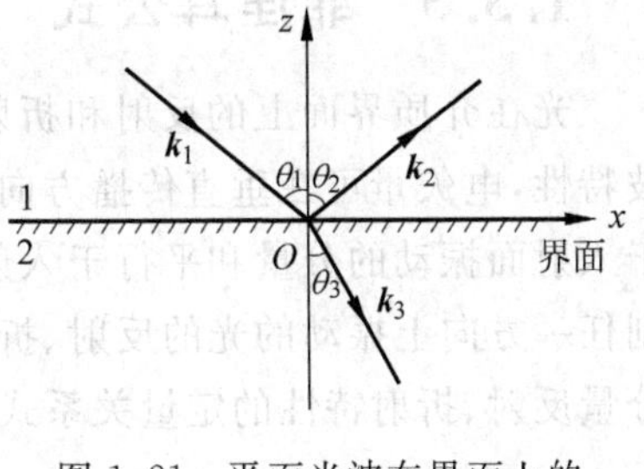

图1.21 平面光波在界面上的反射和折射

把 $\boldsymbol{E}_1$、$\boldsymbol{E}_2$ 和 $\boldsymbol{E}_3$ 的表达式(1-138)代入上式得

$$\begin{aligned}&\boldsymbol{n}\times\boldsymbol{E}_{01}\exp[-\mathrm{i}(\omega_1 t-\boldsymbol{k}_1\cdot\boldsymbol{r})]+\boldsymbol{n}\times\boldsymbol{E}_{02}\exp[-\mathrm{i}(\omega_2 t-\boldsymbol{k}_2\cdot\boldsymbol{r})]\\&=\boldsymbol{n}\times\boldsymbol{E}_{03}\exp[-\mathrm{i}(\omega_3 t-\boldsymbol{k}_3\cdot\boldsymbol{r})]\end{aligned} \tag{1-140}$$

上式对任意时刻都成立，故有

$$\omega_1=\omega_2=\omega_3 \tag{1-141}$$

也就是说折射波、反射波和入射波的频率相同。

又由于式(1-140)在空间上对所有的 $\boldsymbol{r}$ 都成立，故有

$$\boldsymbol{k}_1\cdot\boldsymbol{r}=\boldsymbol{k}_2\cdot\boldsymbol{r}=\boldsymbol{k}_3\cdot\boldsymbol{r} \tag{1-142}$$

也可以写成

$$\begin{cases}(\boldsymbol{k}_2-\boldsymbol{k}_1)\cdot\boldsymbol{r}=0\\(\boldsymbol{k}_3-\boldsymbol{k}_1)\cdot\boldsymbol{r}=0\end{cases}\tag{1-143}$$

由于位矢 $\boldsymbol{r}$ 在分界面上是任意的,以上两式说明 $\boldsymbol{k}_2-\boldsymbol{k}_1$ 和 $\boldsymbol{k}_3-\boldsymbol{k}_1$ 与界面垂直,也就是与界面法线平行。这也说明 $\boldsymbol{k}_1$、$\boldsymbol{k}_2$、$\boldsymbol{k}_3$ 三个矢量在同一平面内,也就是说 $\boldsymbol{k}_1$、$\boldsymbol{k}_2$、$\boldsymbol{k}_3$ 都在入射平面内(由 $\boldsymbol{k}_1$ 和法线构成的平面)。

接下来分析反射波和折射波波矢量的方向。设入射角、反射角、折射角分别为 θ_1、θ_2、θ_3。因为式(1-143)对任意的 $\boldsymbol{r}$ 都成立,所以可以取 $\boldsymbol{r}$ 在入射平面内,$\boldsymbol{r}=x\boldsymbol{i}$,则

$$k_1 r\cos\left(\frac{\pi}{2}-\theta_1\right)=k_2 r\cos\left(\frac{\pi}{2}-\theta_2\right)$$

在介质 1 和介质 2 的折射率分别为 n_1 和 n_2,则有

$$k_1=k_2=n_1\omega/c,\quad k_3=n_2\omega/c$$

所以

$$\theta_1=\theta_2\tag{1-144}$$

即反射角等于折射角,这就是反射定律。

同理,由式(1-143)第 2 式,可得

$$k_1 r\cos\left(\frac{\pi}{2}-\theta_1\right)=k_3 r\cos\left(\frac{\pi}{2}-\theta_3\right)$$

即

$$n_1\sin\theta_1=n_2\sin\theta_3\tag{1-145}$$

上式就是折射定律,也称斯涅尔定律。

1.3.3 菲涅耳公式

光在介质界面上的反射和折射特性与电矢量的振动方向密切相关。由于平面光波的横波特性,电矢量可在垂直传播方向平面内的任意方向上振动,而这个振动总可以分解成垂直于入射面振动的分量和平行于入射面振动的分量。一旦这两个分量的反射、折射特性确定,则任一方向上振动的光的反射、折射特性也就确定下来。菲涅耳公式就是确定这两个振动分量反射、折射特性的定量关系式。

1. s 分量和 p 分量

通常把垂直于入射面振动的分量称作 s 分量,把平行于入射面振动的分量称作 p 分量,规定 s 波的正向为垂直纸面并指向读者,p 波的正方向由 s、k 构成的右手螺旋确定(比如 E_{p} 的正方向由 H_{s}、$\boldsymbol{k}$ 构成的右手螺旋 $\boldsymbol{E}_{\mathrm{p}}\times\boldsymbol{H}_{\mathrm{s}}=\boldsymbol{k}$ 确定,如图 1.22,图 1.23 所示)。

2. 反射系数和透射系数

假设介质中的电场矢量表示式为

$$\boldsymbol{E}_m=\boldsymbol{E}_{0m}\mathrm{e}^{-\mathrm{i}(\omega_m t-\boldsymbol{k}_m\cdot\boldsymbol{r})}\quad(m=1,2,3)$$

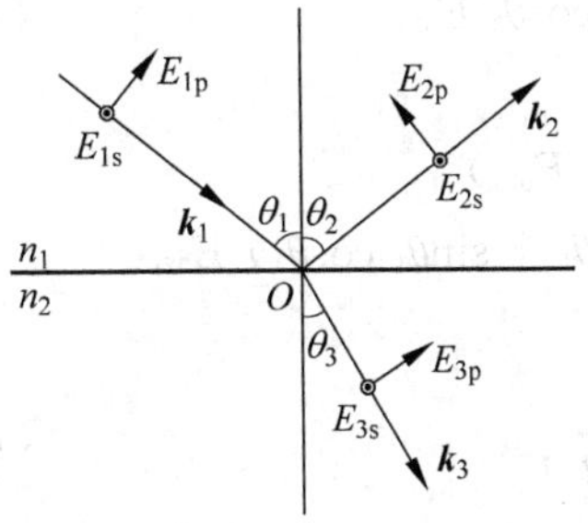

图 1.22 s 分量和 p 分量的正方向

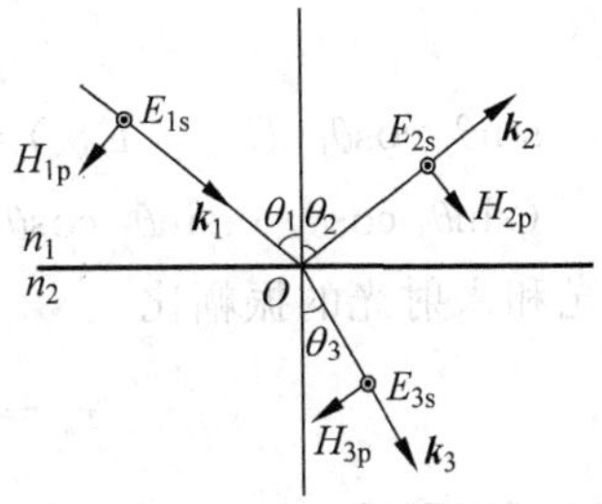

图 1.23 由电场 s 分量确定磁场 p 分量的正方向

它的 s 分量和 p 分量表示式分别为

$$E_{ms} = E_{0ms}\mathrm{e}^{-\mathrm{i}(\omega_m t - \boldsymbol{k}_m \cdot \boldsymbol{r})} \tag{1-146a}$$

$$E_{mp} = E_{0mp}\mathrm{e}^{-\mathrm{i}(\omega_m t - \boldsymbol{k}_m \cdot \boldsymbol{r})} \tag{1-146b}$$

则定义 s 分量、p 分量的反射系数、透射系数分别为

$$r_{\mathrm{s}} = \frac{E_{02\mathrm{s}}}{E_{01\mathrm{s}}} \tag{1-147a}$$

$$r_{\mathrm{p}} = \frac{E_{02\mathrm{p}}}{E_{01\mathrm{p}}} \tag{1-147b}$$

$$t_{\mathrm{s}} = \frac{E_{03\mathrm{s}}}{E_{01\mathrm{s}}} \tag{1-147c}$$

$$t_{\mathrm{p}} = \frac{E_{03\mathrm{p}}}{E_{01\mathrm{p}}} \tag{1-147d}$$

3. 菲涅耳公式

当入射平面波是电矢量垂直于入射面的 s 波时，电矢量的正方向和相联系的磁矢量的方向如图 1.23 所示（$\boldsymbol{H}$ 与 $\boldsymbol{B}$ 的方向相同）。假定在界面上入射光、反射光和折射光同相位（只是假设，最后的分析结果如果不一致说明假定不成立），根据电磁场的边值关系

$$E_{1\mathrm{s}} + E_{2\mathrm{s}} = E_{3\mathrm{s}} \tag{1-148}$$

$$H_{1\mathrm{p}}\cos\theta_1 - H_{2\mathrm{p}}\cos\theta_2 = H_{3\mathrm{p}}\cos\theta_3 \tag{1-149}$$

又因为 $\boldsymbol{B}=\mu\boldsymbol{H}$，$|E|/|B|=1/\sqrt{\varepsilon\mu}$，$\mu\approx\mu_0$，则 $H_{\mathrm{p}}=\sqrt{\frac{\varepsilon}{\mu}}E_{\mathrm{s}}=n\sqrt{\frac{\varepsilon_0}{\mu_0}}E_{\mathrm{s}}$，因此式(1-149)可以写成

$$(n_1E_{1\mathrm{s}} - n_1E_{2\mathrm{s}})\cos\theta_1 = n_2E_{3\mathrm{s}}\cos\theta_3$$

将平面光波场表达式(1-138)代入式(1-148)和上式，得

$$E_{01\mathrm{s}}\mathrm{e}^{-\mathrm{i}(\omega t - \boldsymbol{k}_1 \cdot \boldsymbol{r})} + E_{02\mathrm{s}}\mathrm{e}^{-\mathrm{i}(\omega t - \boldsymbol{k}_2 \cdot \boldsymbol{r})} = E_{03\mathrm{s}}\mathrm{e}^{-\mathrm{i}(\omega t - \boldsymbol{k}_3 \cdot \boldsymbol{r})}$$

因为上式中各指数项相等，所以

$$E_{01\mathrm{s}} + E_{02\mathrm{s}} = E_{03\mathrm{s}}$$

$$n_1\cos\theta_1(E_{01\mathrm{s}} - E_{02\mathrm{s}}) = n_2E_{03\mathrm{s}}\cos\theta_3$$

由折射定律知

$$\sin\theta_3\cos\theta_1(E_{01s}-E_{02s})=\sin\theta_1\cos\theta_3 E_{03s} \tag{1-150}$$

则

$$\sin\theta_3\cos\theta_1(E_{01s}-E_{02s})=\sin\theta_1\cos\theta_3(E_{01s}+E_{02s})$$

$$(\sin\theta_3\cos\theta_1-\sin\theta_1\cos\theta_3)E_{01s}=(\sin\theta_3\cos\theta_1+\sin\theta_1\cos\theta_3)E_{02s}$$

所以，反射光和入射光的振幅比

$$r_s=\frac{E_{02s}}{E_{01s}}=\frac{\sin(\theta_3-\theta_1)}{\sin(\theta_3+\theta_1)} \tag{1-151}$$

又式(1-150)可以写成

$$\sin\theta_3\cos\theta_1[E_{01s}-(E_{03s}-E_{01s})]=\sin\theta_1\cos\theta_3 E_{03s}$$

整理得

$$2\sin\theta_3\cos\theta_1 E_{01s}=(\sin\theta_1\cos\theta_3+\sin\theta_3\cos\theta_1)E_{03s}$$

所以，折射光与入射光的振幅比

$$t_s=\frac{E_{03s}}{E_{01s}}=\frac{2\sin\theta_3\cos\theta_1}{\sin(\theta_1+\theta_3)} \tag{1-152}$$

当入射平面波是电矢量平行于入射面的 p 波时，p 波的电矢量的正方向和相联系的磁矢量的方向如图 1.24 所示（$\boldsymbol{H}$ 垂直图面并指向读者）。也假定在界面处入射波、反射波、折射波同时取正向或负向，由边值关系(1-137)第 3,4 式可得

$$E_{1p}\cos\theta_1-E_{2p}\cos\theta_1=E_{3p}\cos\theta_3 \tag{1-153}$$

$$H_{1s}+H_{2s}=H_{3s} \tag{1-154}$$

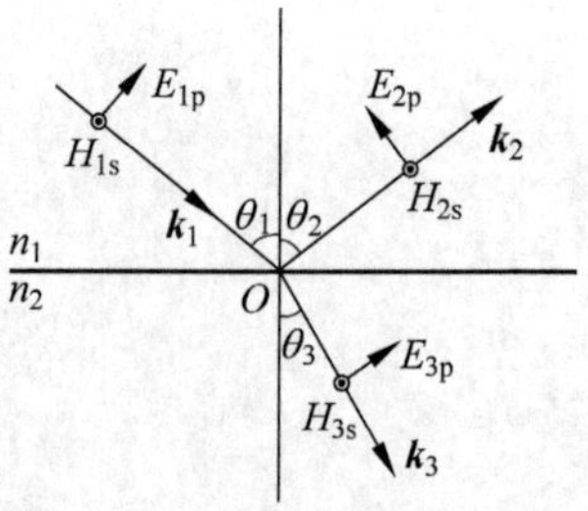

图 1.24 由磁场 s 分量确定电场 p 分量的正方向

利用

$$\frac{|E|}{|B|}=\frac{1}{\sqrt{\varepsilon\mu}}\Rightarrow\frac{|E|}{|B|}=\sqrt{\frac{\mu}{\varepsilon}}=\frac{1}{n}\sqrt{\frac{\mu_0}{\varepsilon_0}}$$

式(1-154)可以写成

$$n_1E_{1p}+n_1E_{2p}=n_2E_{3p}$$

将平面光波场表达式(1-138)代入式(1-153)和上式，并利用折射定律，得

$$E_{1p}\cos\theta_1-E_{2p}\cos\theta_1=\frac{\sin\theta_2}{\sin\theta_1}(E_{1p}+E_{2p})\cos\theta_3$$

$$\sin\theta_3(E_{1p}+E_{2p})=\sin\theta_1 E_{3p}$$

则反射光和入射光的振幅比

$$r_p=\frac{E_{2p}}{E_{1p}}=\frac{\sin\theta_1\cos\theta_1-\sin\theta_3\cos\theta_3}{\sin\theta_1\cos\theta_1+\sin\theta_3\cos\theta_3}=\frac{\tan(\theta_1-\theta_3)}{\tan(\theta_1+\theta_3)} \tag{1-155}$$

$$t_p=\frac{E_{3p}}{E_{1p}}=\frac{\sin\theta_3\cos\theta_1+\sin\theta_3\cos\theta_1}{\sin\theta_3\cos\theta_3+\sin\theta_1\cos\theta_1}=\frac{2\sin\theta_3\cos\theta_1}{\sin(\theta_1+\theta_3)\cos(\theta_1-\theta_3)} \tag{1-156}$$

如果已知界面两侧的折射率 n_1、n_2 和入射角 θ_1 就可以由折射定律确定折射角 θ_2，进而由菲涅耳公式求出反射系数和透射系数。图 1.25 绘出了以光学玻璃($n=1.52$)和空气界面为例，在 $n_1<n_2$（光由光疏介质射向光密介质）和 $n_1>n_2$（光由光密介质射向光疏介质）两种情况下，r_s、t_s、r_p、t_p 随入射角 θ_1 的变化曲线。

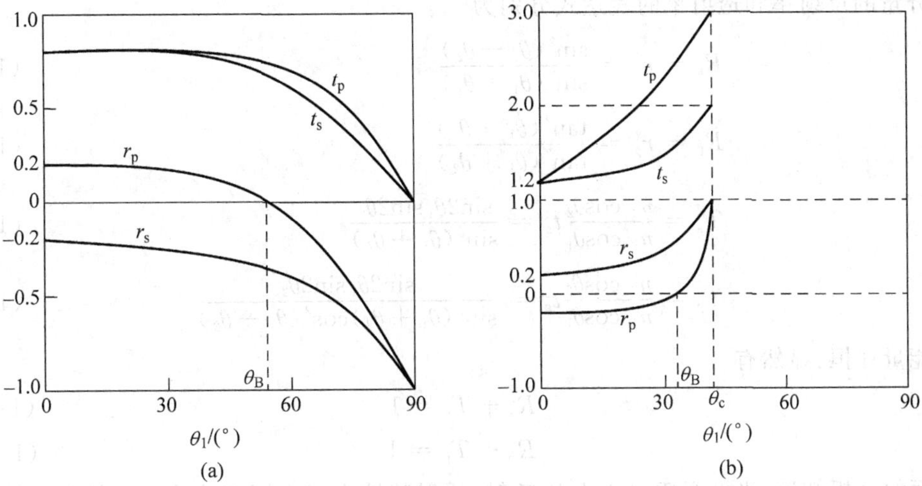

图 1.25 r_s、t_s、r_p、t_p 随入射角 θ_1 的变化曲线

(a) $n_1 < n_2$；(b) $n_1 > n_2$

1.3.4 反射率和透射率

菲涅耳公式给出了入射光、反射光和折射光之间的场振幅和相位关系，接下来我们就来讨论反映它们之间能量关系的反射率和透射率。在讨论过程中，不计吸收散射等能量损耗，能量将在反射光和折射光中重新分配，而总能量保持不变。

已知平面波的光强由下式给出：

$$I = \frac{1}{2}\sqrt{\frac{\varepsilon}{\mu}}E^2$$

它表示单位时间内通过垂直于传播方向的单位面积的能量。

在图 1.26 中，如果把入射波的强度记为 I_i，则每秒入射到分界面单位面积的能量是

$$W_i = I_i\cos\theta_1 = \frac{1}{2}\sqrt{\frac{\varepsilon_1}{\mu_1}}E_{0i}\cos\theta_1 \tag{1-157}$$

而反射波和折射波每秒从分界面单位面积带走的能量是

$$W_r = I_r\cos\theta_1 = \frac{1}{2}\sqrt{\frac{\varepsilon_1}{\mu_1}}E_{0r}^2\cos\theta_1 \tag{1-158}$$

$$W_t = I_t\cos\theta_2 = \frac{1}{2}\sqrt{\frac{\varepsilon_2}{\mu_2}}E_{0t}^2\cos\theta_2 \tag{1-159}$$

由此可以得到反射率和透射率的表达式为

$$R = \frac{W_r}{W_i} = r^2 \tag{1-160}$$

$$T = \frac{W_t}{W_i} = \frac{n_2\cos\theta_2}{n_1\cos\theta_1}t^2 \tag{1-161}$$

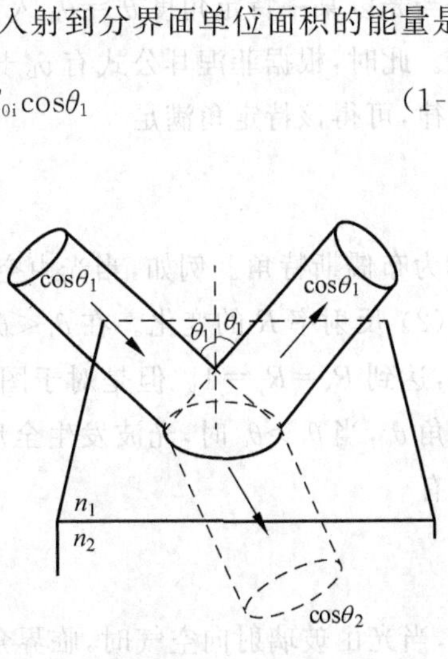

图 1.26 光束截面积在反射和折射时的变化

(在分界面上光束截面积为 1)

将菲涅耳公式代入，即可得到入射光的 s 分量

和 p 分量的反射率和透射率的表达式分别为

$$R_s = r_s^2 = \frac{\sin^2(\theta_1 - \theta_2)}{\sin^2(\theta_1 + \theta_2)} \tag{1-162}$$

$$R_p = r_p^2 = \frac{\tan^2(\theta_1 - \theta_2)}{\tan^2(\theta_1 + \theta_2)} \tag{1-163}$$

$$T_s = \frac{n_2}{n_1}\frac{\cos\theta_2}{\cos\theta_1}t_s^2 = \frac{\sin 2\theta_1 \sin 2\theta_2}{\sin^2(\theta_1 + \theta_2)} \tag{1-164}$$

$$T_p = \frac{n_2}{n_1}\frac{\cos\theta_2}{\cos\theta_1}t_p^2 = \frac{\sin 2\theta_1 \sin 2\theta_2}{\sin^2(\theta_1 + \theta_2)\cos^2(\theta_1 - \theta_2)} \tag{1-165}$$

根据能量守恒，显然有

$$R_s + T_s = 1 \tag{1-166a}$$

$$R_p + T_p = 1 \tag{1-166b}$$

由上面的分析知道，光在介质界面上的反射、透射特性由三个因素决定：入射光的偏振态、入射角、界面两侧介质的折射率。图 1.27 给出了按光学玻璃(n=1.52)和空气界面计算得到的反射率 R 随入射角 θ_1 变化的关系曲线，从这两个图可以看出：

(1) 相应于某个入射角 θ_1，一般情况下，$R_s \neq R_p$，即反射率与偏振态有关。在小角度和大角度情况下，$R_s \approx R_p$，在正入射时

$$R_s = R_p = \left(\frac{n_2 - n_1}{n_2 + n_1}\right)^2 \tag{1-167}$$

相应有

$$T_s = T_p = \frac{4n_1 n_2}{(n_1 + n_2)^2} \tag{1-168}$$

在图 1.27(a)中，即 $n_1 < n_2$ 的情况，光从光疏介质入射到光密介质，掠入射时有

$$R_s \approx R_p \approx 1$$

当光以某一特定角度 $\theta_1 = \theta_B$ 入射时，R_s 和 R_p 相差最大，且 $R_p = 0$，在反射光中不存在 p 分量。此时，根据菲涅耳公式有 $\theta_B + \theta_2 = 90°$，即入射角与相应的折射角互为余角。根据折射定律，可得该特定角满足

$$\tan\theta_B = \frac{n_2}{n_1} \tag{1-169}$$

θ_B 称为布儒斯特角。例如，当光由空气射入玻璃时，$n_1 = 1$，$n_2 = 1.52$，$\theta_B = 56.40$。

(2) 反射率 R 的变化。在 $\theta_1 < \theta_B$ 时，R 变化较为缓慢，当 $\theta_1 > \theta_B$ 时，R 随 θ_1 的增长急剧上升，达到 $R_s = R_p = 1$。但是对于图 1.27(b)所示的光由光密介质射向光疏介质，存在一个临界角 θ_c，当 $\theta_1 > \theta_c$ 时，光波发生全反射。由折射定律，相应于临界角时的折射角 $\theta_2 = 90°$，因此有

$$\sin\theta_c = \frac{n_2}{n_1} \tag{1-170}$$

例如，当光由玻璃射向空气时，临界角 $\theta_c = 41°8'$。对于 $n_1 < n_2$ 的情况，不存在全反射现象。

(3) 反射率与界面两侧介质的折射率有关。从图 1.27(a)中可以看出，自然光在 $\theta_1 <$ 45°的区域内反射率几乎不变，约等于正入射时的反射率，而正入射时自然光的反射率为

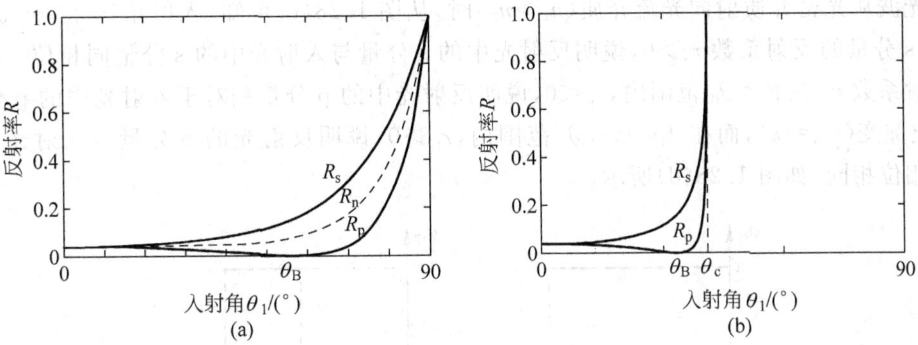

图 1.27 R 随入射角 θ_1 的变化关系

(a) $n_1<n_2$；(b) $n_1>n_2$

$$R_n = \frac{1}{2}\left[\left(\frac{n-1}{n+1}\right)^2 + \left(\frac{n-1}{n+1}\right)^2\right] = \left(\frac{n-1}{n+1}\right)^2 \tag{1-171}$$

当 $n=1.52$ 时，$R_n=0.043$，即约有 4%的光能量在界面上反射。对于一些构造复杂的光学系统，即使是近于正入射下入射，但是由于反射面过多，光能量的反射损失也是相当严重的。为了减小光能的反射损失，近代光学技术普遍采用在光学元件表面镀增透膜的方法。

1.3.5 反射和折射的相位特性

前面已经指出，菲涅耳公式描述了反射光、折射光与入射光之间的振幅和相位关系。下面进一步讨论反射光和折射光的相位特性。

首先要说明，当平面光波在透明界面上反射和折射时，由于折射率为实数，菲涅耳公式中不会出现虚数项(全反射除外)，反射系数 r 和透射系数 t 只能取正、负值。这表示，反射光和折射光电场的 s、p 分量不是与入射光同相位就是反相位。

1. 折射光与入射光的相位关系

从图 1.25 可以看出 r_s、r_p、t_s、t_p 与 θ_1 的关系，在入射角从 0°～90°的变化范围内，无论光波从什么角度入射，两侧折射率的大小如何，s 分量和 p 分量的透射系数 t 总是取正值，因此，折射光总是与入射光同相位。

2. 反射光与入射光的相位关系

反射光与入射光的相位关系比较复杂，下面首先讨论反射光和入射光中 s、p 分量的相位关系，然后讨论反射光和入射光的相位关系。

1) 反射光与入射光中 s、p 分量的相位关系

光波从光疏介质射向光密介质($n_1<n_2$)时，如图 1.25(a)所示，反射系数 $r_s<0$，说明反射光中 s 分量相对入射光中的 s 分量存在一个 π 相位突变($\varphi_{rs}=\pi$，图 1.28(a))。而 p 分量的反射系数 r_p 在 $\theta_1<\theta_B$ 的范围内，$r_p>0$，说明反射光中的 p 分量与入射光中的 p 分量相位相同($\varphi_{rp}=0$)；在 $\theta_1>\theta_B$ 范围内，$r_p<0$，说明反射光中的 p 分量相对于入射光中的 p 分量有 π 相位突变($\varphi_{rp}=\pi$，图 1.28(b))。

光波从光密介质射向光疏介质($n_1>n_2$)时,从图 1.28(c)可知,入射角 θ_1 在 $0\sim\theta_c$ 的范围内,s 分量的反射系数 $r_s>0$,说明反射光中的 s 分量与入射光中的 s 分量同相位。p 分量的反射系数 r_p 在 $\theta_1<\theta_B$ 范围内,$r_p<0$,说明反射光中的 p 分量相对于入射光中的 p 分量有 π 相位突变($\varphi_{rp}=\pi$),而在 $\theta_B<\theta_1<\theta_c$ 范围内,$r_p>0$,说明反射光的 p 分量与入射光中的 p 分量相位相同,如图 1.28(d)所示。

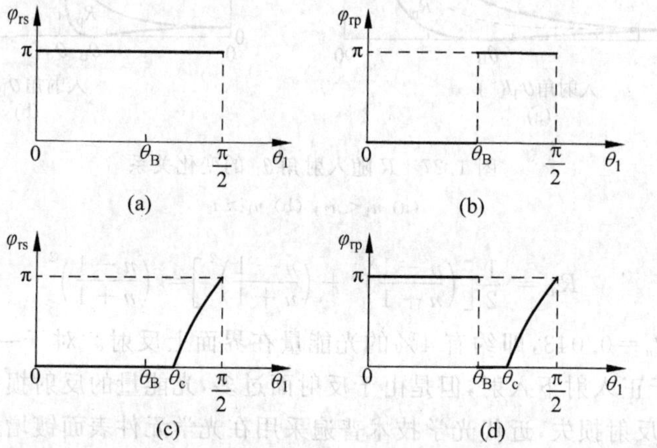

图 1.28 φ_{rs},φ_{rp} 随入射角 θ_1 的变化

2) 反射光和入射光的相位关系

讨论完 s 分量和 p 分量的反射光与入射光的相位关系,接下来就可以研究在界面入射点处的反射光与入射光的合成光场的相位关系。要知道总的相位关系,必须规定 s 分量和 p 分量的正方向,这里规定垂直纸面指向我们为 E_s 的正方向。

下面以几种特殊情况为例说明反射光场与入射光场之间的相位关系。

(1) 小角度入射和反射特性

① $n_1<n_2$,为了方便和简化起见,考察 $\theta_1=0°$ 的正入射情况,由反射特性曲线图 1.25(a)可知,$r_s<0$,$r_p>0$。考虑到 E_s 和 E_p 正方向的规定,此时,入射光和折射光的 s 分量与规定正方向相反;由于 $r_p>0$,反射光中的 p 分量与规定正方向相同,所以,在入射点处,合成的反射光场矢量 E_r 相对入射光场 E_i 反向,相位发生 π 突变,或半波损失(图 1.29(a))。在 θ_i 非零,小角度入射时都将近似产生 π 突变或半波损失。

② $n_1>n_2$,正入射时,由反射特性曲线图 1.25(b)可知,$r_s>0$,$r_p<0$。表明反射光中 s 分量与规定正方向相同,p 分量与规定正方向相反(由 s、p 正方向的规定,p 分量的正方向由 s、k 构成的右手螺旋确定,逆着反射光线看,指向左侧,所以振动方向不变,也就是反射光与入射光同相位,反射光没有半波损失,见图 1.29(b))。

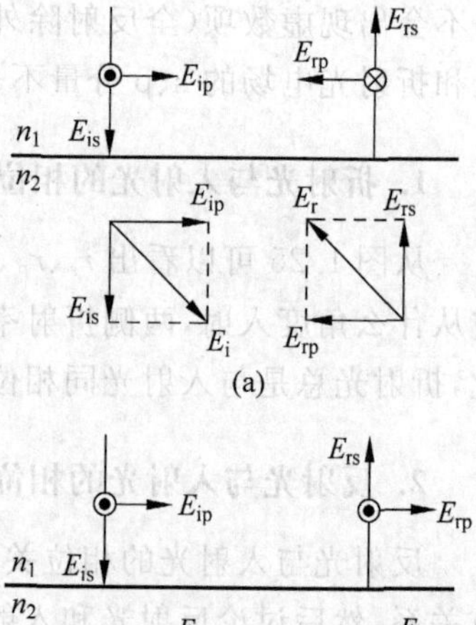

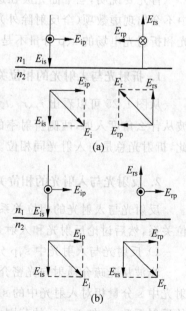

图 1.29 正入射时反射光与入射光的相位关系

(a) $n_1<n_2$;(b) $n_1>n_2$

(2) 掠入射的反射特性

若 $n_1<n_2, \theta\approx 90°, r_s<0, r_p<0$。与所规定的正方向进行比较，入射光和反射光的 s 分量、p 分量反向，因此在入射点处，入射光电场矢量 $\boldsymbol{E}_i$ 与反射光电场矢量 $\boldsymbol{E}_r$ 方向近似相反，即掠入射时的反射光在 $n_1<n_2$ 时将产生半波损失。

(3) 薄膜上下表面的反射特性

薄膜上下两侧介质相同时，s、p 分量总是反向，因此，薄膜上下两侧介质相同时，上下两界面反射光的光场相位差，除了有光程差的贡献外，还有附加相位差。

1.3.6 反射和折射的偏振特性

1. 偏振度

在前面的课程中，我们曾讨论过两个振动方向相互垂直的平面光波叠加后，合成光的矢量端点会发生变化，根据端点的轨迹不一样，将光分为线偏振光、圆偏振光和椭圆偏振光。实际上，由普通光源发出的光波都不是单一的平面波，而是许多光波的总和，它们具有一切可能的振动方向。若在各个振动方向上振动的振幅在观察时间内的平均值相等，与初相位完全无关，这种光称为完全非偏振光或称自然光。如果由于外界的作用，使各个振动方向振动强度不相等，就变成部分偏振光。如果光场矢量有确定不变或有规则变化的振动方向，则称为完全偏振光。部分偏振光可以看作完全偏振光和自然光的混合，而完全偏振光可以是线偏振光、椭圆偏振光或圆偏振光。如果不特别说明，在这里都指线偏振光。

为便于研究，可将任意光场矢量视为两个正交分量的叠加，因此，任意光波能量都可表示为

$$W=W_s+W_p$$

在完全非偏振光中，$W_s=W_p$；在部分偏振光中，$W_s\neq W_p$；在完全偏振光中，$W_s=0$ 或 $W_p=0$。

为表征光波的偏振光特性，引入偏振度 P。偏振度的定义为：在部分偏振光的总强度中，完全偏振光所占的比例，即

$$P=\frac{I_L}{I_T} \tag{1-172}$$

式中 I_L 表示线偏振光(完全偏振光)，I_T 表示部分偏振光的总强度。

偏振度还可以表示为

$$P=\frac{I_M-I_m}{I_M+I_m} \tag{1-173}$$

式中，I_M 和 I_m 分别为两个正交方向所对应的最大光强和最小光强。

对于完全非偏振光，$P=0$；对于完全偏振光，$P=1$。一般的 P 值表示部分偏振光，P 值越接近 1，光的偏振程度越高。

2. 自然光的反射、折射的偏振特性

由菲涅耳公式可知，通常 $r_s\neq r_p, t_s\neq t_p$，所以，反射光和折射光的偏振状态相对入射光会发生变化。我们先来讨论入射光为自然光的情况下，反射光和折射光的偏振特性，然后讨

论入射光为线偏振光的情况下，反射光和折射光的偏振特性。

自然光的反射率为

$$R_n = \frac{W_r}{W_{in}} \tag{1-174}$$

由于入射的自然光能量 $W_{in}=W_{is}+W_{ip}$，且 $W_{is}=W_{ip}$，因此

$$R_n = \frac{W_{rs}+W_{rp}}{W_{in}} = \frac{W_{rs}}{2W_{is}} + \frac{W_{rp}}{2W_{is}} = \frac{1}{2}(R_s + R_p) \tag{1-175}$$

相应的反射光偏振度为

$$P_r = \left|\frac{I_{rp}-I_{rs}}{I_{rp}+I_{rs}}\right| = \left|\frac{R_p-R_s}{R_p+R_s}\right| \tag{1-176}$$

折射光的偏振度为

$$P_t = \left|\frac{I_{tp}-I_{ts}}{I_{tp}+I_{ts}}\right| = \left|\frac{T_p-T_s}{T_p+T_s}\right| \tag{1-177}$$

讨论：根据图 1.27，$T_s=1-R_s$ 及 $T_p=1-R_p$ 可以看到反射光、折射光的 R_s、R_p、T_s、T_p 都随入射角的不同而发生变化，且并不是相等的，那么反射光和折射光的偏振度也将随入射角的不同而发生变化，它们的偏振特性如下：

(1) 当入射角 $\theta_i=0$ 或 $\theta_i\approx 90°$ 时，即在正入射和掠入射时，$R_s=R_p$，$T_s=T_p$，因而 $P_r=P_t=0$，而反射光和折射光仍为自然光。

(2) 当自然光在斜入射时，$R_s\neq R_p$，$T_s\neq T_p$，所以反射光和折射光都变成了部分偏振光。

(3) 当自然光正入射界面时，$\theta_1=\theta_2=0$，

$$R_s = \left(\frac{n_1-n_2}{n_1+n_2}\right)^2$$

$$R_p = \left(\frac{n_2-n_1}{n_1+n_2}\right)^2$$

反射率

$$R_n = \frac{1}{2}(R_s+R_p) = \left(\frac{n_2-n_1}{n_2+n_1}\right)^2 \tag{1-178}$$

比如：光由空气正入射至玻璃，$R_n=4.3\%$，正入射至红宝石，$R_n=7.7\%$，正入射至锗片时，$R_n=36\%$。

(4) 自然光斜入射时，反射率

$$R_n = \frac{1}{2}(R_s+R_p) = \frac{1}{2}\left[\frac{\sin^2(\theta_1-\theta_2)}{\sin^2(\theta_1+\theta_2)} + \frac{\tan^2(\theta_1-\theta_2)}{\tan^2(\theta_1+\theta_2)}\right] \tag{1-179}$$

由式(1-179)和图 1.27，可知自然光反射率随入射角的变化规律：

① 从图 1.27(a)知，当光从光疏介质射向光密介质时，在 $\theta_i<45°$ 范围内 R_n 基本不变，$R_n\approx 4.30\%$；在 $\theta_i>45°$ 时，R_n 随 θ_i 的增大而增大，最终在 $\theta_i=90°$ 时 $R_n=1$。

② 当光由光密介质射向光疏介质时，当入射角大于临界角时，发生全反射。

③ 当 $\theta_i=\theta_B$ 时，$R_p=0$，$P_r=1$，所以反射光为完全偏振光。例如 $n_2=1.52$，

$$\theta_B = \arctan 1.52 = 56°40'$$

由反射率公式可得 $R_s=15\%$，因此，反射光强为

$$I_r = R_n I_i = \frac{1}{2}(R_s + R_p)I_i = 0.075I_i$$

这说明，反射光为偏振光，但反射光强很小。那透射光是怎么样的呢？

因 $I_{rp}=0$，有 $I_{tp}=I_{ip}$，又由于入射光是自然光，有 $I_{ip}=0.5I_i$，因而 $I_{tp}=0.5I_i$。且

$$I_{ts} = I_{is} - I_{rs} = 0.5I_i - 0.075I_i = 0.425I_i$$

所以透射光的偏振度为

$$P_t = \left|\frac{I_{tp} - I_{ts}}{I_{tp} + I_{ts}}\right| = 0.081$$

所以，透射光的光强很大，但偏振度很小。

由上所述可以看出，要想通过单次反射的方法获得强反射的线偏振光、高偏振度的透射光是很困难的。在实际应用中经常采用"片堆"达到上述目标。片堆是由一组平行平面玻璃片叠在一起构成(图 1.30)，而这些玻璃片的表面法线与圆筒轴构成布儒斯特角，当自然光沿圆筒轴入射并通过片堆时，因透射片堆的折射光连续不断地以相同的状态入射和折射，每通过一次界面，都从折射光中反射掉一部分垂直于纸面振动的分量，最后使通过片堆的透射光接近为一个平行于入射面的线偏振光。

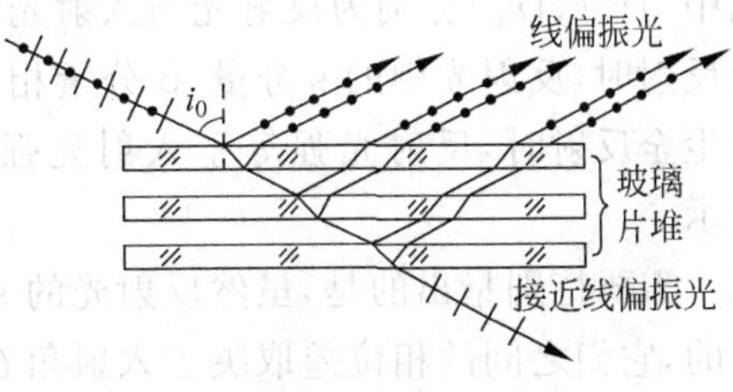

图 1.30 玻璃片堆的反射和折射

1.3.7 全反射

我们已经知道，当光由光密介质射向光疏介质时，会发生全反射现象。下面深入地讨论全反射现象的特性。

1. 反射波

如前所述，当光由光密介质射向光疏介质时，会发生全反射现象，产生全反射的临界角 θ_c 满足关系

$$\sin\theta_c = \frac{n_2}{n_1}$$

可见当 $\theta>\theta_c$ 时，会出现 $\sin\theta_i>\frac{n_2}{n_1}$ 的现象，这是不合理的。此时，折射定律 $n_1\sin\theta_1=n_2\sin\theta_2$ 不再成立，为了使菲涅耳公式能够应用于全反射的情况，在形式上仍然要利用关系式

$$\sin\theta_2 = \frac{n_1}{n_2}\sin\theta_1 = \frac{\sin\theta_1}{n} \tag{1-180}$$

所以

$$\cos\theta_2 = \pm \mathrm{i}\sqrt{\frac{\sin^2\theta_1}{n^2} - 1}$$

上式中，$n=n_2/n_1$，是二介质的相对折射率。后面将会看到，$\cos\theta_2$ 表达式中根号前只能取正号，即

$$\cos\theta_2 = \mathrm{i}\sqrt{\frac{\sin^2\theta_1}{n^2} - 1} \tag{1-181}$$

将式(1-180)和式(1-181)代入菲涅耳公式，得到 s 波的反射系数和 p 波的反射系数的复数形式

$$\tilde{r}_s=\frac{\cos\theta_1-\mathrm{i}\sqrt{\sin^2\theta_1-n^2}}{\cos\theta_1+\mathrm{i}\sqrt{\sin^2\theta_1-n^2}}=|\tilde{r}_s|\,\mathrm{e}^{\mathrm{i}\varphi_{rs}} \tag{1-182}$$

$$\tilde{r}_p=\frac{n^2\cos\theta_1-\mathrm{i}\sqrt{\sin^2\theta_1-n^2}}{n^2\cos\theta_1+\mathrm{i}\sqrt{\sin^2\theta_1-n^2}}=|\tilde{r}_p|\,\mathrm{e}^{\mathrm{i}\varphi_{rp}} \tag{1-183}$$

并且有

$$|\tilde{r}_s|=|\tilde{r}_p|=1 \tag{1-184}$$

$$\tan\frac{\varphi_{rs}}{2}=n^2\tan\frac{\varphi_{rp}}{2}=-\frac{\sqrt{\sin^2\theta_1-n^2}}{\cos\theta_1} \tag{1-185}$$

式中，$|\tilde{r}_s|$、$|\tilde{r}_p|$分别为反射光与入射光的 s 分量、p 分量光场振幅大小之比。φ_{rs}、φ_{rp}分别为全反射时，反射光中的 s 分量、p 分量相对入射光相应分量的相位变化。由上面几式可知，发生全反射时，反射光强等于入射光强，而反射光的相位变化较复杂，如图 1.28(c)、(d)所示。

需要特别指出的是，虽然反射光的 s、p 分量的相位变化的趋势是相同的，但两者是不同步的，它们之间的相位差取决于入射角 θ_i 和两种介质的相对折射率 n。可以证明，反射光的 s、p 分量的相位差由下式决定：

$$\Delta\varphi=\varphi_{rs}-\varphi_{rp}=2\arctan\frac{\cos\theta_1\sqrt{\sin^2\theta_1-n^2}}{\sin^2\theta_1} \tag{1-186}$$

因此，在相对折射率一定的条件下，适当地控制入射角 θ_i，就可以改变 $\Delta\varphi$，从而改变反射光的偏振态。菲涅耳就是利用这个原理，将入射的线偏振光变为圆偏振光的。

图 1.31 中的玻璃体中，当 $\theta_i=54°37'$时，有 $\Delta\varphi=45°$，因此，垂直入射的线偏振光，并且振动方向与入射面的法线成 45°，则在棱体内上下两个界面进行两次全反射后，s、p 分量的相位差为 90°，因而输出光为圆偏振光。

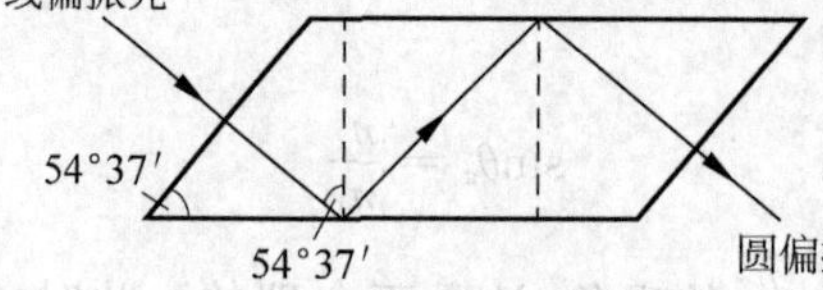

图 1.31 菲涅耳棱体

2. 衰逝波

实验证明，在全反射时光波不是绝对地在界面上被全反射回第一介质，而是透入第二介质很薄的一层表面，并沿界面传播一段距离，最后返回第一介质，这个透入到第二介质表面层内的波叫衰逝波。

假设介质分界面为 xOy 平面，入射面为 xOz 平面，则在一般情况下，可将透射波场表示为

$$E_t=E_{0t}\mathrm{e}^{-\mathrm{i}(\omega t-\boldsymbol{k}_t\cdot\boldsymbol{r})}=E_{0t}\mathrm{e}^{-\mathrm{i}(\omega t-k_t x\sin\theta_t-k_t z\cos\theta_t)}$$

考虑到式(1-181),上式可以改写为

$$E_t = E_{0t} e^{-i(-k_t z\sqrt{\sin^2\theta_1 - n_2}/n)} e^{-i(\omega t - k_t x\sin\theta_1/n)} \tag{1-187}$$

上式说明这是一个沿着 z 方向振幅不断衰减,沿着界面 x 方向传播的非均匀波,这个波就是全反射时的衰逝波(见图 1.32),因此可以说明前面讨论的为什么 $\cos\theta_2$ 取虚数,并且 $\cos\theta_2$ 取正号,因为只有这样才能得到与客观现实一致的衰逝波。

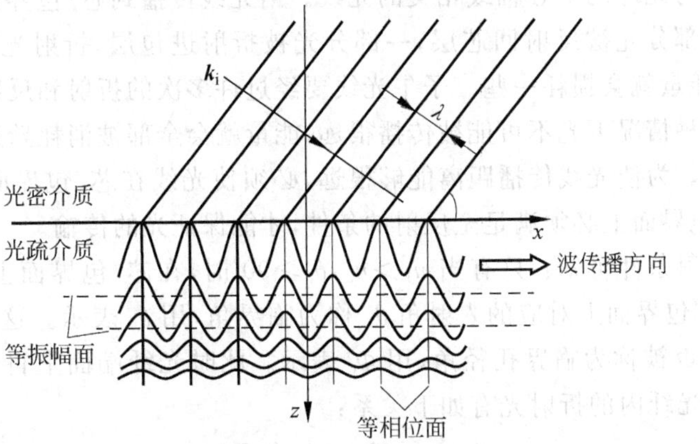

图 1.32 衰逝波

由式(1-187)可以知道,衰逝波沿 x 方向的传播常数为$(k_t\sin\theta_1)/n$,因此它沿 x 方向传播的波长为

$$\lambda_x = \frac{2\pi}{(k_t\sin\theta_1)/n} = \frac{\lambda}{\sin\theta_1} \tag{1-188}$$

衰逝波沿 x 方向的传播速度

$$v_x = \frac{v}{\sin\theta_1} \tag{1-189}$$

式中,λ、v 分别为光在第一个介质中的波长和速度。

因为衰逝波沿 x 方向传播,在 z 方向平均能流为 0,振幅沿 z 方向衰减。通常定义衰逝波振幅沿 z 方向衰减到表面振幅 $1/e$ 处的深度 z_0 为衰逝波在第二种介质中的穿透深度

$$z_0 = \frac{n}{k_t\sqrt{\sin^2\theta_1 - n^2}} \tag{1-190}$$

z_0 约为一个波长。例如,$n_1=1.52$,$n_2=1$,$\theta_1=45°$时,$z_0=0.4\lambda$。

进一步的研究还表明,发生全反射时,光由第一个介质进入第二个介质的能量入口处和返回能量的出口处,相隔约半个波长,存在一个横向位移,此位移通常称为古斯-哈恩斯位移,如图 1.33 所示。

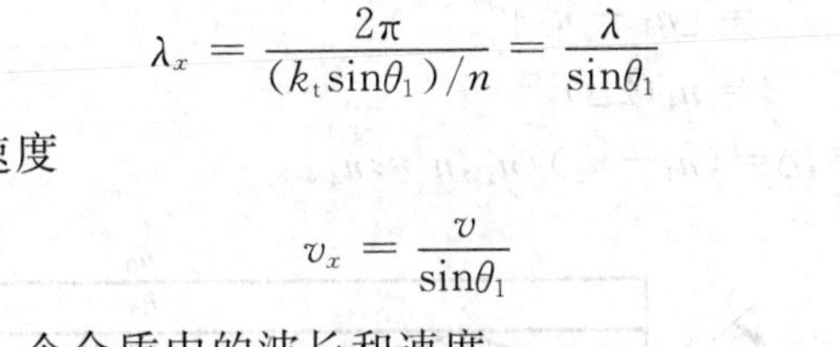

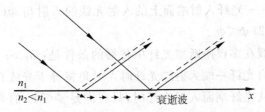

图 1.33 古斯-哈恩斯位移

3. 全反射应用举例

(1) 光纤传光原理

光纤是光导纤维的简写，是一种利用光在玻璃或塑料制成的纤维中的全反射原理而制成的光传导工具。为了简单起见，我们仅研究子午光线在芯/包界面上传播的情况。所谓子午光线是指光线与光纤的中心轴线相交的光线。当光线传播到芯/包界面上时，将发生反射和折射现象。一部分光被反射回芯层，一部分光被折射进包层，折射光在包层中由于损耗大，每折射一次能量就会损耗一些。子午光线要经过许多次的折射和反射，才能传输到输出端，不言而喻，这种情况下光不可能被传播很远，能量就会全部被消耗殆近。显然，这种情况是我们不希望的。为使光线传播距离能够很远，必须使光线在芯/包界面上不发生折射，也就是说光在芯/包界面上必须满足全反射的条件，才能保证光的传输。

由光的全反射条件可知：只有当 $n_1>n_2$，$\theta_2\geqslant 90°$ 时，在芯/包界面上才会发生全反射。当 $\theta_2=90°$ 时，芯/包界面上对应的入射角 θ_1 称为临界角，用 θ_c 表示。这时对应的光纤入射端面上的入射角 Φ 被称为临界孔径角，用 Φ_c 表示。此时光纤端面上自光发射机(空气)入射的入射光与在光纤内的折射光有如下关系：

$$n_0\sin\Phi = n_1\sin\Phi_1$$

由图 1.34，已知条件 $\Phi_1=90°-\theta_1$，$n_0=1$，$\theta_1=\theta_c$，可得

$$\sin\Phi = n_1\sin(90°-\theta_1) = n_1\cos\theta_1 = n_1\cos\theta_c$$

$$\begin{aligned}\sin\Phi_c &= n_1[1-(n_2^2/n_1)^2]^{1/2}\\ &= [n_1^2-n_2^2]^{1/2}\\ &= n_1(2\Delta)^{1/2}\end{aligned}$$

式中：Δ—相对折射率差，$\Delta=(n_1-n_2)/n_1$，$n_1\approx n_2$。

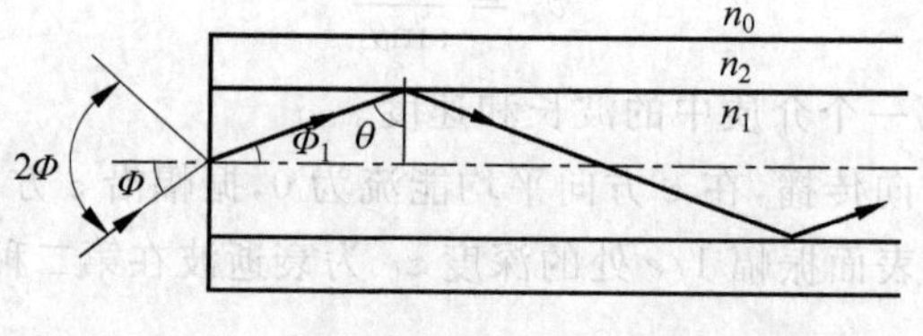

图 1.34 光线在芯/包界面上的反射和折射

由此可知，若使子午光线在多模阶跃型光纤中以全反射形式向前传播，必须保证三点：

① 芯层折射率 n_1 必须大于包层折射率 n_2，即 $n_1\geqslant n_2$。

② 光线在芯/包界面上必须发生全反射，包层内折射光线的折射角大于或等于 90°，则对应的芯层的入射光线的入射角 θ_1 必须大于或等于临界角 θ_c，即 $\theta\geqslant\theta_c$。

③ 对应光发射机——光纤入射端面上的入射光线的入射角 Φ(又称孔径角)必须小于或等于临界孔径角 Φ_c，即 $\Phi\leqslant\Phi_c$。

因此，入射子午光线在多模阶跃型光纤中传播的条件是：$n_1>n_2$，$\Phi\leqslant\Phi_c$，$\theta_1\geqslant\theta_c$。且由此可以判断出，当光线自光纤一端入射进光纤时入射角将等于光线自光纤另一端输出的出射角。也就是说，光线从光纤端面入射光纤时，只有满足 $\Phi\leqslant\Phi_c$ 的光线才能在光纤中得到传播，而那些 $\Phi\geqslant\Phi_c$ 的光线，由于在芯包界面上产生折射，能量在多次折射后将被很快地衰

减尽，不能在光纤中传播。可见，光纤端面的光线最大入射角 Φ_c（又称临界孔径角或最大接收角）是一个非常重要的参数，为描述光纤这种集光和传输光的能力与光线最大入射角 Φ_c 的关系，在这里引入一个物理量——数值孔径 N·A。对光纤而言，这个最大的孔径角 Φ_c 只与光纤的折射率 n_1、n_2 有关。因此，将它的正弦值定义为光纤的数值孔径 N·A：

$$\mathrm{N\cdot A} = \sin\Phi_c = [n_1^2 - n_2^2]^{1/2} \approx n_1(2\Delta)^{1/2} \tag{1-191}$$

数值孔径 N·A 表示光纤所具有的收集光与耦合光、传导光的能力，是一个无量纲的量。数值孔径是表示光纤接收光源光功率的能力和连接耦合难易程度的物理量，是多模光纤的重要传播参数之一。它等于光纤接收角的正弦值，取决于纤芯和包层最大折射率值。

（2）光纤定向耦合器

光纤定向耦合器是两光波导构成的耦合系统。传输中，大部分光能集中在波导中，少部分光能集中在波导外，形成衰逝场。当两个波导极为靠近时，将会通过衰逝场进行能量交换，产生了两波导之间的耦合，这种耦合叫作波导的横向耦合。

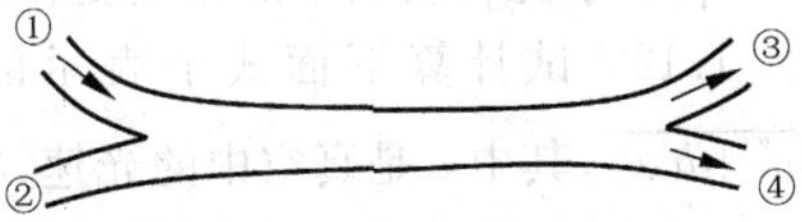

图 1.35　2×2 定向耦合器

2×2 定向耦合器是光耦合器最基本、最典型的形式。从图 1.35 可以看出它是一种两波导四端口元件。①—③和②—④是直通臂，①—④和②—③是耦合臂。

习题

1.1　一种机械波的波函数为 $y = A\cos2\pi\left(\frac{x}{\lambda} - \frac{t}{T}\right)$，其中 $A = 20\mathrm{mm}$，$T = 12\mathrm{s}$，$\lambda = 20\mathrm{mm}$，试画出 $t = 3\mathrm{s}$ 时的波形曲线，从 $x = 0$ 画到 $x = 40\mathrm{mm}$。

1.2　一个线偏振光在玻璃中传播时可以表示为

$$E_x = 10^2\cos\left[\pi 10^5\left(\frac{z}{0.65c} - t\right)\right],\quad E_y = 0,\quad E_z = 0,$$

试求：（1）光的频率；（2）波长；（3）玻璃的折射率。

1.3　计算由下式表示的平面波电矢量的振动方向、传播方向、相位速度、振幅、频率、波长：

$$E = (-2i + 2\sqrt{3}j)\mathrm{e}^{\mathrm{i}(\sqrt{3}x + y + 6\times10^8 t)}$$

1.4　利用波矢量 $\boldsymbol{k}$ 在直角坐标系的方向余弦 $\cos\alpha$、$\cos\beta$、$\cos\gamma$，写出平面简谐波的波函数。

1.5　在与一平行光束垂直的方向上插入一透明薄片，其厚度 $h = 0.01\mathrm{mm}$，折射率 $n = 1.5$，若光波的波长 $\lambda = 500\mathrm{nm}$，试计算插入玻璃片前后光束光程和相位的变化。

1.6　沿空间 $\boldsymbol{k}$ 方向传播的平面波可以表示为

$$E = 100\exp\{\mathrm{i}[(2x + 3y + 4z) - 16\times10^8 t]\}$$

试求 $\boldsymbol{k}$ 方向的单位矢量 $\boldsymbol{k}_0$。

1.7　利用波的复数表达式求以下两个波的合成：

$$E_1 = E_0\cos(\omega t - kz),\quad E_2 = -E_0\cos(\omega t + kz)$$

1.8　两束振动方向相同的单色光波在空间某一点产生的光振动分别表示为 $E_1=A_1\cos(\omega t-\alpha_1)$ 和 $E_1=A_2\cos(\omega t-\alpha_2)$。若 $\omega=2\pi\times10^{15}$ Hz，$A_1=6$V/m，$A_2=8$V/m，$\alpha_1=0$，$\alpha_2=\pi/2$，求合振动的表达式。

1.9　确定其正交分量由下面两式表示的光波偏振态：

$$E_x(z,t)=E_0\cos[\omega(z/c-t)],\quad E_y(z,t)=E_0\cos[\omega(z/c-t)+5\pi/4]$$

1.10　试确定下列各组光波表达式所代表的偏振态：

(1) $E_x=E_0\sin(\omega t-kz)$，$E_y=E_0\cos(\omega t-kz)$；

(2) $E_x=E_0\sin(\omega t-kz)$，$E_y=E_0\cos\left(\omega t-kz+\dfrac{\pi}{4}\right)$；

(3) $E_x=E_0\sin(\omega t-kz)$，$E_y=E_0\cos(\omega t-kz)$。

1.11　已知冕牌玻璃对 0.3988μm 波长光的折射率为 $n=1.52546$，$\mathrm{d}n/\mathrm{d}\lambda=-1.26\times10^{-1}/\mu\text{m}$，求光在玻璃中的相速度和群速度。

1.12　试计算下面式子表示的电磁波的群速度（表示式中的 v 是相速度）：$v=\sqrt{c^2+b^2\lambda^2}$，其中 c 是真空中的光速，λ 是介质中的电磁波波长，b 是常数。

1.13　证明群速度可以表示为 $v_g=\dfrac{c}{n+\omega\left(\dfrac{\mathrm{d}n}{\mathrm{d}\omega}\right)}$。

1.14　试计算下列各情况的群速度：

(1) $v=\sqrt{\dfrac{g\lambda}{2\pi}}$（深水波，$g$ 为重力加速度）；

(2) $v=\sqrt{\dfrac{2\pi T}{\rho\lambda}}$（浅水波，$T$ 为表面张力，ρ 为质量密度）；

(3) $n=a+b/\lambda^2$（柯西公式）；

(4) $\omega=ak^2$（a 为常数，k 为波数）。

1.15　一束线偏振光以 45°入射到空气-玻璃界面，线偏振光的电矢量垂直于入射面。假设玻璃的折射率为 1.5，试求反射系数和透射系数。

1.16　假设窗玻璃的折射率为 1.5，斜照的太阳光（自然光）的入射角为 60°，试求太阳光的透射率。

1.17　利用菲涅耳公式证明：(1) $R_s+T_s=1$；(2) $R_p+T_p=1$。

1.18　光矢量垂直于入射面和平行于入射面的两束等强度的线偏振光以 50°入射到一块平行平板玻璃上，试比较两者透射光的强度。

1.19　光波在折射率分别为 n_1 和 n_2 的二介质界面上反射和折射，当入射角为 θ_1 时，折射角为 θ_2，见图 1.36(a)，s 波和 p 波的反射系数分别为 r_s 和 r_p，透射系数分别为 t_s 和 t_p，若光波反过来从 n_2 介质入射到 n_1 介质，且当入射角为 θ_2 时（折射角为 θ_1，见图 1.36(b)），s 波和 p 波的反射系数分别为 r_s' 和 r_p'，透射系数分别为 t_s 和 t_p'。试利用菲涅耳公式证明：

(1) $r_s=-r_s'$；(2) $r_p=-r_p'$；(3) $t_st_s'=T_s$；(4) $t_pt_p=T_p$。

1.20　证明当入射角 $\theta_1=45°$ 时，光波在任何两种介质界面上的反射都有 $r_p=r_s^2$。

1.21　证明光波以布儒斯特角入射到两种介质界面时，$t_p=1/n$，其中 $n=n_2/n_1$。

1.22　光波垂直入射到玻璃-空气界面，玻璃折射率 $n=1.5$，试计算反射系数、透射系数、反射率和透射率。

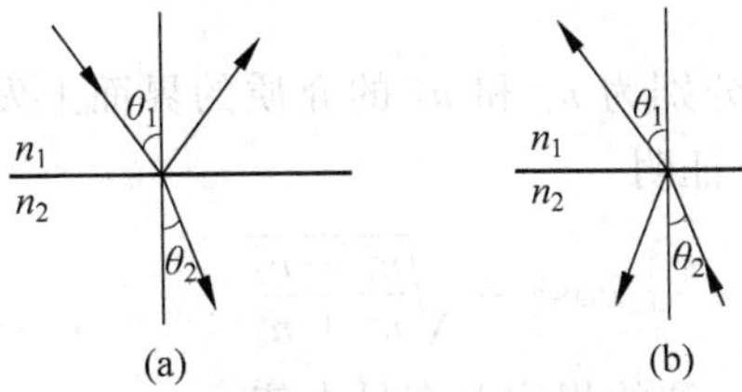

图 1.36　习题 1.19 用图

1.23　如图 1.37 所示，光束垂直入射到 45°直角棱镜的一个侧面，光束经斜面反射后从第二个侧面透出。若入射光强度为 I_0，问从棱镜透出的光束的强度为多少？设棱镜的折射率为 1.52，并且不考虑棱镜的吸收。

1.24　一个光学系统由两个分离的透镜组成，两片透镜的折射率分别为 1.5 和 1.7，求此系统的反射光能损失。如透镜表面镀上增透膜，使表面反射率为 1%，问此系统的光能损失又是多少？假设光束接近正入射通过各反射面。

1.25　如图 1.38 所示，光束以很小的入射角入射到一块平行板上，试求相继从平行板反射的两支光束 1′、2′和透射的两支光束 1″、2″的相对强度。设平板的折射率 $n=1.5$。

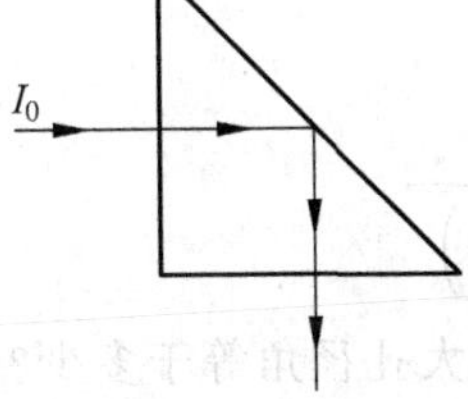

图 1.37　习题 1.23 用图

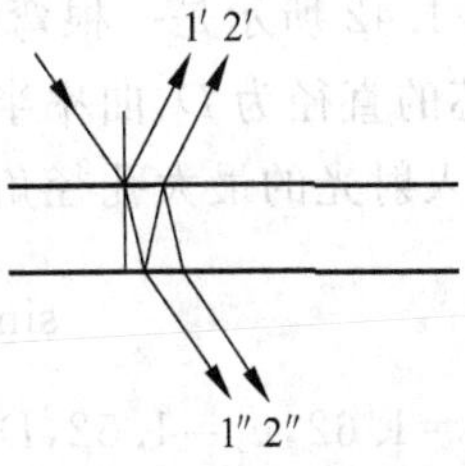

图 1.38　习题 1.25 用图

1.26　如图 1.39 所示，玻璃块周围介质（水）的折射率为 1.33。若光束射向玻璃块的入射角为 45°，问玻璃的折射率至少应为多大才能使透入的光束发生全反射？

1.27　求从折射率 $n=1.52$ 的玻璃平板反射和折射的光的偏振度。入射光是自然光，入射角分别为 0°、20°、45°、56°40′、90°。

1.28　一左旋圆偏振光以 50°入射到空气-玻璃分界面上（图 1.40），试求反射光和透射光的偏振态。

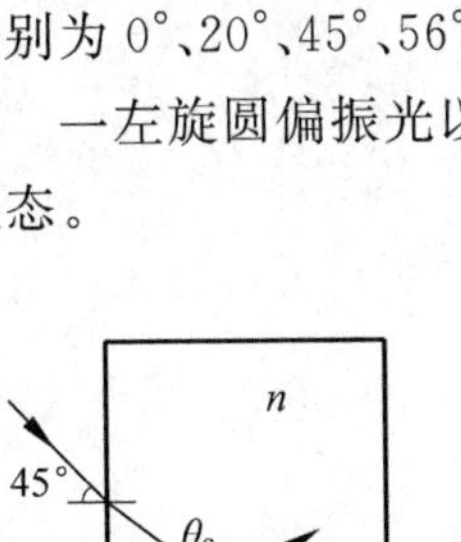

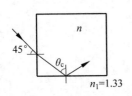

图 1.39　习题 1.26 用图

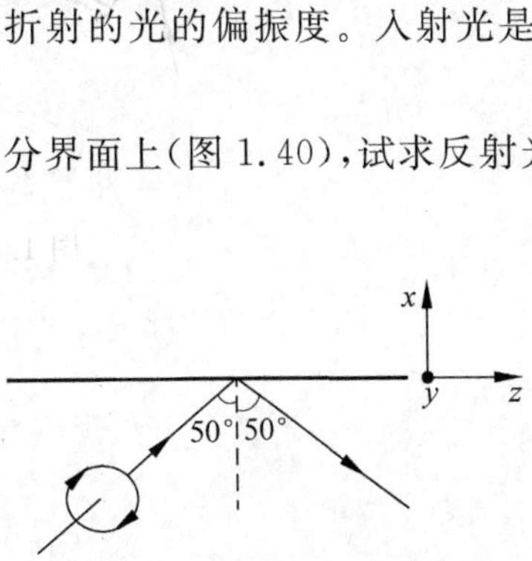

图 1.40　习题 1.28 用图

1.29　线偏振光在玻璃-空气界面发生全反射，线偏振光的电矢量的方向与入射面成 45°。设玻璃的折射率 $n=1.5$，问线偏振光应以多大的角度入射才能使反射光的 s 波与 p 波的相位差等于 45°?

1.30 线偏振光在折射率分别为 n_1 和 n_2 的介质的界面上发生全反射，线偏振光的电矢量振动方向与入射面成 45°。证明

$$\cos\theta = \sqrt{\frac{n_1^2 - n_2^2}{n_1^2 + n_2^2}}$$

时(θ 是入射角)，反射光 s 波和 p 波的相位差有最大值。

1.31 如图 1.41 所示是一根直圆柱形光纤，光纤纤芯的折射率为 n_1，光纤包层的折射率为 n_2，并且 $n_1 > n_2$。

(1) 证明入射光的最大孔径角 $2u$ 满足关系式 $\sin u = \sqrt{n_1^2 - n_2^2}$；

(2) 若 $n_1 = 1.62$，$n_2 = 1.52$，最大孔径角等于多少？

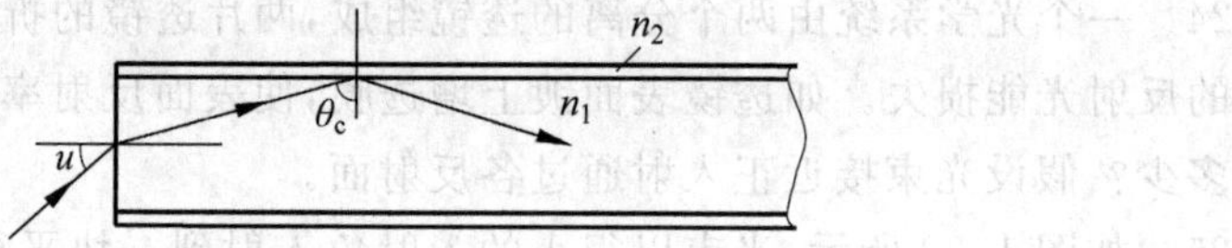

图 1.41 习题 1.31 用图

1.32 图 1.42 所示是一根弯曲的圆柱形光纤，其纤芯和包层的折射率分别为 n_1 和 n_2 ($n_1 > n_2$)，纤芯的直径为 D，曲率半径为 R。

(1) 证明入射光的最大孔径角 $2u$ 满足关系式

$$\sin u = \sqrt{n_1^2 + n_2^2\left(1 + \frac{D}{2R}\right)^2}$$

(2) 若 $n_1 = 1.62$，$n_2 = 1.52$，$D = 70\mu\text{m}$，$R = 12\text{mm}$，最大孔径角等于多少？

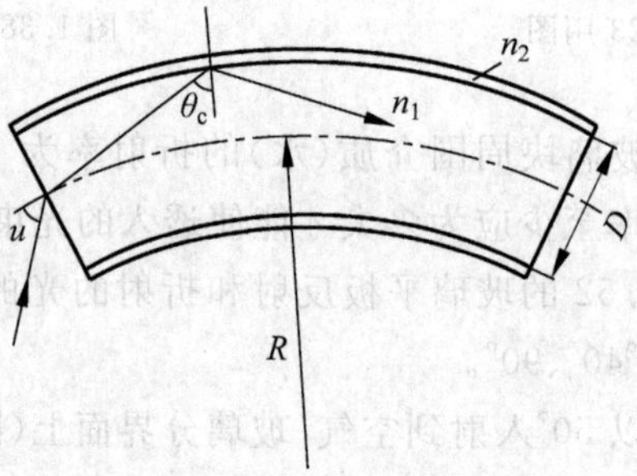

图 1.42 习题 1.32 用图

第2章 光的干涉

光的干涉现象是当两个或多个光波(光束)在空间叠加时,在叠加区域内出现的各点强度稳定的强弱分布现象。光的干涉现象、衍射现象和偏振现象是物理光学的主要研究内容,也是许多光学仪器和测量技术的基础,本章研究光的干涉现象及其应用,主要讨论产生干涉的基本条件,典型的干涉装置,双光束、多光束干涉特性及常用的干涉仪,薄膜光学及相干性理论。

2.1 光波干涉的实现

2.1.1 产生干涉的条件

由第1章的讨论已经知道,两个振动方向相同、频率相同的单色光波叠加时是肯定会发生干涉的。但是,实际的光波并不是理想的,因此要使实际光波发生干涉必须利用一定的装置让光波满足某些条件(干涉条件)。使光波满足干涉条件的途径有多种,因此相应的有多种干涉装置(这种装置称为干涉仪)。从方法上来说,干涉装置可以分为两类:分波前装置和分振幅装置。分波前装置只允许使用足够窄的光源,分振幅装置可以使用扩展光源,故而可获得强度较大的干涉效应,所以分振幅装置在实际应用中用得最多,几乎所有使用的干涉仪都属于分振幅装置。

我们都有这样的经验,将两只蜡烛或两只电灯并排放在一起,同时照在墙壁上,无论如何也不会发现在墙壁上有强度明暗变化的干涉现象。即使是两个并排的小孔,如果各自用一个光源照明,那么从两个小孔发散出的光相遇在一起也不会产生干涉现象。但是,如果两个小孔是受同一个很小的光源或离得很远的宽光源照明时,则从两个小孔发散出的光可以在小孔后面的屏幕上产生干涉现象。以上的事实说明,两个独立的,彼此没有关联的光源发出的光波无论如何不会产生干涉,只有当两个光波是来自同一个光源(由同一个光波分离出来)时,它们才能发生干涉。

下面我们来分析两个独立光源发出的光波不能发生干涉的原因,光是由于光源中原子核外电子的跃迁而造成的,光源中单个原子的发光是间歇的,每一次发光的持续时间约为 10^{-9} s,在这段时间内原子发射了一列光波,停顿一段时间后(停顿时间与持续时间有相同的数量级),再发射另一列光波。原子前后发出的两列光波是独立的,它们之间没有固定的相位和偏振关系。不同原子之间发出的波列也是独立的,同样没有固定的相位和偏振联系。

这样一来，两个发光原子同时发出的波列形成的干涉只能在极短的时间($\approx 10^{-9}$ s)内存在，另一个时间段将代之对应于另一个相位差的干涉图样，在通常的观察和测量时间(10^{-2} s)内干涉图样的更迭几乎无穷多次，目前还没有任何一种接收器能够反应得这样快以致能察觉这些图样的更迭。接收器记录到的只是强度 I 的时间平均值。就像眼睛不能察觉交流电所供给的白炽灯的亮度变化，只能看到某一不变的平均亮度一样。

为了求出强度 I 在一段时间的平均值，我们来考察两光波叠加区域内的某一点 P 的强度。假设两个波的振动方向相同，频率相同，那么在波列通过的极短时间内，P 点的合强度为

$$I = A_1^2 + A_2^2 + 2A_1A_2\cos\delta$$

A_1 和 A_2 分别为两个波列的振幅，δ 为它们的位相差。在观测时间 τ 内，应该有许多对波列通过 P 点，并且每对波列都产生一个强度，因此在 P 点观测到的强度是时间 τ 内的平均强度

$$\begin{aligned}\langle I\rangle &= \frac{1}{\tau}\int_0^I I\mathrm{d}\tau \\ &= \frac{1}{\tau}\int_0^I (A_1^2 + A_2^2 + 2A_1A_2\cos\delta)\mathrm{d}\tau \\ &= A_1^2 + A_2^2 + 2A_1A_2\frac{1}{\tau}\int_0^\tau \cos\delta\mathrm{d}\tau\end{aligned}$$

如果在时间 τ 内各时刻到达的波列的相位差 δ 无规则地变化，那么 δ 将多次经历 $0\sim 2\pi$ 之间的一切数值，所以上式中的积分

$$\frac{1}{\tau}\int_0^\tau \cos\delta\mathrm{d}\tau = 0$$

因此 $\langle I\rangle = A_1^2 + A_2^2 = I_1 + I_2$，即 P 点的平均光强度恒等于两叠加光波的强度之和。因为 P 点是任意的，因此叠加区域内处处光强都等于 $I_1 + I_2$，不发生干涉。两个独立光源发出的光波的叠加，便是这种情况。但是如果在任意点 P 叠加的两个光波的位相是有紧密联系的，使得在观测时间 τ 内，它们的相位差固定不变，则有

$$\frac{1}{\tau}\int_0^\tau \cos\delta\mathrm{d}\tau = \cos\delta$$

因此 $\langle I\rangle = A_1^2 + A_2^2 + 2A_1A_2\cos\delta = I_1 + I_2 + 2\sqrt{I_1I_2}\cos\delta$。

这表示 P 点的平均光强度取决于两光波在 P 点的位相差 δ，它可以大于、小于或等于两光波的强度之和 $I_1 + I_2$。因为叠加区域内不同的点有不同的相位差，所以对于叠加区域内不同的点，将有不同的光强度，这正是两光波产生干涉的情况。因此可以得出结论，两叠加光波的相位差固定不变，是强干涉的必要条件。

以上的讨论假设了两叠加光波的振动方向相同，频率相同，若两叠加光波振动方向互相垂直或频率不同，情况会是怎样？

我们先来分析光波振动方向互相垂直时的情况。

由前面的讨论知道，两个振动方向相互垂直的光波叠加后将得到椭圆偏振光，椭圆偏振光的光强

$$I = \langle S\rangle = \frac{1}{2}\sqrt{\frac{\varepsilon}{\mu_0}}\langle E^2\rangle$$

在同一介质中，只考虑相对强度，

$$\begin{aligned} I &= \langle E^2 \rangle \\ &= \langle (E_x \boldsymbol{i} + E_y \boldsymbol{j}) \cdot (E_x \boldsymbol{i} + E_y \boldsymbol{j}) \rangle \\ &= \langle E_x^2 \rangle + \langle E_y^2 \rangle \\ &= \langle E_{0x}^2 \rangle + \langle E_{0y}^2 \rangle \\ &= I_{0x} + I_{0y} \end{aligned}$$

这说明椭圆偏振光的强度恒等于合成它的两个振动方向互相垂直的单色光波的强度之和，它与两个叠加波的位相差无关。也就是说两振动方向互相垂直的两光波叠加不发生干涉。

再看两振动方向相同、频率不同的情况。根据式(1-87)，设 $A_1=A_2=A$，平均光强

$$I = 4A^2\cos^2(\omega_m t - k_m z)$$

$$\langle I \rangle = \frac{1}{\tau}\int_0^\tau 4A^2\cos^2(\omega_m t - k_m z)\mathrm{d}t = 2A^2$$

也不发生干涉。

对于一般的情况，设两列单色线偏振光

$$\boldsymbol{E}_1 = \boldsymbol{E}_{01}\cos(\omega_1 t - \boldsymbol{k}_1 \cdot \boldsymbol{r} + \varphi_{01})$$

$$\boldsymbol{E}_2 = \boldsymbol{E}_{02}\cos(\omega_2 t - \boldsymbol{k}_2 \cdot \boldsymbol{r} + \varphi_{02})$$

在 P 点相遇，它们振动方向之间的夹角为 θ，如图 2.1 所示，根据只有两光波振动方向相同才能发生干涉的条件，可知只有 $\boldsymbol{E}_1$ 的平行于 $\boldsymbol{E}_2$ 的分量 $\boldsymbol{E}_{1\mathrm{p}}$ 才能与 $\boldsymbol{E}_2$ 发生干涉，而 $\boldsymbol{E}_1$ 的垂直于 $\boldsymbol{E}_2$ 的分量不能与 $\boldsymbol{E}_2$ 发生干涉。可以看到 $\boldsymbol{E}_{1\mathrm{s}}$ 将在观察屏幕上造成均匀照度，不利于干涉图样的观测。则总的光强：

$$\begin{aligned} I &= I_2 + I_{1\mathrm{p}} + 2I_{1\mathrm{p}} \cdot I_2\cos\varphi + I_{1\mathrm{s}} \\ &= I_1 + I_2 + 2I_1 I_2\cos\varphi\cos\theta \end{aligned} \tag{2-1}$$

上式中 $\varphi = \Delta\omega t - (\boldsymbol{k}_1 \cdot \boldsymbol{r} - \boldsymbol{k}_2 \cdot \boldsymbol{r}) + \varphi_{01} - \varphi_{02}$，是两光束的相位差，$I_1$ 和 I_2 是两光束的光强度。可以看到，两光束叠加后的总强度并不等于两列光波的强度和，而是多了一项交叉项 $2I_1 I_2\cos\varphi\cos\theta$，它反映了这两束光的干涉效应，通常称为干涉项。能否观察到稳定的干涉现象，取决于这个干涉项。由两光束相位差的关系式可以看出，当两光束频率相等，$\Delta\omega=0$ 时，干涉光强不随时间变化，可以得到稳定的干涉条纹分布。当两光束的频率不相等，$\Delta\omega\neq0$ 时，干涉条纹将随着时间产生移动，且 $\Delta\omega$ 越大，条纹移动速度越快；当 $\Delta\omega$ 大到一定程度时，肉眼或探测仪器就将观察不到稳定的条纹分布。因此，为了产生干涉现象，要求两干涉

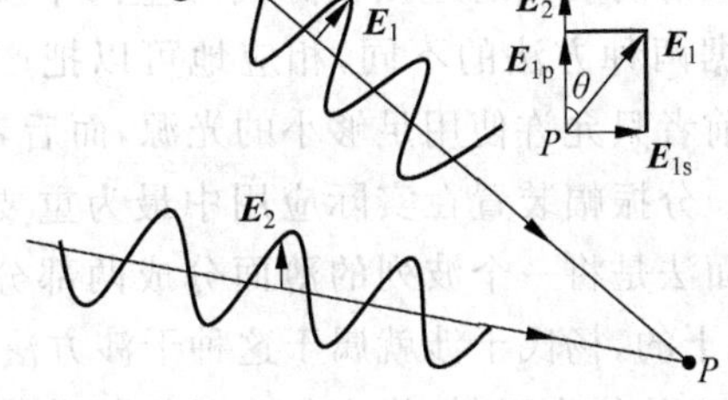

图 2.1 两叠加光波振动方向有一夹角 θ

光束的频率尽量相等。当相位差满足

$$\varphi = 2m\pi \quad (m = 0, \pm 1, \pm 2, \cdots)$$

的空间位置为光强的极大值处，光强的极大值 I_M 为

$$I_M = I_1 + I_2 + 2\sqrt{I_1 I_2}\cos\theta \tag{2-2}$$

满足

$$\varphi = (2m+1)\pi \quad (m = 0, \pm 1, \pm 2, \cdots)$$

的位置处为光强极小值处，光强的极小值 I_m

$$I_m = I_1 + I_2 - 2\sqrt{I_1 I_2}\cos\theta \tag{2-3}$$

引入表征干涉效应程度的参量——干涉条纹可见度(有的书上称为条纹对比度)，用以深入分析产生干涉的条件：

$$V = \frac{I_M - I_m}{I_M + I_m} \tag{2-4}$$

当干涉光强的极小值 $I_m=0$ 时，$V=1$，二光束完全相干，条纹最清晰；当 $I_M=I_m$ 时，$V=0$，二光束完全相干，无干涉条纹；当 $I_M\neq I_m\neq 0$ 时，$0<V<1$，二光束部分相干，条纹清晰度介于上面两种情况之间。

当两光束光强相等时，$V=\cos\theta$，因此，当两光束的振动方向相同时，$\theta=0$，$V=1$，条纹最清晰；当 $\theta=\pi/2$，两光束振动方向相互垂直时，不发生干涉；当 $0<\theta<\pi/2$ 时，$0<V<1$，干涉条纹清晰度介于上面两种情况之间。所以，为了产生明显的干涉现象，要求两光束的振动方向相同。

总结：要获得稳定的干涉条纹，①两光波的频率应当相同，②两束光波在相遇处的振动方向相同，③两束光波在相遇处应有固定不变的相位差。这三个条件就是两束光波发生干涉的必要条件，通常称为相干条件，满足这三个条件的光波称为相干光波，相应的光源称为相干光源。

2.1.2 实现光束干涉的基本方法

在光学中获得相干光，产生明显可见干涉条纹的唯一方法就是把一个波列的光束分成两束或几束光波，然后再令其重合而产生稳定的干涉效应，这种“一分为二”的方法，可以使二干涉光束的相位差保持稳定。

将一个光源分离成两个相干光的方法有两种。一种方法是让光波通过并排的两个小孔(狭缝)或利用反射和折射的方法把光波的波前分割为两个部分，这种方法称为分波面法。另一种方法是利用两个部分反射的表面通过振幅分割产生两个反射光波或两个透射光波，这种方法称为分振幅法。根据两种方法的不同，相应地可以把产生干涉的装置分为两类：分波前装置和分振幅装置。前者只允许使用足够小的光源，而后者可以使用扩展光源，因而可获得强度较大的干涉效应。分振幅装置在实际应用中最为重要，几乎所有实用的干涉仪都是属于这一类装置。分波面法是将一个波列的薄面分成两部分或几部分，由这每一部分发出的波再相遇时，必然是相干的，杨氏干涉就属于这种干涉方法。分振幅法通常是利用透明薄板的第一、二表面对入射光的依次反射，将入射光的振幅分解为若干部分，当这些不同部分的光波相遇时将产生干涉，这是一种很常见的获得相干光，产生干涉的方法。后面讨论

的平行平板产生的干涉就属于这种干涉方法。

需要指出，在具体的干涉装置中，为了产生干涉现象，利用同一原子辐射的光波分离为两个光波，条件远不够充分。因为原子辐射的光波是一段段有线长度的波列，进入干涉装置的每个波列也都分成同样长的两个波列，当光程差太大(光程差大于波列长度)时，这两个波列就不能相遇，这时相遇的是对应于原子前一时刻发出的波列和后一时刻发出的另一波列，不同时刻相遇波列的位相已无固定关系，因此不能发生干涉。由此可见，为了使两光波满足相干条件而发生干涉，必须利用光源同一时段发出的波列，具体的干涉装置为了保证这一条件的实现，必须使光程差小于光波的波列长度，这一条件可以作为光波相干条件的补充条件。

2.2 双光束干涉

2.2.1 杨氏双缝干涉

杨氏双缝干涉是利用分波面法产生干涉的最著名的例子。杨氏干涉的实验装置如图 2.2 所示，S 是用线光源(汞灯)照明的狭缝，从 S 发出的光波射在光屏 A 的双缝 S_1 和 S_2 上，就会在缝后屏幕上观察到明暗交替的双缝干涉条纹。

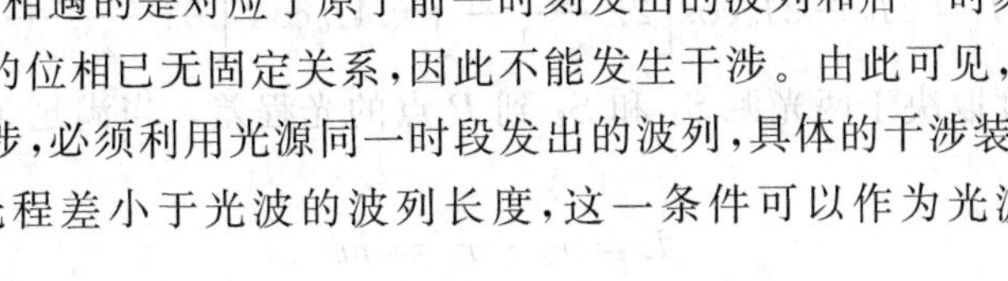

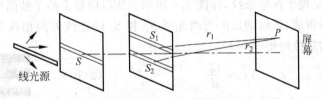

图 2.2 杨氏干涉实验装置

图 2.3 是实验原理图，S_1 和 S_2 相距很近，且到 S 等距；从 S_1 和 S_2 分别发散出的光波是由同一光波分出来的，所以是相干光波，它们在距离光屏为 D 的屏幕上叠加，形成一定的干涉图样。

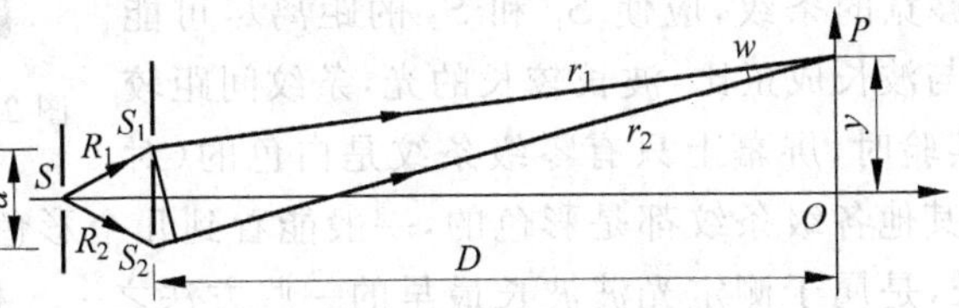

图 2.3 杨氏双缝干涉实验原理图

从狭缝 S 发出的光波经 SS_1P 和 SS_2P 两条不同路径，在观察屏上 P 点相交，其光程差为

$$L = n(R_2 - R_1) + n(r_2 - r_1) = n\Delta R + n\Delta r$$

式中 n 是介质的折射率，相应的相位差

$$\delta = 2\pi \frac{L}{\lambda} = 2\pi n \frac{R_2 - R_1}{\lambda} + 2\pi n \frac{r_2 - r_1}{\lambda}$$

式中 λ 为真空中光波的波长，在空气中，$n\approx 1$，且 S_1 和 S_2 到 S 等距，上式化为

$$\delta = 2\pi\frac{r_2 - r_1}{\lambda}$$

因此，P 点的光强可以写为

$$I = 2I_0 + 2I_0\cos\left[2\pi\frac{r_2 - r_1}{\lambda}\right] = 4I_0\cos^2\left[\frac{\pi(r_2 - r_1)}{\lambda}\right] \tag{2-5}$$

可见，P 点的光强度取决于两光源 S_1 和 S_2 到 P 点的光程差。当满足条件 $\varphi=2m\pi(m=0,\pm1,\pm2,\cdots)$，即

$$L = r_2 - r_1 = m\lambda \tag{2-6}$$

的空间点

$$y = m\frac{D\lambda}{d} \tag{2-7}$$

处为光强极大值，呈现干涉亮条纹。

当满足条件 $\varphi=(2m+1)\pi(m=0,\pm1,\pm2,\cdots)$，即

$$L = r_2 - r_1 = \left(m+\frac{1}{2}\right)\lambda \tag{2-8}$$

的空间点

$$y = \left(m+\frac{1}{2}\right)\frac{D\lambda}{d} \tag{2-9}$$

处为光强极小值，呈现干涉暗条纹，如图 2.4 所示。所以屏幕上的干涉图样是由一系列平行等距的亮带和暗带组成，条纹的走向与两光源 S_1 和 S_2 的连线方向相垂直。相邻两亮(暗)条纹间的距离称为条纹间距

$$e = \Delta y = \frac{D\lambda}{d} \tag{2-10}$$

r_1 和 r_2 的夹角 w 称为相干光束的会聚角，在 $d\ll D, y\ll D$ 的情况下，$w\approx d/D$，因此上式又可以表示为

$$e = \frac{\lambda}{w} \tag{2-11}$$

图 2.4 杨氏双缝干涉条纹

式(2-11)表明，条纹间距与会聚角成反比。因此干涉实验中为了得到间距足够宽的条纹，应使 S_1 和 S_2 的距离尽可能小。另外，条纹间距与波长成正比，波长较长的光，条纹间距较大。如果用白光做实验时，屏幕上只有零级条纹是白色的(对应于 $y=0$ 的位置)，其他各级条纹都是彩色的，一般能看到几个彩色条纹。利用杨氏实验可以测定光波的波长，是属于测定光波波长最早的一些方法之一。根据式(2-10)，在实验中测出 D、d 和 e，便可计算出波长 λ。

如果 S_1 和 S_2 到 S 的距离不相等，$\Delta R\neq 0$，则对应于干涉亮条纹的空间点为

$$y = \frac{m\lambda - \Delta R}{w} \tag{2-12}$$

对应于干涉暗条纹的空间点为

$$y = \frac{\left(m+\frac{1}{2}\right)\lambda - \Delta R}{w} \tag{2-13}$$

也就是说相对于 $\Delta R=0$ 的情况，条纹在 y 方向发生了平移。

2.2.2 分波面干涉的其他实验装置

分波面干涉装置的共同特点是，它们将点光源发出的光波的波前分割出两个部分，并使之在干涉场内叠加产生干涉。上一节介绍的杨氏干涉装置是这样，下面将要介绍的其他干涉装置也是这样。由干涉装置分割出的两部分光波，可以看作是由两个相干光源发出的，只要确定了这两个相干光源的位置及干涉场的位置，便可以应用杨氏干涉的计算公式来计算干涉条纹。

1. 菲涅耳双面镜

菲涅耳双面镜由两块夹角很小的反射镜 M_1 和 M_2 组成，如图 2.5 所示。由点光源 S 发出的光波受不透明屏 K 阻挡，不能直接到达屏幕上，光波经过双面镜 M_1 和 M_2 反射被分成两束相干光波，它们在屏幕上产生干涉条纹。从双面镜反射的两束相干光，可以看作是从 S 在双面镜中形成的两个虚像 S_1 和 S_2 发出的，因而 S_1 和 S_2 相当于一对相干光源。设双面镜交线在图面上的投影是 O 点，$SO=l$，则 $S_1O=S_2O=l$，所以 S_1S_2 的垂直平分线也通过 O 点。因此，S_1 和 S_2 之间的距离

$$d = 2l\sin\alpha \tag{2-14}$$

式中，α 是双面镜 M_1 和 M_2 的夹角。在确定了相干光源 S_1 和 S_2 的位置后，就可以利用式(2-6)～式(2-10)计算屏幕上的干涉条纹。

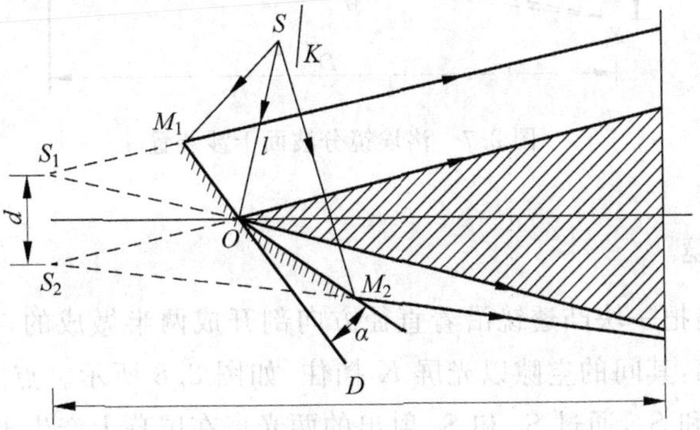

图 2.5 菲涅耳双面镜分波面干涉装置

2. 菲涅耳双棱镜

菲涅耳双棱镜由两个相同的棱镜组成，两个棱镜的折射角 α 很小，一般约为 $30'$。从点光源 S 发出的光束，经双棱镜折射后分成两束，相互交叠产生干涉，如图 2.6 所示。两折射光波如同从棱镜形成的两个虚像 S_1 和 S_2 发出的一样，因而 S_1 和 S_2 可视为相干光源。设棱镜材料的折射率为 n，则棱镜对入射光束产生的角偏转近似为 $(n-1)\alpha$，因此 S_1 和 S_2 之间的距离为

$$d = 2l(n-1)\alpha \tag{2-15}$$

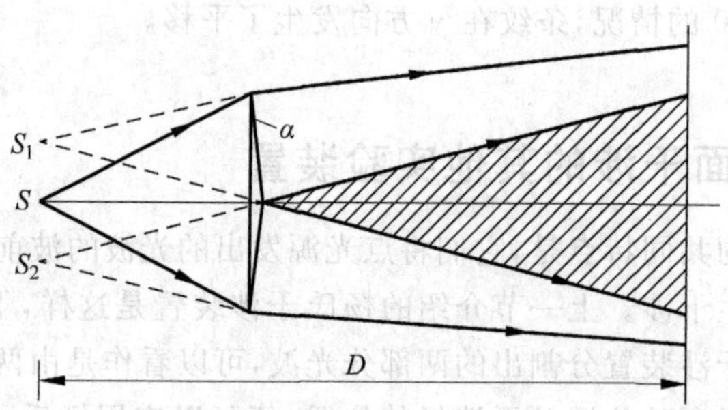

图 2.6　菲涅耳双棱镜分波面干涉装置

3. 洛埃镜

洛埃镜仅使用一块平面镜的反射来获得干涉条纹。点光源 S_1 放在离平面镜 M 相当远，但接近镜平面的地方，S_1 发出的光波一部分直接射到屏幕上，一部分以很大的入射角(接近 90°)投射到平面镜 M 上，再经平面镜反射到达屏幕，如图 2.7 所示。在计算屏幕上的干涉效应时，应该注意在洛埃镜装置中两个相干光波之一经平面镜反射时有了 π 的相位变化，即"半波损失"。因此，在计算屏幕上某一点 P 对应的两个相干光的光程差时，要把反射光束半波损失引起的附加光程差 $\lambda/2$ 加进去。

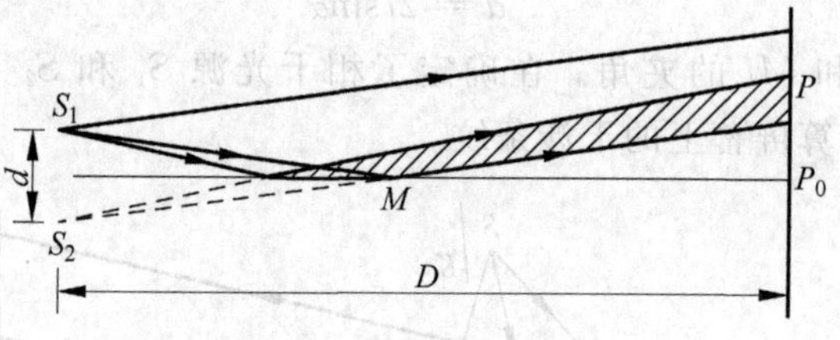

图 2.7　洛埃镜分波面干涉装置

4. 比累对切透镜

比累对切透镜是把一块凸透镜沿着直径方向剖开成两半做成的，两半透镜在垂直于光轴方向拉开一些距离，其间的空隙以光屏 K 挡住，如图 2.8 所示。点光源 S 由比累对切透镜形成两个实像 S_1 和 S_2，通过 S_1 和 S_2 射出的两光束在屏幕上产生干涉条纹。S_1 和 S_2 就是一对相干光源。S_1 和 S_2 到透镜的距离 l' 可按照几何光学中的成像公式计算

$$\frac{1}{l}+\frac{1}{l'}=\frac{1}{f}$$

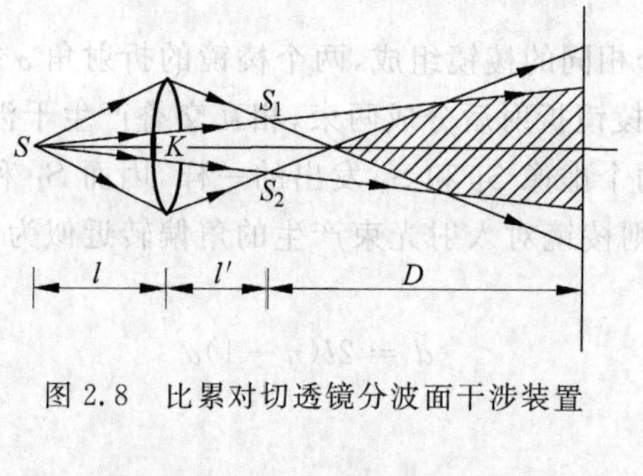

图 2.8　比累对切透镜分波面干涉装置

式中 l 是光源 S 到透镜的距离，f 是透镜的焦距。S_1 和 S_2 之间的距离则可由下式求出：

$$d = a\frac{l+l'}{l} \tag{2-16}$$

式中，a 是两半透镜分开的距离。

在上述的几个装置中，干涉条纹的走向都是垂直于图面的，如果点光源沿垂直于图面方向扩展，或者说用一个垂直于图面的线光源代替点光源（用一个足够窄的狭缝光源代替点光源），不会影响条纹在平行于 S_1S_2 连线的方向上的强度分布。但是，如果点光源或狭缝光源在 S_1S_2 的连线方向扩展，条纹的强度将要发生变化，条纹变得越来越不清楚。当光源扩展到一定大小时，条纹完全看不清。在后面的章节中，将讨论条纹的清晰程度与光源大小的关系，以及影响条纹清晰程度的其他因素。

2.2.3　平行平板产生的干涉

从这一节开始，将介绍分振幅法双光束干涉，与分波面法双光束干涉相比，分振幅法产生干涉的实验装置因其既可以使用扩展光源，又可以获得清晰的干涉条纹，而被广泛地应用。在干涉计量技术中，这种方法已成为众多的重要干涉仪和干涉技术的基础。

1. 等倾干涉条纹

平行平板产生干涉的装置如图 2.9 所示，由扩展光源发出的每一簇平行光线经平行平板反射后，都会聚在无穷远处，或者通过图示的透镜会聚在焦平面上，产生干涉。

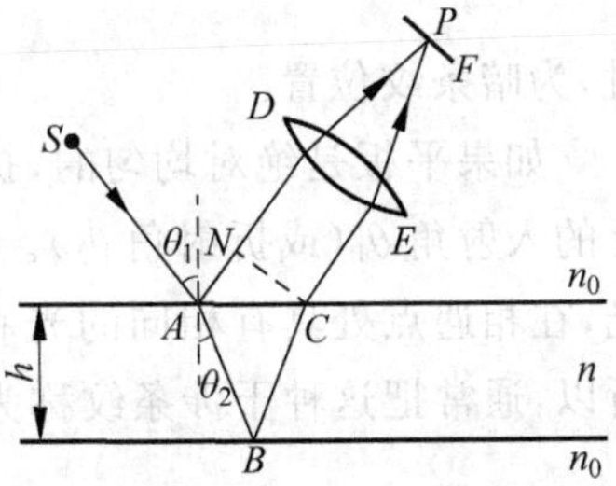

图 2.9　平行平板的分振幅干涉

从“大学物理”课程中学过的知识可以看出平行光的波前平面到透镜会聚点的光程是相等的，所以光经过平行平板后，通过透镜在焦平面 F 上所产生的干涉强度分布，与无透镜时在无穷远处形成的干涉强度分布相同，所以干涉图样主要取决于光经平板反射后，所产生的两束光到焦平面 F 上 P 点的光程差。

由图 2.9 中的光路图可知，这两束光的光程差为

$$\Delta L = n(\overline{AB}+\overline{BC}) - n_0\overline{AN}$$

式中，n 和 n_0 分别为平板折射率和周围介质的折射率，N 是由 C 点向 AD 所引起垂线的垂足，自 N 点和 C 点到透镜焦平面 P 点的光程相等，假设平板的厚度为 h，入射角和折射角为 θ_1 和 θ_2，则由几何关系有

$$\overline{AB} = \overline{BC} = h/\cos\theta_2$$

$$\overline{AN} = \overline{AC}\sin\theta_1 = 2h\tan\theta_2\cdot\sin\theta_1$$

$$\begin{aligned}\Delta L &= \frac{2nh}{\cos\theta_2} - 2h\tan\theta_2\cdot\sin\theta_1\cdot n_0\\ &= \frac{2hn\cos^2\theta_2}{\cos\theta_2} = 2hn\cos\theta_2\\ &= 2h\sqrt{n^2-n_0^2\sin^2\theta_1}\end{aligned} \tag{2-17}$$

进一步考虑到由于平板两侧的折射率与平板折射率不同，无论是 $n_0>n$ 还是 $n_0<n$，从平板两表面反射的两束光中总有且仅有一束发生“半波损失”，也就是相位突变 π。所以，两束反射光的光程差还应加上由界面反射引起的附加光程差 $\lambda/2$，即

$$\Delta L = 2nh\cos\theta_2 + \frac{\lambda}{2} \tag{2-18}$$

如果平板两侧的介质折射率不同，并且平板折射率的大小介于两种介质折射率之间，则两束反射光间无“半波损失”贡献，此时

$$\Delta L = 2nh\cos\theta_2 \tag{2-19}$$

由此可以得到焦平面上的光强分布为

$$I = I_1 + I_2 + 2\sqrt{I_1 I_2}\cos(k\cdot\Delta L) \tag{2-20}$$

注意：k 为真空中的波矢，I_1、I_2 分别为两支反射光的强度。当

$$k\cdot\Delta L = \frac{2\pi}{\lambda}\Delta L = 2m\pi \quad (m=0,\pm1,\pm2,\cdots)$$

即

$$\Delta L = m\lambda$$

时，为明条纹位置。当

$$k\cdot\Delta L = \frac{2\pi}{\lambda}\Delta L = (2m+1)\pi \quad (m=0,\pm1,\pm2,\cdots)$$

即

$$\Delta L = (m+1/2)\lambda$$

时，为暗条纹位置。

如果平板是绝对均匀的，折射率 n 和厚度 h 均为常数，则光程差只取决于入射光在平板上的入射角 θ_1(或折射角 θ_2)。因此，具有相同入射角的光经平板两表面反射所形成的反射光，在相遇点处具有相同的光程差。也就是说，凡入射角相同的光，处在同一干涉条纹上。所以，通常把这种干涉条纹称为等倾干涉。

2. 等倾干涉条纹的特点

等倾干涉条纹的形状与观察透镜放置的方位有关，当如图 2.10 所示透镜光轴与平行平板 G 垂直时，等倾条纹是一组同心圆环，其中心对应 $\theta_1=\theta_2=0$ 的干涉光线。

图 2.10(a)是观察等倾圆形条纹的一个装置，扩展光源发射的光线经过半反射镜 M 后，以各种角度入射到平行平板 G 上，通过平板上、下表面反射的光经半反射镜 M 后，被透镜会聚在焦平面 F 上，形成了一组等倾干涉圆环。每一圆环与光源各点发出的具有相同入射角(在不同平面上)的光线对应。由于光源上每一点都对应有一组等倾圆环干涉条纹，它们彼此准确重合，没有位移，因而光源的扩大，除了增加条纹的强度外，对条纹的可见度没有影响。如图 2.10(b)所示，光源上的 S_1、S_2、S_3 各点发出的平行光束 1、2、3 经 M 反射后垂直投射到 G 上，由 G 的上、下表面反射的两束光通过 M 和 L 后，会聚于透镜焦点 P_0，P_0 就是焦平面上等倾干涉圆环的圆心。由 S_1、S_2、S_3 点发出的平行光线 $1'$、$2'$和 $2''$、$3''$通过该系统后，分别会聚于焦平面上的 P'和 P''。从中我们可以看到等倾条纹的位置只与形成条纹的光束入射角有关，而与光源上发光点的位置无关，所以光源的大小不会影响条纹的可见度。

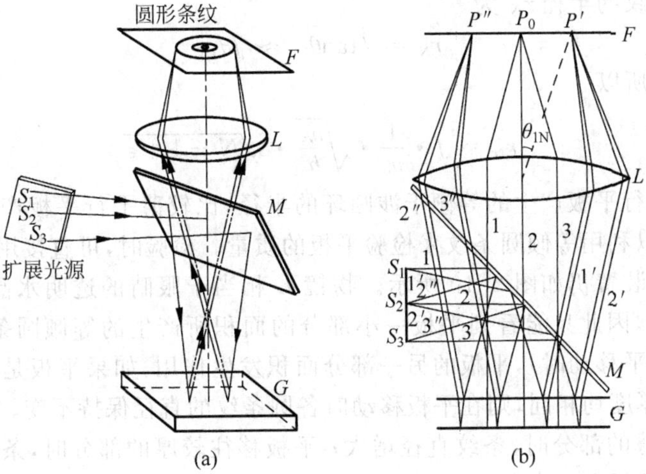

图 2.10 产生等倾圆条纹的装置

(1) 等倾干涉圆环的条纹级数

由等倾干涉条纹的光程差公式(2-18)可知,越接近等倾圆环中心,相应的入射光线的角度 θ_2 越小,光程差越大,干涉条纹级数越高,偏离圆环中心越远,干涉条纹级数越小,这是等倾干涉圆环的重要特性。

设中心点的干涉级数为 m_0,则中心点位置两表面反射光的光程差

$$\Delta L_0 = 2nh + \frac{\lambda}{2} = m_0\lambda \tag{2-21}$$

因而

$$m_0 = \frac{\Delta L_0}{\lambda} = \frac{2nh}{\lambda} + \frac{1}{2} \tag{2-22}$$

通常情况下,m_0 不为整数,也就是说中心未必是最亮点,故经常把 m_0 写成

$$m_0 = m_1 + \varepsilon \tag{2-23}$$

其中,m_1 是靠近中心最近的亮条纹的级数,所以

$$0 < \varepsilon < 1$$

(2) 等倾干涉圆环亮条纹的半径

由中心向外计算、第 N 个亮环的干涉级数为$[m_1-(N-1)]$,该亮环相对透镜的中心的张角为 θ_{1N},由明条纹的条件公式

$$2nh\cos\theta_{2N} + \frac{\lambda}{2} = [m_1-(N-1)]\lambda \tag{2-24}$$

将式(2-21)和式(2-24)两式相减,得到

$$2nh(1-\cos\theta_{2N}) = (N-1+\varepsilon)\lambda \tag{2-25}$$

一般情况下,θ_{1N} 和 θ_{2N} 都很小,根据折射定律 $n_0\sin\theta_{1N} = n\sin\theta_{2N}$,可以近似得到

$$n \approx \frac{n_0\theta_{1N}}{\theta_{2N}},\quad 1-\cos\theta_{2N} \approx \frac{\theta_{2N}^2}{2} \approx \frac{n_0^2\theta_{1N}^2}{2n^2}$$

所以

$$\theta_{1N} \approx \frac{1}{n_0}\cdot\sqrt{\frac{n\lambda}{h}}\cdot\sqrt{N-1+\varepsilon} \tag{2-26}$$

相应第 N 条亮条纹的半径 r_N 为

$$r_N = f\tan\theta_{1N} \approx f\theta_{1N}$$

f 为透镜的焦距，所以

$$r_N = f \cdot \frac{1}{n_0} \cdot \sqrt{\frac{n\lambda}{h}} \cdot \sqrt{N-1+\varepsilon} \tag{2-27}$$

上式说明，较厚平行平板产生的等倾干涉圆环的半径，比较薄平行平板产生的圆环半径小。根据这个关系可以利用等倾圆条纹来检验平板的质量。检验时，可直接用眼睛观察，眼睛调节到无穷远，检验装置仍如图 2.10 所示。物镜 L 相当于眼睛的透明水晶体。由于眼睛瞳孔不大(2～4mm)，因此只能看到平板一小部分的面积所产生的等倾圆条纹。当平板水平移动时(或眼睛水平移动时)，平板的另一部分面积发生作用，如果平板是理想的平行平板，各处的折射率和厚度均相同，则在平板移动时各圆条纹的直径保持不变。如果平板不均匀，则当平板移往较薄的部分时，条纹直径增大；平板移往较厚的部分时，条纹直径缩小，这样就可以达到检验平板光学厚度均匀性的目的。

等倾圆环相邻条纹的间距为

$$e_N = r_{N+1} - r_N \approx \frac{f}{2n_0}\sqrt{\frac{n\lambda}{h(N-1+\varepsilon)}} \tag{2-28}$$

此式说明，越向边缘(N 越大)，条纹间距越小，条纹越密。

3. 透射光的等倾干涉条纹

如图 2.11 所示，由光源 S 发出的透过平板和透镜到达焦平面上 P 点上的两束光，没有附加半波损失，所以光程差为

$$\Delta L = 2nh\cos\theta_2$$

它们在透镜焦平面上同样可以产生等倾干涉条纹。

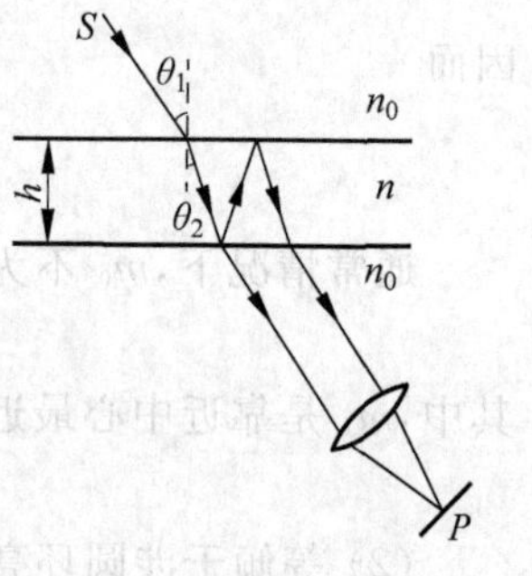

图 2.11 透射光等倾干涉

由于对应于光源 S 发出的同一入射角的光束，经平板产生的两束透射光和两束反射光的光程差恰好为 $\lambda/2$，相位差相差 π，因此，透射光与反射光的等倾干涉条纹是互补的。也就是说，在反射光和干涉条纹中是亮条纹，在透射光干涉条纹中恰是暗条纹，反之亦然。

应当指出，当平板表面的反射率很低时，两束透射光的强度相差很大，因此条纹的可见度很低，而反射光的等倾干涉条纹可见度要大得多。所以在平行平板表面的反射率较低的情况下，通常应用的是反射光的等倾干涉。

2.2.4 楔形平板产生的干涉——等厚干涉

楔形平板是指平板的两表面不平行，但其夹角很小。楔形平板产生干涉的原理如图 2.12 所示。设光源中心点 S_0 发出的一束入射光经平板两表面反射后，所分离出的两束光相交于某点 P，它们之间的光程差为

$$\Delta L = n(AB + BC) - n_0(AP - CP)$$

光程差的精确值一般很难计算，但是在实用的干涉系统中，板的厚度一般都很小，且楔角也不大，因此可近似地用平行平板的计算公式来代替，即

$$\Delta L = 2nh\cos\theta_2$$

式中，h 是楔形平板在 B 点的厚度，θ_2 是入射光在 A 点的折射角。考虑到光束在楔形平板的一个表面反射时存在半波损失，而在另一表面反射时没有半波损失，两表面的光程差应为

$$\Delta L = 2nh\cos\theta_2 + \frac{\lambda}{2}$$

如果所研究的楔形平板的折射率是均匀的，且光束的入射角为常数，比如光源距平板较远或观察干涉条纹用的仪器（眼睛或显微镜）的孔径很小，以致在整个视场内光束的入射角可视为常数，则由上式可知，两束反射光在相交点 P 的光程差只依赖于反射光处平板的厚度 h，因此干涉条纹与平板上厚度相同点的轨迹相对应，这种条纹称为等厚条纹。

当楔形平板很薄时，在薄板的表面就会看到沿着薄板等厚线分布的干涉条纹。对于厚度较大的平板，如果光束斜入射，一般要在离板面较远的地方才能观察到干涉条纹，同时由于可观测的范围很小，所以一般不容易观测到干涉条纹。在这种情况下，可以利用图 2.13 所示的实用系统让入射光垂直照射平板。这一系统不仅对研究厚板条纹有利，对研究薄板条纹也十分有利。扩展光源 S 发出的光束，经透镜 L_1 后被分束镜 M 反射，垂直投射到楔形板 G 上，经楔形板上下表面反射后通过分束镜 M、透镜 L_2 投射到观察平面 E 上。不同形状的楔形板将得到不同形状的干涉条纹。图 2.14 给出了几种不同的平板的等厚干涉条纹。

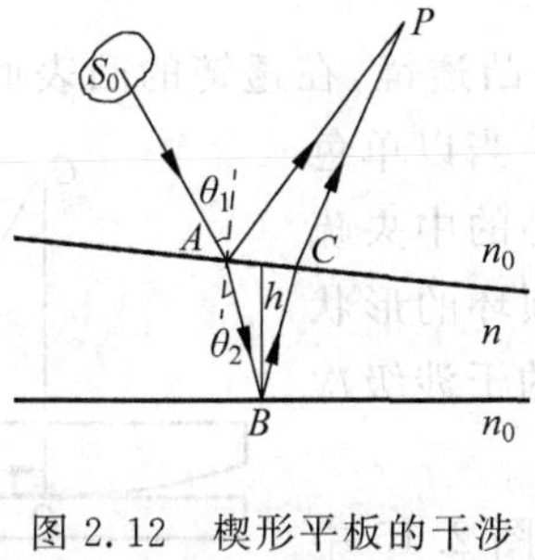

图 2.12　楔形平板的干涉

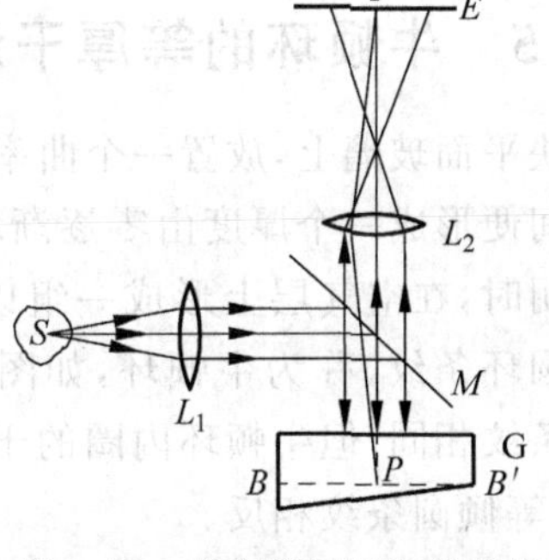

图 2.13　观察等厚干涉的系统

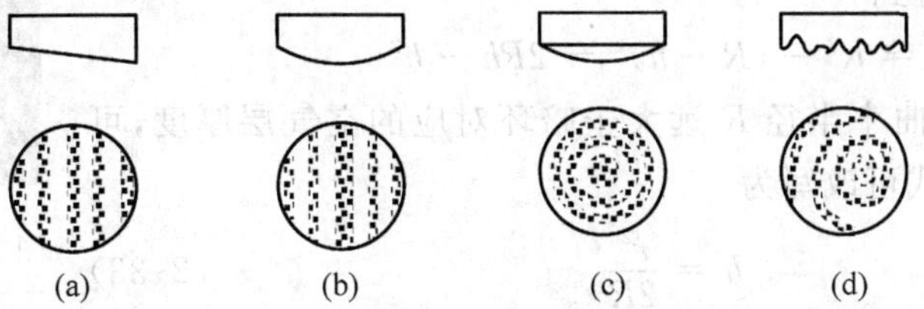

图 2.14　不同形状平板的等厚干涉条纹

(a) 楔形平板；(b) 柱形表面平板；(c) 球形表面平板；(d) 任意形状表面的平板

在图 2.13 所示的装置中，光束垂直入射到楔形平板，扩展光源在 P 点的光程差为

$$\Delta L = 2nh + \frac{\lambda}{2}$$

当光程差满足条件

$$\Delta L = 2nh + \frac{\lambda}{2} = m\lambda \quad (m = 0,1,2,\cdots) \tag{2-29}$$

时，P 点是强度极大点。当光程差满足条件

$$\Delta L = 2nh + \frac{\lambda}{2} = \left(m + \frac{1}{2}\right)\lambda \quad (m = 0,1,2,\cdots) \tag{2-30}$$

时，P 点是强度极小点。对于楔形平板，厚度相同点的轨迹是平行于楔棱的直线。所以楔形平板所产生的等厚线是一些平行于楔棱的等距直线，如图 2.14(a)所示。根据式(2-29)和式(2-30)，容易得到相邻的两条亮条纹或暗条纹之间的距离

$$e = \frac{\lambda}{2n\sin\alpha} \tag{2-31}$$

式中，α 是楔形平板的楔角，一般 α 较小，上式可以写成

$$e = \frac{\lambda}{2n\alpha} \tag{2-32}$$

式(2-32)表明，条纹间距与楔角 α 成反比。从式(2-32)还可以看出，条纹间距与光波波长有关，波长较长的光所形成的条纹间距较大，波长较短的光所形成的条纹间距较小。当楔形平板为劈尖时，使用白光照射时，除光程差等于零的棱线处为白光外，棱线附近其他条纹均带有颜色，颜色的变化均为内侧(靠近棱线)波长短，外侧(远离棱线)波长长。当平板的厚度比较大时，由于白光的时间相干性的影响，而使最后条纹消失，成为白色的均匀照明。

2.2.5 牛顿环的等厚干涉

在一块平面玻璃上，放置一个曲率半径 R 很大的平凸透镜，在透镜的凸表面和玻璃板的平面之间便形成一个厚度由零逐渐增大的空气薄层。当以单色光垂直照明时，在空气层上形成一组以接触点 O 为中心的中央疏边缘密的圆环条纹，称为牛顿环，如图 2.15 所示。牛顿环的形状与等倾圆条纹相同，但牛顿环内圈的干涉级次小，外圈的干涉级次大，正好与等倾圆条纹相反。

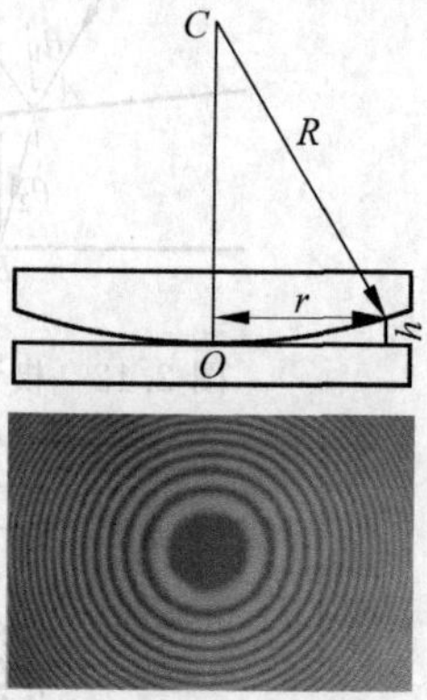

图 2.15 牛顿环的形成

设由中心向外计算的第 N 个暗环的半径为 r，则由图 2.15 中的几何关系，可以得到

$$r^2 = R^2 - (R-h)^2 = 2Rh - h^2$$

由于透镜凸表面的曲率半径 R 远大于暗环对应的空气层厚度，可以略去 h^2，所以上式可改写为

$$h = \frac{r^2}{2R} \tag{2-33}$$

将上式代入暗环满足的光程差条件公式

$$2h + \frac{\lambda}{2} = \left(N + \frac{1}{2}\right)\lambda$$

得到

$$R = \frac{r^2}{N\lambda} \tag{2-34}$$

若用读数显微镜准确测出第 N 个暗环的半径 r，已知所用光波的波长，便可以计算出透镜的曲率半径。

通常在牛顿环装置中，由于存在灰尘，透镜凸表面和玻璃板表面并不严格密接，因此牛顿环中心 $h=0$，中心可能是亮点或居于亮暗之间。这时可以测量相距 k 个条纹的两个环的半径分别为 r_N 和 r_{N+k}，由于 $r_N^2=NR\lambda$ 和 $r_{N+k}^2=(N+k)R\lambda$，得到

$$R=\frac{r_{N+k}^2-r_N^2}{k\lambda} \tag{2-35}$$

用上式表示的方法计算透镜曲率半径比用式(2-34)计算更加精确。

在牛顿环中心($h=0$)处，由于两反射光的光程差 $\Delta L=\lambda/2$(因为存在半波损失)，所以是一个暗点。而在透射光的方向上可以看到一个与反射光完全互补的干涉图样，所以透射光牛顿环中心是一个亮点。

牛顿环条纹除了被用来测量透镜的曲率半径外，还可以用它来检验光学零件的表面质量。常用的玻璃样板检验光学零件表面质量的方法，就是利用与牛顿环类似的干涉条纹，这种条纹形成在样板表面和待测零件表面之间的空气层上，俗称“光圈”。根据光圈的形状、数目，以及用手加压后条纹的移动，就可检验出零件的偏差。例如，当条纹是一些完整的同心圆环时，就表示零件没有局部误差(图 2.16)，并且通过光圈数的多少，可以确定样板和零件表面曲率半径偏差的大小。设零件表面的曲率半径为 R_1，样板的曲率半径为 R_2，则两表面曲率差 $\Delta C=1/R_1-1/R_2$。根据图 2.16 的几何关系，有

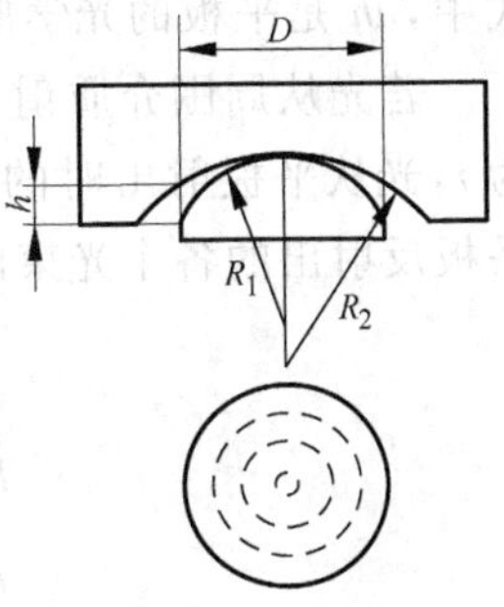

图 2.16 用样板检验光学零件表面质量

$$h=\frac{D^2}{8}\left(\frac{1}{R_1}-\frac{1}{R_2}\right)=\frac{D^2}{8}\Delta C$$

如果零件直径 D 内包含 N 个光圈，则利用式(2-33)和式(2-34)，可得

$$N=\frac{D^2}{4\lambda}\Delta C \tag{2-36}$$

在透镜设计中，可以按照此式换算光圈数与曲率差之间的关系。

2.3 平行平板的多光束干涉

2.2 节讨论了平行平板的双光束干涉现象，实际上它只是在表面反射率较小情况下的一种近似处理。由于光束在平板内会不断地反射和折射(图 2.17)，而这种多次反射、折射对于反射光和透射光在无穷远或透镜焦平面上的干涉都有贡献，所以在讨论干涉现象时，必须考虑平行平板内多次反射和折射的效应，即应讨论多光束干涉。

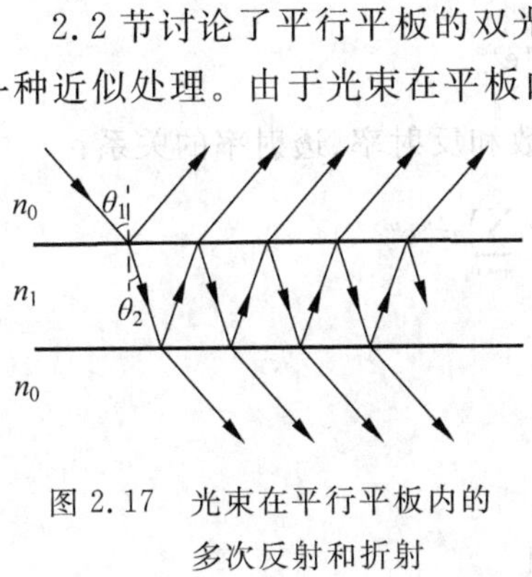

图 2.17 光束在平行平板内的多次反射和折射

2.3.1 干涉场的强度公式

如同平行平板产生的两光束干涉一样，若以扩展光源照明平板产生多光束干涉，干涉场也是在无穷远处。

这样可以用透镜分别将反射光和透射光会聚起来，干涉场定域在透镜 L 和 L' 的焦平面上，如图 2.18 所示。现在计算干涉场上任一点 P（在透射光方向相应点为 P'）的光强度。与 P 点（和 P' 点）对应的多光束和出射角为 θ_1，它们在平板内的入射角为 θ_2，因而相邻两束光的光程差为

$$\Delta L = 2nh\cos\theta_2$$

位相差

$$\varphi = k \cdot \Delta L = \frac{4\pi}{\lambda}nh\cos\theta_2$$

式中，nh 是平板的光学厚度，λ 是光波在真空中的波长。

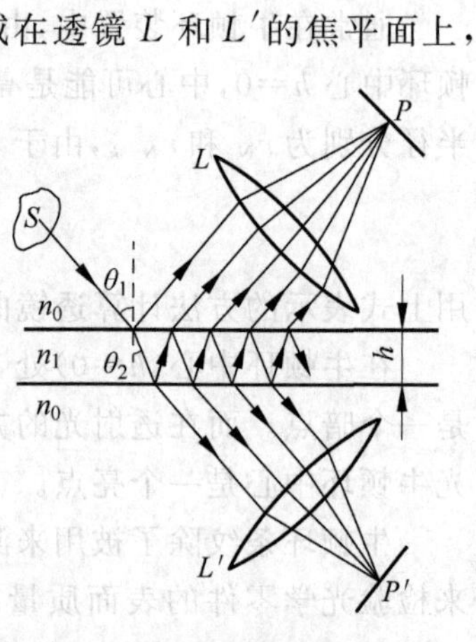

图 2.18　在透镜焦平面上产生的多光束干涉

若光从周围介质射入平板时的反射系数为 r，透射系数为 t，光从平板射出时的反射系数为 r'，透射系数为 t'，则从平板反射出的各个光束的复振幅

$$\widetilde{E}_{01\mathrm{r}} = r\widetilde{E}_{0\mathrm{i}}$$

$$\widetilde{E}_{02\mathrm{r}} = r'tt'\widetilde{E}_{0\mathrm{i}}\mathrm{e}^{\mathrm{i}\varphi} = tt' \cdot r'^{(2\times2-3)}\ \widetilde{E}_{0\mathrm{i}} \cdot \mathrm{e}^{\mathrm{i}(2-1)\varphi}$$

$$\widetilde{E}_{03\mathrm{r}} = r't \cdot r' \cdot r' \cdot t' \cdot \widetilde{E}_{0\mathrm{i}}\mathrm{e}^{\mathrm{i}\cdot2\varphi}$$

$$= tt'r'^{(2\times3-3)}\ \widetilde{E}_{0\mathrm{i}}\mathrm{e}^{\mathrm{i}\cdot3\varphi}$$

可知

$$\widetilde{E}_{0m\mathrm{r}} = tt'r'^{(2m-3)}\ \widetilde{E}_{0\mathrm{i}} \cdot \mathrm{e}^{\mathrm{i}(m-1)\varphi}$$

上式中，$m\geqslant2$，所有的反射光在 P 点叠加，其合成场的复振幅可以表示为

$$\widetilde{E}_{0\mathrm{r}} = \widetilde{E}_{01\mathrm{r}} + \sum_{m=2}^{\infty}\widetilde{E}_{0m\mathrm{r}}$$

$$= \widetilde{E}_{01\mathrm{r}} + \sum_{m=2}^{\infty}tt'r'^{(2m-3)}\ \widetilde{E}_{0\mathrm{i}}\mathrm{e}^{\mathrm{i}(m-1)\varphi}$$

令 $n=m-2$，则

$$\widetilde{E}_{0\mathrm{r}} = \widetilde{E}_{01\mathrm{r}} + tt'\sum_{n=0}^{\infty}r'^{(2n+1)}\,\mathrm{e}^{\mathrm{i}(n+1)\varphi}\,\widetilde{E}_{0\mathrm{i}}$$

$$= \widetilde{E}_{01\mathrm{r}} + tt'r'\widetilde{E}_{0\mathrm{i}}\mathrm{e}^{\mathrm{i}\varphi}\sum_{n=0}^{\infty}r'^{2n}\mathrm{e}^{\mathrm{i}n\varphi}$$

根据菲涅耳公式 $r=r'$，$tt'=1-r^2$，以及反射系数、透射系数和反射率、透射率的关系：

$$\widetilde{E}_{0\mathrm{r}} = r\widetilde{E}_{0\mathrm{i}} + (1-r^2)(-r)\,\widetilde{E}_{0\mathrm{i}}\mathrm{e}^{\mathrm{i}\varphi}\sum_{n=0}^{\infty}r^{2n}\mathrm{e}^{\mathrm{i}n\varphi}$$

另有公式

$$\sum_{n=0}^{\infty}x^n = \frac{1}{1-x}$$

所以

$$\sum_{n=0}^{\infty}r^{2n}\mathrm{e}^{\mathrm{i}n\varphi} = \frac{1}{1-r^2\mathrm{e}^{\mathrm{i}\varphi}} = \frac{1}{1-R\mathrm{e}^{\mathrm{i}\varphi}}$$

则

$$\widetilde{E}_{0r}=r\widetilde{E}_{0i}-r(1-r^2)\widetilde{E}_{0i}\frac{e^{i\varphi}}{1-Re^{i\varphi}}$$

$$=\frac{\sqrt{R}\widetilde{E}_{0i}[1-Re^{i\varphi}-(1-R)e^{i\varphi}]}{1-Re^{i\varphi}}$$

$$=\frac{\sqrt{R}(1-e^{i\varphi})}{1-Re^{i\varphi}}\widetilde{E}_{0i} \tag{2-37}$$

由 $I=\widetilde{E}$、$\widetilde{E}^*$ 得

$$I_r=\frac{R\widetilde{E}_{0i}^2(1-e^{i\varphi})(1-e^{-i\varphi})}{(1-Re^{i\varphi})(1-Re^{-i\varphi})}$$

$$=\frac{\frac{4R}{(1-R)^2}\cdot\sin^2\frac{\varphi}{2}}{1+\frac{4R}{(1-R)^2}\sin^2\frac{\varphi}{2}}\cdot I_i$$

令

$$F=\frac{4R}{(1-R)^2} \tag{2-38}$$

得到反射光强度和入射光强度之间的关系

$$I_r=\frac{F\sin^2\frac{\varphi}{2}}{1+F\sin^2\frac{\varphi}{2}}I_i \tag{2-39}$$

同理也可以得到透射光强与入射光强之间的关系

$$I_t=\frac{1}{1+F\sin^2\frac{\varphi}{2}}I_i \tag{2-40}$$

式(2-39)和式(2-40)即为反射光干涉场和透射光干涉场的光强分布公式,通常也称为爱里公式。

2.3.2 多光束干涉图样的特点

根据爱里公式,可以看出多光束干涉的图样有以下特点。

1. 互补性

由式(2-39)和式(2-40)可以得到

$$I_t+I_r=I_i \tag{2-41}$$

即反射光强与透射光强之和等于入射光强。如果反射光强因为干涉而得到加强,则透射光必因干涉而减弱;反之亦然。也就是说,反射光强分布与透射光强分布是互补的。

2. 等倾性

由爱里公式,干涉光强随 R 和 φ 变化。在 R 不变的情况下,干涉光强只与光束倾角有关,这正是等倾干涉条纹的特性。因此,平行平板在透镜焦平面上产生的多光束条纹是等倾

条纹。当实验装置中透镜的光轴与平行平板互相垂直时,屏幕上见到的是一组同心圆。

3. 形成亮暗条纹的条件

根据爱里公式,在反射光方向上,当 $F\sin^2\frac{\varphi}{2}=F$ 时,即

$$\varphi=(2m+1)\pi \quad (m=0,1,2,\cdots)$$

时,形成亮条纹,反射光强为

$$I_{rM}=\frac{F}{1+F}I_i \tag{2-42}$$

当 $F\sin^2\frac{\varphi}{2}=0$ 时,即

$$\varphi=2m\pi \quad (m=0,1,2,\cdots)$$

时形成暗条纹

$$I_{rm}=0 \tag{2-43}$$

对于透射光,形成亮条纹和暗条纹的条件是(与反射光互补)

$$\varphi=2m\pi \quad (m=0,1,2,\cdots)$$

亮条纹的光强

$$I_{tM}=I_i \tag{2-44}$$

形成暗条纹的条件是

$$\varphi=(2m+1)\pi \quad (m=0,1,2,\cdots)$$

暗条纹的光强

$$I_{tm}=\frac{1}{1+F}I_i \tag{2-45}$$

注意:需要说明的是,在前面讨论平行平板双光束干涉时,第二束反射光的光程差计入了第一束反射光半波损失的贡献,表达式 $\Delta L=2nh\cos\theta_2+\lambda/2$;而在讨论平行平板多光束干涉时,除了第一个反射光,其他相邻两反射光之间的光程差均为 $\Delta L=2nh\cos\theta_2$。那么如何处理第一束反射光的半波损失问题呢?实际上第一束反射光与其他反射光之间的附加相位差 $\pi/2$,可由菲涅耳系数 $r=-r'$ 表征。且在刚才的公式推导中已使用。因此,这里得到的形成明暗条纹的条件,与只计头两束反射光时的双光束干涉条件是相同的,所以多光束干涉条纹分布与双光束干涉条纹分布完全相同。

4. 透射光的特点

接下来讨论条纹的强度分布随反射率 R 的变化。当反射率 R 很小时,由式(2-38)可知,F 远小于 1,因此可将式(2-39)和式(2-40)展开,只保留 F 的一次项

$$\frac{I_r}{I_i}\approx F\sin^2\frac{\varphi}{2}=\frac{F}{2}(1-\cos\varphi) \tag{2-46}$$

$$\frac{I_t}{I_i}\approx 1-F\sin^2\frac{\varphi}{2}=1-\frac{F}{2}(1-\cos\varphi) \tag{2-47}$$

以上两式正是双光束干涉条纹的强度分布。这说明,当反射率 R 很小时可以只考虑两束光的干涉。但是当反射率 R 增大时,情况就有很大不同。图 2.19 绘出了在不同反射率下透射光条纹的强度分布曲线,横坐标是相邻两透射光束间的相位差 φ,纵坐标为相对光强。从

图上可以看出，R 很小时，条纹的强度分布与 2.2.3 节中讨论的情形相同：极大到极小的变化缓慢，透射光条纹的对比度很差。随着反射率 R 的增大，透射光暗条纹的强度降低，亮条纹的宽度变窄，因而条纹的锐度和对比度增大。当 $R\to 1$ 时，透射光干涉图样是由在几乎全黑的背景上的一组很细的亮条纹组成的。至于反射光干涉图样，则和透射光干涉图样互补，是由在均匀明亮背景上的很细的暗条纹组成的，这些暗条纹不如透射光图样中暗背景上的亮条纹看起来清楚，所以实际应用中都采用透射光的干涉条纹。能够产生极其明锐的透射光干涉条纹，是多光束干涉的最显著和最主要的特点。

在 $I_t/I_i\sim\varphi$ 曲线上，若用条纹的半峰值全宽度 $\varepsilon=\Delta\varphi$ 表征干涉条纹的锐度(类似明纹的宽度)，如图 2.20 所示，在 $\varphi=2m\pi\pm\Delta\varphi/2$ 时，

$$\frac{I_t}{I_i}=\frac{1}{1+F\sin^2\left(m\pi\pm\dfrac{\Delta\varphi}{4}\right)}=\frac{1}{2}$$

从而有

$$F\sin^2\left(m\pi\pm\frac{\Delta\varphi}{4}\right)=F\sin^2\frac{\varepsilon}{4}=1$$

如果 F 很大，R 较大，ε 必定很小，有 $\sin^2\varepsilon/4\approx\varepsilon/4$，$F(\varepsilon/4)^2=1$，所以

$$\varepsilon=\frac{4}{\sqrt{F}}=\frac{2(1-R)}{\sqrt{R}} \tag{2-48}$$

显然，R 越大，ε 越小，条纹越尖锐。

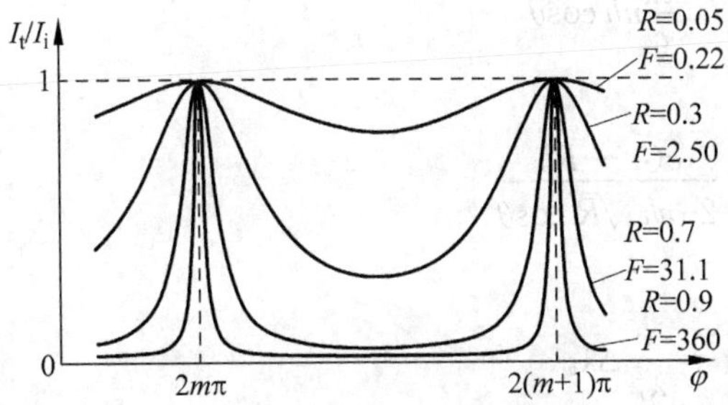

图 2.19 透射光的强度分布曲线

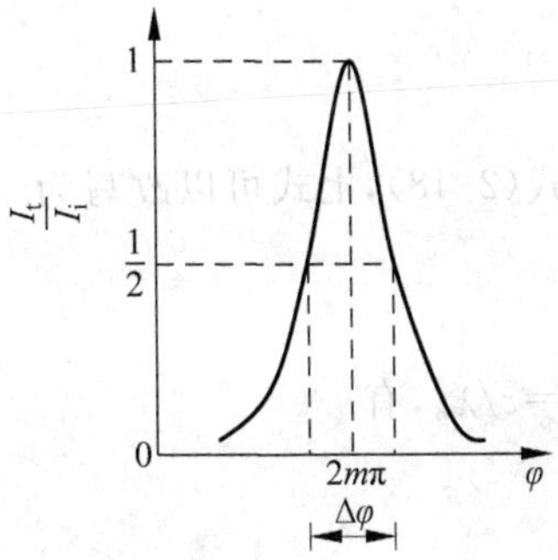

图 2.20 条纹的半宽度图示

条纹锐度除了用 ε 表示外，还常用相邻两条纹间的相位差 2π 与条纹半峰值全宽度 ε 之比 F' 表征

$$F'=\frac{2\pi}{\varepsilon}=\frac{\pi\sqrt{R}}{1-R} \tag{2-49}$$

一般地，将 F' 称为条纹的精细度。R 越大，亮条纹越细，F' 值越大。当 $R\to 1$ 时，$F'\to\infty$，这对于利用这种条纹进行测量的应用，会十分有利。需要指出的是，上述 ε 是在单色光照射下产生的多光束干涉条纹的半宽度，它不同于准单色光的谱线宽度，故又称为仪器宽度。一般情况下，两束光干涉条纹的读数精确度为条纹间距的 1/10，但对于多光束干涉条纹，可以达到条纹间距的 1/100～1/1000。因此在实际工作中常利用多光束干涉进行最精密的测量，如在光谱技术中测量光谱线的超精细结构，在精密光学加工中检验高质量的光学元件等。

从图 2.19 中 I_t/I_i-φ 分布曲线可见，只有相邻透射光相位差处在半峰值全宽度 ε 内的

光才能透过平行平板。根据相邻两条光束的相位差公式 $\varphi=\frac{4\pi}{\lambda}nh\cos\theta$,在平行平板的结构$(n,h)$确定,入射光方向一定的情况下,相位差 φ 只与光波长有关,只有使 $\varphi=2m\pi$ 的光波长才能最大地透过该平行平板。所以,平行平板具有滤波特性。若将 φ 改写为

$$\varphi=\frac{4\pi}{c}nh\nu\cos\theta \tag{2-50}$$

如果以 ν 为横坐标,可给出 I_t/I_i-ν 曲线,如图 2.21 所示,滤波特性显而易见。

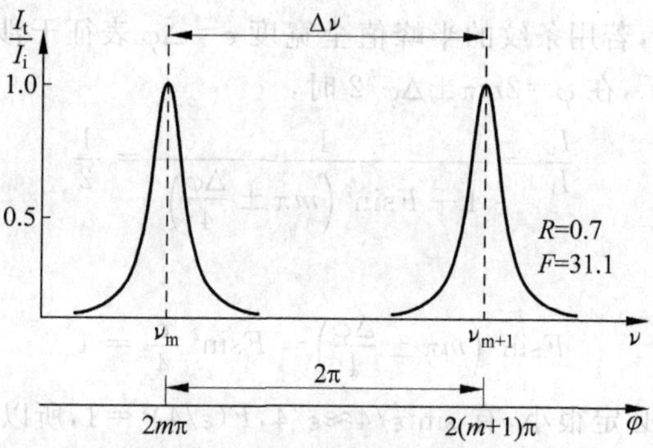

图 2.21　平行平板的滤波特性

如图 2.21 所示,通常将相应于条纹半宽度 ε 的频率范围 $\Delta\nu_{1/2}$ 称为滤波宽带,且

$$\Delta\nu_{\frac{1}{2}}=\frac{\varepsilon}{\frac{4\pi}{c}nh\cos\theta}$$

利用式(2-48),上式可以改写为

$$\Delta\nu_{\frac{1}{2}}=\frac{c(1-R)}{2\pi nh\sqrt{R}\cos\theta}$$

又 $\nu_m=c/\lambda_m$,有

$$\Delta\nu_m=\frac{c}{\lambda_m^2}\Delta\lambda_m$$

相应于 $\varphi=2m\pi$ 的光波长

$$\lambda_m=\frac{2nh\cos\theta}{m}$$

滤波带宽用波长表示为

$$(\Delta\lambda_m)_{1/2}=\frac{2(1-R)nh\cos\theta}{m^2\pi\sqrt{R}}=\frac{\Delta L}{m^2N}=\frac{\lambda_m}{mF'} \tag{2-51}$$

通常称$(\Delta\lambda_m)_{1/2}$为透射带的波长带宽。显然,R 越大,F'越大,相应的$(\Delta\lambda_m)_{1/2}$越小。

2.4　光学薄膜的多光束干涉

所谓光学薄膜,是指用物理或化学方法涂敷在玻璃基片或金属光滑表面上的透明介质薄膜。这种薄膜在近代科学技术中有着广泛的应用,有关它的理论和研制技术已经形成光

学中的一个专门的领域——薄膜光学。本节不准备讨论薄膜光学的一般理论，而只是想介绍一下多光束干涉原理在薄膜理论中的应用，因为以多光束干涉原理为基础的理论，特别便于我们理解薄膜的光学性质。

薄膜最基本的作用之一是利用它来减少光能在光学元件表面上的反射损失。光能在比较复杂的光学系统中的反射损失是严重的，对于一个由六个透镜组成的光学系统，光能的反射损失约占一半。如果透镜继续增加，光能的反射损失更为严重。此外，光在透镜表面上的反射还造成杂散光，严重地影响光学系统的成像质量。所以必须设法消除和减小反射光，在光学元件表面上涂镀适当厚度的透明介质膜(增透膜或减反射膜)是消除和减少反射光的有效办法。

除了增透膜之外，还可以镀制各种性能的多层高反射膜、彩色分光膜、冷光膜以及干涉滤光片等。

2.4.1　单层介质膜

在玻璃基片的光滑表面上涂镀一层折射率和厚度都均匀的透明介质薄膜，当光束入射到薄膜上时，将在膜内产生多次反射，并且在薄膜的两表面上有一系列互相平行的光束射出，如图 2.22 所示。

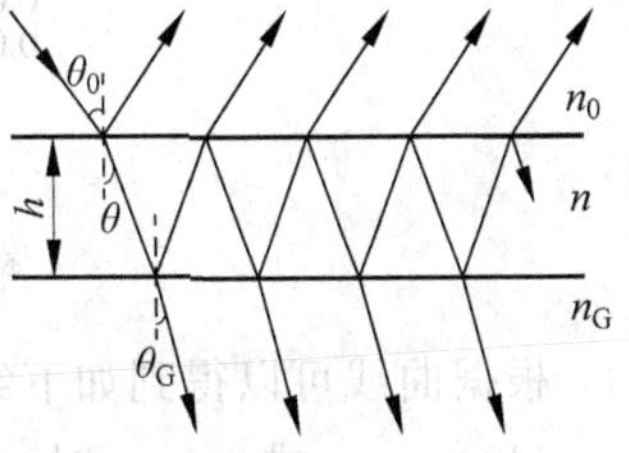

图 2.22　单层介质膜的反射与折射

设薄膜的厚度为 h，折射率为 n，薄膜两边的空气和基片的折射率分别为 n_0 和 n_G，并设光从空气进入薄膜是在界面上的反射系数和透射系数分别为 r_1 和 t_1，而薄膜进入空气时的反射和透射系数分别为 r_1'、t_1'，光从薄膜进入基片时，在界面上的反射系数和透射系数分别为 r_2 和 t_2。注意到 $r_1'=r_1$，$t_1t_1'=1-r_1^2$，则单层介质薄膜的反射系数

$$r=\frac{E_{0r}}{E_{0i}}=\frac{r_1+r_2\mathrm{e}^{-\mathrm{i}\varphi}}{1+r_1r_2\mathrm{e}^{-\mathrm{i}\varphi}} \tag{2-52}$$

及透射系数

$$t=\frac{E_{0t}}{E_{0i}}=\frac{t_1t_2}{1+r_1r_2\mathrm{e}^{-\mathrm{i}\varphi}} \tag{2-53}$$

其中

$$\varphi=\frac{4\pi}{\lambda}nh\cos\theta$$

则薄膜的反射率和透射率分别为

$$R=\frac{r_1^2+r_2^2+2r_1r_2\cos\varphi}{1+r_1^2r_2^2+2r_1r_2\cos\varphi} \tag{2-54}$$

$$T=\frac{(1-r_1^2)(1-r_2^2)}{1+r_1^2r_2^2+2r_1r_2\cos\varphi} \tag{2-55}$$

当光束正入射到薄膜上时，薄膜两表面的反射系数分别为

$$\begin{cases} r_1=\dfrac{n_0-n}{n_0+n} \\ r_2=\dfrac{n-n_G}{n+n_G} \end{cases} \tag{2-56}$$

将 r_1、r_2 与折射率关系的表达式代入反射率公式，得

$$R=\frac{(n_0-n_G)^2\cos\frac{\varphi}{2}+\left(\frac{n_0n_G}{n}-n\right)^2\sin\frac{\varphi}{2}}{(n_0+n_G)^2\cos\frac{\varphi}{2}+\left(\frac{n_0n_G}{n}+n\right)^2\sin\frac{\varphi}{2}} \tag{2-57}$$

对于一定的基片和介质膜，n_0、n_G 为常数，可由式(2-57)知道 R 随 φ 变化，也就是 R 随 nh 的变化。如图 2.23 给出了 $n_0=1$，$n_G=1.5$，对给定的波长 λ_0 和不同的折射率的介质膜，按上式计算单层反射率 R 随膜层光学厚度 nh 的变化曲线。

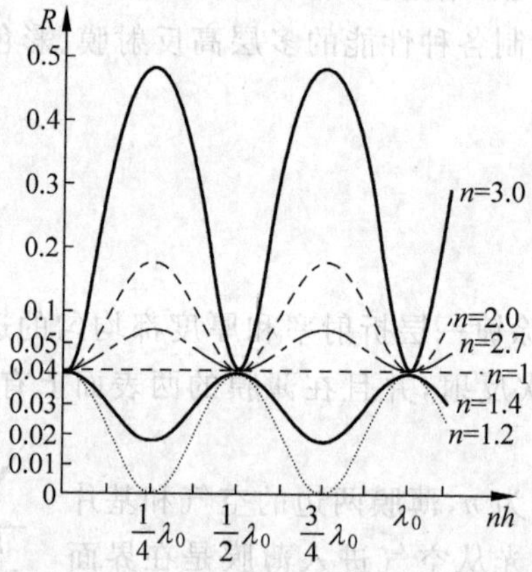

图 2.23 介质膜反射率随光学厚度的变化

根据曲线可以得到如下结论。

(1) $n=n_0$ 或 $n=n_G$ 时，R 和未镀膜时的反射率 R_0 一样。

(2) $n<n_G$ 时，$R<R_0$，该单层膜的反射率较之为镀膜时减小，透射率增大，即该膜具有增透作用，称为增透膜。

并且从图中的变化曲线可以看出，当 $n<n_G$，且 $nh=\lambda_0/4$ 时反射率最小且 $R=R_m$，有最好的增透效果。这个最小反射率为

$$R_m=\frac{\left(\frac{n_0n_G}{n}-n\right)^2}{\left(\frac{n_0n_G}{n}+n\right)^2}=\left(\frac{n_0n_G-n^2}{n_0n_G+n^2}\right)^2=\left(\frac{n_0-n^2/n_G}{n_0+n^2/n_G}\right)^2 \tag{2-58}$$

由上式可知，当镀膜材料的折射率 $n=\sqrt{n_0n_G}$ 时，$R_m=0$，此时达到完全增透的效果。比如，在 $n_0=1$，$n_G=1.5$ 的情况下，要实现 $R_m=0$，就应该要 $n=1.22$ 的镀膜材料，可是到目前为止，折射率如此低的镀膜材料目前还未找到。现在多采用氟化镁($n=1.38$)材料镀制单层增透膜，此时最小反射率不为零，$R_m\approx1.3\%$。

应当指出，式(2-58)表示的反射率是在光束正入射时针对给定波长 λ_0 得到的，也就是对一个给定的单层增透膜，仅对某一波长 λ_0 才为 R_m，对于其他波长，由于该透膜厚度不是这些波长的 1/4 或其奇数倍，增透效果要差一些。此时，只能按式(2-57)对这些波长的反射率进行计算。图 2.24 中曲线 E 是单层氟化镁膜的反射率随波长的变化曲线，所用基片的折射率为 $n_G=1.5$，涂敷光学厚度为 $\lambda_0/4(\lambda_0=0.55\mu m)$的氟化镁膜。从这个曲线可以看出，这个单层膜对红光和蓝光的反射率较大，所以，观察该膜时就会看到它的表面呈紫红色。

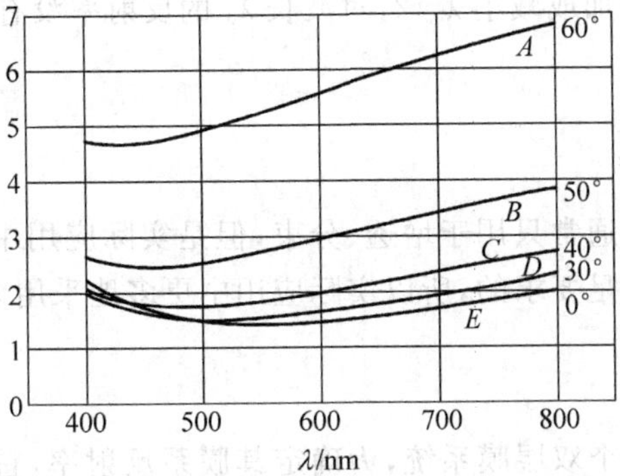

图 2.24 不同入射角下单层氟化镁膜的反射率随波长的变化

另外，式(2-57)是在光束正入射的情况下推导出来的。如果我们赋予 n_0、n、n_G 稍微不同的意义，式(2-57)也适用于光束斜入射的情况。根据菲涅耳公式，在折射率分别为 n_0 和 n 的两个介质分界面上，入射光波中电矢量垂直于入射面的 s 波和光矢量平行于入射面的 p 波的反射系数分别为(即对于薄膜上表面)

$$r_{1s} = -\frac{n\cos\theta - n_0\cos\theta_0}{n\cos\theta + n_0\cos\theta_0} \tag{2-59}$$

$$r_{1p} = \frac{\dfrac{n}{\cos\theta} - \dfrac{n_0}{\cos\theta_0}}{\dfrac{n}{\cos\theta} + \dfrac{n_0}{\cos\theta_0}} \tag{2-60}$$

显然，若对 s 波以 $\bar{n}$ 代替 $n\cos\theta$，对 p 分量以 $\bar{n}$ 代替 $n/\cos\theta$，则上面两式在形式上与正入射时的表达式相同，$\bar{n}$ 称为等效折射率。因此，若以相应的等效折射率替代实际折射率 n_0、n_1、n_2，则式(2-57)同样适用于斜入射情形。在式(2-57)中，对 s 分量和 p 分量分别用相应的等效折射率替代，就可分别求出 s 分量和 p 分量光斜入射时的反射率，取其平均值即可得到入射自然光的反射率，这些计算可由计算机完成。图 2.24 给出了在几种不同入射角情况下，计算得到的反射率随波长变化的曲线 A、B、C、D、E，从图中可以看到，随着入射角增大，反射率增加，同时反射率极小值位置向短波方向移动。

(3) $n > n_G$ 时，$R > R_0$，单层膜的反射率较未镀膜时增大，也就是该膜具有增反作用，称为增反膜。从图 2.23 的变化曲线可以看，当 $n > n_G$，且 $nh = \lambda_0/4$ 时，反射率最大，$R = R_M$，有最好的增反效果，最大反射率为

$$R_M = \left(\frac{n_0 n_G - n^2}{n_0 n_G + n^2}\right)^2 = \left(\frac{n_0 - n^2/n_G}{n_0 + n^2/n_G}\right)^2 \tag{2-61}$$

尽管该式在形式上与式(2-58)相同，但因为 n 值不同，对应的反射率 R，一个是最大，一个是最小。对于经常采用的增反膜材料硫化镁，其折射率为 2.35，相应的单层增反膜的最大反射率为 33%。

(4) 对于 $nh = \lambda_0/2$ 的半波长膜，不管膜层折射率比基片折射率大还是小，单层膜对 λ_0 的反射率都和未镀膜时的基片反射率相同，为

$$R = \left(\frac{n_0 - n_G}{n_0 + n_G}\right)^2 \tag{2-62}$$

因此，膜的光学厚度每增加或减小 $\lambda_0/2$，对波长 λ_0 的反射率没有影响。

2.4.2 多层膜

单层膜的功能有限，通常只用于增透、分束，但是实际应用中要求得到尽可能高的反射率，单层膜显然是不能满足要求的，所以实际应用中更多地采用多层膜系。

1. 等效界面法

如图 2.25 所示是一个双层膜系统，为确定其膜系反射率，首先考察与基片相邻的第二层膜(折射率和厚度分别为 n_2 和 h_2)与基片组成的单层膜系的反射系数。设这个反射系数为 $\bar{r}$，则根据式(2-52)，有

$$\bar{r}=\frac{r_2+r_3\mathrm{e}^{\mathrm{i}\varphi_2}}{1+r_2r_3\mathrm{e}^{\mathrm{i}\varphi_2}} \tag{2-63}$$

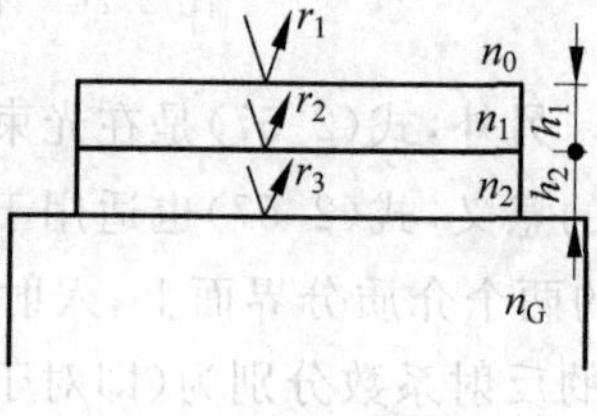

图 2.25 双层膜示意图

式中，r_2 和 r_3 分别为 n_1、n_2 界面和 n_2、n_G 界面的反射数，φ_2 是由这两个界面反射的相邻两光束相位差，很显然

$$\varphi_2=\frac{4\pi}{\lambda}n_2h_2\cos\theta_2 \tag{2-64}$$

式中，θ_2 是光束在第二膜层的折射角。

进一步，我们可将上述单层膜看成具有折射率为 n_1 的一个“新基片”，并称 n_1 为等效折射率。这个“新基片”与第一层膜的新界面称为等效界面，其反射系数即为 $\bar{r}$。

对于第一层膜与“新基片”组成的单层膜系，再一次利用式(2-52)，就可得到光束在双层膜系上的反射系数

$$r=\frac{r_1+\bar{r}\mathrm{e}^{\mathrm{i}\varphi_1}}{1+r_1\bar{r}\mathrm{e}^{\mathrm{i}\varphi_1}} \tag{2-65}$$

式中，r_1 是 n_0、n_1 界面的反射系数，

$$\varphi_1=\frac{4\pi}{\lambda}n_1h_1\cos\theta_1 \tag{2-66}$$

θ_1 是光束在第一层膜中的折射角。将式(2-63)代入式(2-65)，并取 r 与其共轭复数的乘积，可得到双层膜系的反射率

$$R=\frac{c^2+d^2}{a^2+b^2} \tag{2-67}$$

式中，$a=(1+r_1r_2+r_2r_3+r_3r_1)\cos\frac{\varphi_1}{2}\cos\frac{\varphi_2}{2}-(1-r_1r_2+r_2r_3-r_3r_1)\sin\frac{\varphi_1}{2}\sin\frac{\varphi_2}{2}$；

$b=(1-r_1r_2-r_2r_3+r_3r_1)\sin\frac{\varphi_1}{2}\cos\frac{\varphi_2}{2}+(1+r_1r_2+r_2r_3-r_3r_1)\cos\frac{\varphi_1}{2}\sin\frac{\varphi_2}{2}$；

$c=(r_1+r_2+r_3+r_1r_2r_3)\cos\frac{\varphi_1}{2}\cos\frac{\varphi_2}{2}-(r_1-r_2+r_3-r_1r_2r_3)\sin\frac{\varphi_1}{2}\sin\frac{\varphi_2}{2}$；

$d=(r_1-r_2+r_3-r_1r_2r_3)\sin\frac{\varphi_1}{2}\cos\frac{\varphi_2}{2}+(r_1+r_2-r_3-r_1r_2r_3)\cos\frac{\varphi_1}{2}\sin\frac{\varphi_2}{2}$。

以上讨论的是双层膜系，对于两层以上的膜系，计算将更加复杂。但是利用上述等

效界面的概念，原则上可以计算出任意多层膜的反射率。如图 2.26 所示，有一个 K 层膜。各膜层的折射率分别是 n_1、n_2、…、n_K，厚度分别为 h_1、h_2、…、h_K，界面反射系数分别为 r_1、r_2、…、r_{K+1}。采用与处理双层膜相同的办法，从与基片相邻的第 K 层膜开始，构成一个等效界面，其反射系数为

$$\bar{r}_K = \frac{r_K + r_{K+1}\mathrm{e}^{\mathrm{i}\varphi_K}}{1 + r_K r_{K+1}\mathrm{e}^{\mathrm{i}\varphi_K}} \tag{2-68}$$

$$\varphi_K = \frac{4\pi}{\lambda} n_K h_K \cos\theta_K \tag{2-69}$$

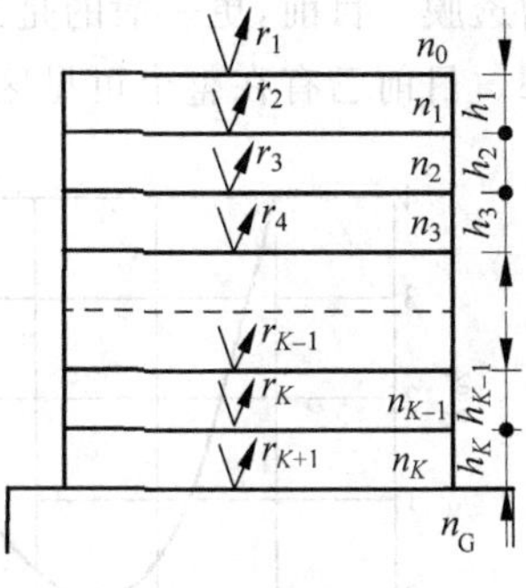

图 2.26 多层膜示意图

再把第 $K-1$ 层膜加进去，构成一个新的等效界面，求出反射系数

$$\bar{r}_{K-1} = \frac{r_{K-1} + \bar{r}_K \mathrm{e}^{\mathrm{i}\varphi_{K-1}}}{1 + r_{K-1}\bar{r}_K \mathrm{e}^{\mathrm{i}\varphi_{K-1}}} \tag{2-70}$$

式中

$$\varphi_{K-1} = \frac{4\pi}{\lambda} n_{K-1} h_{K-1} \cos\theta_{K-1} \tag{2-71}$$

将这个计算过程一直重复到与空气相邻的第一层膜，最终可求得整个膜系的反射系数和反射率。显然，如果多层膜的层数较多（目前有的多层膜的层数多达百层），反射率 R 的表达式将非常复杂。在实际计算中，可以写出表达式，只要把上述递推公式排成程序，由电子计算机进行计算。

下面简要讨论几种常用的薄膜系统。

1）双层增透膜

根据双层膜反射率的表达式(2-67)，为了使反射损失降到零，必须令 $c=0$ 和 $d=0$，在光束正入射下可解得

$$\tan^2\frac{\varphi_1}{2} = \frac{n_1^2(n_G - n_0)(n_2^2 - n_0 n_G)}{(n_1^2 n_G - n_0 n_2^2)(n_0 n_G - n_1^2)} \tag{2-72}$$

$$\tan^2\frac{\varphi_2}{2} = \frac{n_2^2(n_G - n_0)(n_0 n_G - n_1^2)}{(n_1^2 n_G - n_0 n_2^2)(n_2^2 - n_0 n_G)} \tag{2-73}$$

在实际应用中，常用光学厚度为 $\lambda_0/4$，且第 1 层为低折射率介质（如氟化镁），第 2 层为高折射率介质（如硫化锌）的双层膜来达到对波长 λ_0 全增透的目的，这时如果

$$n_2 = \sqrt{\frac{n_G}{n_0}}\, n_1$$

则可满足条件式(2-72)和式(2-73)，使 $R_{\lambda 0}=0$。但是，对其他波长则不然，它们的反射损失比单层膜时更大一些。图 2.27 给出了这种膜在正入射下的反射率随波长的变化曲线，可见在控制波长 λ_0 处 $R=0$，而在 λ_0 的两侧，曲线上升很快，形状如 V 形，所以也称为 V 形增透膜。

通常也采用 $n_1 h_1=\lambda_0/4$ 及 $n_2 h_2=\lambda_0/2$ 的双层膜，这种膜对于波长 λ_0 来说，其反射率与仅镀光学厚度为 $\lambda_0/4$ 的第一层膜没有区别，但是对于其他波长的反射率却起了变化。图 2.28 给出了光束正入射时，与几种不同的 n_2 值对应的 $\lambda_0/4$、$\lambda_0/2$ 双层膜的反射率随波长的变化关系，可见膜系在较宽的波段上有良好的增透效果。由于图中曲线呈 W 形，故也称为 W 形

增透膜。目前，更一般的是采用多层增透膜，它们可以在更宽的波段内获得更好的增透效果。目前已有在整个可见区反射率不超过0.5%的增透膜。

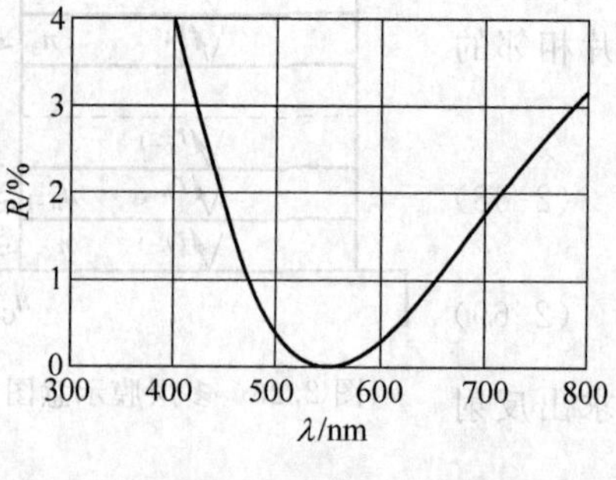

图 2.27 V形双层增透膜的反射率随波长的变化关系($n_1=1.38, n_2=1.746, n_G=1.6$)

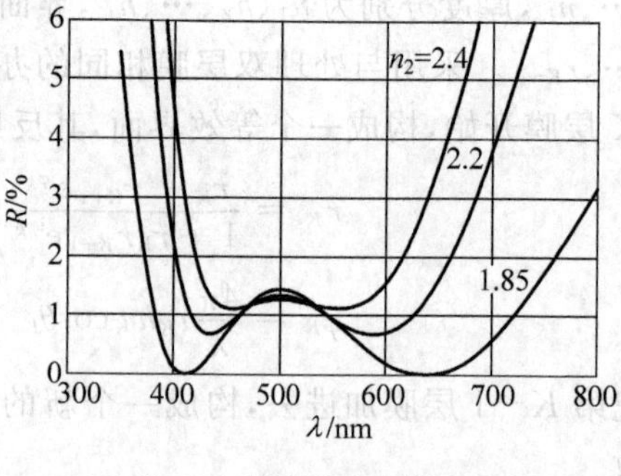

图 2.28 W形双层增透膜的反射率随波长的变化关系($n_1=1.38, n_G=1.5$)

2）多层高反射膜

目前，经常采用的多层反射膜是一种由光学厚度均为$\lambda_0/4$的高折射率膜层（硫化锌）和低折射率膜层（氟化镁）交替叠成的膜系，如图2.29所示。这种膜系称为$\lambda_0/4$膜系，通常采用下面的符号表示：

$$\text{GHLHLH}\cdots\text{LHA}=\text{G(HL)}^p\text{HA} \quad (p=1,2,3,\cdots)$$

其中，G和A分别代表玻璃基片和空气；H和L分别代表高折射率膜层和低折射率膜层。p表示一共有p组高低折射率交替层，总膜层数为$(2p+1)$，半波长的光学厚度应写成HH或LL。这种膜系之所以能获得高反射率，从多光束干涉原理来看是很容易理解的，根据平板多光束干涉的讨论，当膜层两侧介质的折射率大于（或小于）膜层的折射率时，若膜层的反射光束中相邻两光束的相位差等于π，则该波长的反射光获得最强烈的反射。而如图2.29所示的膜系恰恰能使它包含的每一层膜都满足上述条件，所以入射光在每一膜层上都获得强烈的反射，经过若干层的反射之后，入射光就几乎全部被反射回去。

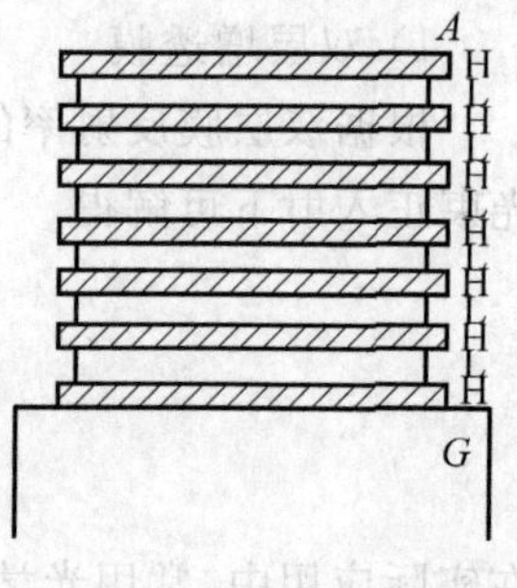

图 2.29 $\lambda_0/4$膜系的多层高反射膜示意图

这种膜系的优点是计算和制备工艺简单，镀制时容易采用极值法进行监控，缺点是层数多，R又能连续改变。目前发展了一种非$\lambda_0/4$膜系，即每层膜的光学厚度不是$\lambda_0/4$，具体厚度要由计算确定。优点是只要较少的膜层就能达到所需要的反射率，缺点是计算和制备工艺比较复杂。

根据上述等效界面的概括，对于多层$\lambda_0/4$膜系，在正入射情况下的反射率可如下计算。

若基片G上镀一层$\lambda_0/4$的高折射率光学膜，其反射率为

$$R_1=\left(\frac{n_A-n_I}{n_A+n_I}\right)^2$$

式中

$$n_I=\frac{n_H^2}{n_G}$$

是镀第一层膜后的等效折射率。若在高折射率膜层上再镀一层低折射率膜层，其反射率为

$$R_2 = \left(\frac{n_A - n_{II}}{n_A + n_{II}}\right)^2$$

式中

$$n_{II} = \frac{n_L^2}{n_I} = \left(\frac{n_L}{n_H}\right)^2 n_G$$

是镀双层膜后的等效折射率。依此类推，当膜层为偶数 $2p$ 层时，$(HL)^p$ 膜系的等效折射率为

$$n_{2p} = \left(\frac{n_L}{n_H}\right)^{2p} n_G \tag{2-74}$$

相应的反射率为

$$R_{2p} = \left(\frac{n_A - n_{2p}}{n_A + n_{2p}}\right)^2 \tag{2-75}$$

当膜层为奇数$(2p+1)$层时，$(HL)^pH$ 膜系的等效折射率为

$$n_{2p+1} = \left(\frac{n_H}{n_L}\right)^{2p} \frac{n_H^2}{n_G} \tag{2-76}$$

相应的反射率为

$$R_{2p+1} = \left(\frac{n_A - n_{2p+1}}{n_A + n_{2p+1}}\right)^2 \tag{2-77}$$

表 2.1 列出了多层膜的等效折射率和反射率的计算值(不考虑吸收)。采用的计算数据 $n_A=1, n_G=1.52, n_H=2.3(ZnS), n_L=1.38(MgF_2)$。

表 2.1 多层膜的等效折射率和反射率

膜　系	层数	等效折射率	反射率/%
GA	0		4.3
GHA	1	3.48	30.6
GHLA	2	0.547	8.6
GHLHA	3	9.665	66.2
$G(HL)^2A$	4	0.197	45.2
$G(HL)^2HA$	5	26.84	86.1
$G(HL)^3A$	6	0.071	75
$G(HL)^3HA$	7	74.53	94.8
$G(HL)^4A$	8	0.026	90.0
$G(HL)^4HA$	9	207	98.0
$G(HL)^5HA$	11	575	99.3
$G(HL)^6HA$	13	1596	99.75
$G(HL)^7HA$	15	4434	99.91
$G(HL)^8HA$	17	1.23×10^5	99.97
$G(HL)^9HA$	19	3.42×10^5	99.99

从表 2.1 可以看出，当：

(1) 要获得高反射率，膜系的两侧最外层均应为高折射率层(H 层)，因此，高反射率膜一定是奇数层。

(2) $\lambda_0/4$ 膜系为奇数层时，层数越多，反射率 R 越大。

(3) 表 2.1 中所列膜系的全部结果只对一种波长 λ_0 成立，这个波长称为该膜系的中心波长。当入射光偏离中心波长时，其反射率要相应地下降。因此，每一种 $\lambda_0/4$ 膜系只对一定波长范围的光才有高反射率。图 2.30 列出了几种不同层数的 ZnS-MgF_2，$\lambda_0/4$($\lambda_0=0.46\mu m$)膜系的反射特性曲线。可以看出，随着膜系层数的增加，高反射率的波长区趋于一个极限，所对应的波段称为该反射膜系的反射带宽。对于图中情况，带宽约为 200nm，反射带宽的计算公式为

$$2\Delta_g=\frac{4}{\pi}\arcsin\left(\frac{n_H-n_L}{n_H+n_L}\right) \tag{2-78}$$

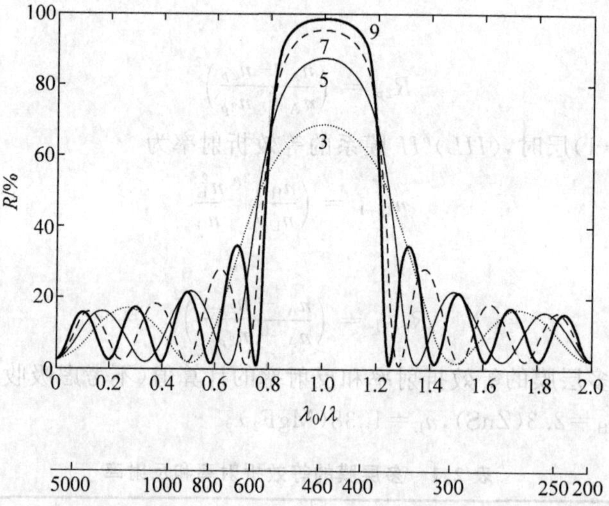

图 2.30　几种不同层数的 $\lambda_0/4$ 膜系的反射率特性曲线

2. 矩阵法

上面所述的用多光束干涉原理分析和计算薄膜的反射和透射特性的方法，虽然具有物理图像鲜明、容易理解的优点，但由于它的计算非常繁琐，并且一般情况下很难用一个数学式子来表征薄膜的特性，从而不利于进一步的分析研究。所以，在实际中这种方法很少用，通常采用的是一种矩阵计算方法。这种方法把薄膜的光学特性用一个特征矩阵来表示，而这个矩阵直接与电磁场的麦克斯韦方程的解相联系。

假设平面波以入射角 θ_{i1} 从折射率为 n_0 的介质入射到薄膜上(图 2.31)，薄膜的折射率和厚度分别为 n_1 和 h_1，薄膜下面的基片的折射率为 n_G。由于一般情况下入射光中电矢量垂直于入射面的 s 波和电矢量平行于入射面的 p 波的反射本领不同，有必要对这两个波分别予以讨论。先讨论入射波的电矢量垂直于入射面的情况，即假定入射波是一个 s 偏振波，并且，设入射波的电场强度和磁场强度分别为 $\boldsymbol{E}_{i1}$ 和 $\boldsymbol{H}_{i1}$。由于薄膜两界面的反射，在 n_0 介质中，除入射场外，还有反射场 $\boldsymbol{E}_{r1}$ 和 $\boldsymbol{H}_{r1}$。在薄膜内，界面 1 上的透射场为 $\boldsymbol{E}_{t1}$ 和 $\boldsymbol{H}_{t1}$，另外，在界面 1 处还有从界面 2 反射回来的反射光 $\boldsymbol{E}'_{r1}$ 和 $\boldsymbol{H}'_{r1}$。在界面 2 处，入射光场为 $\boldsymbol{E}_{i2}$ 和 $\boldsymbol{H}_{i2}$，反射场为 $\boldsymbol{E}_{r2}$ 和 $\boldsymbol{H}_{r2}$。在基片中，只有界面 2 的透射场 $\boldsymbol{E}_{t2}$ 和 $\boldsymbol{H}_{t2}$。

下面从电磁场的边值关系寻求薄膜两界面上的场之间的关系。考察薄膜同一截面上的两点 A 和 B 处的场(图 2.32)。按照边值关系，电场和磁场的切向分量在界面两边相等，因

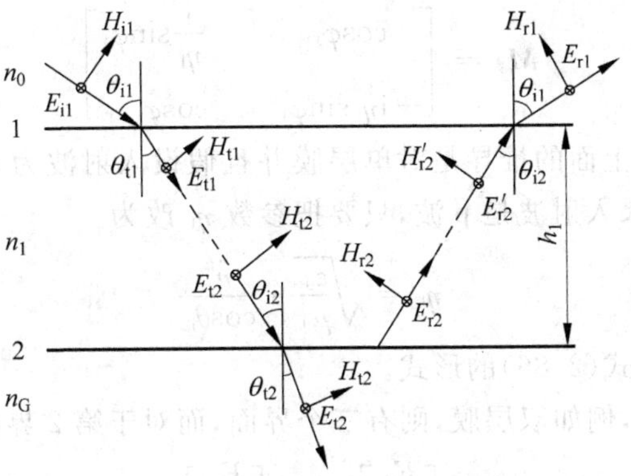

图 2.31 薄膜边界上的场

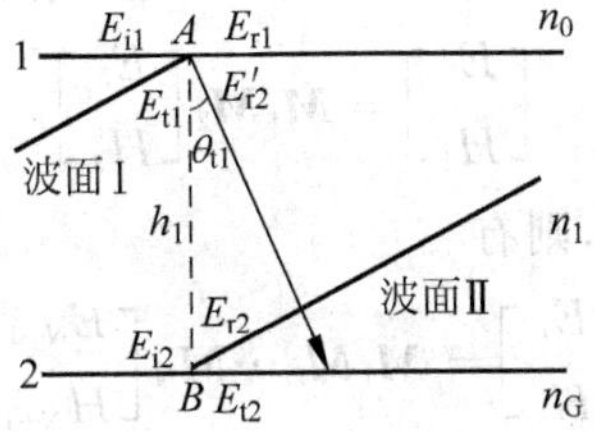

图 2.32 薄膜截面上 A 和 B 两点的场关系

此，在界面 1(A 点)和界面 2(B 点)处有

$$E_1 = E_{i1} + E_{r1} = E_{t1} + E'_{r2} \tag{2-79}$$

$$H_1 = H_{i1}\cos\theta_{i1} - H_{r1}\cos\theta_{i1} = H_{t1}\cos\theta_{i2} - H'_{r2}\cos\theta_{i2} \tag{2-80}$$

$$E_2 = E_{i2} + E_{r2} = E_{t2} \tag{2-81}$$

$$H_2 = \sqrt{\frac{\varepsilon_0}{\mu_0}}(E_{i2} - E_{r2})n_1\cos\theta_{i2} = \sqrt{\frac{\varepsilon_0}{\mu_0}}E_{t2}n_G\cos\theta_{t2} \tag{2-82}$$

上面式子中，θ_{i2} 和 θ_{t2} 分别是平面波在界面 1 和界面 2 的折射角。可以得到

$$E_1 = E_2\cos\varphi_1 - H_2\left(\frac{\mathrm{i}\sin\varphi_1}{\eta_1}\right) \tag{2-83}$$

$$H_1 = -\mathrm{i}E_2\eta_1\sin\varphi_1 + H_2\cos\varphi_1 \tag{2-84}$$

式中

$$\varphi_1 = \frac{2\pi}{\lambda}n_1h_1\cos\theta_{i2}$$

$$\eta_1 = \sqrt{\frac{\varepsilon_0}{\mu_0}}n_1\cos\theta_{i2}$$

将式(2-83)和式(2-84)写成矩阵的形式

$$\begin{bmatrix}E_1\\H_1\end{bmatrix} = \begin{bmatrix}\cos\varphi_1 & -\frac{\mathrm{i}}{\eta_1}\sin\varphi_1\\ -\mathrm{i}\eta_1\sin\varphi_1 & \cos\varphi_1\end{bmatrix}\begin{bmatrix}E_2\\H_2\end{bmatrix} = \boldsymbol{M}_1\begin{bmatrix}E_2\\H_2\end{bmatrix} \tag{2-85}$$

其中

$$\boldsymbol{M}_1=\begin{bmatrix}\cos\varphi_1 & -\frac{\mathrm{i}}{\eta_1}\sin\varphi_1\\ -\mathrm{i}\eta_1\sin\varphi_1 & \cos\varphi_1\end{bmatrix} \tag{2-86}$$

称为薄膜的特征矩阵。上面的推导是对单层膜并且假设入射波为 s 波做出的，为了使它适用于更一般的情况，如果入射波是 p 波，只要把参数 η_1 改为

$$\eta_1=\sqrt{\frac{\varepsilon_0}{\mu_0}}\cdot\frac{n_1}{\cos\theta_{i2}} \tag{2-87}$$

薄膜的特征矩阵仍然有式(2-86)的形式。

对于多层膜的情况，例如双层膜，则有三个界面，而对于第 2 界面和第 3 界面有关系

$$\begin{bmatrix}E_2\\H_2\end{bmatrix}=\boldsymbol{M}_2\begin{bmatrix}E_3\\H_3\end{bmatrix}$$

式中，$\boldsymbol{M}_2$ 是与基片相邻的第 2 层膜的特征矩阵。把上式两边乘上矩阵 $\boldsymbol{M}_1$，得到

$$\begin{bmatrix}E_1\\H_1\end{bmatrix}=\boldsymbol{M}_1\boldsymbol{M}_2\begin{bmatrix}E_3\\H_3\end{bmatrix}$$

如此类推，当膜系包含 N 层膜时，则有

$$\begin{bmatrix}E_1\\H_1\end{bmatrix}=\boldsymbol{M}_1\boldsymbol{M}_2\cdots\boldsymbol{M}_N\begin{bmatrix}E_{N+1}\\H_{N+1}\end{bmatrix} \tag{2-88}$$

式中，$\boldsymbol{M}_1$、$\boldsymbol{M}_2$、…、$\boldsymbol{M}_N$ 代表不同层的特征矩阵，它们都具有式(2-86)所给出的形式，以及相应的 η 和 φ 值。而整个膜系的特征矩阵 $\boldsymbol{M}$ 就是它们的连乘积：

$$\boldsymbol{M}=\boldsymbol{M}_1\boldsymbol{M}_2\boldsymbol{M}_3\cdots\boldsymbol{M}_N \tag{2-89}$$

由于矩阵运算不服从交换律，所以上式中矩阵相乘的次序不能颠倒。

下面应用特征矩阵来计算膜系的反射率。令 $\boldsymbol{M}$ 的矩阵元为 A、B、C、D，即

$$\boldsymbol{M}=\begin{bmatrix}A & B\\C & D\end{bmatrix}$$

因此式(2-88)可以写为

$$\begin{bmatrix}E_1\\H_1\end{bmatrix}=\begin{bmatrix}A & B\\C & D\end{bmatrix}\begin{bmatrix}E_{N+1}\\H_{N+1}\end{bmatrix} \tag{2-90}$$

注意，E_{N+1} 和 H_{N+1} 是基片内位于第 $N+1$ 个界面处的场，H_{N+1} 可以写为

$$H_{N+1}=\eta_G E_{t(N+1)}$$

式中

$$\eta_G=\sqrt{\frac{\varepsilon_0}{\mu_0}}n_G\cos\theta_{i(N+1)}$$

第 1 界面处的场 E_1 和 H_1 可写为

$$H_1=(E_{i1}-E_{r1})\eta_0 \tag{2-91}$$

$$E_1=E_{i1}+E_{r1} \tag{2-92}$$

式中

$$\eta_0=\sqrt{\frac{\varepsilon_0}{\mu_0}}n_0\cos\theta_{i1}$$

将式(2-91)和式(2-92)代入式(2-90)，可得

$$\begin{bmatrix}(E_{i1}+E_{r1})\\(E_{i1}-E_{r1})\eta_0\end{bmatrix}=\begin{bmatrix}A & B\\C & D\end{bmatrix}\begin{bmatrix}E_{t(N+1)}\\E_{t(N+1)}\eta_0\end{bmatrix} \tag{2-93}$$

把上式展开就可以得到膜系的反射系数和投射系数

$$r=\frac{E_{r1}}{E_{i1}}=\frac{A\eta_0+B\eta_0\eta_G-C-D\eta_G}{A\eta_0+B\eta_0\eta_G+C+D\eta_G} \tag{2-94}$$

$$t=\frac{E_{t(N+1)}}{E_{i1}}=\frac{2\eta_0}{A\eta_0+B\eta_0\eta_G+C+D\eta_G} \tag{2-95}$$

反射率为

$$R=r\cdot r^*$$

所以，只要计算出膜系中每一层薄膜的特征矩阵，把它们按照式(2-88)给出的次序相乘，得出整个膜系的特征矩阵，再将矩阵元素代入式(2-94)和式(2-95)，就可以求得整个膜系的反射系数和投射系数，进而可以求得膜系的反射率和透射率。

2.5 典型干涉仪

干涉仪是利用光波的干涉效应制成的精密仪器，这一节介绍的几种干涉仪都在近代科学研究中发挥了极其重要的作用，有的甚至已经作为国家的尖端科技的一部分。

2.5.1 迈克尔逊干涉仪

1. 工作原理

迈克尔逊干涉仪是1881年迈克尔逊为了研究“以太”是否存在而设计的。仪器的结构示意图如图2.33所示，G_1和G_2是两块折射率和厚度都相同的平行平面玻璃板，分别称为分光板和补偿板，G_1背面有镀银或镀铝的半反射面A，G_1和G_2互相平行。M_1和M_2是两块平面反射镜，它们与G_1和G_2成45°放置。从扩展光源S发出的光，在G_1的半反射面A上反射和透射，并被分为强度相等的两束光Ⅰ和Ⅱ。光束Ⅰ射向M_1，经M_1反射后折回，并透过A进入观察系统L。这两束光由于来自同一光束，因而是相干光束，可以产生干涉。

迈克尔逊干涉仪干涉图样的性质，可以采用下面的方式讨论：相对于半反射面A，作出平面反射镜M_2的虚像M_2'，它在M_1附近。可以认为观察系统L所观察到的干涉图样，是由实反射面M_1和虚反射面M_2'构成的虚平板产生的，虚平板的厚度和楔角可以通过调节M_1和M_2反射镜控制。因此，迈克尔逊干涉仪可以产生厚的或者薄的平行平板(M_1和M_2'平行)和楔形平板(M_1和M_2'有一小的夹角)的干涉现象。扩展光源可以是单色性很好的激光，也可以是单色性很差的(白光)光源。如果调节M_2，使M_2'与M_1平行，所观察到的干涉图样就是一组在无穷远处(或在L的焦平面上)的等倾干涉圆环。当M_1向M_2'移动时(虚平板厚度减小)，圆环条纹向中心收缩，并在中心一一消失。M_1每移动一个$\lambda/2$的距离，在中心就消失一个条纹。于是，可以根据条纹消失的数目，确定M_1移动的距离。根据等倾圆环相邻条纹的间距公式(2-28)，此时条纹变粗(因为h变小，e_N变大)，同一视场中的条纹数变少。当M_1与M_2完全重合时，因为对于各个方向入射光的光程差均相等，所以视场是均

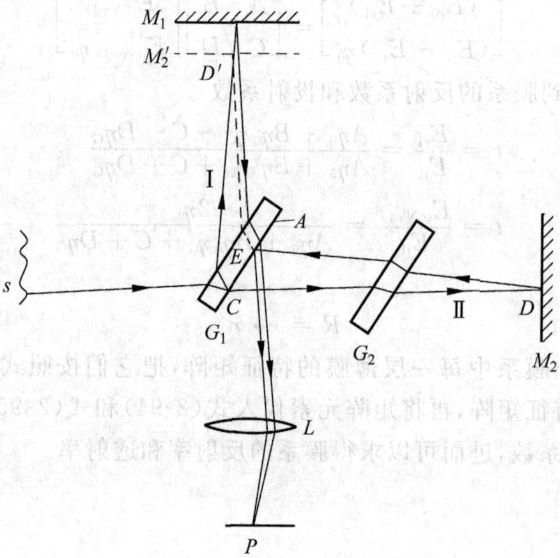

图 2.33　迈克尔逊干涉仪结构示意图

匀的。如果继续移动 M_1，使 M_1 逐渐离开 M_2'，则条纹不断从中心冒出，并且随着平板厚度的增大，条纹越来越细，且变密。

如果调节 M_2，使 M_2' 与 M_1 相互倾斜一个很小的角度，且当 M_2' 与 M_1 比较接近，观察面积很小时，所观察到的干涉图样近似是定域在楔表面上或楔表面附近的一组平行于楔边的等厚条纹（只有当楔形虚平板很薄时近似成立）。在扩展光源照明下，如果 M_2' 与 M_1 的距离增加，则条纹将偏离等厚线，发生弯曲，弯曲的方向是凸向楔棱一边，同时条纹可见度下降。干涉条纹发生弯曲的原因如下：根据前面的分析，干涉条纹应是等光程差线，当入射光不是平行光时，对于倾角较大的光束，若要与倾角较小的入射光束等光程差，平板的厚度应该增加（$\Delta L = 2nh\cos\theta_2$）。如图 2.34 所示，靠近楔板边缘的点对应的入射角较大，因此，干涉条纹越靠近边缘，越偏离到厚度更大的地方，即弯曲方向是凸向楔棱一边。在楔板很薄的情况下，光束入射角引起的光程差变化不明显，干涉条纹仍可视作一些直线条纹。对于楔形板的条纹，与平行平板条纹一样，M_1 每移动一个 $\lambda/2$ 距离，条纹就相应地移动一个。

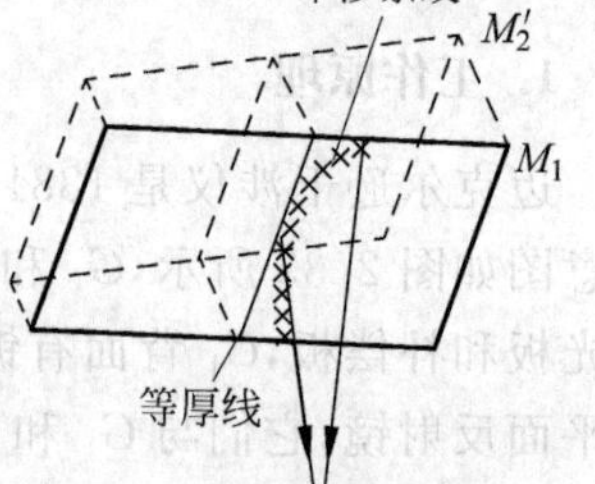

图 2.34　偏离等厚线的迈克尔逊干涉条纹

在干涉仪中，补偿板 G_2 的作用是消除分光板分出的光束Ⅰ和Ⅱ的不对称性。不加 G_2 时，光束Ⅰ经过 G_1 三次，而光束Ⅱ经过一次，由于 G_1 有一定厚度，导致Ⅰ与Ⅱ有一附加光程差。加入 G_2 后，光束Ⅱ也三次经过同样的玻璃板，因而得到了补偿。对于单色光，这种补偿并不是必须的。因为光束Ⅰ经过 G_1 所增加的光程，完全可以用光束Ⅱ在空气中的行程补偿。但对于白光光源，因为玻璃有色散，不同波长的光有不同的折射率，透过玻璃时所增加的光程不同，无法用空气中的行程补偿，因而观察白光条纹时，补偿板不可缺少。

白光条纹只有在楔形虚平板很薄时才能观察到（M_1 与 M_2' 的距离仅为几个波长），这时的条纹是带彩色的。如果 M_1 与 M_2' 相交错，交线上的条纹对应于虚平板的厚度 $h=0$。当 G_1 不镀半反射膜时，因在 G_1 中产生内反射的光线Ⅰ和产生外反射的光线Ⅱ之间有一附加光程差 $\lambda/2$，所以白色条纹是黑色(暗)的；镀上半反射膜后，附加光程差与所镀金属及厚度有关。但通常都接近于零，所以白光条纹一般是白色的。交线条纹的两侧是彩色条纹。

白光条纹在迈克尔逊干涉仪中极为有用，它使我们能够准确地确定反射镜 M_1 和 M_2 至半反射膜 A 的等光程位置，对于干涉仪的一些应用来说，这一点非常重要。迈克尔逊干涉仪的优点是两束光完全分开，并可由一个镜子的平移来改变它们的光程差，因此可以很方便地在光路中安置测试样品。

2. 迈克尔逊干涉仪的应用

(1) 激光比长仪

应用迈克尔逊干涉仪和稳频激光器可以进行长度的精密测量。在图 2.35 所示的装置中，光电计数器用来记录干涉条纹的数目，光电显微镜给出起始和终止信号。当光电显微镜对准待测物体的起始端时，它向记录仪发出一个信号，使记录仪开始记录干涉条纹数。当物体测量完时，光电显微镜对准物体的末端，发出一个终止信号，使记录仪停止工作。这样利用

$$\Delta h = m\frac{\lambda}{2}$$

就可算出待测物体的长度。上式中，m 是从物体起始端到末端记录仪记录的条纹数。激光比长仪可用于米尺刻度的自动校准，丝杠精度的检验等。

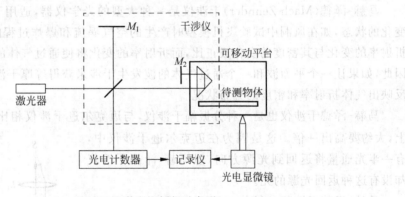

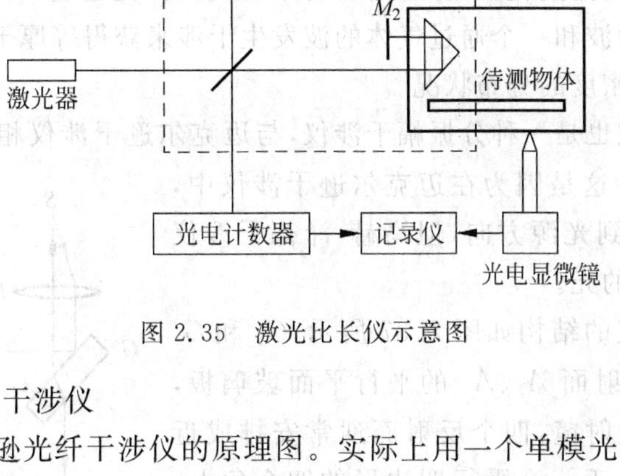

图 2.35 激光比长仪示意图

(2) 迈克尔逊光纤干涉仪

图 2.36 是迈克尔逊光纤干涉仪的原理图。实际上用一个单模光纤定向耦合器，把其中两根光纤相应的端面镀以高反射率膜，就可构成一个迈克尔逊光纤干涉仪。其中一根作为参考臂，另一根作为传感臂。

由双光束干涉的原理可知，这种干涉仪所产生的干涉场的干涉光强为

$$I \propto (1+\cos\varphi) \tag{2-96}$$

当 $\varphi=2m\pi$ 时，为干涉场的极大值。式中 m 为干涉级次，且有

$$m = \Delta L/\lambda$$

或

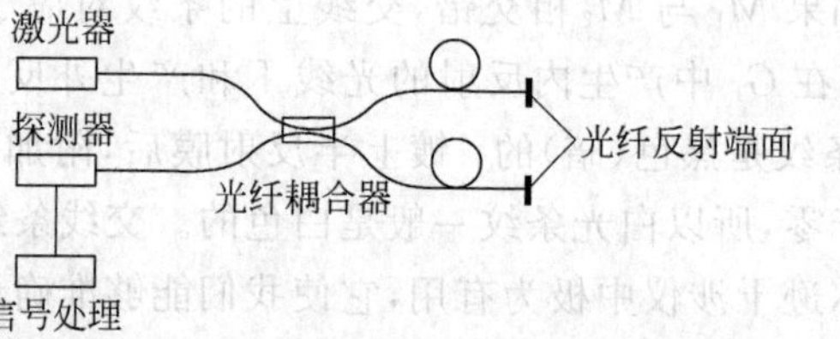

图 2.36　迈克尔逊光纤干涉仪原理图

$$m = \nu \Delta t$$

因此，当外界因素引起相对光程差 ΔL 或相对光程时延 Δt，传播的光频率 ν 或光波长发生变化时，都会使 m 发生变化，即引起干涉条纹的移动，由此而感测相应的物理量。

外界因素（温度、压力等）可直接引起干涉仪中的传感臂光纤的长度 L（对应于光纤的弹性形变）和折射率 n（对应于光纤的弹光效应）发生变化。因为 $\varphi=\beta L$，所以

$$\Delta\varphi = \beta\Delta L + L\frac{\partial\beta}{\partial n}\Delta n \tag{2-97}$$

式中 β 是光纤的传播常数，L 是光纤的长度，n 是光纤材料的折射率。式(2-97)是迈克尔逊光纤干涉仪外界因素引起的相位变化的一般表达式，该表达式对于其他类型的光纤型干涉仪也适用。

2.5.2　马赫-泽德干涉仪

马赫-泽德(Mach-Zehnder)干涉仪是一种大型的光学仪器，适用于研究气体密度迅速变化的状态，如在风洞中试验飞机模型时产生的空气涡流和爆炸过程的冲击波。由于气体折射率的变化与其密度的变化成正比，而折射率的变化将使通过气体的光线有不同的光程，因此，如果让一个平面波和一个通过气体的波发生干涉来获得等厚干涉条纹，这些条纹便能反映出气体折射率和密度的分布状况。

马赫-泽德干涉仪也是一种分振幅干涉仪，与迈克尔逊干涉仪相比，在光通量的利用率上，大约要高出一倍。这是因为在迈克尔逊干涉仪中，有一半光通量将返回到光源方向，但马赫-泽德干涉仪却没有这种返回光源的光。

马赫-泽德干涉仪的结构如图 2.37 所示，G_1 和 G_2 是两块分别具有半反射面 A_1、A_2 的平行平面玻璃板，M_1、M_2 是两块平面反射镜，四个反射面通常安排成近乎平行，其中心分别位于一个平行四边形的四个角上，平行四边形长边的典型尺寸是 1～2m，光源 S 位于透镜 L 的焦点上。S 发出的光束经 L_1 准直后在 A_1 上分成两束，它们分别由 M_1、A_2 反射及 M_2 反射，A_2 透射，进入透镜 L_2，会聚在屏幕上的 P' 点，产生干涉。

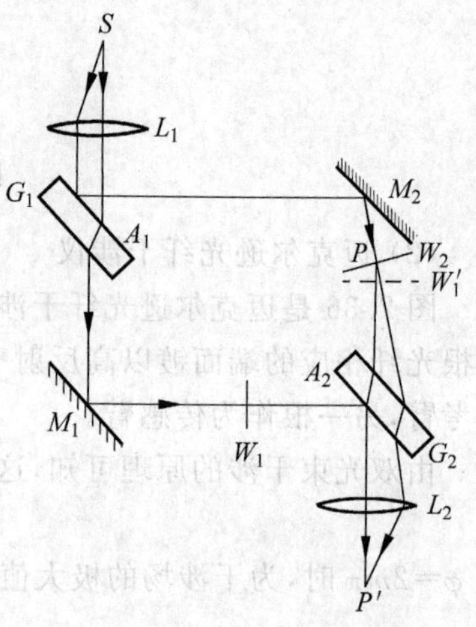

图 2.37　马赫-泽德干涉仪

为了理解干涉仪所产生的干涉条纹的性质，假设光源 S 是一个单色点光源，因而入射到半反射面 A_1 的是

单色平面波。设透过 A_1 并经 M_1 反射的平面波的波前为 W_1，而经过 A_1、M_2 反射的平面波的波前为 W_2，并可以引入 W_1 在半反射面 A_2 中的虚像 W_1'。一般情况下，W_1'和 W_2 是相互倾斜的，形成一个空气楔。因此，在 W_2 上将形成平行等距的直线条纹(如图 2.37 中所示，两支出射光线在 W_2 上的 P 点虚相交)，条纹的走向与 W_2 和 W_1'所形成的空气楔的楔棱平行。如果使 W_2 通过被研究的气流，W_2 将发生变形，因而干涉波不再是平行等距的直线，从干涉图样的变化可以测量出所研究区域的折射率或密度的变化。因为通常气流密度是迅变的，用照相机记录气流密度的变化情况，必须采用短时间的曝光。这样就要求干涉条纹有很大的密度，所以通常都采用扩展光源，此时干涉条纹只能在一特殊的区域才能观察到。当四个反射面严格平行，条纹应该在无穷远处或在 L_2 的焦平面上。当 M_2 和 G_2 同时绕自身垂直轴转动时，条纹虚定域于 M_2 和 G_2 之间，于是通过调节 M_2 和 G_2，可以使条纹定域在 M_2 和 G_2 之间的任意位置上，从而可以研究任意点处的状态。例如，为了研究尺寸较大的风洞中任一平面附近的空气涡流，将风洞置于 M_2 和 G_2 之间，并在 M_1 和 G_1 之间的另一支光路上放置补偿室。把定域面调节到风洞中任一选定平面上，通过透镜 L_2 和照相机可以把该平面上的干涉图样拍摄下来。只要比较有气流和无气流时的条纹图样，就可以决定气流所引起的空气密度的变化情况。

在光纤传感器中，用得最多的是光纤型马赫-泽德干涉仪(简称 M-Z 干涉仪，如图 2.38 所示)。由激光器发出的相干光，分别送入两根长度基本相同的单模光纤(即 M-Z 干涉仪的两臂)，其一为探测臂，另一为参考臂。从两光纤输出的两激光束叠加后将产生干涉效应。实用的M-Z干涉仪的分光和合光是由两个光纤定向耦合器构成，是为全光纤化的干涉仪，以提高其抗干扰的能力。

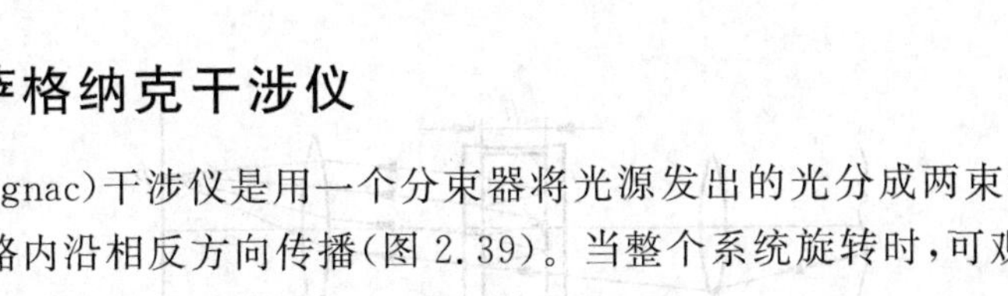

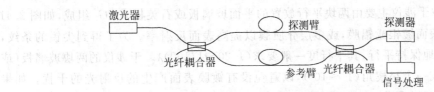

图 2.38 马赫-泽德光纤干涉仪原理图

2.5.3 萨格纳克干涉仪

萨格纳克(Sagnac)干涉仪是用一个分束器将光源发出的光分成两束波，在一个由反射镜确定的闭合光路内沿相反方向传播(图 2.39)。当整个系统旋转时，可观察到条纹图样的横向移动。条纹的移动对应着两束反向传播光波之间产生的附加相位差 $\Delta\phi_R$，与闭合回路围成的面积 A 有关：

$$\Delta\phi_R = \omega \cdot \Delta t_V = \frac{4\omega A}{c^2}\Omega \qquad (2\text{-}98)$$

式中 ω 为光波的角频率，Ω 为旋转角速率。和其他干涉仪一样，萨格纳克干涉仪的响应为余弦型，光强 I 由下式给出：

$$I = I_0(1 + \cos\Delta\phi_R) \qquad (2\text{-}99)$$

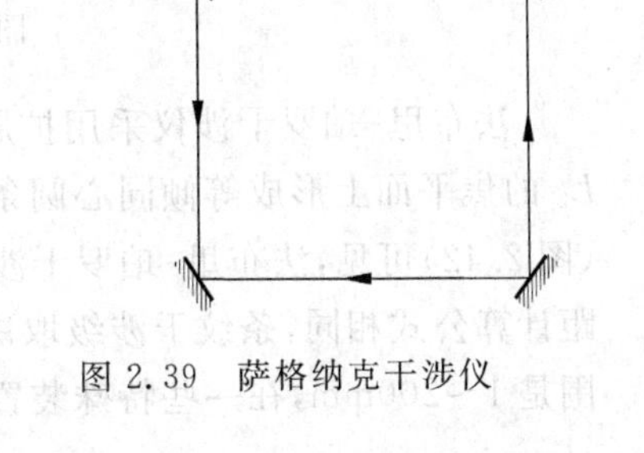

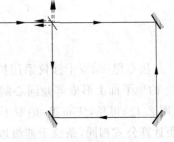

图 2.39 萨格纳克干涉仪

萨格纳克干涉仪最主要的应用就是光学陀螺仪，根据工作方式的不同，主要分为激光陀螺仪和光纤陀螺仪(图 2.40)。

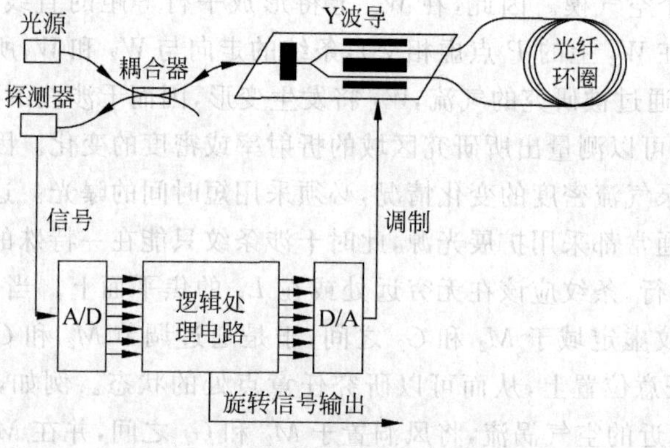

图 2.40　光纤陀螺仪工作原理图

2.5.4　法布里-珀罗干涉仪

法布里-珀罗(Fabry-Perot)干涉仪是一种应用非常广泛的干涉仪。它的特殊价值在于，它除了是一种分辨本领极高的光谱仪器外，还可以构成激光器的谐振腔。

1. 法布里-珀罗干涉仪的结构

法布里-珀罗干涉仪主要由两块平行放置的平面玻璃板或石英板 G_1、G_2 组成，如图 2.41 所示，两板的内表面镀银或铝膜，或多层介质膜以提高表面反射率。为了得到尖锐的条纹，两镀膜面应精确地保持平行，其平行度一般要求$(1/20\sim1/100)\lambda$。干涉仪的两块玻璃板(或石英板)通常制成一个小楔角$(1'\sim10')$，以避免没有镀膜表面产生的反射光的干扰。如果两板之间的光程可以调节，这种干涉装置称为法布里-珀罗干涉仪。如果两板间放一间隔圈——一种殷钢制成的空心圆柱形间隔器，使两板间的距离固定不变，则称为法布里-珀罗标准距。

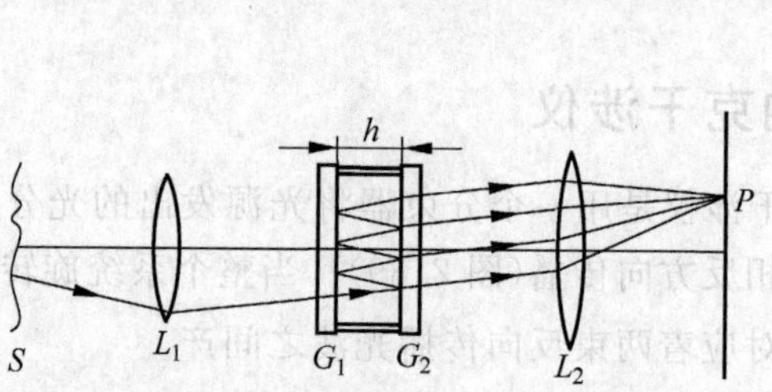

图 2.41　法布里-珀罗干涉仪简图

法布里-珀罗干涉仪采用扩展光源照明，其中一束光的光路如图 2.41 中所示，在透镜 L_2 的焦平面上形成等倾同心圆条纹。该条纹与迈克尔逊干涉仪产生的等倾干涉条纹比较(图 2.42)可见，法布里-珀罗干涉仪产生的条纹要精细得多，但是两种条纹的角半径和角间距计算公式相同，条纹干涉级取决于空气平板的厚度 h，通常法布里-珀罗干涉仪的使用范围是 1～200mm，在一些特殊装置中，h 可大到 1m。以 $h=5$mm 计算，中央条纹的干涉级约为 2000，可见其条纹干涉级很高，因而这种仪器只适用于单色性很好的光源。

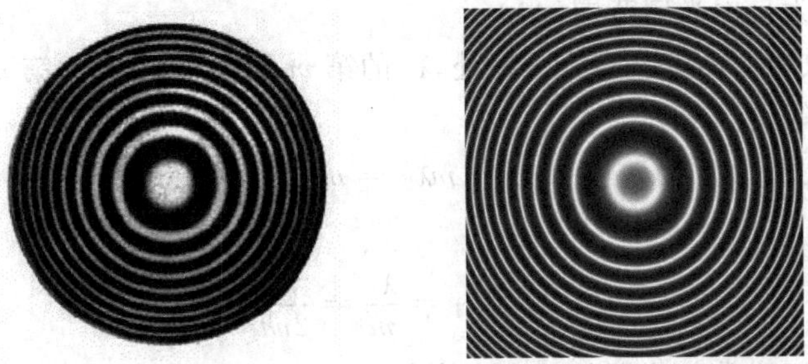

图 2.42　迈克尔逊干涉条纹与法布里-珀罗干涉条纹的比较

应当指出，当干涉仪两板内表面镀金属膜时，由于金属膜对光产生强烈吸收，使得整个干涉图样的强度降低。假设金属膜的吸收率为 A，则根据能量守恒关系有

$$R+T+A=1 \tag{2-100}$$

当干涉仪两板间的膜层相同时，由式(2-40)和式(2-100)可以得到考虑膜层吸收时透射光干涉图样的强度公式：

$$\frac{I_t}{I_i}=\left(1-\frac{A}{1-R}\right)^2\frac{1}{1+F\sin^2\dfrac{\varphi}{2}} \tag{2-101}$$

其中

$$\varphi=\frac{4\pi}{\lambda}nh\cos\theta+2\varphi'$$

φ'是光在金属内表面反射时的相位变化，R 应理解为金属膜内表面的反射率。可见，由于金属膜的吸收，干涉图样强度降低为原来的 $1-(1-A/(1-R))^2$，严重时，峰值强度只有入射光强的几十分之一。

2. 法布里-珀罗干涉仪的应用

1) 研究光谱线的超精细结构

由于法布里-珀罗标准具能够产生十分细而亮的等倾干涉条纹，因而它的一个重要应用就是研究光谱线的精细结构，即将一束光中不同波长的光谱线分开——分光。作为一个分光元件来说，衡量其特性的好坏有三个技术指标：能够分光的最大波长间隔——自由光谱范围；能够分辨的最小波长差——分辨本领；使不同波长的光分开的程度——角色散。

(1) 自由光谱范围——标准具常数

从前面多光束干涉的讨论可以知道，有两个波长为 λ_1 和 λ_2(且 $\lambda_2>\lambda_1$)的光入射至标准具，由于两种波长的同级条纹角半径不同，因而将得到如图 2.43 所示的两组干涉圆环，且 λ_2 的干涉圆环直径比 λ_1 的干涉圆环直径小，前者用实线表示，后者用虚线表示。随着 λ_1 和 λ_2 的差别增大，同级圆环半径相差也变大。当 λ_1 和 λ_2 相差很大，以至于 λ_2 的第 m 级干涉条纹与 λ_1 的第 $m+1$ 级干涉条纹重叠，就引起了不同级别

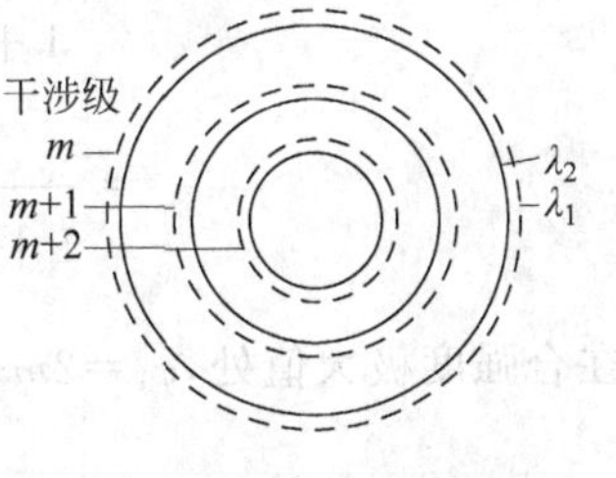

图 2.43　法布里-珀罗标准具的两套干涉环

的条纹混淆，达不到分光的目的。所以，对于一个标准具分光元件来说，存在一个允许的最大分光波长差，称为自由光谱范围$(\Delta\lambda)_f$。

对于靠近条纹中心的某一点$(\theta\approx0)$处，λ_2 的第 m 级条纹与λ_1 的第 $m+1$ 级条纹发生重叠时，其光程差相等，有

$$(m+1)\lambda_1 = m\lambda_2 = m[\lambda_1 + (\Delta\lambda)_f]$$

所以，

$$(\Delta\lambda)_f = \frac{\lambda_1}{m} = \frac{\lambda_1^2}{2nh} \tag{2-102}$$

自由光谱范围$(\Delta\lambda)_f$ 也称作仪器的标准具常数，它是分光元件的重要参数。例如，对于 $h=5\text{mm}$ 的标准具，入射光波长 $\lambda=0.5461\mu\text{m}$，$n=1$ 时，得到$(\Delta\lambda)_f=0.3\times10^{-4}\mu\text{m}$。

（2）分辨本领

分光仪器所能分辨开的最小波长差$(\Delta\lambda)_m$ 称为分辨极限，并称

$$A = \frac{\lambda_1}{(\Delta\lambda)_m} \tag{2-103}$$

为分辨本领。

在这里，首先遇到了一个问题：什么是“能分辨开”？显然，对于不同的观察者，这个“能分辨开”是不同的。为此，必须要选择一个公认的标准。而在光学仪器中，通常采用的标准是瑞利(Rayleigh)判据。

瑞利判据在这里指的是，两个等强度波长的亮条纹只有在它们的合强度曲线中央极小值低于两边极大值的81%时，才算被分开(图2.44)。现在，就按照这个判据来计算标准具的分辨本领。

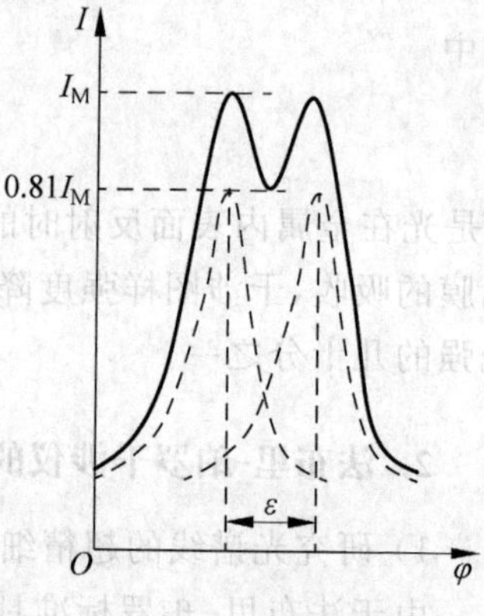

图 2.44　两个波长的条纹刚好被分辨开时的强度分布

如果不考虑标准具的吸收损耗，λ_1 和 λ_2 的透射光合强度为

$$I = \frac{I_{1i}}{1+F\sin^2\frac{\varphi_1}{2}} + \frac{I_{2i}}{1+F\sin^2\frac{\varphi_2}{2}} \tag{2-104}$$

式中，φ_1 和 φ_2 是在干涉场中同一点的两个波长条纹所对应的相位差。设 $I_{1i}=I_{2i}=I_i$，$\varphi_1-\varphi_2=\varepsilon$，则在合光强度极小处，$\varphi_1=2m\pi+\varepsilon/2$，$\varphi_2=2m\pi-\varepsilon/2$，因此极小值强度为

$$I = \frac{I_i}{1+F\sin^2\left(m\pi+\frac{\varepsilon}{4}\right)} + \frac{I_i}{1+F\sin^2\left(m\pi-\frac{\varepsilon}{4}\right)}$$
$$= \frac{2I_i}{1+F\sin^2\frac{\varepsilon}{4}} \tag{2-105}$$

在合强度极大值处，$\varphi_1=2m\pi$，$\varphi_2=2m\pi-\varepsilon$，故极大值为

$$I_M = I_i + \frac{I_i}{1+F\sin^2\frac{\varepsilon}{4}} \tag{2-106}$$

按照瑞利判据，两个波长条纹恰能分辨的条件是

$$I_m = 0.81 I_M$$

所以

$$\frac{2I_i}{1+F\sin^2\dfrac{\varepsilon}{4}} = 0.81\left[I_i + \frac{I_i}{1+F\sin^2\dfrac{\varepsilon}{4}}\right] \tag{2-107}$$

由于 ε 极小，则 $\sin(\varepsilon/2)\approx\varepsilon/2$，可解得

$$\varepsilon = \frac{4.15}{\sqrt{F}} = \frac{2.07\pi}{F'} \tag{2-108}$$

式中，F'是条纹的精细度。因为 $\varphi=\dfrac{4\pi}{\lambda}nh\cos\theta$，所以

$$|\Delta\varphi| = \frac{4\pi nh\cos\theta}{\lambda^2}\Delta\lambda = 2m\pi\frac{\Delta\lambda}{\lambda} \tag{2-109}$$

由于此时两波长恰被分辨开，$\Delta\varphi=\varepsilon$。因而标准具的分辨本领为

$$A = \frac{\lambda}{(\Delta\lambda)_m} = \frac{2mN}{2.07} = 0.97mF' \tag{2-110}$$

可见分辨本领与条纹干涉级数和精确度成正比。由于法布里-珀罗标准具的 F'很大，所以标准具的分辨本领极高。

比如 $h=5\text{mm}$，$F'=61(R=0.95)$，$\lambda=0.55\mu\text{m}$，则在接近正入射时，标准具的分辨本领为

$$A = 0.97\frac{2nh}{\lambda}N \approx 1.1\times10^6$$

这相当于在 $\lambda=0.55\mu\text{m}$ 上，标准具能分辨的最小波长差 $(\Delta\lambda)_m$ 为 $0.5\times10^{-6}\mu\text{m}$，这样的分辨率是一般光谱仪所达不到的。应当指出，上面的讨论是把入射的谱线视为单色谱线，由于任何实际谱线的本身都有一定的宽度，所以标准具的分辨本领达不到这样高。

(3) 角色散

角色散是用来表征分光仪器能够将不同波长的光分开程度的重要指标。定义单位波长间隔的光，经分光仪所分开的角度，用 $\mathrm{d}\theta/\mathrm{d}\lambda$ 表示。$\mathrm{d}\theta/\mathrm{d}\lambda$ 越大，不同波长的光经分光仪分得越开。

由法布里-珀罗干涉仪透射光极大值条件

$$\Delta L = 2nh\cos\theta = m\lambda$$

不计平行板材料的色散，两边进行微分，得

$$\frac{\mathrm{d}\theta}{\mathrm{d}\lambda} = \left|\frac{m}{2nh\sin\theta}\right| = \left|\frac{\cot\theta}{\lambda}\right| \tag{2-111}$$

所以角度 θ 越小，仪器的角色散越大。因此，在法布里-帕罗干涉仪的干涉环中心处光谱最纯。

2) 法布里-珀罗干涉滤光片

滤光片的作用是只让某一波段范围的光通过，而其余波长的光不能通过。通常，滤波片的性能有三个：中心波长 λ_0，指透光率最大时的波段；透射带的波段半宽度 $\Delta\lambda/2$，是指透射率最大值一半处的波长范围 $\Delta\lambda$，大者为宽带滤光片，小者为窄带滤光片；峰值透过率 T_M。滤光片的分类按结构可以分为两类，吸收滤光片和干涉滤光片。这里重点介绍法布里-珀罗干涉型滤光片。

法布里-帕罗干涉型滤光片有两种：一种是全介质干涉滤光片，如图 2.45 所示，在平板玻璃 G 上镀两组膜 $(HL)^p$ 和 $(LH)^p$，再加上保护玻璃 G' 制成。实际上，这两组膜可以看作两组高反射膜 $H(LH)^{p-1}$ 和 $(HL)^{p-1}H$ 中间夹着一层间隔层 LL；另一种是金属反射膜干涉滤光片，如图 2.46 所示，在平板玻璃上镀一层高反射率的银膜 S，银膜之上再镀一层介质薄膜 F，然后再镀一层高反射率的银膜 S'，最后加保护玻璃 G'。可见，这两种滤光片都可以看作是一种间隔很小的法布里-帕罗标准具，主要性能指标如下：

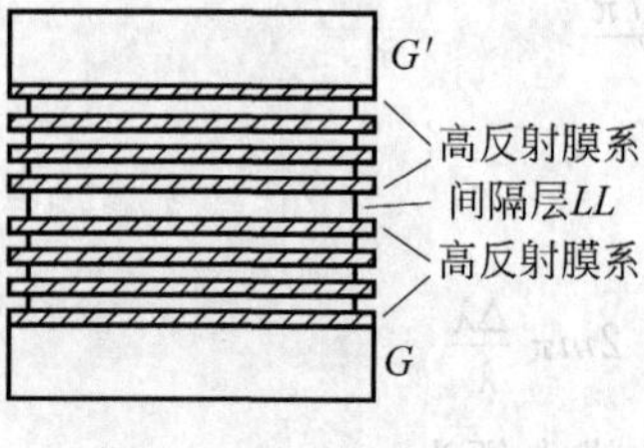

图 2.45　全介质干涉滤光片

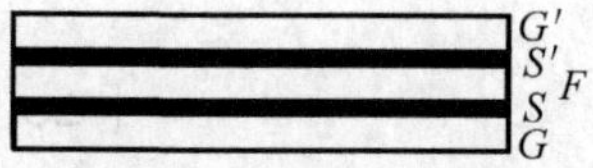

图 2.46　金属反射膜干涉滤光片

(1) 滤光片的中心波长

在正入射时，透射光极大的条件为

$$2nh = m\lambda \quad (m=1,2,3,\cdots)$$

由此可得滤光片的中心波长

$$\lambda = \frac{2nh}{m} \tag{2-112}$$

对于一般的光学厚度 nh，λ 的数值只取决于 m，对应不同的 m 值，中心波长不同。例如，对同一间隔层折射率为 $n=1.5$，厚度 $h=6\times10^{-5}\ \mu\text{m}$ 的干涉滤光片，在可见光区域内有 $\lambda=0.6\mu\text{m}(m=3)$ 和 $\lambda=0.45\mu\text{m}(m=4)$ 两个中心波长。当间隔层厚度增大时，中心波长的数目则更多了，相邻的干涉级($\Delta m=1$)的中心波长差为

$$\Delta\lambda = \frac{\lambda^2}{2nh} \tag{2-113}$$

(2) 透射带的波长半宽度

透射带的波长半宽度 $\Delta\lambda_{1/2}$ 由式(2-51)确定，

$$\Delta\lambda_{1/2} = \frac{2nh(1-R)}{m^2\pi\sqrt{R}} = \frac{\lambda^2}{2\pi nh}\frac{1-R}{\sqrt{R}} \tag{2-114}$$

也可以写成

$$\Delta\lambda_{1/2} = \frac{\lambda}{m}\frac{1-R}{\sqrt{R}} = \frac{2\lambda}{m\pi\sqrt{F}} \tag{2-115}$$

此表明 m、R 越大，$\Delta\lambda_{1/2}$ 越小，干涉滤光片的输出单色性越好。

(3) 峰值透射率

峰值透射率是指对应于透射率最大的中心波长的透射光强与入射光强之比，即

$$T_M = \left(\frac{I_t}{I_i}\right)_M$$

若不考虑滤光片的吸收和表面散射损失，则峰值透射率为 1。实际上，由于高反射膜的吸收和散射会造成光能损失，峰值透射率不可能等于 1。特别是金属膜滤光片，吸收尤为严重，

由式(2-101)可得对应于中心波长的峰值透射率为

$$T_M = \left(1 - \frac{A}{1-R}\right)^2 \tag{2-116}$$

3）激光器谐振腔

如图 2.47 所示的激光器主要由两个核心部分组成，激活介质和由 M_1、M_2 构成的谐振腔。激活介质在激励源的作用下，为激光的产生提供了增益，谐振腔为激光的产生提供正反馈，并有选模作用，它实际上就是由 M_1、M_2 构成的法布里-珀罗干涉仪。激光器产生的激光频率是一系列满足干涉条件的振荡频率，称为激光器的纵模。由于激光器输出必须满足一定的阈值条件，因而激光输出频率只有如图 2.48 所示的 A、B、C 等少数几个。

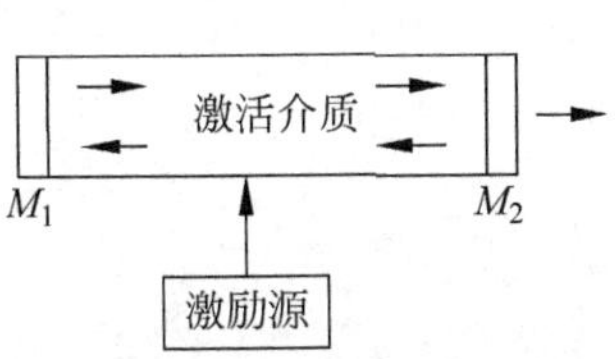

图 2.47　激光器原理图

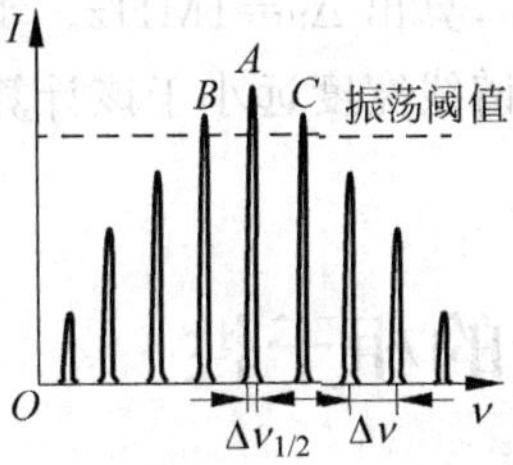

图 2.48　激光器的纵模

对于激光器的每一个纵模都有一定的频率宽度，称为单模线宽，相邻两个纵模间的频率间隔称为纵模间隔。若不计激光工作物质对振荡频率的影响，这些频率特性都可由法布里-珀罗干涉仪的理论得出。

(1) 纵模频率

激光器输出的纵模频率实际上是满足法布里-珀罗干涉仪亮条纹条件的一系列频率。在正入射情况下，满足

$$2nL = m\lambda \quad (m = 1,2,3,\cdots)$$

式中 n 和 L 分别是谐振腔介质的折射率和谐振腔长度，m 是干涉级次，由此可得纵模频率为

$$\nu_m = m\frac{c}{2nL} \quad (m = 1,2,3,\cdots) \tag{2-117}$$

相应的波长

$$\lambda_m = \frac{2nL}{m} \tag{2-118}$$

(2) 纵模间隔

$$\Delta\nu = \nu_m - \nu_{m-1} = \frac{c}{2nL} \tag{2-119}$$

可见只与谐振腔长度的折射率有关。

(3) 单模线宽

由多光束干涉条纹锐度分析，干涉条纹的相位差半宽度为

$$\Delta\varphi = \frac{2(1-R)}{\sqrt{R}} \tag{2-120}$$

根据相位差公式有

$$|\Delta\varphi| = 4\pi nL\frac{\Delta\lambda}{\lambda^2}$$

因此当光波包含有许多波长时与相位差半宽度对应的波长差为

$$\Delta\lambda_{1/2} = \frac{\lambda^2}{4\pi nL}|\Delta\varphi| = \frac{\lambda^2}{2\pi nL}\cdot\frac{1-R}{\sqrt{R}} = \frac{2nL}{m^2\pi}\cdot\frac{1-R}{\sqrt{R}} \tag{2-121}$$

以频率表示相位的谱线宽度

$$\Delta\nu_{1/2} = \frac{c\Delta\lambda}{\lambda^2} = \frac{c}{2\pi nL}\cdot\frac{1-R}{\sqrt{R}} \tag{2-122}$$

由上式可见，谐振腔的反射率越高，或腔长越长，线宽越窄。以 He-Ne 激光器为例，设 $L=1\text{m}$，$R=98\%$，算出 $\Delta\nu=1\text{MHz}$。实际上，由于激光工作物质对激光输出的单色性影响很大，就使得激光谱线宽度远小于该计算值。

2.6 光的相干性

前面讨论了光波的干涉效应及产生干涉的条件，并指出，为了进行干涉实验，可以采用分波面法或分振幅法获得相干光。在进行大量试验之后，人们发现，利用不同的光源进行同一干涉实验，得到的干涉现象不同、条纹可见度不同，即使利用同一光源进行同一干涉实验，一旦实验条件变化，干涉现象也会不同，条纹可见度也会变化。实际上，出现这种差别是由光的基本属性——光的相干性决定的。本节将主要讨论光的相干性概念。

2.6.1 光的干涉特性

前面我们在学习光波的干涉过程，曾经引入了表征干涉程度的参量——干涉条纹可见度 V；当 $V=1$ 时，干涉条纹最清晰，表示光束完全相干；当 $V=0$ 时，无干涉条纹，表示光束完全不相干；当 $0<V<1$ 时，条纹清晰度介于上面两种情况之间，表示光束部分相干。在利用分波面法和分振幅法进行的干涉实验中，光源的特性直接影响了二光束的干涉程度，条纹可见度 V 可能等于 1，小于 1，甚至等于 0。这种光源特性主要是指光源的大小和复色性，它们决定了光的相干性。下面首先讨论光源特性对条纹可见度的影响，然后引入光的相干性概念。

1. 光源特性对条纹可见度的影响

(1) 光源大小对条纹可见度的影响

以杨氏双孔干涉为例，S_1、S_2、S 都为小孔，S_1 和 S_2 双孔从来自点光源 S 的光波波面上分割出很小的两部分，进行干涉实验。在这种情况下，将产生清晰的干涉条纹，$V=1$。如果 S 变为扩展光源，那么干涉条纹可见度将下降。这是因为，在扩展光源中包含有许多点光源，每个点光源都将通过干涉系统在干涉场中产生各自的一组干涉条纹，由于各个点光源位置不同，它们所产生的干涉条纹有位移，干涉场中的总光强分布为各条纹的强度总和，强度最强的地方不再为零，因此可见度下降(图 2.49)。当扩展光源大到一定程度时，条纹可见度可能下降为零，完全看不到干涉条纹。

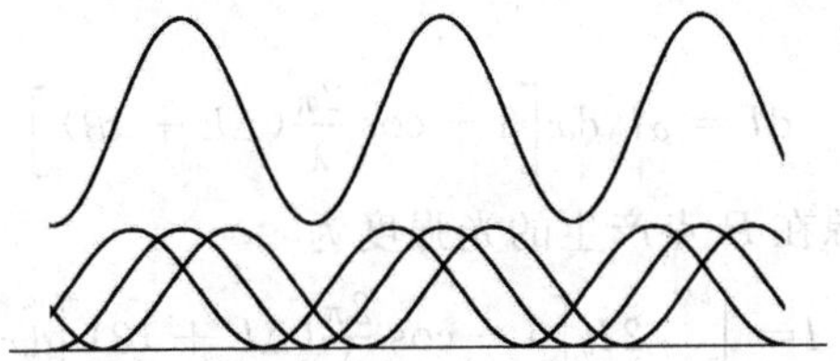

图 2.49 多组条纹的叠加

下面具体讨论光源的大小对干涉条纹可见度的影响。

假设在杨氏双孔干涉实验中，光源是以 S 为中心的扩展光源(图 2.50)，则可将其想象为由许多无穷小的点光源组成，整个扩展光源在干涉场中所产生的光强度便是这些点光源所产生的光强度之和。若考察干涉场中的某一点 P，则位于光源中点 S 的元光源(宽度为 $\mathrm{d}x$)在 P 点产生的光强度为

$$\mathrm{d}I_s = 2I_0\mathrm{d}x\left(1+\cos\frac{2\pi}{\lambda}\cdot\Delta L\right) \tag{2-123}$$

式中，$I_0\mathrm{d}x$ 是元光源通过 S_1 或 S_2 在干涉场中 P 点所产生的光强度；ΔL 是元光源发出的光波经 S_1 和 S_2 到达 P 点的光程差。对于距离 S 为 x 的 C 点处的元光源，它在 P 点产生的光强度为

$$\mathrm{d}I = 2I_0\mathrm{d}x\left(1+\cos\frac{2\pi}{\lambda}\Delta L'\right) \tag{2-124}$$

式中，$\Delta L'$ 是由 C 处点光源发出，经 S_1 和 S_2 到达 P 点的两支相干光的光程差。

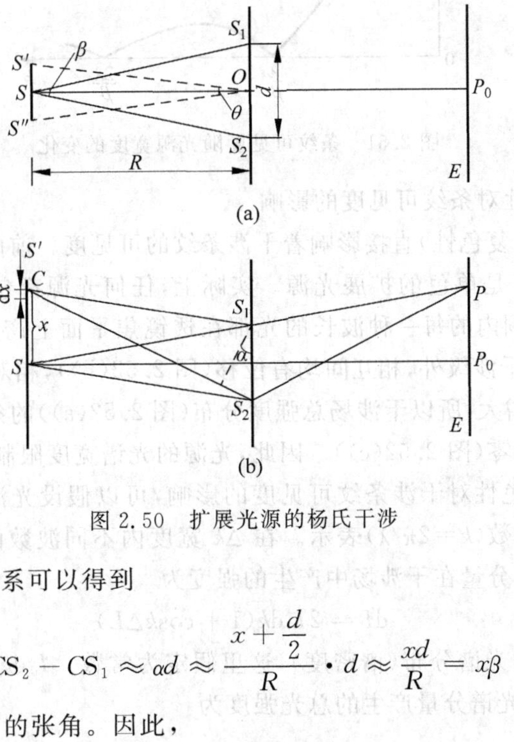

图 2.50 扩展光源的杨氏干涉

由图 2.50 中几何关系可以得到

$$CS_2 - CS_1 \approx \alpha d \approx \frac{x+\frac{d}{2}}{R}\cdot d \approx \frac{xd}{R} = x\beta \tag{2-125}$$

$\beta = d/R$ 是 S_1 和 S_2 对 S 的张角。因此，

$$\Delta L' = \Delta L + x\beta$$

所以，式(2-124)可以写成

$$\mathrm{d}I = \alpha I_0 \mathrm{d}x\left[1 + \cos\frac{2\pi}{\lambda}(\Delta L + x\beta)\right] \tag{2-126}$$

于是，宽度为 b 的扩展光源在 P 点产生的光强度为

$$\begin{aligned} I &= \int_{-b/2}^{b/2} 2I_0\left[1 + \cos\frac{2\pi}{\lambda}(\Delta L + x\beta)\right]\mathrm{d}x \\ &= 2I_0 b + 2I_0\frac{\lambda}{\pi\beta}\sin\frac{\pi b\beta}{\lambda}\cos\frac{2\pi}{\lambda}\Delta L \end{aligned} \tag{2-127}$$

式(2-127)中第一项 $2I_0b$ 与 P 点的位置无关，表示干涉场的平均强度；第二项表示干涉场强度周期性地随 ΔL 变化。由于第一项平均强度随着光源宽度的增大而增强，而第二项不会超过 $2I_0\lambda/(\pi\beta)$，因而随着光源宽度的增大，条纹可见度将下降。根据条纹可见度的定义，可求得条纹可见度为

$$V = \left|\frac{\lambda}{\pi b\beta}\sin\frac{\pi b\beta}{\lambda}\right| \tag{2-128}$$

图 2.51 是条纹可见度随光源宽度 b 变化的曲线。可见，随着 b 的增大，可见度 V 将通过一系列极大值和零值后逐渐趋于零。当 $b=0$ 时，光源为点光源时，$V=1$；当 $0<b<\lambda/\beta$ 时，$0<V<1$；当 $b=\lambda/\beta$ 时，$V=0$。

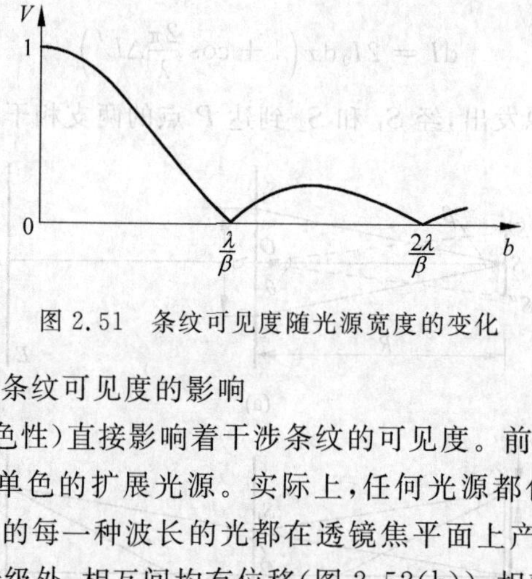

图 2.51 条纹可见度随光源宽度的变化

(2) 光源的复色性对条纹可见度的影响

光源的非单色性(复色性)直接影响着干涉条纹的可见度。前面讨论的平行平板干涉实验，已假设所用光源 S 是单色的扩展光源。实际上，任何光源都包含一定的光谱宽度 $\Delta\lambda$。在干涉实验中，$\Delta\lambda$ 范围内的每一种波长的光都在透镜焦平面上产生各自的一组干涉条纹，并且各组条纹除零级干涉级外，相互间均有位移(图 2.52(b))，相对位移量随着干涉光束间光程差 ΔL 的增大而增大，所以干涉场总强度分布(图 2.52(a))的条纹可见度随着光程差的增大而下降，最后降为零(图 2.52(c))。因此，光源的光谱宽度限制了干涉条纹的可见度。

为了讨论光源复色性对干涉条纹可见度的影响，可以假设光源在 $\Delta\lambda$ 范围内各个波长上的强度相等，或以波数($k=2\pi/\lambda$)表示。在 Δk 宽度内不同波数的光谱分量强度相等，则光波数宽度 $\mathrm{d}k$ 的光谱分量在干涉场中产生的强度为

$$\mathrm{d}I = 2I_0\mathrm{d}k(1 + \cos k\Delta L) \tag{2-129}$$

式中，I_0 表示光强度的光谱分布(谱密度)，这里假定为常数。$I_0\mathrm{d}k$ 是 $\mathrm{d}k$ 宽度内的光强度，因此，在 Δk 宽度内各光谱分量产生的总光强度为

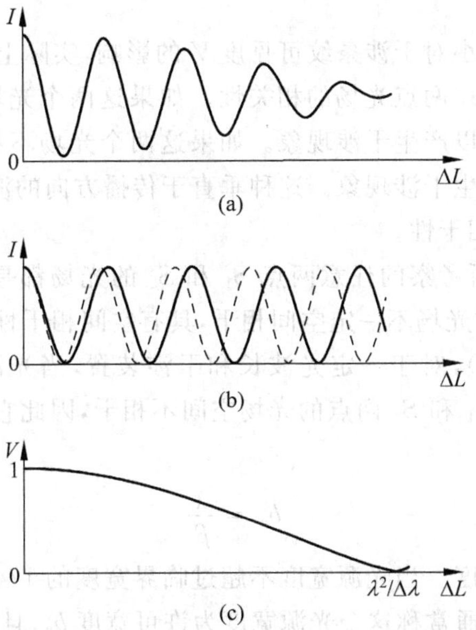

图 2.52 光源复色性对条纹的影响

(a) 合强度曲线；(b) 两组不同波长的干涉条纹；(c) 条纹可见度

$$I=\int_{k_0-\Delta k/2}^{k_0+\Delta k/2} 2I_0(1+\cos k\Delta L)\,\mathrm{d}k$$

$$=2I_0\Delta k\left[1+\frac{\sin\left(\frac{\Delta k}{2}\Delta L\right)}{\frac{\Delta k}{2}\Delta L}\cos(k_0\Delta L)\right] \tag{2-130}$$

上式中第一项是常数，表示干涉场的平均光强度，第二项随光程差变化，但变化的幅度越来越小。由此可得条纹可见度的表达式为

$$V=\left|\frac{\sin\left(\frac{\Delta k}{2}\Delta L\right)}{\frac{\Delta k}{2}\Delta L}\right| \tag{2-131}$$

所以，条纹可见度 V 由 Δk 和 ΔL 决定。对于一定的 ΔL，条纹可见度 V 随着 ΔL 的增大而下降。当 $\Delta k=0$，光源为单色光源，$V=1$；当 $0<\Delta k<2\pi/\Delta$ 时，$0<V<1$；当 $\Delta k=2\pi/\Delta$ 时，$V=0$。对于一定的 Δk，V 随着 ΔL 的变化规律。如图 2.52(c)所示。

上面的讨论中，假设了 $\Delta\lambda$(或 Δk)内的光谱强度是等强度分布的。实际上，光源并非等强度分布，但是根据实际光谱分布求得的可见度曲线，与图 2.52 差不多。

虽然上面的讨论中，用杨氏实验来讨论光源特性对干涉条纹可见度的影响和从平行平板实验讨论光源复色性的影响，但是实际上，对于每种干涉实验，光源的大小和复色性均有影响。

2. 光的相干性

下面讨论光的相干性。实际上干涉条纹可见度 V 的大小反映了光波场的空、时相关性，而这种相关性是由光源决定的，属于光的基本属性，称为光的相干性。根据描述光波场相关特性的不同，光的相干性分为空间相干性和时间相干性。

（1）光的空间相干性

前一小节讨论光源大小对干涉条纹可见度 V 的影响，实际上是考察了扩展光源 $S'S''$ 所产生的光波波面上 S_1 和 S_2 两点光场的相关性。如果这两个光场相关，则由这两个点光场产生的光波在周围空间可以产生干涉现象。如果这两个光场不相关，则这两个点光场产生的光波在周围空间不能产生干涉现象。这种垂直于传播方向的波面上的空间点间光场的相关性，称为这个光的空间相干性。

当光源是点光源时，所考察的任意两点 S_1 和 S_2 的光场都是空间相干的；当光源是扩展光源时，S_1 和 S_2 两点的光场不一定空间相干，具有空间相干性的空间点的范围与光源大小成反比。根据式(2-128)，对于一定光波长和干涉装置，当光源宽度 b 较大，且满足 $b \geqslant \lambda R/d$ 或 $b > \lambda/\beta$ 时，通过 S_1 和 S_2 两点的光场空间不相干，因此它们在空间将不产生干涉现象。通常称

$$b_c = \frac{\lambda}{\beta} \tag{2-132}$$

为光源空间相干的临界宽度。当光源宽度不超过临界宽度的 1/4 时，由式(2-128)可以计算出这时的可见度 $V \geqslant 0.9$，通常称这个光源宽度为许可宽度 b_p，且

$$b_p = \frac{b_c}{4} = \frac{\lambda}{4\beta} \tag{2-133}$$

可以利用这个宽度确定干涉仪应用中的光源宽度的允许值。

刚才考察的是光源宽度 b，如果换一个角度，当 $b=\lambda R/d$ 时，S_1 和 S_2 两点的光场空间恰好不相干，这时 S_1 和 S_2 两点的横向相干宽度，以 d_t 表示

$$d_t = \frac{\lambda R}{b} \tag{2-134}$$

该横向宽度 d_t 也可以利用扩展光源对 O 点（S_1 和 S_2 连线的中点）的张角 θ 表示：

$$d_t = \frac{\lambda}{\theta} \tag{2-135}$$

如果扩展光源是方形的，由它照明平面上的空间相干范围的面积（相干面积）为

$$A_c = d_t^2 = \left(\frac{\lambda}{a}\right)^2 \tag{2-136}$$

对于圆形光源，照明平面上的横向相干宽度为

$$d_t = \frac{1.22\lambda}{\theta} \tag{2-137}$$

相干面积

$$A_c = \pi\left(\frac{1.22\lambda}{2\theta}\right)^2 \tag{2-138}$$

有时采用相干孔径角 β_c 表示空间相干范围会更直观方便。当 b 和 λ 给定时，凡是在该孔径以外的两点（如 S_1' 和 S_2'）都是不相干的，在孔径角以内的两点（S_1'' 和 S_2''）都是具有一定程度的相干性（图 2.53）。公式

$$b\beta_c = \lambda \tag{2-139}$$

表示相干孔径角 β_c 与光源宽度 b 成反比，通常称这个式子为空间相干性的反比公式。

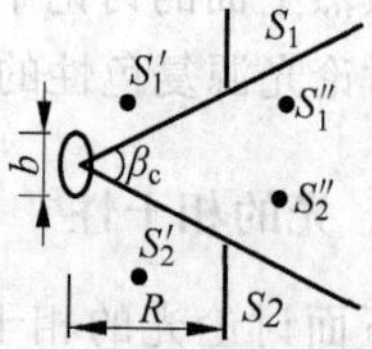

图 2.53 采用相干孔径角表征空间相干范围

(2) 光的时间相干性

上面关于光源复色性对于干涉条纹可见度 V 影响的讨论，实际上是考察了某一时刻，光源沿光波传播方向光程差为 ΔL 的两个不同点处所产生光场之间的相干性。如果这两个不同点的光场相关，则这两个光场可以产生干涉现象；如果这两个不同点的光场不相关，则这两个光场不能产生干涉现象。由于光波以恒定速度传播，故而关于光源复色性对干涉条纹可见度 V 影响的讨论，实际上是考察对于空间中的某一点，光源在相差时间 τ 的不同时刻所产生光场的相关性。通常将这种表示光波在不同时刻光场的相关性的属性，称为时间相干性。

根据前面的讨论，对于单色光源，$\Delta\lambda=0$，无论上述两点的光程差 ΔL 为多大，干涉条纹可见度恒等于1。对于复色光源，$\Delta\lambda\neq 0$，只有 $\Delta L=0$，即两点的光程相等时，才能保证 $V=1$。一旦 $\Delta L\neq 0$，其可见度就要下降，当

$$\Delta L=\frac{2\pi}{\Delta k}=\frac{\lambda^2}{\Delta\lambda} \tag{2-140}$$

时，$V=0$，完全不相干。能够发生干涉的最大光程差叫作相干长度，用 ΔL_c 表示。显然，光源的宽度越大，$\Delta\lambda$ 越大，相干长度 ΔL 越小。

考虑到光传播速度是 c，为常数。也可以采用相干时间 τ_c 来度量时间相干性，定义为

$$\tau_c=\frac{\Delta L_c}{c} \tag{2-141}$$

凡是光源在相干时间 τ_c 内不同时刻发出的光，均可以产生干涉现象，而光源在大于 τ_c 时间发出的光的光波之间，将不能产生干涉。利用波长宽度 $\Delta\lambda$ 与频率宽度 $\Delta\nu$ 的如下关系：

$$\frac{\Delta\lambda}{\lambda}=\frac{\Delta\nu}{\nu}$$

相干时间 τ_c 可以表示为

$$\tau_c=\frac{\nu}{\Delta\nu}\frac{1}{\nu}=\frac{1}{\Delta\nu} \tag{2-142}$$

上式说明 $\Delta\nu$ 越小(单色性越好)，τ_c 越大，光的时间相干性越好。

如果考虑到光源的跃迁辐射，光的相干长度 ΔL_c 和相干时间 τ_c 的物理意义为：任意一个实际光源所发出的光是一段有限波列的组合，若这些波列的持续时间为 τ，则相应的空间长度为 $L=c\tau$，由于它们的初相位是独立的，因而它们之间不相干。因此，由同一波列分出的两个子波列，只要通过不同光路径到达某点，能够相遇，就会产生干涉。所以相干时间 τ_c 实际上就是波列的持续时间 τ。相干长度 ΔL_c 就是波列空间长度 L。因此，光源复色性对干涉的影响，实际上反映了时域中两个不同时刻光场的相关联程度，因而是光的时间相干性问题。

2.6.2 干涉的定域性

利用扩展光源进行光的干涉实验，干涉现象只能在一定的区域才能观察到，这就是干涉的定域性。干涉的定域性问题，实际上是由光的空间相干性造成的。对于干涉条纹可见度尚佳的区域，称为干涉条纹的定域区。

1. 点光源产生干涉的非定域性

在杨氏干涉实验中，曾经指出，当所用光源为单色点(或线)光源时，通过两个小孔(或狭缝)后，在空间任一点处均可观察到清晰的干涉条纹，即干涉是非定域性的。

在平行平板的分振幅法干涉实验中，当用点光源照射平行平板时，在与光源同侧的空间任意点 P 上，总会有从 S 发出、由平行平板上下表面反射产生的两束光在该点相交。由于这两束光来自同一点光源，它们是相干的，无论 P 点在空间什么位置，总可以观察到干涉条纹，因此，干涉是非定域的。

同样，当用点光源照射楔形平板时，干涉也是非定域的。

2. 扩展光源产生干涉的定域性

(1) 杨氏干涉的定域性

当用扩展光源照射杨氏实验中的双孔时，干涉图样为各点光源在观察点处所产生的相互错位的条纹强度之和，条纹可见度将降低。扩展光源引起空间某处干涉条纹可见度的降低，取决于扩展光源上各点光源在该处产生干涉条纹错开的程度，而条纹错开的相对距离，又取决于相应点光源到该处光程差的差别。通常认为，光源上两个点光源通过干涉系统到空间 P 点的光程差差别小于 $\lambda/4$ 时，所引起的条纹可见度的下降仍能保证比较清晰地观察到干涉条纹。所以，杨氏干涉条纹的定域区可视为满足如下条件的空间点 P 的集合：对于这些 P 点，光源上任意两点 S_m 和 S_n 所对应的光程差的差别均不大于 $\lambda/4$。

(2) 平行平板和楔形平板的干涉定域性

平行平板的干涉条纹定域在无穷远处，或有透镜时定域在透镜的焦平面上。

楔形板的定域面在接近楔形平板或薄膜表面。而且楔形平板两表面间的楔角越小，定域面离平板越远。

在寻找干涉条纹时，通常用眼睛直接观察比通过物镜成像更容易进行。这是由于人的眼睛能够自动调节，使最清晰的干涉条纹成像在视网膜上，而且因为眼睛的瞳孔比透镜的瞳孔小得多，它限制了进入瞳孔的光束，扩展光源中只有一小部分发出的光能反射进瞳孔，故用眼睛直接观察时，扩展光源的实际宽度要小一些，使得定域深度增大，更便于找到干涉条纹。

2.6.3 相干性的定量描述

上面关于相干性的判据都是基于获得"稳定的干涉条纹"，这种对相干性的判断是定性粗略的，因而相干面积和相干长度的概念也只是相干性的一种粗略描述。

下面学习相干性的经典理论，引入复相干函数和复相干度对相干性进行定量描述。

扩展非单色光源 S 照明光屏 A 上的两个小孔 S_1 和 S_2，由 S_1 和 S_2 发出的光在观察屏 E 上叠加，产生干涉条纹。

假设在 t 时刻，由扩展非单色光源照射 S_1 和 S_2 两点的复数光场分别为 $E_1(t)$ 和 $E_2(t)$，在屏幕的 P 点上，来自 S_1 和 S_2 的光场分别为 $E_1(t-t_1)$ 和 $E_2(t-t_2)$(在这里，不计小孔的衍射效应，并且忽略光场由 S_1 和 S_2 到 P 点的变化)，其中，$t_1=r_1/c$ 和 $t_2=r_2/c$ 分别是光波由 S_1 和 S_2 到 P 点的时间，则在 t 时刻 P 点的总光场为

$$E_P(t) = E_1(t-t_1) + E_2(t-t_2) \tag{2-143}$$

考虑在某一时间间隔内的平均光强度，即 P 点的光强度为

$$I_P(t) = \langle E_P(t)E_P^*(t)\rangle \tag{2-144}$$

$$I_P = \langle E_1(t-t_1)E_1^*(t-t_1)\rangle + \langle E_2(t-t_2)E_2^*(t-t_2)\rangle + \langle E_1(t-t_1)E_2^*(t-t_2)\rangle + \langle E_1^*(t-t_1)E_2(t-t_2)\rangle \tag{2-145}$$

考虑到实际情况，可以假定光场是稳定的，即它们的统计性质不随时间变化，或者说上式中各个量的时间平均值与时间原点的选择无关，可令 $t=t_1$，因此 I_P 可以写为

$$I_P = \langle E_1(0)E_1^*(0)\rangle + \langle E_2(\tau)E_2^*(\tau)\rangle + \langle E_1(0)E_2^*(\tau)\rangle + \langle E_1^*(0)E_2(\tau)\rangle \tag{2-146}$$

式中 $\tau=t_1-t_2$，$\langle E_1(0)E_1^*(0)\rangle$ 和 $\langle E_2(\tau)E_2^*(\tau)\rangle$ 分别为 S_1 和 S_2 在 P 点产生的光强 I_1 和 I_2，而

$$\langle E_1(0)E_2^*(\tau)\rangle + \langle E_1^*(0)E_2(\tau)\rangle = 2\mathrm{Re}\Gamma_{12}(\tau) \tag{2-147}$$

其中，$\mathrm{Re}\Gamma_{12}(\tau)$ 是 $\Gamma_{12}(\tau) = \langle E_1(0)E_2^*(\tau)\rangle$ 的实部，所以

$$I_P = I_1 + I_2 + 2\mathrm{Re}\Gamma_{12}(\tau) \tag{2-148}$$

其中，$2\mathrm{Re}\Gamma_{12}(\tau)$ 称为干涉项，由于它的存在，P 点的总光强 I_P 可以大于、小于或等于 I_1+I_2。

当 S_1 和 S_2 重合时，互相干函数 $\Gamma_{12}(\tau)$ 变成自相干函数

$$\Gamma_{11}(\tau) = \langle E_1(0)E_1^*(\tau)\rangle \tag{2-149}$$

并且，当 $\tau=0$ 时，有 $\tau_{11}(0)=I_1$，$\tau_{22}(0)=I_2$，它们也是 S_1 和 S_2 点的光强度。若将互相干函数 $\Gamma_{12}(\tau)$ 归一化，可以得到归一化的互相干函数 γ_{12}

$$\gamma_{12}(\tau) = \frac{\Gamma_{12}(\tau)}{\sqrt{\Gamma_{11}(0)\Gamma_{22}(0)}} = \frac{\Gamma_{12}(\tau)}{\sqrt{I_1 I_2}} \tag{2-150}$$

通常 $\gamma_{12}(\tau)$ 为复相干度，复相干度一般是 τ 的复数周期函数，它的模值满足 $0\leqslant|\gamma_{12}(\tau)|\leqslant 1$，用它来描述光场的相干性更为方便。$|\gamma_{12}|=1$ 时，表示光场完全相干；$0<|\gamma_{12}|<1$ 时，表示光场部分相干；$|\gamma_{12}|=0$ 时，表示光场不相干。利用复相干度，I_P 可以写为

$$I_P = I_1 + I_2 + 2\sqrt{I_1 I_2}\,\mathrm{Re}\gamma_{12}(\tau) \tag{2-151}$$

这个式子就是稳定光场的普遍干涉定律。

习题

2.1 如图 2.54 所示，两相干平面光夹角为 α，在垂直于角平分线的方位上放置一观察屏，试证明屏上的干涉亮条纹的间距为

$$l = \frac{\lambda}{2\sin\frac{\alpha}{2}}$$

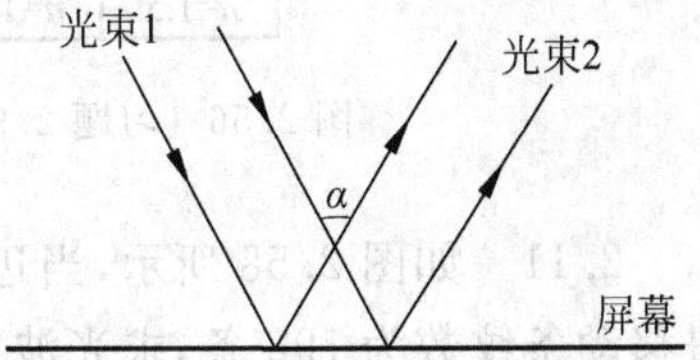

图 2.54 习题 2.1 用图

2.2 波长为 589.3nm 的钠光照射在一双缝上，在距双缝 100cm 的观察者测量 20 个条纹共宽 2.4cm，试计算双缝之间的距离。

2.3 在杨氏实验装置中，光源波长为 0.64μm，两缝间距为 0.4mm，光屏离缝的间距为 50cm。

(1) 试求光屏上第一亮条纹与中央亮条纹之间的距离；

(2) 若 P 点离中央亮条纹为 0.1mm，则两光束在 P 点的相位差是多少？

(3) 求 P 点的光强度和中央点的光强度之比。

2.4 在杨氏试验装置中，两小孔的间距为 0.5mm，光屏与小孔的距离为 50cm。当以折射率为 1.60 的透明薄片贴住小孔 S_2 时(图 2.55)，发现屏上的条纹移动了 1cm，试确定该薄片的厚度。

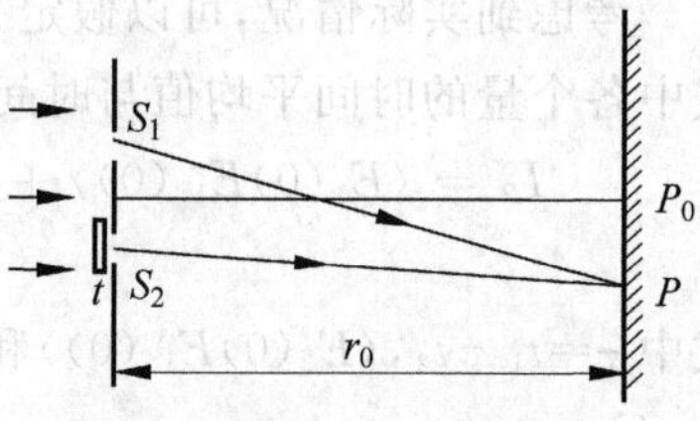

图 2.55 习题 2.4 用图

2.5 在双缝实验中，缝间距为 0.45mm，观察屏离缝 115cm。现用读数显微镜测得 10 个干涉条纹(准确地说是 11 个亮纹或暗纹)之间的距离为 15mm，试求所用波长。用白光实验时，干涉条纹有什么变化？

2.6 双缝间距为 1mm，离观察屏 1m。用钠光灯做光源，它发出两种波长的单色光，$\lambda_1=589$nm，$\lambda_2=589.6$nm，问这两种单色光的第 10 级亮条纹之间的间距是多少？

2.7 在菲涅耳双面镜干涉实验中，光波长为 0.5μm。光源和观察屏到双面镜交线的距离分别为 0.5m 和 1.5m，双面镜夹角为 10^{-3}rad。

(1) 求观察屏上条纹间距；

(2) 屏上最多可以看到多少条亮条纹？

2.8 试求能产生红光($\lambda=0.7\mu$m)的二级反射条纹的肥皂薄膜厚度，已知肥皂的折射率为 1.33，且平行光与法向成 30°入射。

2.9 如图 2.56 所示，平板玻璃由两部分组成(冕牌玻璃 $n=1.50$，火石玻璃 $n=1.75$)，平凸透镜用冕牌玻璃制成，其间隙充满二硫化碳($n=1.62$)，这时牛顿环是何形状？

2.10 利用牛顿环干涉条纹可以测定凹曲面的曲率半径，结构如图 2.57 所示。试证明第 m 个暗环的半径 r_m 与凹面半径 R_2、凸面半径 R_1、光波长 λ_0 之间的关系为

$$r_m^2=m\lambda_0\frac{R_1R_2}{R_2-R_1}$$

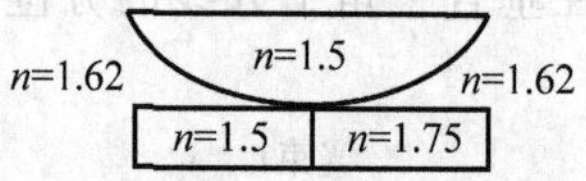

图 2.56 习题 2.9 用图

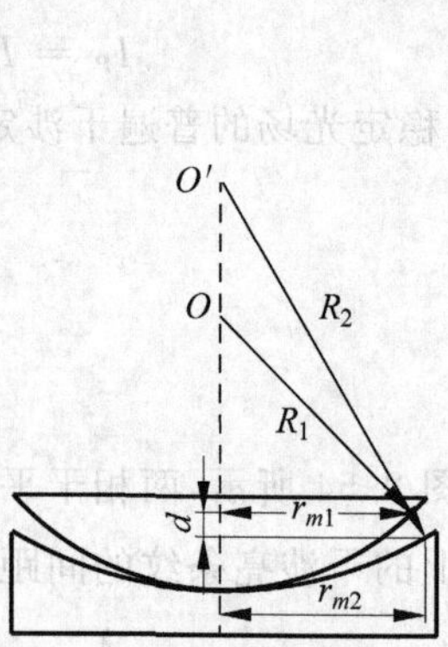

图 2.57 习题 2.10 用图

2.11 如图 2.58 所示，当迈克尔逊干涉仪中的 M_2 反射镜移动距离为 0.233mm 时，数得移动条纹数为 792 条，求光波长。

2.12 曲率半径为 R_1 的凸透镜和曲率半径为 R_2 的凹透镜相接触，如图 2.59 所示。

在 $\lambda=589.3\text{nm}$ 的钠光垂直照射下，观察到两透镜之间的空气层形成10个暗环。已知凸透镜的直径 $D=30\text{mm}$，曲率半径 $R_1=500\text{mm}$，试求凹透镜的曲率半径。

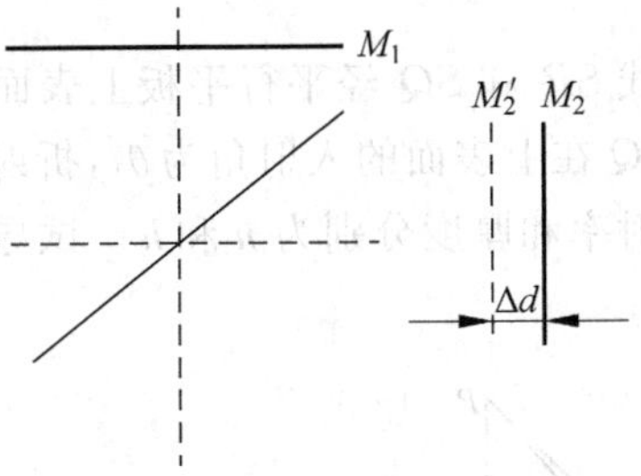

图2.58 习题2.11用图

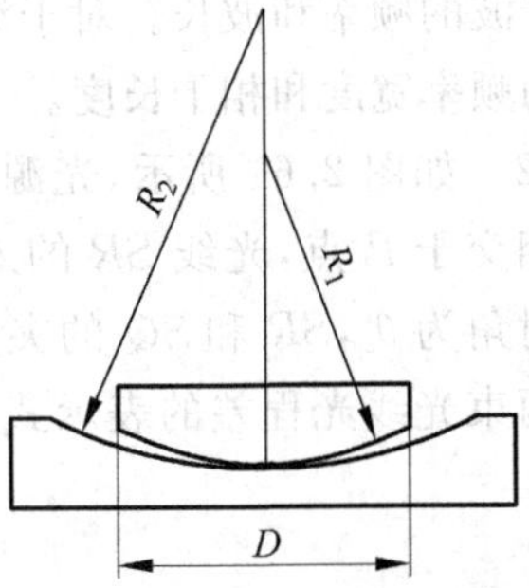

图2.59 习题2.12用图

2.13 平行平面玻璃板的厚度 h_0 为0.1cm，折射率为1.5，在 λ 为 $0.6328\mu\text{m}$ 的单色光中观察干涉条纹。当温度升高1℃时，在垂直方向观察，发现有两个新的干涉条纹向外移动，计算该玻璃的膨胀系数。

2.14 在迈克尔逊干涉仪的一个臂中引入100.0mm长、充一个大气压空气的玻璃管，用 $\lambda=0.5850\mu\text{m}$ 的光照射。如果将玻璃管内逐渐抽成真空，发现有100条干涉条纹移动，求空气的折射率。

2.15 在观察迈克尔逊干涉仪中的等倾条纹时，已知光源波长 $\lambda=0.59\mu\text{m}$，聚光透镜焦距为0.5m，如图2.60所示，求当空气层厚度为0.5mm时，第5、20序条纹的角半径、半径和干涉级。

2.16 设一玻璃片两面的反射系数（反射振幅与入射振幅之比）均为 $r=90\%$，并且没有吸收，试计算第1～5次反射光及透射光的相对强度，并用公式表示第 n 次反射光及透射光的相对强度。

2.17 某光源发出波长很接近的二单色光，平均波长为600nm。通过间隔 $d=10\text{mm}$ 的F-P干涉仪观察时，看到波长为 λ_1 的光所产生的干涉条纹正好在波长 λ_2 的光所产生的干涉条纹的中间，问二光波长相差多少。

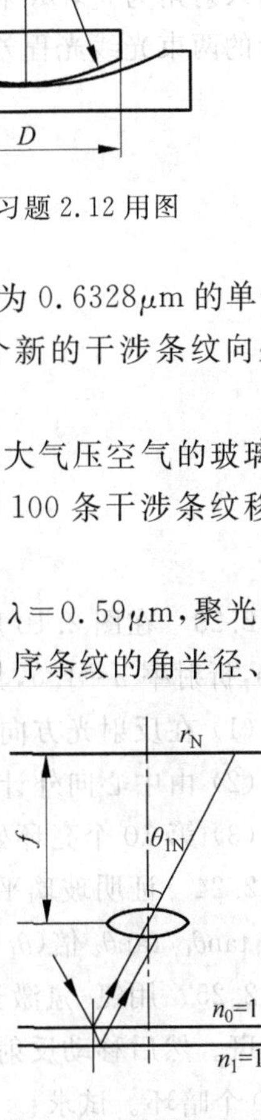

图2.60 习题2.15用图

2.18 已知F-P标准具反射面的反射系数为 $r=0.8944$，求：

(1) 条纹半宽度；(2) 条纹精细度。

2.19 在某种玻璃基片（$n_G=1.6$）上镀制单层增透膜，膜材料为氟化镁（$n=1.38$），控制膜厚，对波长 $\lambda_0=0.5\mu\text{m}$ 的光在正入射时具有最小反射率。试求这个单层膜在下列条件下的反射率：

(1) 波长 $\lambda_0=0.5\mu\text{m}$，入射角 $\theta_0=0°$；

(2) 波长 $\lambda_0=0.6\mu\text{m}$，入射角 $\theta_0=0°$；

(3) 波长 $\lambda_0=0.5\mu\text{m}$，入射角 $\theta_0=30°$；

(4) 波长 $\lambda_0=0.6\mu\text{m}$，入射角 $\theta_0=30°$。

2.20 菲涅耳双棱镜实验中，光源到双棱镜和观察屏的距离分别为25cm和1m，光的波长为546nm，问要观察到清晰的干涉条纹，光源的最大横向宽度是多少？（双棱镜的折射

率 $n=1.52$，折射角 $\alpha=30'$。）

2.21　若光波的波长宽度为 $\Delta\lambda$，频率宽度为 $\Delta\nu$，试证明 $|\Delta\nu/\nu|=|\Delta\lambda/\lambda|$。式中 ν 和 λ 分别为该光波的频率和波长。对于波长为 632.8nm 的氦-氖激光，波长宽度 $\Delta\lambda=2\times10^{-8}$ nm，试计算它的频率宽度和相干长度。

2.22　如图 2.61 所示，光源 S 发出的两束光线 SR 和 SQ 经平行平板上表面和下表面反射后相交于 P 点，光线 SR 的入射角为 i，光线 SQ 在上表面的入射角为 θ_1，折射后在下表面的入射角为 θ_2，SR 和 SQ 的夹角为 β，平板的折射率和厚度分别为 n 和 h。试导出到达 P 点后的两束光线光程差的表示式。

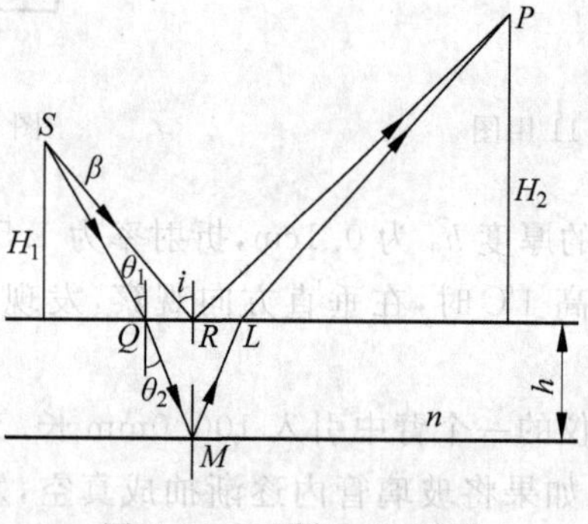

图 2.61　习题 2.22 用图

2.23　在图 2.10 所示的干涉装置中，若照明光波的波长 $\lambda=600$nm，平板的厚度 $h=2$mm，折射率 $n=1.5$，其下表面涂上某种高折射率介质（$n_H>1.5$），问：

（1）在反射光方向观察到的干涉圆环条纹的中心是亮斑还是暗斑？

（2）由中心向外计算，第 10 个亮环的半径是多少（观察望远镜物镜的焦距为 20cm）？

（3）第 10 个亮环处的条纹间距是多少？

2.24　证明玻璃平板产生的等倾圆条纹的直径，是同一厚度的空气板的等倾圆条纹直径的 $\tan\theta_1/\tan\theta_2$ 倍（θ_1 和 θ_2 分别是光束在玻璃平板表面的入射角和折射角）。

2.25　用氦-氖激光照明迈克尔逊干涉仪，通过望远镜看到视场内有 20 个暗环，且中心是暗斑。然后移动反射镜 M_1，看到环条纹收缩，并一一在中心消失了 20 环，此时视场内只有 10 个暗环。试求：

（1）M_1 移动前中心暗斑的干涉级数（设干涉仪分光板 G_1 没有镀膜）；

（2）M_1 移动后第 5 个暗环的角半径。

2.26　在图 2.62 中，A、B 是两块玻璃平板，D 为金属细丝，O 为 A、B 的交棱。

（1）若 B 表面有一半圆柱形凹槽，凹槽方向与 A、B 交棱垂直，问在单色光垂直照射下看到的条纹形状如何？

（2）若单色光波长 $\lambda=632.8$nm，条纹的最大弯曲量为条纹间距的 2/5，问凹槽的深度是多少？

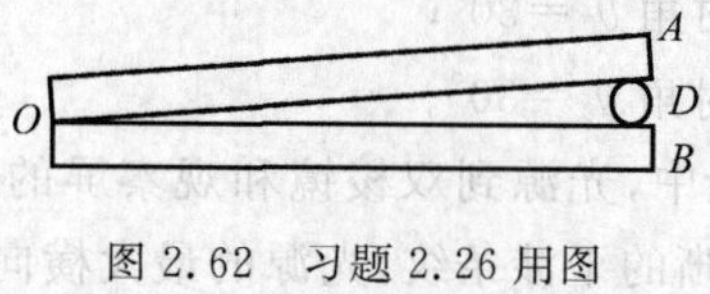

图 2.62　习题 2.26 用图

2.27 牛顿环也可以在两个曲率半径很大的平凸透镜之间的空气层中产生。如图 2.63 所示，平凸透镜 A 和 B 的凸面的曲率半径分别为 R_A 和 R_B，在波长 $\lambda=600\text{nm}$ 的单色光垂直照射下，观测到它们之间空气层产生的牛顿环第 10 个暗环的半径 $r_{AB}=4\text{mm}$。若有曲率半径为 R_C 的平凸透镜 C，且 B、C 组合和 A、C 组合产生的第 10 个暗环的半径分别为 $r_{BC}=4.5\text{mm}$ 和 $r_{AC}=5\text{mm}$，试计算 R_A、R_B、R_C。

2.28 如图 2.64 所示，长度为 10cm 的柱面透镜一端与平面玻璃相接触，另一端与平面玻璃相隔 0.1mm，透镜的曲率半径为 1m。问：

(1) 在单色光垂直照射下看到的条纹形状怎样？

(2) 在两个互相垂直的方向上(透镜长度方向及与之垂直的方向)，由接触点向外计算，第 N 个暗条纹到接触点的距离是多少(设照明光波波长 $\lambda=500\text{nm}$)？

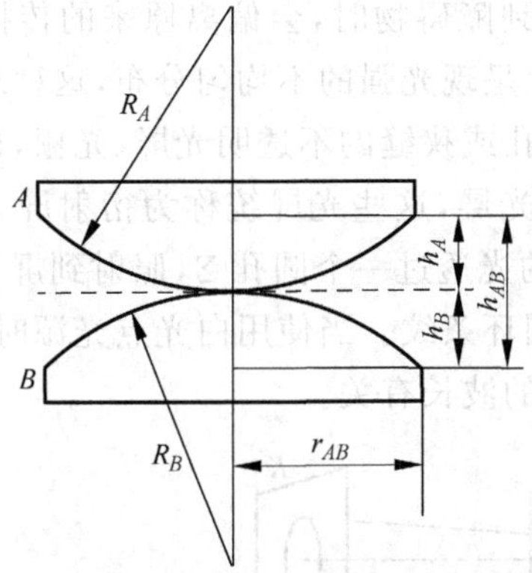

图 2.63 习题 2.27 用图

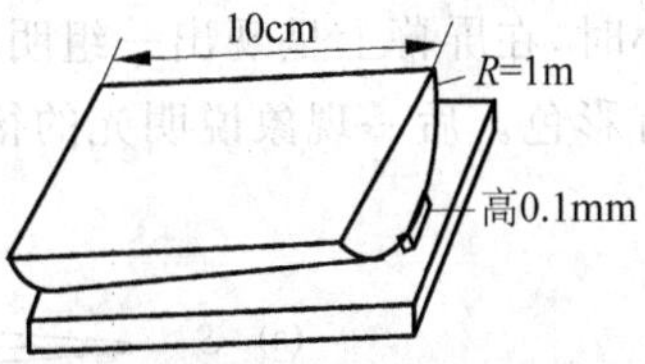

图 2.64 习题 2.28 用图

2.29 图 2.65 是利用泰曼干涉仪测量气体折射率的实验装置示意图。图中 D_1 和 D_2 是两个长度为 10cm 真空气室端面，分别与光束Ⅰ和Ⅱ垂直。在观察到单色光照明(波长 $\lambda_1=589.3\text{nm}$)产生的条纹后，缓缓向气室注入氧气，最后发现条纹移动了 92 个。

(1) 计算氧气的折射率；

(2) 如果测量条纹变化的误差是 1/10 条纹，折射率测量的精度是多少？

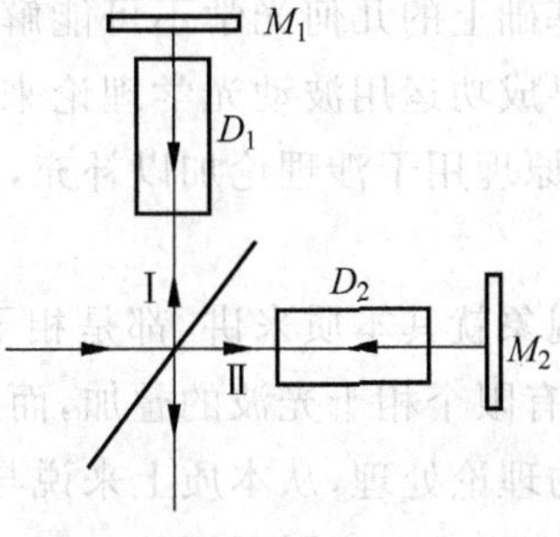

图 2.65 习题 2.29 用图

第3章 光的衍射

光的衍射现象是光的波动性的另一个主要标志，也是光波在传播过程中的最重要属性之一。光的衍射现象是指光波在传播的过程中遇到障碍物时，会偏离原来的传播方向而弯入障碍物的几何影区内，并在障碍物后的观察屏上呈现光强的不均匀分布，这种现象称为光的衍射。使光波发生衍射的障碍物可以是开有小孔或狭缝的不透明光屏、光栅，也可以是使入射光波的振幅和位相分布发生某种变化的透明光屏，这些光屏统称为衍射屏。典型的衍射实验如图 3.1 所示，让一个单色点光源 S 发出的光透过一个圆孔 Σ，照射到屏幕 K 上，当圆孔足够小时，在屏幕上呈现出一组明暗交替的圆环条纹。当使用白光点光源时，这一衍射图样将带有彩色。后一现象说明光的衍射与光波的波长有关。

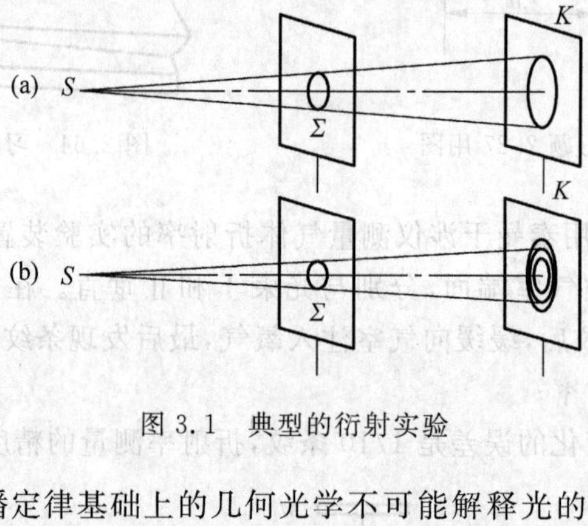

图 3.1　典型的衍射实验

建立在光的直线传播定律基础上的几何光学不可能解释光的衍射现象，只能用光的波动理论来加以说明。历史上最早成功运用波动光学理论来解释衍射现象的是菲涅耳，他把惠更斯在 17 世纪提出的惠更斯原理用干涉理论加以补充，发展成为惠更斯-菲涅耳原理，从而相当完善地解释了光的衍射。

光的衍射现象与光的干涉现象就其本质来讲，都是相干光波叠加引起的光强的重新分布。不同之处在于，干涉现象是有限个相干光波的叠加，而衍射现象则是无限多个相干光波叠加的结果。因此对衍射现象的理论处理，从本质上来说与干涉现象相同，但是由于衍射现象的特殊性，在数学上遇到了很大困难。实际所用的衍射理论都是一些近似解法，本章介绍的基尔霍夫衍射理论是一种标量衍射理论（一种近似理论），它能够处理大多数衍射问题。

衍射现象通常分为两类进行研究：①菲涅耳衍射，②夫琅禾费衍射。菲涅耳衍射是观察屏在距离衍射屏不是太远时观察到的衍射现象，如上述的衍射实验。夫琅禾费衍射是光源和观察屏距离衍射屏都相当于无限远的衍射。

3.1 惠更斯-菲涅耳原理

3.1.1 惠更斯原理

1690 年惠更斯为了说明波在空间各点逐步传播的机理，曾提出一种假设：波前(波阵面)上的每一点都可以看作一个次级的扰动中心，发出球面子波；在后一时刻，这些子波的包络面就是新的波前，这就是惠更斯原理。波前的法线方向就是光波的传播方向(在各向同性介质中也是光线的传播方向)，所以应用惠更斯原理可以决定光波从一个时刻到另一个时刻的传播。

利用惠更斯原理可以说明衍射现象的存在。为此，我们再来考察本章开头所述的衍射实验。假设光源是单色点光源，当光源发出的球面波前到达圆孔边缘时，波前只有 DD' 部分暴露在圆孔范围内，其余部分受光屏阻挡(图 3.2)。按照惠更斯原理，暴露在圆孔范围内的波前上的各点可以看作次级扰动中心，发出前面子波，并且这些子波的包络面决定圆孔后的新的波前。由图 3.2 可见，新的波前扩展到 SD、SD' 锥体外。利用惠更斯原理可以说明衍射的存在，但不能确定光波通过圆孔后沿不同方向传播的振幅，因而也就无法确定衍射图样中的光强分布。

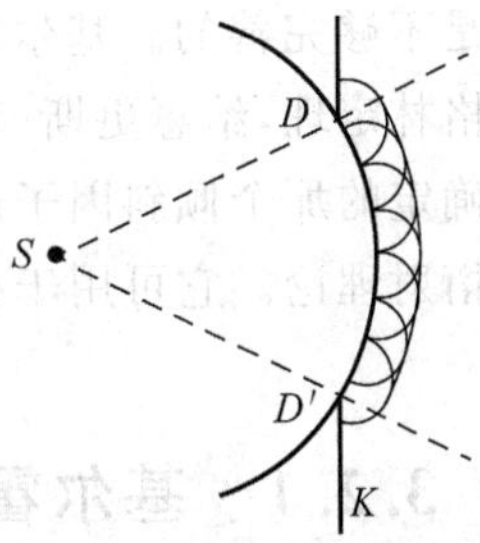

图 3.2 光波通过圆孔的惠更斯作图法

3.1.2 惠更斯-菲涅耳原理

菲涅耳在研究了光的干涉现象后，考虑到惠更斯子波来自同一光源，它们应该是相干的，因而波前外任一点光振动应该是波前上所有子波相干叠加的结果。这样用“子波相干叠加”思想补充的惠更斯原理叫作惠更斯-菲涅耳原理。

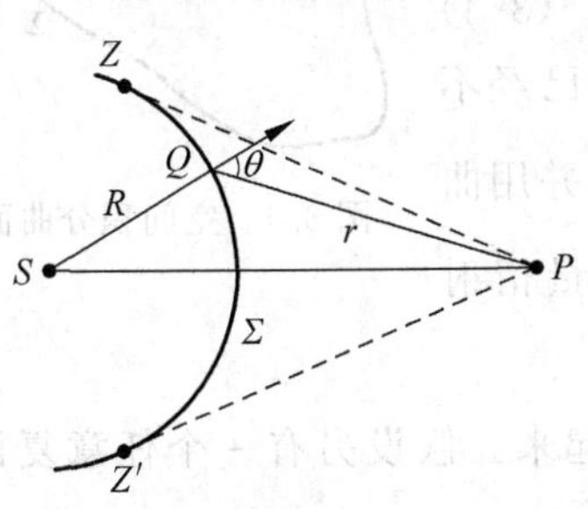

图 3.3 单色点光源 S 在 P 点的振动

惠更斯-菲涅耳原理是研究衍射问题的理论基础。为了能够应用这一原理定量地计算衍射问题，下面来推导它的数学表达式。

图 3.3 所示的是一个单色点光源 S 对于空间任意点 P 的作用，可以看作是 S 和 P 之间任一波面 Σ 上各点发出的次波在 P 点相干叠加的结果。假设波面 Σ 上任意一点 Q 的光场复振幅为$\widetilde{E}(Q)$，在 Q 点取一个面元 $\mathrm{d}\sigma$，则 $\mathrm{d}\sigma$ 面元上的次波源对 P 点光场的贡献为

$$\mathrm{d}\,\widetilde{E}(P)=CK(\theta)\,\widetilde{E}(Q)\frac{\mathrm{e}^{\mathrm{i}kr}}{r}\mathrm{d}\sigma$$

式中，C 是比例系数，$r=\overline{QP}$，$K(\theta)$称为倾斜因子，它是与元波面法线和$\overline{QP}$之间的夹角 θ(称为衍射角)有关的量。按照菲涅耳的假设：当 $\theta=0$ 时，K 有最大值，且随 θ 的增大，K 迅速减小；当 $\theta\geqslant\pi/2$ 时，$K=0$。因此，图中波面 Σ 上只有 ZZ'范围内的部分对 P 点的振动有贡

献，则 P 点的光场复振幅为

$$\widetilde{E}(P)=C\iint_{\Sigma}\widetilde{E}(Q)\frac{e^{ikr}}{r}K(\theta)d\sigma \tag{3-1}$$

这就是惠更斯-菲涅耳原理的数学表达式，称为惠更斯-菲涅耳公式。因为一般情况下 $K(\theta)$ 的表达式是未知的，上式不能精确地确定 $\widetilde{E}(P)$ 的值，所以惠更斯-菲涅耳原理是不完善的。

3.2 基尔霍夫衍射公式

惠更斯-菲涅耳公式可以对一些简单形状的孔径衍射现象进行计算，但菲涅耳理论本身是不够完善的。基尔霍夫弥补了菲涅耳理论的不足，他从微分波动方程出发，利用场论中的格林定理，给惠更斯-菲涅耳原理找到了比较完善的数学表达式，得到了菲涅耳理论中没有确定的那个倾斜因子的具体形式。基尔霍夫理论只适用于标量波的衍射，所以又称为标量衍射理论。它可用于处理光学仪器中遇到的大多数衍射问题。

3.2.1 基尔霍夫积分定理

假定有一单色光波通过闭合曲面 Σ 传播，如图 3.4 所示，从第 1 章中的讨论可以知道，光场应满足如下的标量波动方程：

$$\nabla^2 E-\frac{1}{c^2}\frac{\partial^2 E}{\partial t^2}=0 \tag{3-2}$$

以及 P 点处，t 时刻的光电场可以表示为

$$E(P,t)=\widetilde{E}(P)e^{-i\omega t} \tag{3-3}$$

将式(3-3)代入式(3-2)，可得

$$\nabla^2\widetilde{E}(P)+k^2\widetilde{E}(P)=0 \tag{3-4}$$

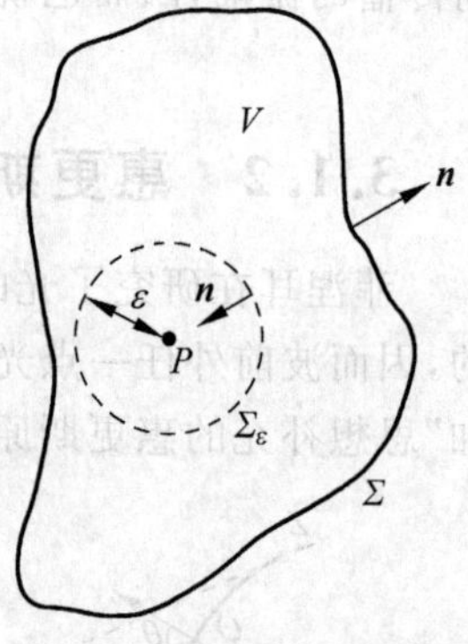

图 3.4 空间积分曲面

式中 k 是波矢，这就是亥姆霍兹方程。上面的三个式子中已经不考虑电磁场其他分量的影响，孤立地把 $\widetilde{E}$ 看成一个标量场，并用曲面上的 $\widetilde{E}$ 和 $\partial\widetilde{E}/\partial n$ 的值表示面内任一点的 $\widetilde{E}$，这就是标量衍射理论。

利用场论中的格林定理可以把 $\widetilde{E}$ 和曲面上的值联系起来。假设另有一个任意复函数 $\widetilde{U}$，也满足亥姆霍兹方程

$$\nabla^2\widetilde{U}+k^2\widetilde{U}=0 \tag{3-5}$$

且在曲面 Σ 上和 Σ 内都有连续的一阶和二阶偏微商，则由格林定理，有

$$\iiint_V(\widetilde{U}\nabla^2\widetilde{E}-\widetilde{E}\nabla^2\widetilde{U})=\iint_{\Sigma}\left(\widetilde{U}\frac{\partial\widetilde{E}}{\partial n}-\widetilde{E}\frac{\partial\widetilde{U}}{\partial n}\right)d\sigma \tag{3-6}$$

式中，V 是闭合面 Σ 所包围的面积，$\partial/\partial n$ 表示在 Σ 上每一点沿外法线方向的偏微商。利用

亥姆霍兹方程，上式左边的被积函数在 V 内处处等于零，因而，

$$\iint_{\Sigma}\left(\widetilde{U}\frac{\partial \widetilde{E}}{\partial n}-\widetilde{E}\frac{\partial \widetilde{U}}{\partial n}\right)\mathrm{d}\sigma=0 \tag{3-7}$$

根据$\widetilde{U}$所满足的条件，选取$\widetilde{U}$为球面波的波函数

$$\widetilde{U}=\frac{\exp(\mathrm{i}kr)}{r} \tag{3-8}$$

式中 r 表示 Σ 内考察点 P 与任一点 Q 之间的距离。这个函数除了在 $r=0$ 点外，处处解析。在 $r=0$ 处不满足格林定理成立的条件，故必须从积分域中将 P 点除去。为此，以 P 为圆心作一半径为 ε 的小球，并取积分域为复合曲面 $\Sigma+\Sigma_\varepsilon$，如图 3.4 所示，这样，式(3-7)应改写为

$$\iint_{\Sigma+\Sigma_\varepsilon}\left(\widetilde{U}\frac{\partial \widetilde{E}}{\partial n}-\widetilde{E}\frac{\partial \widetilde{U}}{\partial n}\right)\mathrm{d}\sigma=0 \tag{3-9}$$

根据式(3-8)，有

$$\frac{\partial \widetilde{U}}{\partial n}=\frac{\partial}{\partial n}\left(\frac{\exp(\mathrm{i}kr)}{r}\right)=\cos(\boldsymbol{n},\boldsymbol{r})\left(\mathrm{i}k-\frac{1}{r}\right)\frac{\exp(\mathrm{i}kr)}{r} \tag{3-10}$$

式中，$\cos(\boldsymbol{n},\boldsymbol{r})$代表积分面外法线 $\boldsymbol{n}$ 与从 P 到积分面上 Q 的矢量 $\boldsymbol{r}$ 之间夹角的余弦。对于 Σ_ε 上的 Q 点，$\cos(\boldsymbol{n},\boldsymbol{r})=-1$，$\widetilde{U}=\dfrac{\exp(\mathrm{i}k\varepsilon)}{\varepsilon}$，所以

$$\frac{\partial \widetilde{U}}{\partial n}=\left(\frac{1}{\varepsilon}-\mathrm{i}k\right)\frac{\exp(\mathrm{i}k\varepsilon)}{\varepsilon} \tag{3-11}$$

所以

$$\iint_{\Sigma_\varepsilon}\left(\widetilde{U}\frac{\partial \widetilde{E}}{\partial n}-\widetilde{E}\frac{\partial \widetilde{U}}{\partial n}\right)\mathrm{d}\sigma=4\pi\varepsilon^2\left[\frac{\mathrm{e}^{\mathrm{i}k\varepsilon}}{\varepsilon}\frac{\partial \widetilde{E}}{\partial n}-\widetilde{E}\left(\frac{1}{\varepsilon}-\mathrm{i}k\right)\frac{\mathrm{e}^{\mathrm{i}k\varepsilon}}{\varepsilon}\right]\xrightarrow{\varepsilon\to 0}-4\pi\widetilde{E}(P)$$

$$\widetilde{E}(P)=\frac{1}{4\pi}\iint_{\Sigma}\left[\frac{\partial \widetilde{E}}{\partial n}\left(\frac{\mathrm{e}^{\mathrm{i}kr}}{r}\right)-\widetilde{E}\frac{\partial}{\partial n}\left(\frac{\mathrm{e}^{\mathrm{i}kr}}{r}\right)\right]\mathrm{d}\sigma \tag{3-12}$$

这就是亥姆霍兹-基尔霍夫积分定理。它的意义在于把曲面 Σ 内任一点 P 的电磁场值 $\widetilde{E}(P)$用曲面上的场值$\widetilde{E}$和$\dfrac{\partial \widetilde{E}}{\partial n}$表示出来，因而它也可以看作是惠更斯-菲涅耳原理的一种数学表示。事实上，在上式的被积函数中，因子$\dfrac{\mathrm{e}^{\mathrm{i}kr}}{r}$可视为由曲面 Σ 上的 Q 点向 Σ 内空间的 P 点传播的波，波源的强弱由 Q 点上的$\widetilde{E}$和$\dfrac{\partial \widetilde{E}}{\partial n}$值来确定。因此，曲面上每一点可以看作一个次级光源，发射出子波，而曲面内空间各点的场值取决于这些子波的叠加。

3.2.2 菲涅耳-基尔霍夫衍射公式

尽管亥姆霍兹-基尔霍夫积分定理表达了惠更斯-菲涅耳原理和基本概念，但是它对于曲面上各点发射出的子波所作的解释比菲涅耳所作的假定要复杂得多，不好理解。但是在

某些近似的条件下，可以化为菲涅耳表达式基本相同的形式。下面我们将基尔霍夫积分定理应用于小孔衍射的问题，看看会有什么样的结果。

考察单色光源 S 发出的球面波照明无限大不透明屏上小孔径 Σ 的情况（图 3.5），我们来计算孔径右边空间（衍射场）某点 P 处的场值。假定孔径的线度比波长大，但比孔径到 S 和到 P 的距离小得多，也就是 $\lambda<\delta\ll\min(r,l)$，$\delta$ 为 Σ 的线度，$\min(r,l)$ 表示 r、l 中比较小的一个。

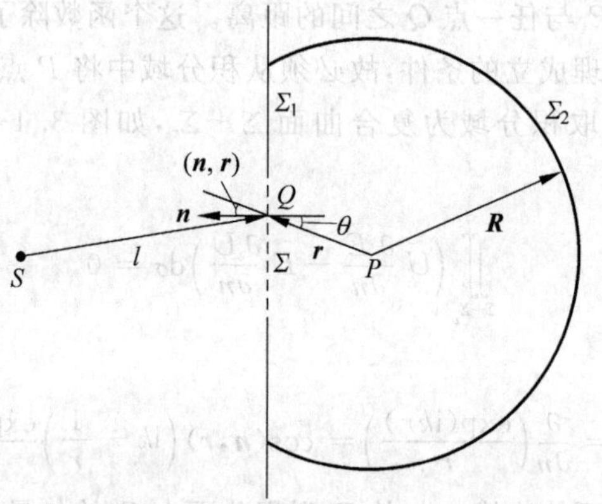

图 3.5　孔径 Σ 对球面波的衍射

为了应用基尔霍夫积分定理求 P 点的光场，围绕 P 点作一闭合曲面，该闭合曲面由三部分组成：①开孔 Σ；②不透明屏右侧 Σ_1；③以 P 为中心、R 为半径的大球的部分球面 Σ_2。这样亥姆霍兹-基尔霍夫积分定理中的积分域包括这三部分的面积，即有

$$\widetilde{E}(P)=\frac{1}{4\pi}\iint_{\Sigma+\Sigma_1+\Sigma_2}\left[\frac{\partial\widetilde{E}}{\partial n}\left(\frac{\mathrm{e}^{\mathrm{i}kr}}{r}\right)-\widetilde{E}\frac{\partial}{\partial n}\left(\frac{\mathrm{e}^{\mathrm{i}kr}}{r}\right)\right]\mathrm{d}\sigma \tag{3-13}$$

下面确定在这三个面上的$\widetilde{E}$和$\partial\widetilde{E}/\partial n$ 的值，对于 Σ 和 Σ_1 面，基尔霍夫假定：

(1) 在孔径 Σ 上，$\widetilde{E}$和$\partial\widetilde{E}/\partial n$ 的值由入射波决定，与不存在不透明屏时完全相同。因此

$$\widetilde{E}=\frac{A\exp(\mathrm{i}kl)}{l} \tag{3-14}$$

$$\frac{\partial\widetilde{E}}{\partial n}=\cos(\boldsymbol{n},\boldsymbol{l})\left(\mathrm{i}k-\frac{1}{l}\right)\frac{\exp(\mathrm{i}kl)}{l} \tag{3-15}$$

式中，A 是离点光源单位距离处的振幅，$\cos(\boldsymbol{n},\boldsymbol{l})$表示外法线 $\boldsymbol{n}$ 与从 S 到 Σ 上的某点 Q 的矢量 $\boldsymbol{l}$ 之间夹角的余弦。

(2) 在不透明屏右侧 Σ_1 上，$\widetilde{E}=\dfrac{\partial\widetilde{E}}{\partial n}=0$。

这两个假定通常称为基尔霍夫边界条件。应该指出，两个假定都是近似的，因为屏的存在必然会干扰 Σ 上的场，特别是孔径边缘附近的场。对于 Σ_1，场值也不是处处绝对为零。但是，由于光波的波长很小，通常孔径的线度又比波长大得多，所以使用基尔霍夫边界条件进行计算，带来的误差不会很大。

对于 Σ_2 面，$r=R$，$\cos(\boldsymbol{n},\boldsymbol{R})=1$，并且

$$\frac{\partial}{\partial n}\left[\frac{\exp(\mathrm{i}kR)}{R}\right]=\left(\mathrm{i}k-\frac{1}{R}\right)\frac{\exp(\mathrm{i}kR)}{R}\approx \mathrm{i}k\,\frac{\exp(\mathrm{i}kR)}{R}$$

因此，在 Σ_2 面上的积分为

$$\frac{1}{4\pi}\iint_{\Sigma_2}\frac{\mathrm{e}^{\mathrm{i}kR}}{R}\left(\frac{\partial \widetilde{E}}{\partial n}-\mathrm{i}k\,\widetilde{E}\right)\mathrm{d}\sigma=\frac{1}{4\pi}\iint_{\Omega}\frac{\mathrm{e}^{\mathrm{i}kR}}{R}\left(\frac{\partial \widetilde{E}}{\partial n}-\mathrm{i}k\,\widetilde{E}\right)R^2\,\mathrm{d}\omega \tag{3-16}$$

式中，Ω 是 Σ_2 对 P 点所张的立体角，$\mathrm{d}\omega$ 是立体角元。索末菲指出，在辐射场中

$$\lim_{R\to\infty}\left(\frac{\partial \widetilde{E}}{\partial n}-\mathrm{i}k\,\widetilde{E}\right)R=0 \tag{3-17}$$

上式称为索末菲条件。当 $R\to\infty$ 时，$(\mathrm{e}^{\mathrm{i}kR}/R)R$ 是有界的，所以上面的积分在 $R\to\infty$ 时为零。通过上面的讨论可知，只需考虑对孔径面 Σ 的积分，即

$$\widetilde{E}(P)=\frac{1}{4\pi}\iint_{\Sigma}\left[\frac{\partial \widetilde{E}}{\partial n}\frac{\mathrm{e}^{\mathrm{i}kr}}{r}-\widetilde{E}\,\frac{\partial}{\partial n}\left(\frac{\mathrm{e}^{\mathrm{i}kr}}{r}\right)\right]\mathrm{d}\sigma \tag{3-18}$$

因为

$$\widetilde{E}=\frac{A}{l}\mathrm{e}^{\mathrm{i}kl}$$

所以

$$\frac{\partial \widetilde{E}}{\partial n}=\cos(\boldsymbol{n},\boldsymbol{l})\,\frac{\partial \widetilde{E}}{\partial l}=\cos(\boldsymbol{n},\boldsymbol{l})\left(\mathrm{i}k-\frac{1}{l}\right)\frac{A}{l}\mathrm{e}^{\mathrm{i}kl}$$

代入式(3-18)得

$$\widetilde{E}(P)=-\frac{\mathrm{i}}{\lambda}\iint_{\Sigma}\widetilde{E}(l)\,\frac{\mathrm{e}^{\mathrm{i}kr}}{r}\left[\frac{\cos(\boldsymbol{n},\boldsymbol{r})-\cos(\boldsymbol{n},\boldsymbol{l})}{2}\right]\mathrm{d}\sigma \tag{3-19}$$

此式称为菲涅耳-基尔霍夫衍射公式。与式(3-1)比较，得

$$C=-\frac{\mathrm{i}}{\lambda},\quad \widetilde{E}(Q)=\widetilde{E}(l)=\frac{A}{l}\mathrm{e}^{\mathrm{i}kl},\quad K(Q)=\frac{\cos(\boldsymbol{n},\boldsymbol{r})-\cos(\boldsymbol{n},\boldsymbol{l})}{2}$$

如果将积分面 $\mathrm{d}\sigma$ 视为次波源，菲涅耳-基尔霍夫衍射公式可解释为：

(1) P 点的光场是 Σ 上无穷多次波源产生的，次波源的复振幅与入射波在该点的复振幅 $\widetilde{E}(Q)$ 成正比，与波长 λ 成反比。

(2) 因子(−i)表明，次波源的振动相位超前于入射波 $\pi/2$。倾斜因子 $K(\theta)$ 表示了次波源的振幅在各个方向上是不同的，其值在 0～1 之间。如果一平行光垂直入射到 Σ 上，则 $\cos(\boldsymbol{n},\boldsymbol{l})=-1$，$\cos(\boldsymbol{n},\boldsymbol{r})=\cos\theta$，因而

$$K(\theta)=\frac{1+\cos\theta}{2}$$

当 $\theta=0$ 时，$K(\theta)=1$，这表明在波面法线方向的次波贡献最大；当 $\theta=\pi$ 时，$K(\theta)=0$，这表明菲涅耳在关于次波贡献的研究中，假设 $K(\pi/2)=0$ 是不正确的。

由基尔霍夫衍射理论还可以得出关于互补屏衍射的一个有用的原理。所谓互补屏是指这样的两个屏，其中一个屏的通光部分正好对应另一个屏的不透明部分，这样一对衍射屏称为互补屏。如图 3.6 所示。

设 $\widetilde{E}_1(P)$ 和 $\widetilde{E}_2(P)$ 分别表示 Σ_1 和 Σ_2 单独放在光源和观察屏之间时，观察屏上 P 点的光场复振幅；$\widetilde{E}_0(P)$ 表示无衍射屏时 P 点的光场复振幅，则 $\widetilde{E}_0(P)=\widetilde{E}_1(P)+\widetilde{E}_2(P)$，即两

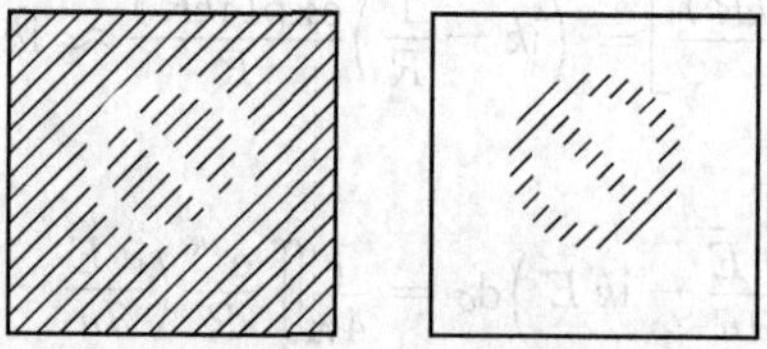

图 3.6 两个互补衍射屏

个互补屏在衍射场中某点单独产生的光场复振幅之和等于无衍射屏、光波自由传播时在该点产生的光场复振幅，这就是巴俾涅原理。因为光波自由传播时，光场复振幅容易计算，所以利用巴俾涅原理可以方便地由一种衍射屏的衍射光场，求其互补衍射屏产生的衍射光场。

由巴俾涅原理立即可以得到如下两个结论：

(1) 若$\widetilde{E}_1(P)=0$，则$\widetilde{E}_2(P)=\widetilde{E}_0(P)$。因此，放置一个屏时，相应位于光场为零的那些点，在换上它的互补屏时，光场与没有屏时一样。

(2) 如果$\widetilde{E}_0(P)=0$，则$\widetilde{E}_1(P)=-\widetilde{E}_2(P)$。这就意味着在$\widetilde{E}_0(P)=0$的那些点，$\widetilde{E}_1(P)$和$\widetilde{E}_2(P)$相位差为$\pi$，而光强度$I_1(P)=|\widetilde{E}_1(P)|^2$和$I_2(P)=|\widetilde{E}_2(P)|^2$相等。就是说，两个互补屏不存在时光场为零的那些点，存在互补屏时，它们的光强度分布完全相同。

例如，当一个点光源通过一理想透镜成像时，像平面上的光分布除了点光源像点O点附近外，其他各处强度均为零，这时，如果把互补屏放在物与像之间，则除O点外，均有$I_1=I_2$。

3.2.3 基尔霍夫衍射公式的近似

应用基尔霍夫衍射公式(3-19)来计算衍射问题，由于被积函数的形式比较复杂，即使对于简单的衍射问题也不容易用解析形式求出积分。因此，有必要根据实际的衍射问题对公式做某些近似处理。

1. 傍轴近似

考察无穷大的不透明屏上的孔径Σ对垂直入射的单色平面波的衍射。在通常情况下，衍射孔径的线度比观察屏到孔径的距离要小得多，在观察屏上的考察范围也比观察屏到孔径的距离小得多(图 3.7)，在这种情况下，可以做如下两点近似(也称傍轴近似)。

(1) 取$\cos(\boldsymbol{n},\boldsymbol{r})=\cos\theta\approx 1$，即近似地把倾斜因子看作常量$K(\theta)$，不考虑它的影响。

(2) 由于在孔径范围内，某点Q到观察屏上考察点P的距离r的变化不大，并且在菲涅耳-基尔霍夫衍射公式中分母中r的变化只影响孔径范围内各子波源发出的球面子波在P点的振幅，这种影响可以忽略。所以，可取

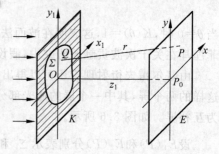

$$\frac{1}{r}\approx\frac{1}{z_1}$$

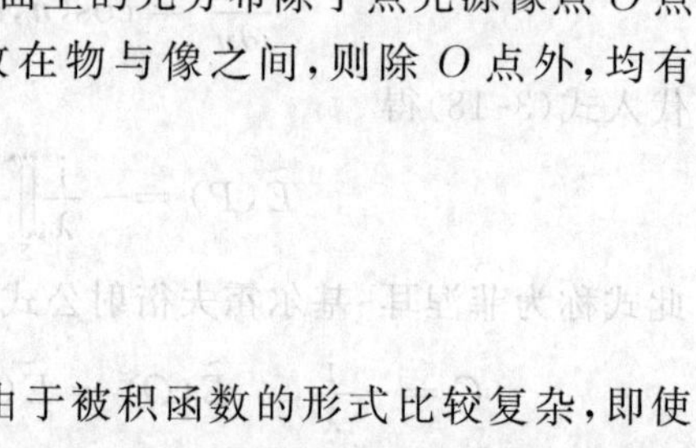

图 3.7 孔径Σ的衍射

需要注意的是，对于复指数中的 r，它所影响的是子波的相位，r 每变化 $\lambda/2$，相位 kr 就要变化 π，这对于 P 点的子波干涉效应将产生显著影响，所以复指数中的 r 不能用 z_1 代替。

这样，基尔霍夫衍射公式可以简化为

$$\widetilde{E}(P)=-\frac{\mathrm{i}}{\lambda z_1}\iint_{\Sigma}\widetilde{E}(Q)\mathrm{e}^{\mathrm{i}kr}\,\mathrm{d}\sigma \tag{3-20}$$

式中 $\widetilde{E}(Q)=\dfrac{A}{l}\mathrm{e}^{\mathrm{i}kl}$，为孔径 Σ 内各点的复振幅分布。

2. 菲涅耳近似

在式(3-20)中的被积函数中的 r(即 e 指数中)虽不可取为 z_1，但对于具体的衍射问题还可以做更精确些的近似。为此，在孔径平面和观察平面分别取直角坐标系 (x_1, y_1) 和 (x, y)，则由图 3.7 中的几何关系有

$$r=\sqrt{z_1^2+(x-x_1)^2+(y-y_1)^2}=z_1\left[1+\left(\frac{x-x_1}{z_1}\right)^2+\left(\frac{y-y_1}{z_1}\right)^2\right]^{\frac{1}{2}}$$

式中，(x_1, y_1) 和 (x, y) 分别是孔径上任一点 Q 和观察屏上考察点 P 的坐标值。对上式做二项式展开，得

$$r=z_1\left\{1+\frac{1}{2}\left[\frac{(x-x_1)^2-(y-y_1)^2}{z_1^2}\right]-\frac{1}{8}\left[\frac{(x-x_1)^2-(y-y_1)^2}{z_1^2}\right]^2+\cdots\right\}$$

如果取这一级数的若干项来近似地表示 r，那么近似的精度将不仅取决于项数的多少，还取决于孔径、观察屏上的考察范围和距离 z_1 的相对大小。显然，z_1 越大，就可以用越少的项数来达到足够的近似精度。当 z_1 大到满足

$$\frac{k}{8}\frac{\left[(x-x_1)^2-(y-y_1)^2\right]_{\max}^2}{z_1^3}\ll\pi \tag{3-21}$$

使得第三项以后各项对位相 kr 的作用远小于 π 时，第三项以后各项便可忽略，因而可只取头两项来表示 r，即

$$r=z_1\left\{1+\frac{1}{2}\left[\frac{(x-x_1)^2-(y-y_1)^2}{z_1^2}\right]\right\}$$

$$=z_1+\frac{x^2+y^2}{2z_1}-\frac{xx_1+yy_1}{z_1}+\frac{x_1^2+y_1^2}{2z_1}$$

这一近似称为菲涅耳近似。观察屏置于这个近似成立的区域(菲涅耳区)内所观察到的衍射现象称为菲涅耳衍射。

在这一近似条件下，球面波相位因子 $\exp(\mathrm{i}kr)$ 取如下形式：

$$\exp(\mathrm{i}kr)\approx\exp\left\{\mathrm{i}kr+\frac{\mathrm{i}k}{2z_1}\left[(x-x_1)^2+(y-y_1)^2\right]\right\}$$

将上式代入式(3-20)，得

$$\widetilde{E}(x,y)=-\frac{\mathrm{i}\mathrm{e}^{(\mathrm{i}kz_1)}}{\lambda z_1}\iint_{\Sigma}\widetilde{E}(x_1,y_1)\exp\left\{\frac{\mathrm{i}k}{2z_1}\left[(x-x_1)^2+(y-y_1)^2\right]\right\}\mathrm{d}x_1\,\mathrm{d}y_1 \tag{3-22}$$

因为在 Σ 之外，复振幅 $\widetilde{E}(x_1, y_1)=0$，所以上式也可写成对整个 x_1y_1 平面的积分。

3. 夫琅禾费近似

如果将观察屏移到离衍射孔径更远的地方，则在菲涅耳近似的基础上还可以作进一步

的处理。当满足

$$k\cdot\frac{(x_1^2+y_1^2)_{\max}}{2z_1}\ll\pi$$

时，可将 r 进一步简化为

$$r\approx z_1+\frac{x^2+y^2}{2z_1}-\frac{xx_1+yy_1}{z_1}$$

这一近似称为夫琅禾费近似，在这个区域内观察到的衍射现象叫夫琅禾费衍射。在夫琅禾费近似下，P 点的光场复振幅为

$$\widetilde{E}(x,y)=-\frac{\mathrm{i}\mathrm{e}^{\mathrm{i}kz_1}}{\lambda z_1}\mathrm{e}^{\mathrm{i}k\frac{x^2+y^2}{2z_1}}\iint\limits_{\Sigma}\widetilde{E}(x,y)\mathrm{e}^{-\mathrm{i}k\frac{xx_1+yy_1}{z_1}}\mathrm{d}x_1\mathrm{d}y_1 \tag{3-23}$$

上式积分号内复指数函数的位相因子是坐标 (x_1,y_1) 的线性函数，求解计算相比于菲涅耳衍射要简单。菲涅耳衍射和夫琅禾费衍射是旁轴近似下的两种情况，二者的区别是观察屏到衍射屏的距离 z_1 与衍射孔的线度 (x_1,y_1) 之间的相对大小。比如不透明屏上圆孔直径为 2cm，受波长为 600nm 的平行光垂直照明，菲涅耳衍射区起点到圆孔的距离 $z_1\gg 25\mathrm{cm}$，而夫琅禾费衍射区到圆孔的距离则要满足 $z_1\gg 160\mathrm{m}$。

3.3 夫琅禾费衍射

这一节我们讨论夫琅禾费衍射。夫琅禾费衍射的计算比较简单，特别是对于简单形状孔径的衍射，通常能够以解析形式求出积分，所以首先讨论夫琅禾费衍射。

3.3.1 夫琅禾费衍射装置

由上一节的讨论已知，对于夫琅禾费衍射，观察屏必须放置在远离衍射屏的地方。垂直距离 z_1 要满足

$$k\cdot\frac{(x_1^2+y_1^2)_{\max}}{2z_1}\ll\pi$$

这个条件，实际上是相当苛刻的，在实验室中一般很难实现，所以只好使用透镜来缩短距离，如图 3.8 所示，设 xOy 平面是远离开孔平面的观察平面，按照惠更斯-菲涅耳原理，xOy 平面上任一点 P 的光场，可以看作是开孔处入射波面 Σ 上各点次波源发出的球面次波在 P 点产生光场的叠加。由于 P 点很远，从波面上各点到 P 点的光线近似平行，因而 P 点的光场也就是由 Σ 面上各点沿 Q 方向发射光场的叠加。如果在孔后面（紧靠孔面）放置一个焦距为 f 的透镜 L，则由于透镜的作用，与光轴夹角为 θ 的入射平行光线将汇聚在后焦平面上的 P' 点。因此图(b)中的 P' 点与图(a)中的 P 点一一对应，因而，当利用透镜进行衍射实验时，在其焦平面上得到的衍射图样就是不用透镜时的远场衍射图样，只是空间范围缩小，光能集中罢了。所以，在实际应用中，讨论夫琅禾费衍射的问题都是在透镜的焦平面上进行。

如果只考虑单色平面光垂直入射到开孔平面上的夫琅禾费衍射，则通常都采用图 3.9 所示的夫琅禾费衍射装置。

单色点光源 S 放置在透镜 L_1 的前焦平面上，所产生的平行光垂直入射到开孔的衍射，

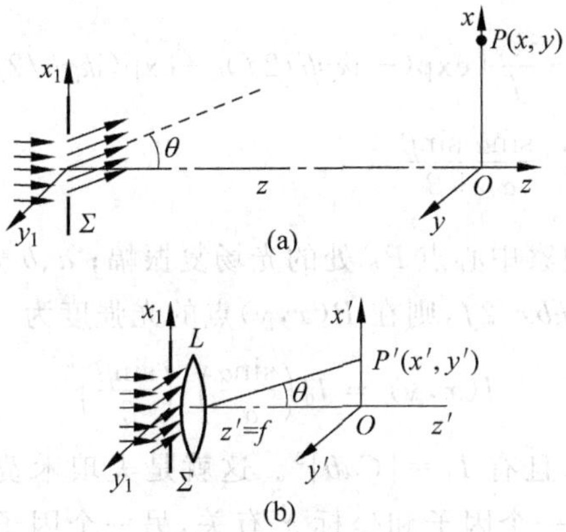

图 3.8 用透镜缩短夫琅禾费衍射距离

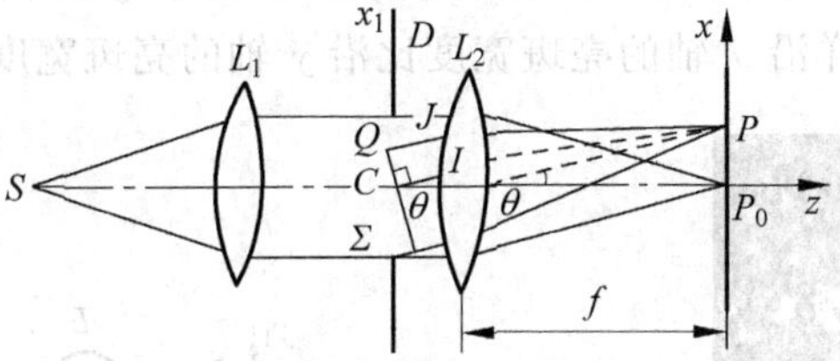

图 3.9 夫琅禾费衍射装置示意图

在透镜 L_2 的后焦平面上可以观察到开孔 Σ 的夫琅禾费衍射图样，后焦平面上各点的光场复振幅分布由式(3-23)给出。若开孔面上有均匀的光场分布，可令 $\widetilde{E}(x_1,y_1)=A$，又因为透镜紧贴孔径，$z_1\approx f$，所以，后焦平面上的光场复振幅可写为

$$\widetilde{E}(x,y)=C\iint_{\Sigma}\mathrm{e}^{-\mathrm{i}k(xx_1+yy_1)/f}\mathrm{d}x_1\mathrm{d}y_1 \tag{3-24}$$

其中

$$C=-\frac{\mathrm{i}}{\lambda}\frac{A}{f}\mathrm{e}^{\mathrm{i}k\left(f+\frac{x^2+y^2}{2f}\right)} \tag{3-25}$$

3.3.2 夫琅禾费矩形孔和单缝衍射

1. 矩形孔衍射

当衍射孔径为矩形孔时，在透镜后焦面的屏幕上将得到矩形孔的衍射图样，如图 3.10 所示。

图 3.11 是夫琅禾费矩形孔衍射装置的光路图。观察屏上 P 点的复振幅为

$$\begin{aligned}\widetilde{E}&=C\int_{-\frac{b}{2}}^{\frac{b}{2}}\int_{-\frac{a}{2}}^{\frac{a}{2}}\mathrm{e}^{-\mathrm{i}k\frac{(xx_1+yy_1)}{f}}\mathrm{d}x_1\mathrm{d}y_1=\widetilde{E}_0\,\frac{\sin\alpha}{\alpha}\,\frac{\sin\beta}{\beta}\\&=C\int_{-a/2}^{a/2}\exp(-\mathrm{i}kxx_1/f)\mathrm{d}x_1\int_{-b/2}^{b/2}\exp(-\mathrm{i}kyy_1/f)\mathrm{d}y_1\\&=C\left\{-\frac{\mathrm{i}kx}{f}\left[\exp(-\mathrm{i}kxa/2f)-\exp(\mathrm{i}kxa/2f)\right]\right\}\cdot\end{aligned}$$

$$\left\{-\frac{\mathrm{i}ky}{f}\left[\exp(-\mathrm{i}kyb/2f)-\exp(\mathrm{i}kyb/2f)\right]\right\}$$

$$=\widetilde{E}_0\,\frac{\sin\alpha}{\alpha}\,\frac{\sin\beta}{\beta} \tag{3-26}$$

式中$\widetilde{E}_0=\widetilde{E}_0(0,0)=C$是观察中心点$P_0$处的光场复振幅；$a$、$b$分别是矩形孔沿$x_1$、$y_1$轴方向的宽度；$\alpha=kax/2f,\beta=kbx/2f$，则在$P(x,y)$点的光强度为

$$I(x,y)=I_0\left(\frac{\sin\alpha}{\alpha}\right)^2\left(\frac{\sin\beta}{\beta}\right)^2 \tag{3-27}$$

式中，I_0是P_0点的光强度，且有$I_0=|Cab|^2$。这就是夫琅禾费矩形孔衍射的强度分布公式。式子中包含两个因子，一个因子和坐标x有关，另一个因子和坐标y有关。这说明矩形孔衍射光强在两个坐标方向均有变化。当孔径尺度$a=b$，即方形孔径时，x、y方向有相同的衍射图样。当$a\neq b$，即对于矩形孔径其衍射图样沿x、y方向的形状虽然一样，但线度不同，例如$a<b$，衍射图样沿x轴的亮斑宽度比沿y轴的亮斑宽度大。

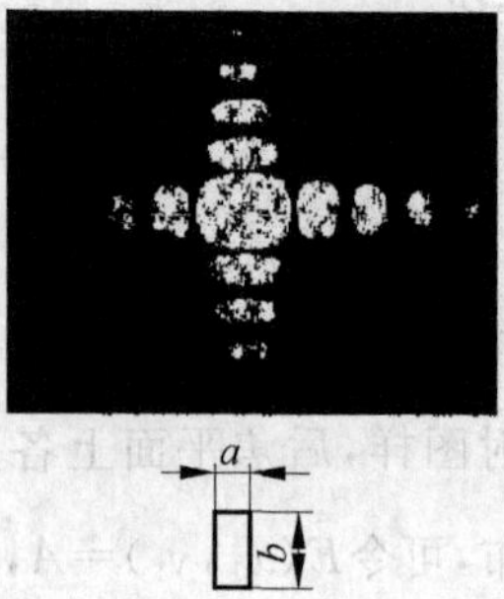

图 3.10　夫琅禾费矩形孔衍射图样

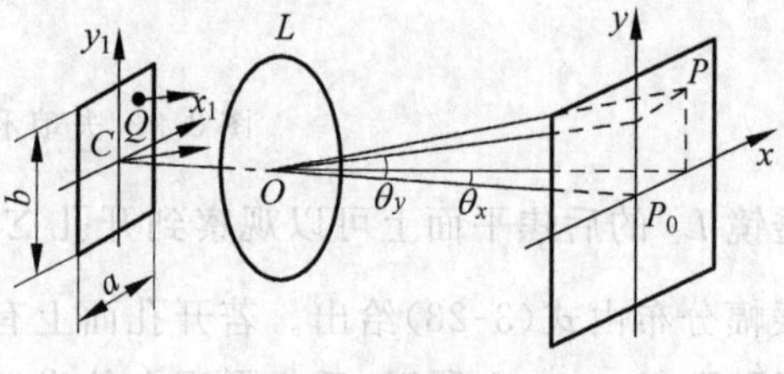

图 3.11　夫琅禾费矩形孔衍射光路

下面，根据式(3-27)，讨论夫琅禾费矩形孔的衍射光强分布。首先讨论在x轴上的点的强度分布。这时$y=0$，因此强度分布公式(3-27)简化为

$$I=I_0\left(\frac{\sin\alpha}{\alpha}\right)^2 \tag{3-28}$$

根据式(3-28)画出强度分布曲线如图 3.12 所示。当$\alpha=0$时(对应于P_0点)，有主极大，$I_M/I_0=1$；在$\alpha=m\pi(m=\pm1,\pm2,\pm3,\cdots)$时有极小值，$I_m=0$。与这些$\alpha$值对应的点是暗点，暗点的位置为

$$x=m\cdot\frac{2\pi f}{ka}=m\frac{f\lambda}{a} \tag{3-29}$$

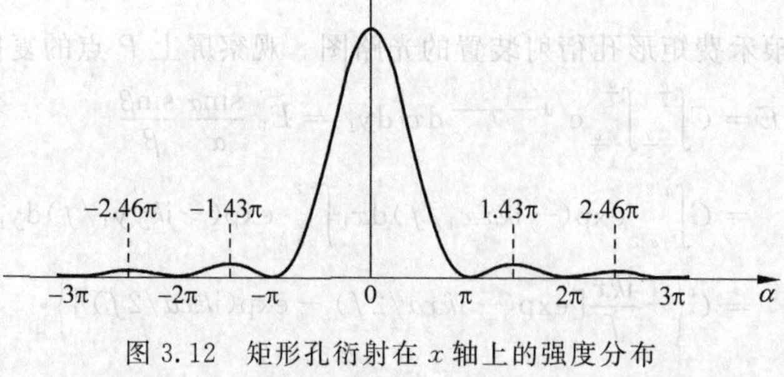

图 3.12　矩形孔衍射在x轴上的强度分布

相邻两暗点之间的间隔为

$$\Delta x = f\lambda / a \tag{3-30}$$

在相邻两个暗点之间有一个强度次极大，次极大的位置由下式决定：

$$\frac{\mathrm{d}}{\mathrm{d}\alpha}\left[\left(\frac{\sin\alpha}{\alpha}\right)^2\right] = 0$$

即

$$\tan\alpha = \alpha \tag{3-31}$$

这一方程可以利用图解法求解。如图 3.13 所示，作出曲线 $f_1(\alpha)=\tan\alpha$ 和直线 $f_2(\alpha)=\alpha$，它们的交点对应的 α 值即为方程的根。头几个次极大的 α 值及相应的强度见表 3.1。

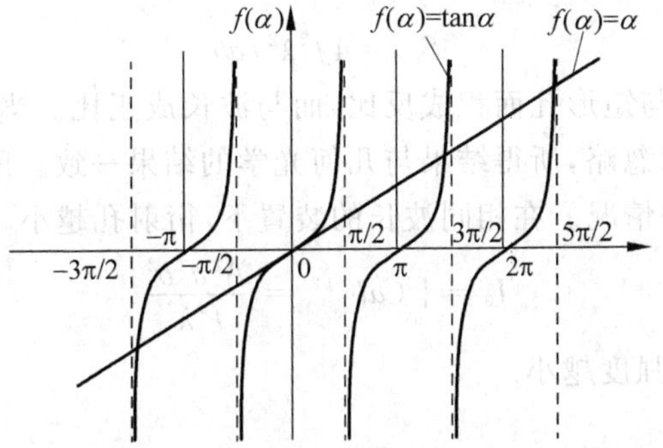

图 3.13 作图法求解衍射次极大

表 3.1 矩形孔衍射沿 x 轴的几个极大值的位置和强度

序号	0	1	2	3	4
α 值	0	$1.430\pi=4.493$	$2.459\pi=7.725$	$3.470\pi=10.90$	$4.479\pi=14.07$
I/I_0	1	0.04718	0.01694	0.00834	0.00503

夫琅禾费矩形孔衍射在 y 轴上的光强度分布 $I=I_0(\sin\beta/\beta)^2$ 决定。其分布特性与 x 轴类似。在 x、y 轴以外各点的光强度，可按式(3-27)进行计算。图 3.14 给出了一些亮斑的强度极大点的位置和强度相对值。可以看出除了中央亮纹以外，其他次级大点的光强度都极弱，所以绝大部分光能集中在中央亮斑内。中央亮斑可认为是衍射扩展的主要范围，它的边缘在 x 轴、y 轴上的条件为

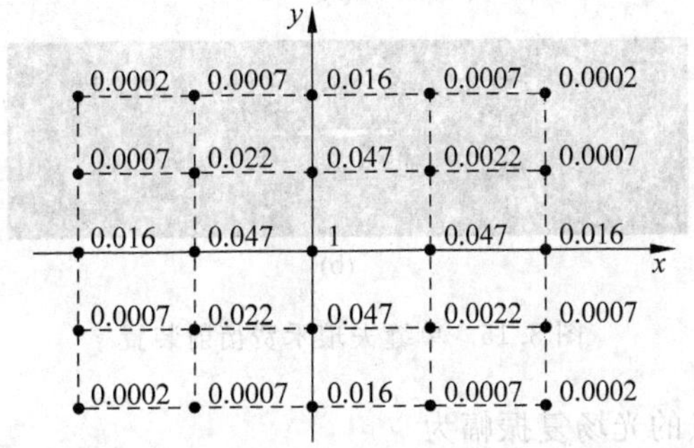

图 3.14 夫琅禾费矩形孔衍射图样中一些亮斑的强度

$$a\sin\theta_x = \pm\lambda \tag{3-32}$$

和

$$b\sin\theta_y = \pm\lambda \tag{3-33}$$

其中，θ_x、θ_y 分别为沿 x、y 方向的衍射角，称为二维衍射角。若以坐标表示，则有

$$x_0 = \pm\frac{\lambda}{a}f \tag{3-34}$$

及

$$y_0 = \pm\frac{\lambda}{b}f \tag{3-35}$$

中央亮斑面积为

$$S_0 = 4f^2\lambda^2/ab \tag{3-36}$$

上式说明中央亮斑面积与矩形孔面积成反比，而与波长成正比。当 $\lambda\ll$孔宽时，中央亮斑面积趋于零，衍射效应可以忽略，所得结果与几何光学的结果一致。所以，在光学中，几何光学可以看成是 $\lambda\to0$ 的极限情况。在相同波长的装置下，衍射孔越小，中央亮斑越大，但是由

$$I_0 = |Cab|^2 = \frac{A^2a^2b^2}{f^2\lambda^2} \tag{3-37}$$

可见，相应的 P_0 点的光强度越小。

2. 单缝衍射

如果矩形孔一个方向的宽度比另一个方向的宽度大得多，比如 $b\gg a$，矩形孔就变成了狭缝，矩形孔衍射就变成了单缝衍射(图 3.15(a))。这时入射光在 y 方向的衍射效应不明显，可以忽略，衍射图样只在 x 轴方向上有明暗变化(图 3.15(b))。

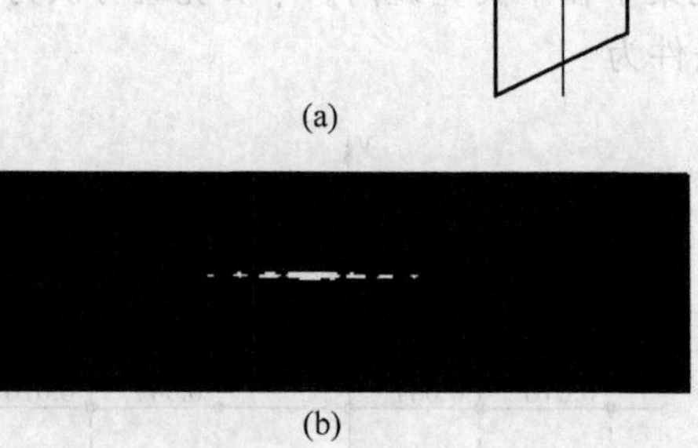

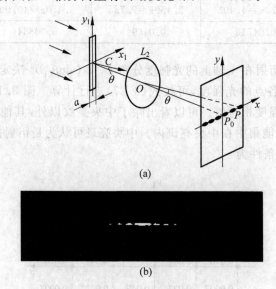

图 3.15 单缝夫琅禾费衍射装置

此时，观察屏上 P 点的光场复振幅为

$$\widetilde{E}(P) = C\int_{-a/2}^{a/2} e^{-ikxx_1/f}\,dx_1 = \widetilde{E}_0\frac{\sin\alpha}{\alpha} \tag{3-38}$$

式中，$\widetilde{E}_0=Ca$ 是观察屏中心点 P_0 处的光场复振幅。则 P 点的光强为

$$I=I'_0\left(\frac{\sin\alpha}{\alpha}\right)^2 \tag{3-39}$$

上式中，$I'_0=|Ca|^2$，$\alpha=\frac{kax}{2f}=\frac{\pi a}{\lambda}\cdot\frac{x}{f}\approx\frac{\pi a\sin\theta}{\lambda}$，$\theta$ 为衍射角。在衍射理论中，通常称 $\left(\frac{\sin\alpha}{\alpha}\right)^2$ 为单缝衍射因子。矩形孔衍射的相对强度分布是两个单缝衍射因子的乘积。

在单缝衍射实验中，常采用与单缝平行的线光源代替点光源(图 3.16(a))，这时，在观察屏上将得到一些与单缝平行的直线衍射条纹，如图 3.16(b)所示。

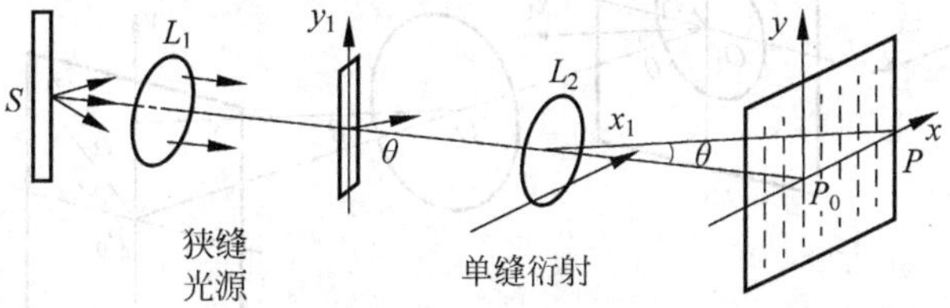

(a)

(b)

图 3.16 用线光源照明的单缝夫琅禾费衍射装置及其条纹

根据前面对矩形孔衍射的讨论可知，在单缝衍射图样中，中央亮条纹的边缘是一级暗纹的中心，由下式决定

$$x_0=\pm\frac{\lambda}{a}f \tag{3-40}$$

这一范围内集中了单缝衍射的大部分能量。在宽度上，它是其他亮纹宽度的两倍。

用单缝衍射原理和巴俾涅原理可以测定细丝的直径。对于图 3.16 所示的用线光源照明单缝的夫琅禾费衍射装置，如果将单缝换成同样宽度的不透光窄带(或细丝)，则在衍射图样中央以外的地方，将有与单缝衍射类似的衍射图样。这是因为单缝和细丝是一对互补屏，在观察屏上，除中央点外，均有 $\widetilde{E}_0(P)=0$，所以，根据巴俾涅原理，除中央点外，单缝和窄带的衍射图样相同。可以直接将单缝衍射特性应用于窄带衍射。例如，窄带的衍射暗条纹间距公式为

$$e=\Delta x=f\frac{\lambda}{a} \tag{3-41}$$

在细丝的颜射实验中，如果测出了衍射暗条纹的间距，就可以计算出细丝的直径。

当用白光照射狭缝时，除了中央亮条纹仍然是白色以外，其他各级依次是由内向外从紫到红变化的彩色条纹。

3.3.3 夫琅禾费圆孔衍射

由于光学仪器的光瞳通常是圆形的，因而讨论圆孔衍射现象对于光学仪器的应用，具有重要的实际意义。

夫琅禾费圆孔衍射的讨论方法与矩形孔衍射的讨论方法相同，只是由于圆孔结构的几何特性，故用极坐标处理更加方便。如图 3.17 所示，设圆孔半径为 a，圆孔中心 O_1 位于光轴上，则圆孔上任一点 Q 的位置坐标为 ρ_1,φ_1 与相应的直角坐标 x_1、y_1 的关系为

$$x_1 = \rho_1 \cos\varphi_1$$

$$y_1 = \rho_1 \sin\varphi_1$$

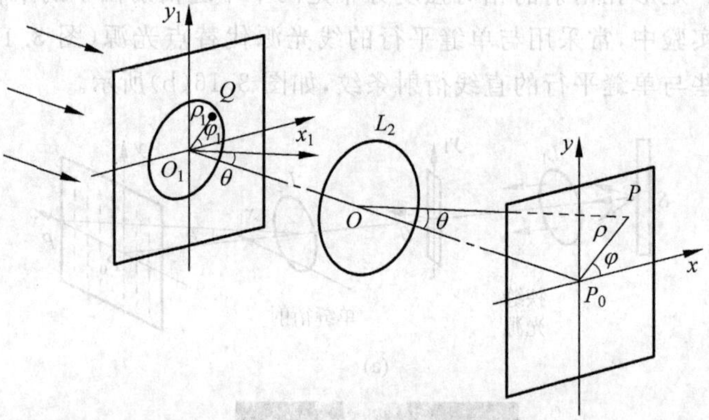

图 3.17 夫琅禾费圆孔衍射光路

类似地，观察屏上任一点 P 的位置坐标 ρ,φ 与相应的直角坐标的关系为

$$x = \rho\cos\varphi$$

$$y = \rho\sin\varphi$$

则经过坐标变换后，P 点的光场复振幅为

$$\widetilde{E}(\rho,\varphi) = C\int_0^a\int_0^{2\pi} \mathrm{e}^{-ik\rho_1\theta\cos(\varphi_1-\varphi)}\rho_1\,\mathrm{d}\rho_1\,\mathrm{d}\varphi_1 \tag{3-42}$$

式中 $\theta=\rho/f$ 为衍射角。在这里，利用了 $\sin\theta\approx\theta$ 近似关系。

因为零阶贝塞尔函数的积分表达式

$$\mathrm{J}_0(x) = \frac{1}{2\pi}\int_0^{2\pi} \mathrm{e}^{\mathrm{i}x\cos\alpha}\,\mathrm{d}\alpha$$

可将式(3-42)变换为

$$\widetilde{E}(\rho,\varphi) = C\int_0^a 2\pi \mathrm{J}_0(k\rho_1\theta)\rho_1\,\mathrm{d}\rho_1$$

再由贝塞尔函数的性质

$$\int x\mathrm{J}_0(x)\,\mathrm{d}x = x\mathrm{J}_1(x)$$

可得

$$\begin{aligned}\widetilde{E}(\rho,\phi) &= \frac{2\pi C}{(k\theta)^2}C\int_0^{ka\theta} k\rho_1\theta \mathrm{J}_0(k\rho_1\theta)\,\mathrm{d}(k\rho_1\theta)\\ &= \frac{2\pi a^2 C}{ka\theta}\mathrm{J}_1(ka\theta)\end{aligned} \tag{3-43}$$

式中，$\mathrm{J}_1(x)$ 为一阶贝塞尔函数，因此 P 点的光强度为

$$I(\rho,\varphi) = (\pi a^2)^2\,|\,C\,|^2\left[\frac{2\mathrm{J}_1(ka\theta)}{ka\theta}\right]^2 = I_0\left[\frac{2\mathrm{J}_1(W)}{W}\right]^2 \tag{3-44}$$

式中，$I_0=S^2|C|^2$ 是光轴上 P_0 点的光强；$S=\pi a^2$ 是圆孔面积；$W=ka\theta$ 是圆孔边缘与中心点在同一 θ 方向上光线的相位差。式(3-44)就是夫琅禾费圆孔衍射的光强度分布公式，这是光学仪器理论中的一个十分重要公式。

下面分析夫琅禾费圆孔衍射的如下特点：

(1) 衍射图样。因为 $W=ka\theta$ 夫琅禾费圆孔衍射的光强度分布仅与衍射角有关(或者，由于 $\theta=\rho/f$，仅与 ρ 有关)，而与方位角坐标无关。这就说明夫琅禾费圆孔衍射图样是圆形条纹，如图 3.18 所示。

(2) 衍射图样的极值特性。一阶贝塞尔函数是一个随 W 作振荡变化的函数，它可用级数表示为

$$\begin{aligned}\mathrm{J}_1(W)&=\sum_{m=0}^{\infty}(-1)^m\frac{1}{m!(m+1)!}\left(\frac{W}{2}\right)^{2m+1}\\&=\frac{W}{2}-\frac{1}{2}\left(\frac{W}{2}\right)^3+\frac{1}{2!3!}\left(\frac{W}{2}\right)^5-\cdots\end{aligned}\tag{3-45}$$

所以

$$\frac{I}{I_0}=\left[\frac{2\mathrm{J}_1(W)}{W}\right]^2=\left[1-\frac{W^2}{2!2^2}+\frac{W^4}{2!3!2^4}-\cdots\right]^2\tag{3-46}$$

强度分布曲线如图 3.19 所示。当 $W=0$ 时，$I/I_0=1$，即对应光轴上的 P_0 点，是衍射光强的主极大值。当 $\mathrm{J}_1(W)=0$ 时满足 $I=0$，这些 W 值决定了衍射暗纹的位置。在相邻两个暗纹之间存在一个衍射次极大值。当 W 满足 $\mathrm{J}_1(W)=0$ 时，$I=0$，这些 W 值决定了衍射暗纹的位置。在相邻两个暗纹之间存在一个衍射次极大值，其位置满足

$$\frac{\mathrm{d}}{\mathrm{d}W}\left\{\left[\frac{2\mathrm{J}_1(W)}{W}\right]^2\right\}=2\frac{\mathrm{d}}{2W}\left[\frac{\mathrm{J}_1(W)}{W}\right]=-\frac{\mathrm{J}_2(W)}{W^2}=0$$

也就是满足 $\mathrm{J}_2(W)=0$ 这个条件的 W 值，即为次级大位置，也就是衍射图样亮纹的位置。

圆孔的衍射图样中相邻暗纹的间距不相等，距离中心越远，间距越小。这一点与矩形孔的衍射图样有别。

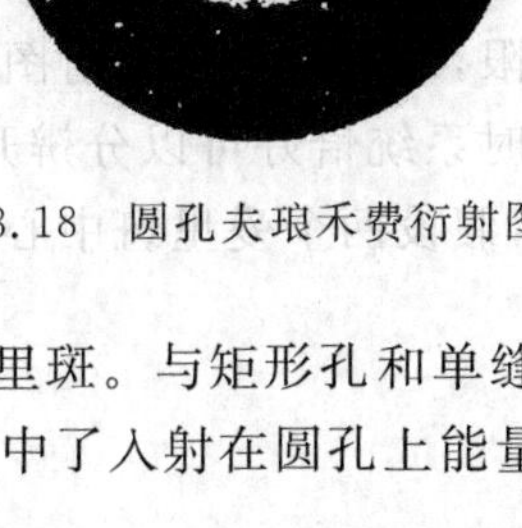

图 3.18 圆孔夫琅禾费衍射图样

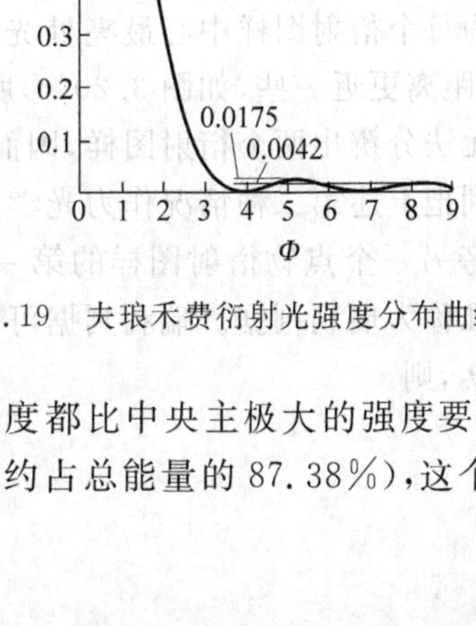

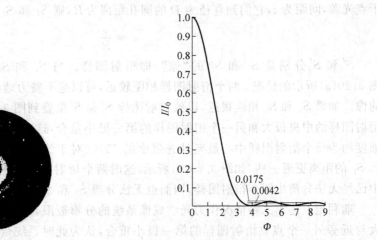

图 3.19 夫琅禾费衍射光强度分布曲线

(3) 爱里斑。与矩形孔和单缝类似，次级大的强度都比中央主极大的强度要小得多。中央亮斑集中了入射在圆孔上能量的绝大部分能量(约占总能量的 87.38%)，这个亮斑称

为爱里斑。爱里斑的半径 ρ_0 由第一光强极小值处的 W 值决定，即 $J_1(W)=0 \Rightarrow W_{10}=\frac{ka\rho_0}{f}=1.22\pi$。

因此

$$\rho_0 = 1.22\frac{\lambda}{2a} = 0.61f\frac{\lambda}{a} \tag{3-47}$$

角半径

$$\theta_0 = \frac{\rho_0}{f} = 0.61\frac{\lambda}{a} \tag{3-48}$$

爱里斑的面积

$$S_0 = \frac{(0.61\pi f\lambda)^2}{S} \tag{3-49}$$

上式中，S 为圆孔面积。可见，圆孔面积越小，爱里斑面积越大，衍射现象越明显。只有在 $S=0.61\pi f\lambda$ 时，$S_0=S$。

3.3.4 光学成像系统的分辨本领(分辨率)

光学成像系统的分辨本领是指能分辨开两个靠近的点状物体或物体细节的能力，它是光学成像系统的重要性能指标。

从几何光学的观点看，每个像点应是一个几何点，因此，对于一个无像差的理想光学成像系统，它的分辨本领应当是无限的，也就是说，两个物点无论靠得多近，像点总可分辨开。但实际上，光波通过光学成像系统时总会因光学孔径的有限性产生衍射，这就限制了光学成像系统的分辨本领。通常，由于光学成像系统具有光阑、透镜外框等圆形孔径，因而讨论它们的分辨本领时，都是以夫琅禾费圆孔衍射为理论基础。

考察图 3.20 所示的光学系统对两个点物的成像。S_1 和 S_2 两个发光强度相等的非相干点光源，间距为 ε，它们到直径为 D 的圆孔距离为 R，则 S_1 和 S_2 对圆孔的张角为

$$\alpha = \frac{\varepsilon}{R} \tag{3-50}$$

S_1' 和 S_2' 分别是 S_1 和 S_2 的"像"，即衍射图样。当 S_1 和 S_2 相距不是很近时，得到图 3.20(a)所示的情况：两个衍射图样相距较远，可以毫不费力地判断出这是两个点物所成的像。如果 S_1 和 S_2 相距很近，以致衍射图样 S_1' 和 S_2' 重叠到图 3.20(b)所示的程度：一个衍射图样的中央极大和另一个衍射图样的第一极小重合，这时两衍射图样重叠区中点的光强度约为每个衍射图样中心最亮处光强度的 75%(对于缝隙形光阑，约为 81%)。如果 S_1 和 S_2 的距离更近一些，如图 3.20(c)所示，这时两个衍射图样几乎重叠在一起，从叠加图样中已经无法分辨出两个衍射图样，因而也无法分辨 S_1 和 S_2 两个点。

瑞利把上述第二种情况作为光学成像系统的分辨极限，即一个点物衍射图样的中央极大与近旁另一个点物衍射图样的第一极小重合，认为此时系统恰好可以分辨开两个点物。这一标准称为瑞利判据。瑞利判据可以用数学形式表示，假设两个爱里斑中心关于圆孔的张角为 θ_0，则

$$\theta_0 = 1.22\frac{\lambda}{D} \tag{3-51}$$

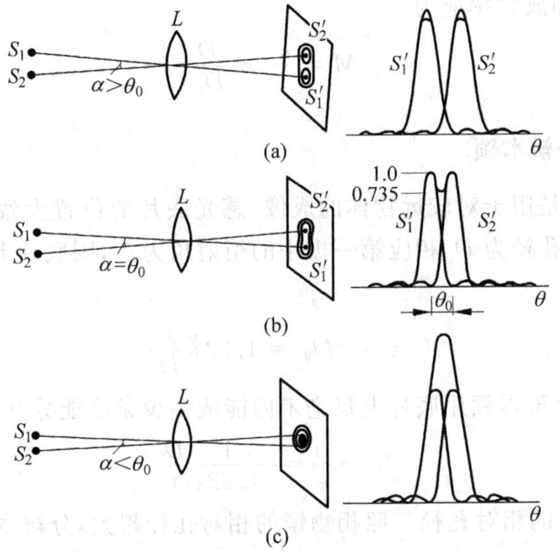

图 3.20 两个点物的衍射像的分辨

当 $\alpha>\theta_0$ 时，两个爱里斑能完全分开，即 S_1 和 S_2 可以分辨；

当 $\alpha<\theta_0$ 时，两个爱里斑分不开，S_1 和 S_2 不能分辨；

当 $\alpha\approx\theta_0$ 时，恰能分辨开。

所以，由于衍射效应，一个光学成像系统对点物成像的爱里斑角半径 θ_0 决定了该系统的分辨极限。

下面讨论几种光学成像系统的分辨本领。

1. 人眼睛的分辨本领

人眼的成像等价于一个单凸透镜。人眼的瞳孔直径为 1.5～1.6mm，当人眼睛的瞳孔直径为 2mm 时，对于最敏感的光波长 $\lambda=0.55\mu\text{m}$，最小分辨角为

$$\alpha_e = 1.22\frac{\lambda}{D} = 3.3\times10^{-4}\text{rad} \tag{3-52}$$

约为 $1'$。

2. 望远镜的分辨本领

望远镜的作用相当于增大人眼睛的瞳孔。设望远物镜的圆形通光孔直径为 D，若有两个物点恰好能为望远镜所分辨开，则根据瑞利判据，这两个物点对望远镜的张角 α 为

$$\alpha = \theta_0 = 1.22\frac{\lambda}{D} \tag{3-53}$$

这就是望远镜的最小分辨角公式。该式表明，望远镜物镜的直径 D 越大，分辨本领越高，并且，这时像的光强也增加了。天文望远镜物镜的直径做得很大(可达十几米)，就是为了提高分辨本领，对于 $\lambda=0.55\mu\text{m}$ 的单色光来说，10m 直径的望远镜的最小分辨角 $\alpha\approx0.0138'=0.671\times10^{-7}\text{rad}$，比人眼的分辨本领大 3000 倍左右。通常在设计望远镜时，为了充分利用望远镜物镜的分辨本领，应使望远镜的放大率保证物镜的最小分辨角经望远镜放大后等于

眼睛的最小分辨角，即放大率应为

$$M=\frac{\alpha_e}{\alpha}=\frac{D}{D_e} \tag{3-54}$$

3. 照相物镜的分辨本领

照相物镜一般都是用于对较远物体的成像，感光底片的位置大致与照相物镜的焦平面重合。若照相物镜的孔径为 D，相应第一极小的衍射角为 θ_0，则底片上恰能分辨的两条直线之间的距离 ε' 为

$$\varepsilon'=f\theta_0=1.22f\frac{\lambda}{D} \tag{3-55}$$

习惯上，照相物镜的分辨本领用底片上每毫米内能成多少条恰能分开的线条数 N 表示

$$N=\frac{1}{\varepsilon'}=\frac{1}{1.22\lambda}\frac{D}{f} \tag{3-56}$$

式中 D/f 是照相物镜的相对孔径。照相物镜的相对孔径越大，分辨本领越高。

例如，对于 $D/f=1:3.5$ 的常用照相物镜，若 $\lambda=0.55\mu m$，则 $N=425$ 条/mm。作为照相系统总分辨本领的要求来说，感光底片的分辨本领应大于或等于物镜的分辨本领。对于上面的例子，应选择分辨本领大于 425 条/mm 的底片。

4. 显微镜的分辨本领

显微镜由目镜和物镜组成，在一般情况下系统成像的孔径为物镜框。因此，限制显微镜分辨本领的是物镜框(即孔径光阑)。

显微镜的物镜成像如图 3.21 所示。点物 S_1 和 S_2 位于物镜前焦点外附近，由于物镜的焦距很短，因而 S_1 和 S_2 发出的光波从很大的孔径角入射到物镜，其像 S_1' 和 S_2' 离物镜较远。虽然 S_1 和 S_2 离物镜很近，它们的像也是物镜边缘(孔径光阑)的夫琅禾费衍射图样。爱里斑的半径为

$$a_0=l'\theta_0=1.22\frac{l'\lambda}{D} \tag{3-57}$$

式中，l' 是像距；D 是物镜直径，如果两衍射图样中心 S_1' 和 S_2' 之间的距离 $\varepsilon'=a_0$，则按照瑞利判据，两衍射图样刚好可以分辨，此时的二点物间距 ε 就是物镜的最小分辨距离。

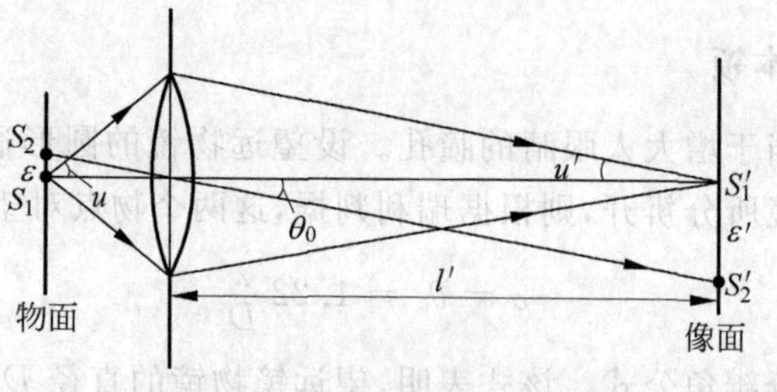

图 3.21 显微镜的分辨本领

由于显微镜的物镜成像满足阿贝正弦条件

$$n\varepsilon\sin u=n'\varepsilon'\sin u' \tag{3-58}$$

式中，n 和 n' 分别为物方和像方折射率。在显微镜中，$n'=1$，$l'\gg D$ 时，有

$$\sin u' \approx u' = \frac{D/2}{l'} \tag{3-59}$$

因而，能分辨两点物的最小距离为

$$\varepsilon = \frac{\varepsilon' \sin u'}{n \sin u} = 1.22 \frac{l'\lambda}{D} \frac{D/2l'}{n \sin u} = \frac{0.61\lambda}{n \sin u} = \frac{0.61\lambda}{\text{N. A.}} \tag{3-60}$$

N. A. $=n\sin u$ 称为物镜的数值孔径。由上式可知，提高显微镜的分辨本领的途径有：①增大 N. A.；②降低 λ。增大数值孔径有两种方法，一是减小物镜的焦距，使孔径 u 增大；二是用油或其他液体浸没物体和物镜以增大物方折射率。

根据式(3-60)，所用光的波长越短，显微镜分辨本领越高。一般显微镜的照明设备都附加一块紫色滤光片，就是这个原因。近代电子显微镜利用电子束的波动性来成像，由于电子束的波长比光波要小很多，可达 10^{-3} nm，因而电子显微镜的分辨本领比普通光学显微镜高千倍以上。

3.3.5 夫琅禾费双缝和多缝干涉

1. 夫琅禾费双缝衍射

如果将图 3.15 中的单缝衍射屏换成开有两个等宽度平行狭缝的衍射屏，就变成一个研究双缝夫琅禾费衍射的装置，如图 3.22 所示。

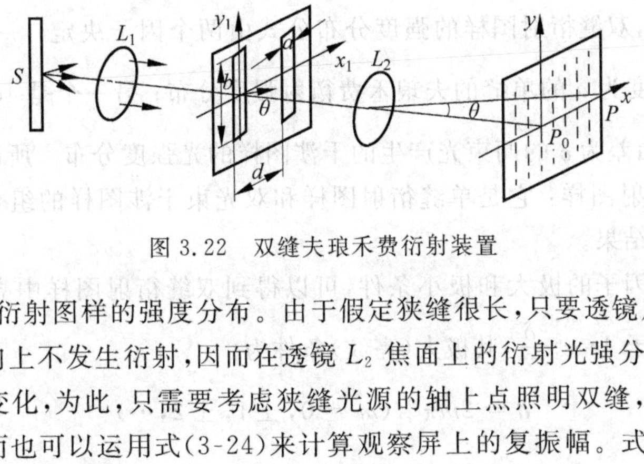

图 3.22 双缝夫琅禾费衍射装置

下面计算双缝衍射图样的强度分布。由于假定狭缝很长，只要透镜足够大，就可以认为入射光波在 y_1 方向上不发生衍射，因而在透镜 L_2 焦面上的衍射光强分布是沿 x 方向变化的，在 y 方向没有变化，为此，只需要考虑狭缝光源的轴上点照明双缝，这相当于双缝受平面波垂直照明，因而也可以运用式(3-24)来计算观察屏上的复振幅。式(3-24)中的积分区域应包含两个露出部分波面 Σ_1 和 Σ_2，即

$$\widetilde{E}(P) = C \iint_{\Sigma_1+\Sigma_2} \exp[-ik(xx_1+yy_1)/f]\mathrm{d}x_1\mathrm{d}y_1 \tag{3-61a}$$

按照在图 3.22 中选取的坐标系且只考虑沿 x 轴的复振幅分布时，上式可以写为

$$\widetilde{E}(P) = C\int_{-a/2}^{a/2} \exp(-ikxx_1)\mathrm{d}x_1 + C\int_{d-a/2}^{d+a/2} \exp(-ikxx_1)\mathrm{d}x_1 \tag{3-61b}$$

上式中第一个积分就是单缝衍射结果，根据式(3-38)，这一结果表示为

$$\widetilde{E}_0 \frac{\sin\alpha}{\alpha}$$

其中，$\widetilde{E}_0=Ca$，$\alpha=\pi a\sin\theta/\lambda$，后一个积分

$$\int_{d-a/2}^{d+a/2}\exp(-\mathrm{i}kxx_1/f)\mathrm{d}x_1 = a\frac{\sin(kax/2f)}{kax/2f}\cdot\exp(-\mathrm{i}kld) = a\frac{\sin\alpha}{\alpha}\cdot\exp(-\mathrm{i}kxd/f)$$

因此，x 轴上任一点 P 的复振幅可以表示为

$$\widetilde{E}(P) = Ca[1+\exp(-\mathrm{i}kxd/f)]\left(\frac{\sin\alpha}{\alpha}\right) \tag{3-62}$$

上式表明，在 x_1 方向上两个相距为 d 的平行狭缝在 P 点产生的复振幅有一相位差

$$\delta = kxd/f = \frac{2\pi}{\lambda}\sin\theta \tag{3-63}$$

这一结论具有普遍意义，与选取的坐标原点无关。从图 3.23 可以看出，δ 是双缝内对应点发出的衍射角相同的子波到达 P 点的位相差。根据式(3-62)，P 点的光强为

$$I = I_0\left(\frac{\sin\alpha}{\alpha}\right)^2[1+\exp(-\mathrm{i}kxd/f)][1+\exp(\mathrm{i}kxd/f)]$$

$$= 4I_0\left(\frac{\sin\alpha}{\alpha}\right)^2\cos^2(kxd/2f)$$

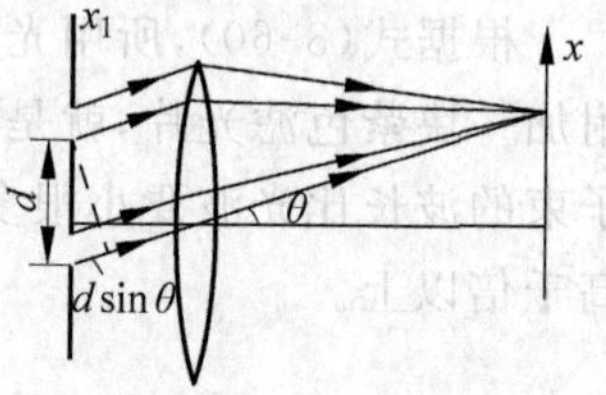

图 3.23 双缝衍射在 θ 方向的相位差

或者可以写为

$$I = 4I_0\left(\frac{\sin\alpha}{\alpha}\right)^2\cos^2\frac{\delta}{2} \tag{3-64}$$

式中，$I_0 = |Ca|^2$，它是单缝衍射在轴上 P_0 点的光强度。上式就是双缝衍射强度分布公式。

式(3-64)表明，双缝衍射图样的强度分布公式由两个因子决定：一个是单缝衍射因子 $\left(\frac{\sin\alpha}{\alpha}\right)^2$，它表示宽度为 a 的单缝的夫琅禾费衍射强度分布；另一个是 $4\cos^2\frac{\delta}{2}$，它表示光强度为 1 个单位，位相差为 δ 的两束光产生的干涉图样的光强度分布。所以，可以这样来理解双缝的夫琅禾费衍射图样：它是单缝衍射图样和双光束干涉图样的组合，是衍射和干涉两个因素共同作用的结果。

分析上述两个因子的极大和极小条件，可以得到双缝衍射图样中亮纹和暗纹的位置。对于双光束干涉因子 $4\cos^2\frac{\delta}{2}$，其极大(亮纹)条件为

$$\delta = 2m\pi \quad (m = 0, \pm 1, \pm 2, \cdots) \tag{3-65}$$

或

$$\Delta L = d\sin\theta = m\lambda \quad (m = 0, \pm 1, \pm 2, \cdots) \tag{3-66}$$

式中，ΔL 是与 δ 对应的光程差。极小(暗纹)条件为

$$\delta = (2m+1)\pi \quad (m = 0, \pm 1, \pm 2, \cdots) \tag{3-67}$$

或

$$\Delta L = d\sin\theta = \left(m+\frac{1}{2}\right)\lambda \quad (m = 0, \pm 1, \pm 2, \cdots) \tag{3-68}$$

双光束干涉因子的曲线如图 3.24(a)所示。对于单缝衍射因子 $\left(\frac{\sin\alpha}{\alpha}\right)^2$，由前面的分析可知，它对应于 $\theta=0$，有主极大(中央极大)，而极小条件为

$$a\sin\theta = n\lambda \quad (n = 0, \pm 1, \pm 2, \cdots) \tag{3-69}$$

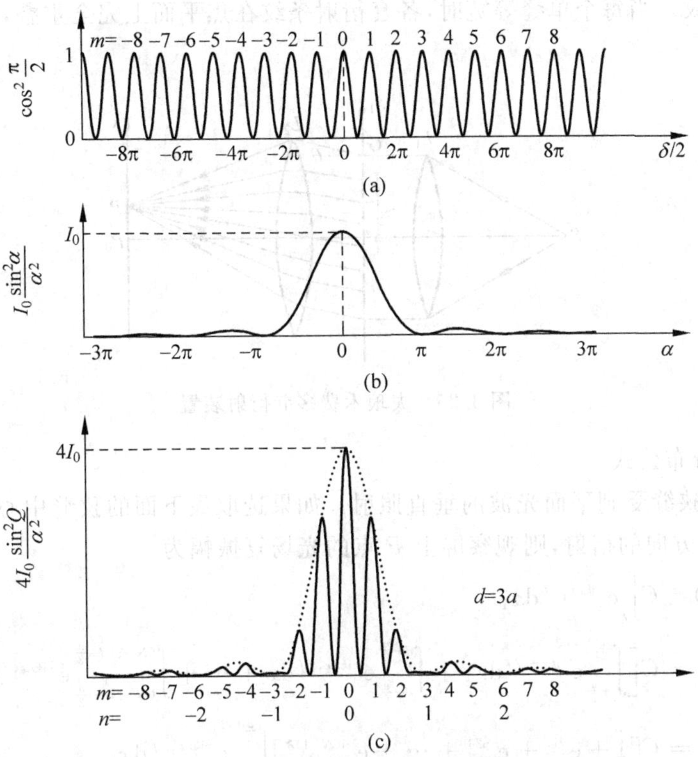

图 3.24 双缝衍射强度分布曲线

单缝衍射因子的曲线如图 3.24(b)所示。干涉因子乘上衍射因子，就得到如图 3.24(c)所示的双缝衍射强度分布曲线。可以看出，干涉因子乘上单缝衍射因子后各级干涉极大的大小不同，这表明亮条纹的强度受到衍射因子的调制。当干涉极大正好和衍射因子极小的位置重合时，这些级次极大的强度被调制为零，对应的亮纹也就消失了，该现象叫做缺极。显而易见，当

$$\frac{d}{a}=K \tag{3-70}$$

K 为整数时，$\pm K$，$\pm 2K$，$\pm 3K$，…各级将会缺级。在图 3.24(c)中 $d=3a$，所以 ± 3，± 6，…各级缺级。

由于单缝衍射的中央主极大占据了绝大部分的能量，所以，利用双缝衍射现象时，一般只需考虑单缝衍射中央亮纹区域内的干涉亮纹。当双缝的距离比缝宽大得多，即 $d \gg a$ 时，单缝衍射中央亮纹区域内包含的干涉条纹数目将是很多的，因而条纹的强度随级次增大的衰减缓慢，这时的条纹与杨氏双缝干涉的条纹类似。

2. 夫琅禾费多缝衍射

所谓多缝，是指在一块不透光的屏上，刻有 N 条等间距、等宽度的通光狭缝。夫琅禾费多缝衍射的装置如图 3.25 所示。每条狭缝均平行于 y_1 方向，沿 x_1 方向的缝宽为 a，相邻狭缝的间距为 d。在研究多缝衍射时，必须注意缝后透镜 L_2 的作用。由于 L_2 的存在，使得衍射屏上每个单缝的衍射条纹位置与缝的位置无关，即缝垂直于光轴方向平移时，其形成各自

的一套衍射条纹。当每个单缝等宽时,各套衍射条纹在焦平面上完全重叠,总光强分布为它们的干涉叠加。

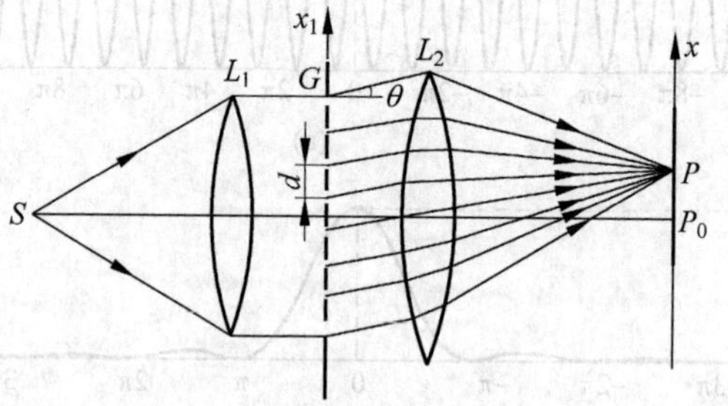

图 3.25　夫琅禾费多缝衍射装置

(1) 强度分布公式

假设 N 个狭缝受到平面光波的垂直照射。如果选取最下面的狭缝中心作为 x_1 的坐标原点,并只计 x 方向的衍射,则观察屏上 P 点的光场复振幅为

$$
\begin{aligned}
\widetilde{E}(P) &= C\int_l \mathrm{e}^{-\mathrm{i}kxx_1/f}\mathrm{d}x_1 \\
&= C\left[\int_{-\frac{a}{2}}^{\frac{a}{2}} \mathrm{e}^{-\mathrm{i}kxx_1/f}\mathrm{d}x_1 + \int_{d-\frac{a}{2}}^{d+\frac{a}{2}} \mathrm{e}^{-\mathrm{i}kxx_1/f}\mathrm{d}x + \cdots + \int_{(N-1)d-\frac{a}{2}}^{(N-1)d+\frac{a}{2}} \mathrm{e}^{-\mathrm{i}kxx_1/f}\mathrm{d}x_1\right] \\
&= C[1+\mathrm{e}^{-\mathrm{i}\delta}+\mathrm{e}^{-\mathrm{i}2\delta}+\cdots+\mathrm{e}^{-\mathrm{i}(N-1)\delta}]\int_{-\frac{a}{2}}^{\frac{a}{2}} \mathrm{e}^{-\mathrm{i}kxx_1/f}\mathrm{d}x_1 \\
&= Ca\,\mathrm{e}^{-\mathrm{i}(N-1)\frac{\delta}{2}} \cdot \frac{\sin\alpha}{\alpha}\,\frac{\sin\dfrac{N\delta}{2}}{\sin\left(\dfrac{\delta}{2}\right)}
\end{aligned} \tag{3-71}
$$

式中

$$\alpha = \frac{\pi}{\lambda}a\sin\theta, \quad \delta = \frac{2\pi}{\lambda}d\sin\theta$$

它们的意义与双缝衍射中的意义一致。δ 表示在 x_1 方向上相邻的两个间距为 d 的平行等宽狭缝内相应点在 P 点产生光场的相位差。相应于 P 点的光强度为

$$I(P) = I_0\left(\frac{\sin\alpha}{\alpha}\right)^2\left[\frac{\sin\dfrac{N\delta}{2}}{\sin\dfrac{\delta}{2}}\right]^2 \tag{3-72}$$

式中,$I_0=|Ca|^2$,是单缝衍射情况下 P_0 点的光强。上式便是 N 条缝衍射的强度分布公式。

从上面讨论可以看出,平行光照射多缝时,其每个狭缝都将在 P 点产生衍射场,由于这些光场均来自同一光源,彼此相干,使观察屏上的光强度重新分布。因此多缝衍射现象包含有衍射和干涉双重效应。

(2) 多缝衍射的图样特征

多缝衍射图样特性可以由多光束干涉和单缝衍射特性共同确定。图 3.26(a)给出了 5 个缝的干涉因子的曲线。这时在两相邻主极大之间有 4 个零点,3 个次极大。图 3.26(b)所示的是单缝衍射因子的曲线。上述两个因子相乘的曲线就是 5 个缝衍射的强度分布曲线,如图 3.26 所示。

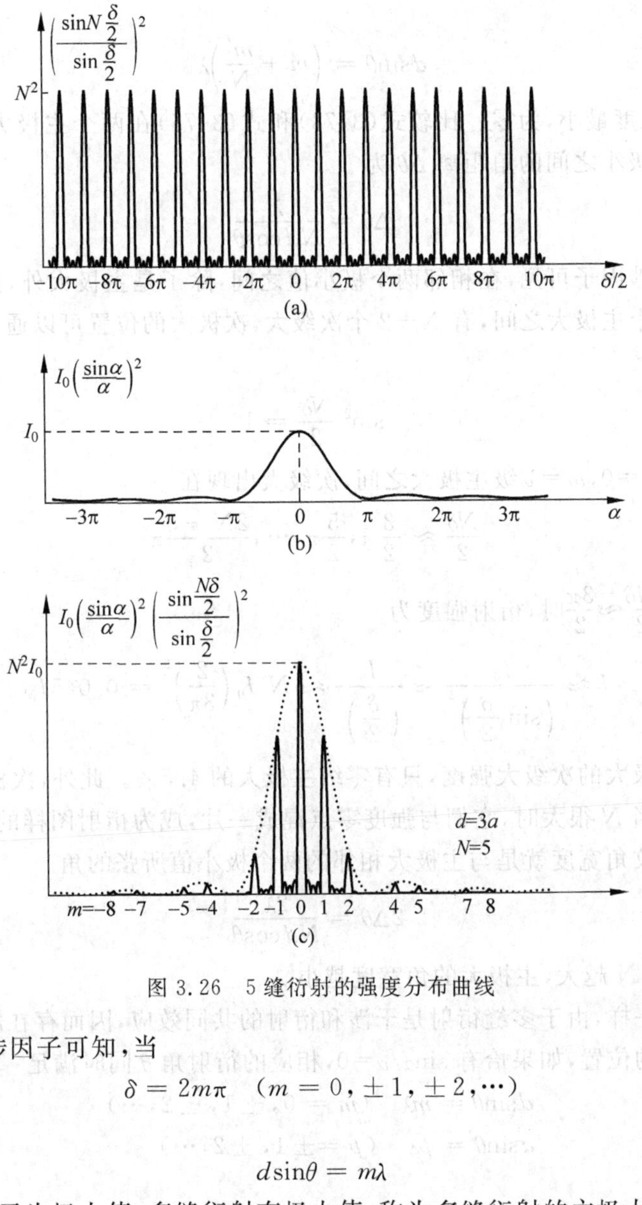

图 3.26　5 缝衍射的强度分布曲线

从多光束干涉因子可知，当

$$\delta = 2m\pi \quad (m = 0, \pm 1, \pm 2, \cdots)$$

或

$$d\sin\theta = m\lambda \tag{3-73}$$

时，多光束干涉因子为极大值，多缝衍射有极大值，称为多缝衍射的主极大，因为

$$\lim_{\delta\to 2m\pi}\left[\frac{\sin(N\delta/2)}{\sin(\delta/2)}\right] = N$$

因而多缝衍射主极大强度为

$$I_{\mathrm{M}} = N^2 I_0\left(\frac{\sin\alpha}{\alpha}\right)^2 \tag{3-74}$$

它们是单缝衍射在各级主极大位置上所产生强度的 N^2 倍，其中，零级主极大的强度最大，等于 $N^2 I_0$。

当 $N\delta/2$ 等于 π 的整数倍，而 $\delta/2$ 不是 π 的整数倍，即

$$\frac{N\delta}{2} = (Nm + m')\pi \quad (m = 0, \pm 1, \pm 2, \cdots;\ m' = 0, 1, 2, \cdots, N-1)$$

或

$$d\sin\theta = \left(m + \frac{m'}{N}\right)\lambda \tag{3-75}$$

时，多缝衍射的强度最小，为零。比较式(3-73)和式(3-75)在两个主极大之间，有 $N-1$ 个极小。相邻两个极小之间的角距离 $\Delta\theta$ 为

$$\Delta\theta = \frac{\lambda}{Nd\cos\theta} \tag{3-76}$$

由多光束干涉因子可见，在相邻两个极小值之间，除了是主极大外，还可能是强度极弱的次级大。在两个主极大之间，有 $N-2$ 个次级大，次极大的位置可以通过对式(3-72)求极值确定，近似由

$$\sin^2\frac{N\delta}{2} = 1$$

求得。例如，在 $m=0$，$m=1$ 级主极大之间，次级大出现在

$$\frac{N\delta}{2} \approx \frac{3}{2}\pi, \frac{5}{2}\pi, \cdots, \frac{2N-3}{2}\pi$$

共 $N-2$ 个。在 $\frac{N\delta}{2}\approx\frac{3\pi}{2}$ 时，衍射强度为

$$I \approx \frac{I_0}{\left(\sin\dfrac{\delta}{2}\right)^2} \approx \frac{I_0}{\left(\dfrac{\delta}{2}\right)^2} \approx N^2 I_0\left(\frac{2}{3\pi}\right)^2 = 0.045 I_{\mathrm{M}}$$

即最靠近零级主极大的次级大强度，只有零级主极大的 4.5%。此外，次极大的宽度随着 N 的增大而减小。当 N 很大时，它们与强度零点混成一片，成为衍射图样的背景。

主极大的条纹角宽度就是与主极大相邻的两个极小值所张的角

$$2\Delta\theta = \frac{2\lambda}{Nd\cos\theta} \tag{3-77}$$

上式说明，狭缝数 N 越大，主极大的角宽度越小。

和双缝衍射一样，由于多缝衍射是干涉和衍射的共同效应，因而存在缺级现象。对于某一级干涉主极大的位置，如果恰有 $\sin\alpha/\alpha=0$，相应的衍射角 θ 同时满足

$$d\sin\theta = m\lambda \quad (m = 0, \pm 1, \pm 2, \cdots)$$

$$a\sin\theta = p\lambda \quad (p = \pm 1, \pm 2, \cdots)$$

即

$$m = \frac{d}{a}p \tag{3-78}$$

很显然，当 d/a 为整数时，该主极大条纹将消失，多缝衍射强度变为零，成为缺级。多缝衍射图样的照片如图 3.27(c)～(f)所示。为了对比，也给出了单缝和双缝的照片。可以看出，当缝数 N 增大时，衍射图样最显著的改变是亮纹变成很细的亮线，这是多缝衍射最显著的特征。

3.3.6 衍射光栅

作为夫琅禾费衍射效应的应用，这一节我们来学习光栅这种非常重要的光学元件。

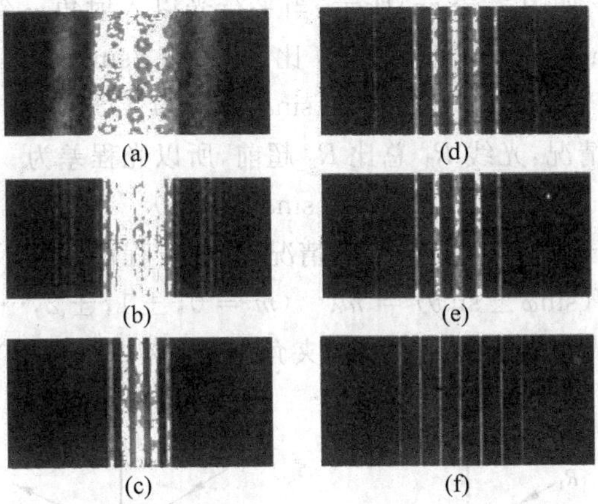

图 3.27 夫琅禾费单缝、双缝和多缝衍射图样照片

(a) 单缝；(b) 双缝；(c) 3 缝；(d) 5 缝；(e) 6 缝；(f) 20 缝

1. 光栅概述

光栅是一种应用非常广泛、非常重要的光学元件，它是由大量等宽、等间距的狭缝构成的光学元件。世界上最早的光栅是夫琅禾费在 1819 年制成的金属丝栅网，现在一般的光栅通过在平板玻璃或者金属板上刻画出一道道等宽、等间距的刻痕制成的。随着光栅理论和技术的发展，光栅的衍射单元已不再只是通常意义下的狭缝了，广义上可以把光栅定义为：凡是能使入射光的振幅或相位(或两者同时)受到周期性空间调制的光学元件。正是从这个意义上来说，出现了所谓的晶体光栅、超声光栅、晶体折射率光栅等新型光栅。

光栅根据其工作方式分为两类，一类是透射光栅，另一类是反射光栅。如果按其对入射光的调制作用来分类，又可分为振幅光栅和相位光栅。现在通用的透射光栅是在平板玻璃上刻画出一道道等宽等间距的刻痕，刻痕处不透光，无刻痕处是透光的狭缝。反射式光栅是在金属板上刻画出一道道等宽、等间距的刻痕，刻痕处发生漫反射，无刻痕处在反射方向上发生衍射，相当于一组衍射狭缝。这两种光栅只对入射光的振幅进行调制，改变了入射光的振幅透射系数或反射系数的分布，所以是振幅光栅。在反射光栅中，按反射镜的形状是平面还是凹面，可以分为平面反射光栅和凹面反射光栅。一块光栅的刻痕通常很密，在光学光谱区采用的光栅刻度密度为 0.2～2400 条/mm，目前，在实验室研究工作中常采用的是 600 条/mm 和 1200 条/mm，总数为 5×10^4 条。因此，制作光栅是一项非常精密的工作。一块光栅在刻画完成后，可作为母光栅进行复制，实际上大量使用的是这种复制光栅。

光栅最重要的应用是作为分光元件，即把复色光分成单色光，它可以用于长度和角度的精密、自动化测量，以及作为调制元件等。这里主要讨论光栅的分光作用。

2. 光栅方程

光栅的分光原理可以从多缝夫琅禾费衍射图样中亮线位置公式(3-73)得出：

$$d\sin\theta = m\lambda \quad (m = 0, \pm 1, \pm 2, \cdots)$$

在光栅理论中，式(3-73)称为光栅方程。这个式子仅适用于光波垂直入射光栅的情况，对于更一般的斜入射情况，如图 3.28(a)所示，当平行光以入射角 φ 斜入射到透射光栅上时，光线 R_1 比 R_2 超前 $d\sin\varphi$，在离开光栅时，R_2 比 R_1 超前 $d\sin\theta$，所以它们之间的光程差为

$$\Delta L = d(\sin\varphi - \sin\theta)$$

对于图 3.28(b)所示的情况，光线 R_1 总比 R_2 超前，所以光程差为

$$\Delta L = d(\sin\varphi + \sin\theta)$$

综合上面两个式子，对于斜入射的更一般的情况，光栅方程可以表示为

$$d(\sin\varphi \pm \sin\theta) = m\lambda \quad (m = 0, \pm 1, \pm 2, \cdots) \tag{3-79}$$

式中，λ 为入射角(入射光与光栅平面法线的夹角)；θ 为衍射角(相当于第 m 级衍射光与光栅平面法线的夹角)。

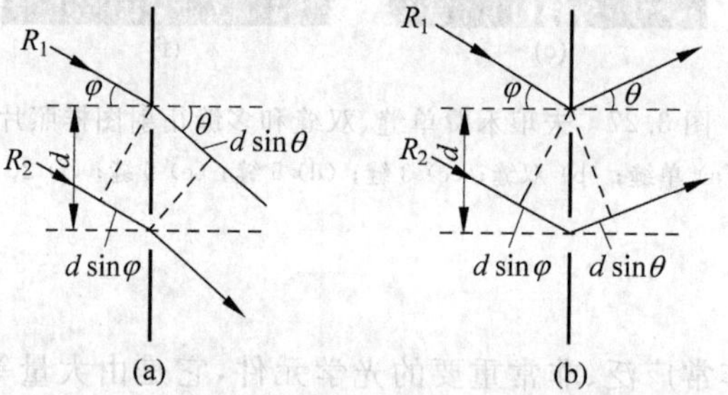

图 3.28 光束斜入射到透射光栅时发生的衍射

对于图 3.29 所示的反射光栅，同样也可以证明式(3-79)所表示的光栅方程。当入射光与衍射光在光栅法线的同一侧时，式(3-79)取"+"号，在异侧时，取"−"号。

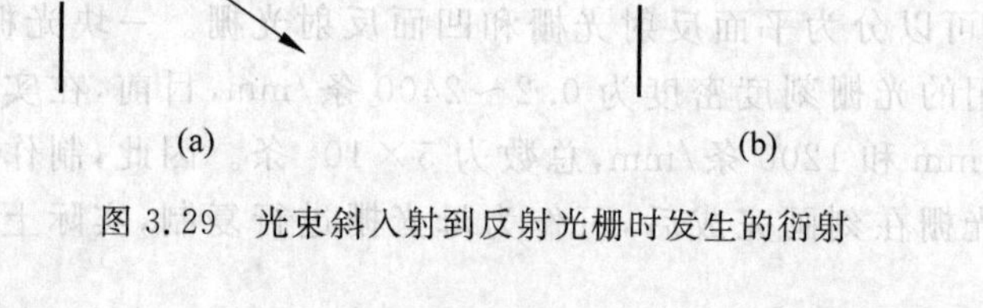

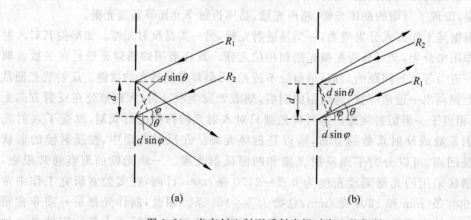

图 3.29 光束斜入射到反射光栅时发生的衍射

3. 光栅的分光原理

由光栅方程可见，对于给定光栅常数 d 的光栅，当用复色光照射时，除零级衍射光外，不同波长的同一级主极强出现在不同的方位。长波的衍射角大，短波的衍射角小。对于不同波长的各级亮线称为光栅谱线，不同波长分光谱线的分开程度随着衍射级次的增大而增大，对于同一级衍射光不重合，即发生"色散"现象，这就是衍射光栅的分光原理。

当白光按指定的入射角 φ 入射至光栅时，对于每个 m 级衍射光都有一系列按波长排列

的光谱，该光谱称为第 m 级光谱。当 $m=0$ 时，$\sin\varphi=\sin\theta$，即 $\varphi=0$，这时所有波长的光都混在一起，仍为白光，这就是零级谱的特征。对于透射光栅，零级谱在相应的入射光方向上，对于反射光谱，零级谱在相应的反射光方向上。可以看出，光栅光谱与棱镜光谱有个重要区别，就是光栅光谱一般有多级，每级是一套光谱，而棱镜光谱只有一套。

4. 光栅的色散本领和色分辨本领

光栅是一种十分精密的分光元件，同一切分光元件一样，光栅性能的主要标志有两个：一是色散本领，二是色分辨本领。两者都是要说明最终能够被仪器所分辨的最小波长间隔 $\delta\lambda$ 有多少。

(1) 色散本领

光栅的色散本领通常用角色散和线色散来表示。波长相差 1Å(0.1nm)的两条谱线分开的角距离称为角色散，定义为

$$D_\theta=\frac{\mathrm{d}\theta}{\mathrm{d}\lambda}=\frac{m}{d\cos\theta} \tag{3-80}$$

光栅的线色散是聚焦物镜焦面上波长相差 1Å 的两条谱线分开的距离，定义为

$$D_l=\frac{\mathrm{d}l}{\mathrm{d}\lambda}=f\,\frac{\mathrm{d}\theta}{\mathrm{d}\lambda}=f\,\frac{m}{d\cos\theta} \tag{3-81}$$

上面两个式子表明，光栅的角色散本领与光栅常数 d 成反比，与级数 m 成正比；线色散本领还与焦距 f 成正比，显然，为了使不同波长的光分得开一些，一般都采用长焦距物镜。由于实用光栅通常每毫米有几百条至上千条刻线，光栅常数 d 通常都很小，亦即光栅的刻痕密度 $1/d$ 很大，所以光栅光谱仪的色散本领很大。

如果我们在 θ 不大的位置记录光栅光谱，$\cos\theta$ 几乎不随 θ 变化，色散是均匀的，这种光谱称为匀排光谱，这对于光谱仪的波长定标来说，十分方便。

(2) 色分辨本领

色散本领只反映了谱线(主极强)中心分离的程度，它不能说明两条谱线是否重叠。所以只有色散本领大还是不够的，要分辨波长很接近的谱线，仍需每条谱线都很细，否则当两谱线靠的较近时，尽管主极大分开了，它们还可能因彼此部分重叠而分辨不出是两条谱线，如图 3.30 所示。

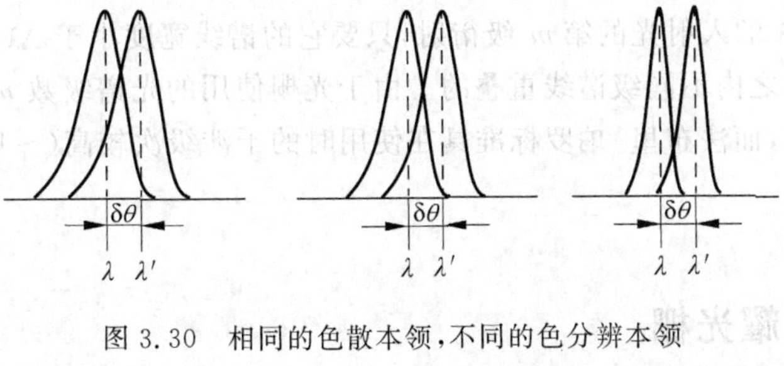

图 3.30 相同的色散本领，不同的色分辨本领

根据瑞利判据，当波长为 λ' 的第 m 级主极大刚好落在波长为 λ 的第 m 级主极大旁的第一极小值处时，这两条谱线恰好可以分辨开。如果光栅所能分辨的最小波长差为 $\Delta\lambda$，则分辨本领定义为

$$A = \frac{\lambda}{\Delta\lambda} \tag{3-82}$$

根据式(3-80)，与角距离 $\Delta\theta$ 对应的 $\Delta\lambda$ 为

$$\Delta\lambda = \frac{\Delta\theta}{D_\theta} = \frac{d\cos\theta}{m} = \frac{\lambda}{mN}$$

所以，光栅的分辨本领为

$$A = \frac{\lambda}{\Delta\lambda} = mN \tag{3-83}$$

式中，m 是光谱级数，N 是光栅的总刻痕数。上式表明，光栅的色分辨本领正比于衍射单元总数 N 和光谱的级数 m，与光栅常数 d 无关。

通常光栅所使用的光谱级次并不是很高($m=1\sim3$)，但是光栅的刻痕数很大，所以光栅光谱仪的分辨本领仍然很高。比如，一个 15cm 宽的光栅，每毫米内有 1200 个衍射单元，在可见光波段的中部($\lambda\approx550\text{nm}$)，在其产生的一级光谱中，分辨本领为

$$A = mN = 18 \times 10^4$$

所以，在 $\lambda\approx550\text{nm}$ 附近能分辨的最小波长间隔

$$\Delta\lambda = \frac{\lambda}{A} = 0.003\text{nm}$$

即在 550nm 附近，相差 0.003nm 的两种波长的光，是该光谱仪的分辨极限。

角色散本领、线色散本领以及色分辨本领是光谱仪器的三个独立的性能指标，各有各的作用，彼此不能替代，而应当互相匹配得当。这对光谱仪的设计者来说是必须综合考虑的基本问题，对于使用者来说，懂得这一点也是很有必要的。

5. 自由光谱范围

光栅的自由光谱范围是指它的光谱不重叠区。根据光栅方程，光谱不重叠区 $\Delta\lambda$ 应满足

$$m(\lambda + \Delta\lambda) = (m+1)\lambda$$

即

$$\Delta\lambda = \frac{\lambda}{m} \tag{3-84}$$

其意义是，波长为 λ 的入射光的第 m 级衍射，只要它的谱线宽度小于 $\Delta\lambda=\lambda/m$，是不会发生波长在 λ 到 $\lambda+\Delta\lambda$ 之内不同级谱线重叠的。由于光栅使用的光谱级数 m 很小，所以它的自由光谱范围比较大，而法布里-珀罗标准具在使用时的干涉级次较高($\sim10^5$)，只能在很窄的光谱区内使用。

3.3.7 闪耀光栅

前面讲的透射光栅有一个很大的缺点，就是衍射图样中无色散的 0 级主极强占有总光能很大一部分，其余的光能也分散在各级光谱中，以致每级光谱的强度都比较小。所以，在实际应用中必须改变通常光栅的衍射光强度分布，使光强度集中到有用的那一高光谱级上。闪耀光栅可以解决这个问题。

目前闪耀光栅多是平面反射光栅。以磨光了的金属板镀上金属膜的玻璃板为坯子，用劈形钻石刀头在上面刻画出一系列锯齿状槽面(图 3.31)。下面我们来分析，这种平面反射光栅的单槽衍射 0 级是怎样与槽间干涉 0 级错开，从而把光能转移并集中到所需的一级光谱上的。

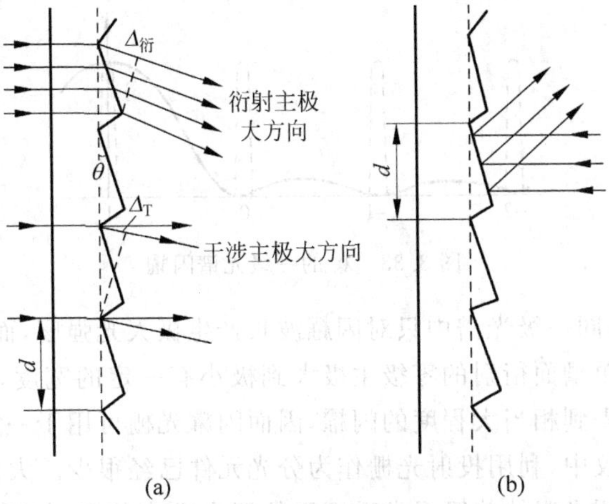

图 3.31　反射式闪耀光栅的结构

如图 3.32 所示，假设槽面与光栅平面之间的夹角 θ_0(称为闪耀角)，锯齿形槽宽度(也称刻槽周期)为 d，则对于按 φ 角入射的平行光束 A 来说，其单槽衍射中央主极大方向为其槽面的镜反射方向 B。根据光栅方程，相邻的两个槽面之间在入射光的反方向上的光程差满足

$$\Delta L = d(\sin\theta + \sin\varphi) = m\lambda \tag{3-85}$$

时，该衍射方向为主极大方向，令 $\alpha = \theta_0 - \varphi$，表示入射光线方向与刻槽面法线的夹角，则上式可以写为

$$2d\sin\theta_0\cos\alpha = m\lambda \tag{3-86}$$

上式就是单槽衍射中央主极大方向同时为第 m 级干涉主极大方向所应满足的关系式。此时的单槽衍射中央主极大方向光很强，就如同物体光滑表面反射的耀眼的光一样，所以称该光栅为闪耀光栅。

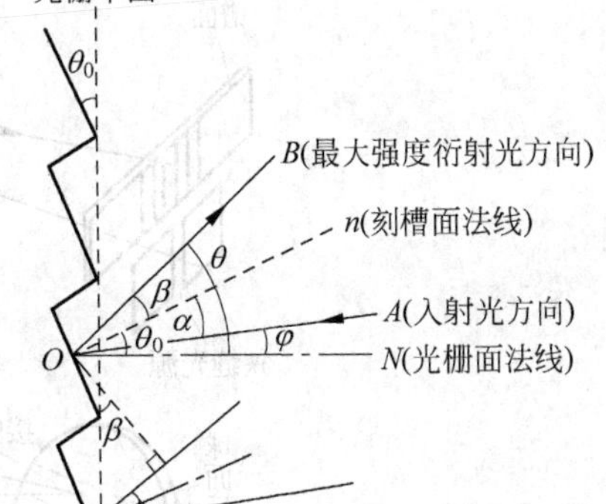

图 3.32　反射式闪耀光栅的角度关系

若光沿着槽面法线方向入射，则 $\alpha=0$，此时 $\theta=\varphi=\theta_0$，所以，式(3-86)可以简化为

$$2d\sin\theta_0 = m\lambda_M \tag{3-87}$$

上式称为主闪耀条件，波长 λ_M 称为该光栅的闪耀波长，m 是相应的闪耀级次，这时的闪耀方向即为光栅的闪耀角 θ_0 的方向。因此，对于一定结构的闪耀光栅(θ_0 确定)，其闪耀波长 λ_M、闪耀级次和闪耀方向均已确定。

现在假设一块闪耀光栅对波长 λ_S 的一级光谱闪耀，则式(3-87)可以写为

$$2d\sin\theta_0 = \lambda_S \tag{3-88}$$

此时，单槽衍射中央主极大方向正好落在 λ_S 的一级谱线上，又因为反射光栅的单槽面宽度近似等于刻槽周期，所以 λ_S 的其他级光谱(包括零级)均成为缺级(图 3.33)。这就是说，在

总能量中它们所占比例甚小，而大部分能量(80%以上)都转移并集中到一级光谱上了，使其强度变强、闪耀，λ_S 就称为一级闪耀波长。从式(3-88)还可以看出，对 λ_S 的一级光谱闪耀的光栅，也分别对 $\lambda_S/2$、$\lambda_S/3$、…的二级，三级……光谱闪耀。不过通常所称的某光栅的闪耀波长，是指光垂直槽面入射时的一级闪耀波长 λ_S。

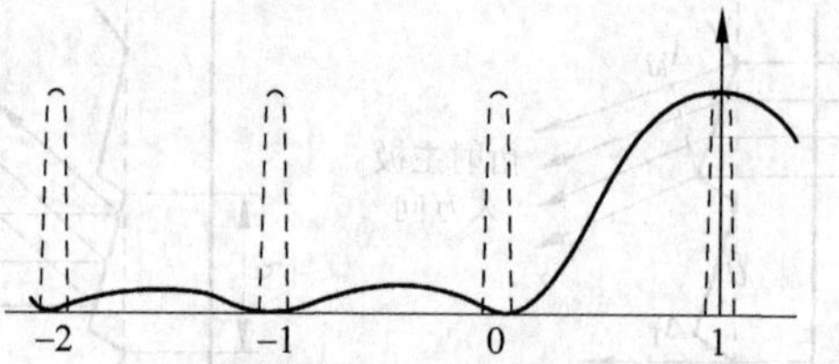

图 3.33 λ_S 的一级光谱闪耀

显然，闪耀光栅在同一级光谱中只对闪耀波长产生极大光强度，而对其他波长不能产生极大光强。但是由于单槽面衍射的零级主极大到极小有一定的宽度，所以闪耀波长附近一定范围内的谱线也会得到相当大程度的闪耀，因而闪耀光栅可用于一定的波长范围。

在现代光栅光谱仪中，利用投射光栅作为分光元件已经很少。大量使用的是反射光栅，尤其是闪耀光栅。闪耀光栅的装置通常采用里特罗自准直装置，如图 3.34 所示。图(a)中的透镜 L 起准直和会聚双重作用，光栅 G 的槽面受准直平行光垂直照明。图(b)中采用凹面反射镜，可用于红外光区和紫外光区。

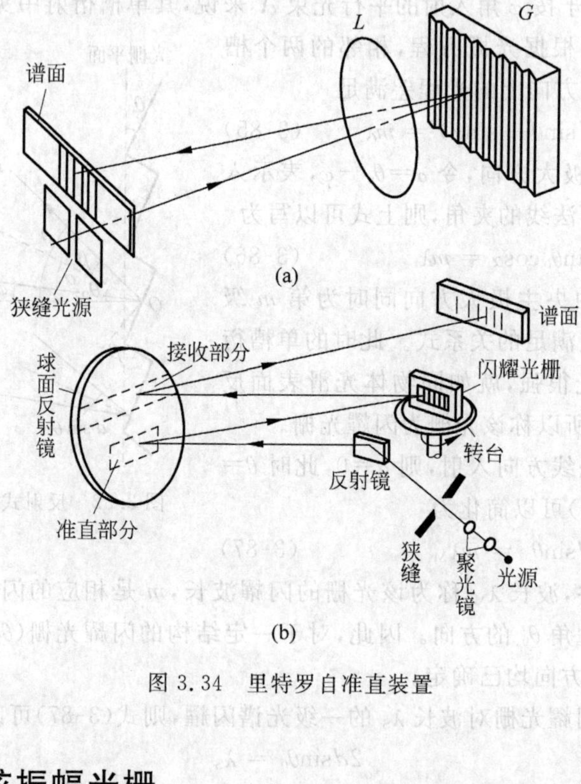

图 3.34 里特罗自准直装置

3.3.8 正弦振幅光栅

前面讨论的由大量狭缝组成的透射光栅，对入射光波振幅的调制是按矩形函数变化的，所以把这种光栅称为矩形振幅光栅。相应地，透射系数按按余弦或正弦函数变化的光栅(图 3.35)，称为正弦振幅光栅。

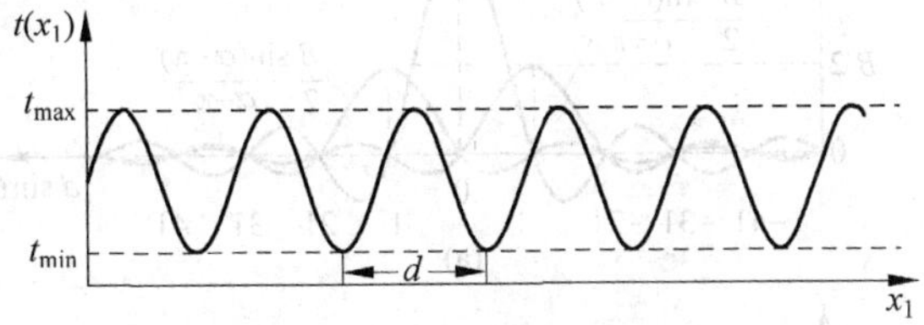

图 3.35 正弦光栅的透射系数

假设正弦光栅包含有 N 个干涉条纹，其振幅分布可以写为

$$|\widetilde{E}(x_1)| = 1 + B\cos\frac{2\pi}{d}x_1 \tag{3-89}$$

式中，B 是一个小于 1 的常数。根据 3.3.5 节中的讨论，求这类 N 个单元的光栅的衍射强度分布，只需求出单元的衍射因子，再把它乘上多光束干涉因子便可以得到。对于这里所讨论的正弦光栅，单元衍射产生的复振幅为

$$\widetilde{E}_A = C\int_{-d/2}^{d/2}\widetilde{E}(x_1)\exp(-\mathrm{i}kxx_1/f)\mathrm{d}x_1 \tag{3-90}$$

把式(3-89)代入上式，得到

$$\begin{aligned}\widetilde{E}_A &= C\int_{-d/2}^{d/2}\left(1 + B\cos\frac{2\pi}{d}x_1\right)\exp(-\mathrm{i}kxx_1/f)\mathrm{d}x_1 \\ &= C\int_{-d/2}^{d/2}\left[1 + \frac{B}{2}\exp\left(\mathrm{i}\,\frac{2\pi}{d}x_1\right) + \frac{B}{2}\exp\left(-\mathrm{i}\,\frac{2\pi}{d}x_1\right)\right]\exp(-\mathrm{i}kxx_1/f)\mathrm{d}x_1 \\ &= C\left[\frac{\sin\alpha}{\alpha} + \frac{B}{2}\,\frac{\sin(\alpha+\pi)}{\alpha+\pi} + \frac{B}{2}\,\frac{\sin(\alpha-\pi)}{\alpha-\pi}\right]\end{aligned} \tag{3-91}$$

其中，因为 $a=d$，所以 $\alpha=\dfrac{\pi d\sin\theta}{\lambda}$，则正弦光栅衍射图样的强度分布为

$$I = I_0\left[\frac{\sin\alpha}{\alpha} + \frac{B}{2}\,\frac{\sin(\alpha+\pi)}{\alpha+\pi} + \frac{B}{2}\,\frac{\sin(\alpha-\pi)}{\alpha-\pi}\right]^2\left(\frac{\sin\dfrac{N\varphi}{2}}{\sin\dfrac{\varphi}{2}}\right)^2 \tag{3-92a}$$

其中，$\varphi=\dfrac{2\pi d\sin\theta}{\lambda}$，所以，上式又可以写成

$$I = I_0\left[\frac{\sin\alpha}{\alpha} + \frac{B}{2}\,\frac{\sin(\alpha+\pi)}{\alpha+\pi} + \frac{B}{2}\,\frac{\sin(\alpha-\pi)}{\alpha-\pi}\right]^2\left(\frac{\sin N\alpha}{\sin\alpha}\right)^2 \tag{3-92b}$$

由场分布表示式可见：当 $\alpha=0,\pm\pi$ 时，式中三项均分别为主极大值；当 $\alpha=m\pi(m=\pm2,\pm3,\cdots)$ 时，其干涉因子为极大，但是衍射因子均为零，因此形成缺级。即正弦振幅型光栅的衍射图样只包含零级和±1 级条纹，如图 3.36 所示。

3.3.9 三维光栅

当波长为 d 的超声波在均匀介质(比如水、熔融石英)中传播时，会引起介质内的密度周期性的变化，从而导致介质的折射率也周期性的变化，如图 3.37(a)所示。于是，这个超

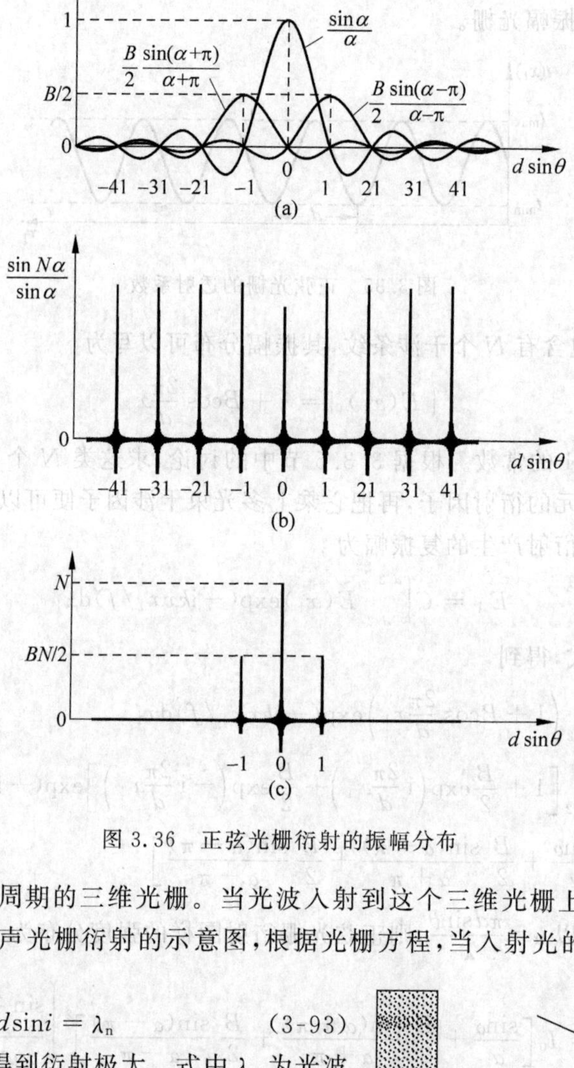

图 3.36 正弦光栅衍射的振幅分布

声场形成一个以 d 为周期的三维光栅。当光波入射到这个三维光栅上时，也会发生衍射。图 3.37(b)是三维超声光栅衍射的示意图，根据光栅方程，当入射光的入射角 i 满足以下条件：

$$2d\sin i = \lambda_n \tag{3-93}$$

时，将在 $\theta=i$ 的方向得到衍射极大。式中 λ_n 为光波在介质中的波长。这一条件称为布拉格条件。

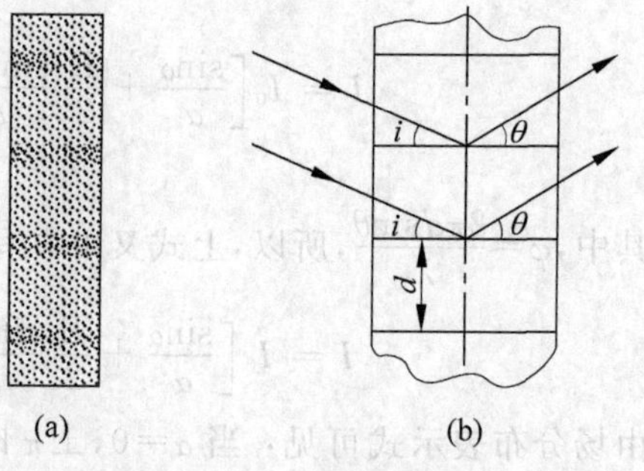

图 3.37 超声光栅

超声光栅在激光技术中有着重要的作用，其中最主要的应用是作为声光偏转器和声光调制器。器件的结构如图 3.38 所示，电源产生的射频电压加在换能器上，获得射频超声波。换能器由压电材料(如石英、铌酸锂等)制成。换能器产生的超声波耦合到声光介质中，在介质中形成超声场。如果改变加在换能器上的电压的频率，超声波的频率和波长也随之改变，这时布拉格条件虽不能满足，但衍射光可在满足光栅方程 $d(\sin i+\sin\theta)=\lambda_n$ 的方向上得到极大，因而衍射光从入射光方向偏转到该方向，这就是声光偏转器的原理。

在自然界中，晶体是一种适合于 X 射线的天然三维光栅。晶体由有规则排列的微粒(原子、离子或分子)组成，可以想象这些微粒构成一系列平行的层面(称为晶面)，如图 3.39

所示。晶面之间的距离为 d，其大小约为 10^{-10}m 的数量级，与 X 射线的波长相当。当一束单色的平行 X 射线以 i 角掠入射到晶面上时，在晶面所散射的射线中，只有按反射定律反射的射线的强度为最大，也就是它满足布拉格条件：$2d\sin i=\lambda$，式中 λ 为 X 射线波长，利用这个条件，可以测量晶体的晶格常数。

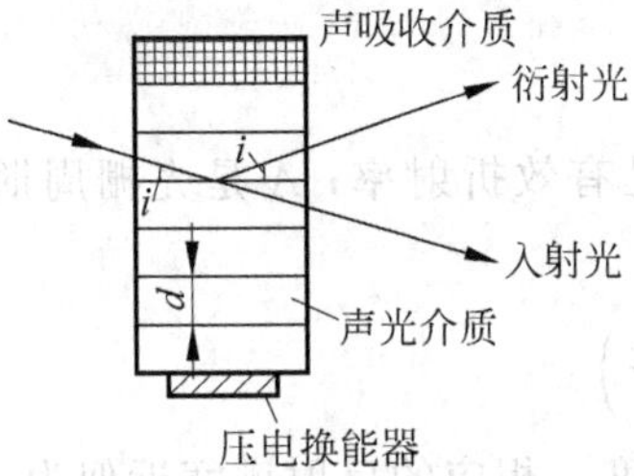

图 3.38　声光衍射偏转

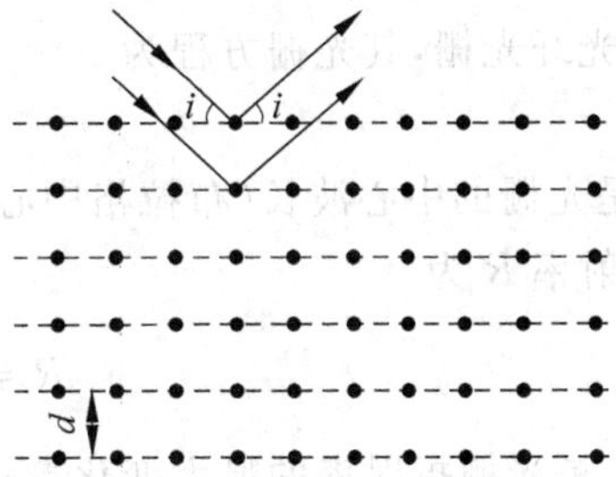

图 3.39　晶体对 X 光的衍射

3.3.10　光纤光栅

光纤光栅是利用光纤材料的(主要是掺锗光纤)的光敏性，在纤芯形成折射率周期性的变化，从而改变光原有的路径，使光的方向或传输区域发生改变，相当于在光纤中形成一定带宽的滤波器或反射镜。通常的光纤，为了使纤芯的折射率高于包层的折射率，而在纤芯中掺入锗，包层仍是纯石英，掺入锗后的纤芯具有光敏性，纯石英则没有，因此，只有纤芯的折射率发生改变，而包层不变。第一个光纤光栅是在 1978 年制作成功的。如图 3.40 所示，将预先做好的相位光栅作为掩模板放在光纤附近，入射光束经掩模板后产生±1 级衍射光，这两束衍射光在重叠区(纤芯)内形成干涉条纹，经过曝光后就形成折射率周期分布的体光栅，图 3.41 是光纤光栅折射率分布示意图，在纤芯部分颜色深的部分表示折射率较大一些。

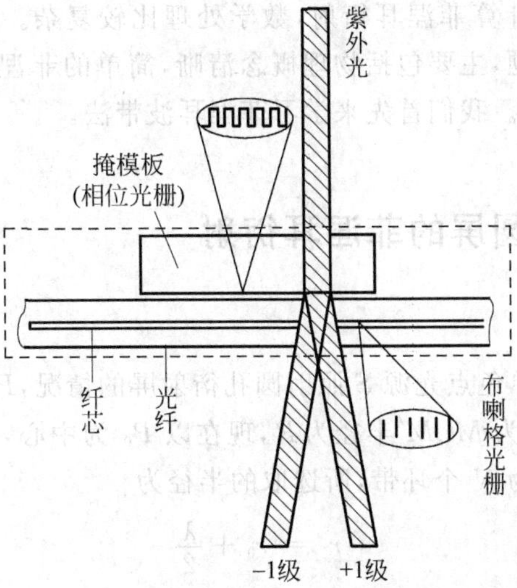

图 3.40　制作光纤光栅的示意图

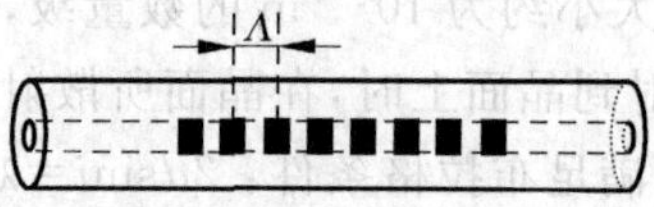

图 3.41　光纤光栅示意图

对于光纤光栅，其光栅方程为

$$\lambda_B = 2n_{eff}\Lambda \tag{3-94}$$

式中，λ_B 是光栅的中心波长(布拉格中心波长)；n_{eff} 是有效折射率；Λ 是光栅周期。光通过光栅的反射率 R 为

$$R = \text{th}^2\left(\frac{\pi\Delta n_M L}{\lambda_B}\right) \tag{3-95}$$

式中，Δn_M 是光栅折射率的最大变化量；L 是光栅长度。相应的反射谱宽近似为

$$\left(\frac{\Delta\lambda}{\lambda_B}\right)^2 = \left(\frac{\Delta n_M}{2n_{eff}}\right)^2 + \left(\frac{\Lambda}{L}\right)^2 \tag{3-96}$$

目前制作的光纤光栅反射率 R 可达 98%，反射谱宽为 1nm。

光纤光栅的发展极为迅速，在光纤通信中可作为波分复用器；与稀土掺杂光纤结合可构成光纤激光器，并且在一定范围内可实现输出波长可调谐；变周期光纤光栅可用作光纤的色散补偿等；在光纤传感技术中可用于温度、压力传感器，并构成分布或多点测量系统。

3.4　菲涅耳衍射

菲涅耳衍射是在菲涅耳近似条件成立的距离范围内所观察到的衍射现象。通常应用的菲涅耳衍射区域，观察屏离开衍射屏的距离比夫琅禾费衍射区域更近些。此时，照射到衍射屏上的光波阵面和离开衍射屏和观察屏的波阵面却不能作为平面处理。因此，直接使用菲涅耳-基尔霍夫公式定量计算菲涅耳衍射，数学处理比较复杂。实际上都采用定性或半定量的分析、估算来解决问题，主要包括物理概念清晰，简单的菲涅耳波带法及在一些特殊情况下使用的菲涅耳积分法。我们首先来学习菲涅耳波带法。

3.4.1　圆孔和圆屏的菲涅耳衍射

1. 菲涅耳波带法

图 3.42 绘出了一个单色点光源 S 照射圆孔衍射屏的情况，P_0 是圆孔中垂线上的一点，在某时刻通过圆孔的波面为 MOM' 半径为 R，现在以 P_0 为中心，以 $r_1, r_2, \cdots, r_N$ 为半径，在波面上作图，把 MOM' 分为 N 个环带，所选取的半径为

$$r_1 = r_0 + \frac{\lambda}{2}$$

$$r_2 = r_0 + \frac{2\lambda}{2}$$

$$\vdots$$

$$r_N = r_0 + \frac{N\lambda}{2}$$

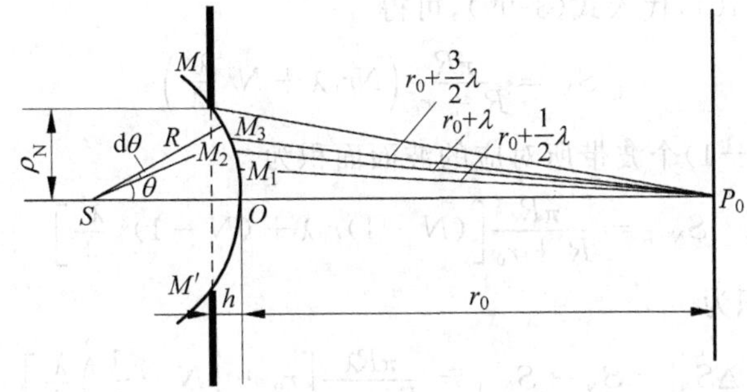

图 3.42 圆孔衍射的菲涅耳波带法示意图

因此，相邻两个环带上的相应两点到 P_0 点的光程差为半个波长，这样的环带叫菲涅耳半波带(或叫菲涅耳波带)。

根据惠更斯-菲涅耳原理，P_0 点的光场振幅应为各波带在 P_0 点产生光场振幅的叠加，假定点光源 S 和 P_0 点到衍射屏的距离都比波长大得多，可视同一波带上各点的倾斜因子相同。P_0 点的光振幅点近似为

$$A_N = a_1 - a_2 + a_3 - a_4 + \cdots \pm a_N \tag{3-97}$$

式中，$a_1, a_2, \cdots, a_N$ 分别为第 1，第 2，…，第 N 个波带在 P_0 点产生光场振幅的绝对值。当 N 为奇数时，a_N 前面取"+"号；N 为偶数时，a_N 前面取"−"号。这种取法是由于相邻的波带在 P_0 点引起的振动相位相反决定的。因此，为利用菲涅耳波带法求 P_0 点的光强，首先应求出各个波带在 P_0 点振动的振幅。

由惠更斯-菲涅耳原理可知，各波带在 P_0 点产生的振幅 a_N 主要由三个因素决定：波带的面积大小 ΔS_N；波带到 P_0 点的距离 r_N；波带对 P_0 点连线的倾斜因子 $K(\theta)$，且有

$$a_N \propto \frac{\Delta S_N}{r_N} K(\theta) \tag{3-98}$$

设圆孔对 P_0 点共露出 N 个波带，经 N 个波带相应的波面面积是

$$\begin{aligned} S_N &= 2\pi\int_0^{\theta} R\mathrm{d}\theta R\sin\theta \\ &= 2\pi\int_0^{\theta} R^2\sin\theta\mathrm{d}\theta \\ &= -R^2 2\pi(\cos\theta - 1) \\ &= \alpha\pi R(R - R\cos\theta) \\ &= 2\pi R\cdot h \end{aligned} \tag{3-99}$$

式中，h 为 $\overline{OO'}$ 长度，因为

$$\rho_N^2 = R^2 - (R-h)^2 = r_N^2 - (r_0 + h)^2$$

所以

$$h = \frac{r_N^2 - r_0^2}{2(R + r_0)} \tag{3-100}$$

又因为 $r_N = r_0 + N\lambda/2$，所以有

$$r_N^2 = r_0^2 + N r_0 \lambda + N^2 \left(\frac{\lambda}{2}\right)^2 \tag{3-101}$$

将式(3-100)和式(3-101)代入式(3-99),可得

$$S_N = \frac{\pi R}{R + r_0}\left(N r_0 \lambda + N^2 \frac{\lambda^2}{4}\right) \tag{3-102}$$

同样,可以求得第$(N-1)$个波带所对应的波面面积为

$$S_{N-1} = \frac{\pi R}{R + r_0}\left[(N-1) r_0 \lambda + (N-1)^2 \frac{\lambda^2}{4}\right] \tag{3-103}$$

则第 N 个波带的面积为

$$\Delta S_N = S_N - S_{N-1} = \frac{\pi R \lambda}{R + r_0}\left[r_0 + \left(N - \frac{1}{2}\right)\frac{\lambda}{2}\right] \tag{3-104}$$

由此可见,波带面积随着序数 N 的增大而增大。但由于通常波长相对于 R 的 r_0 很小,λ^2 项可以忽略,因此,可以将各波带的面积视为相等。

因为 r_N 和 r_{N-1}是第 N 个波带的两个边缘到 P_0 点的距离,所以第 N 个波带到 P_0 点的距离可取两者的平均值,即

$$\bar{r}_N = \frac{r_N + r_{N-1}}{2} = r_0 + \left(N - \frac{1}{2}\right)\frac{\lambda}{2} \tag{3-105}$$

这说明第 N 个波带到 P_0 点的距离随着序数 N 的增大而增加。

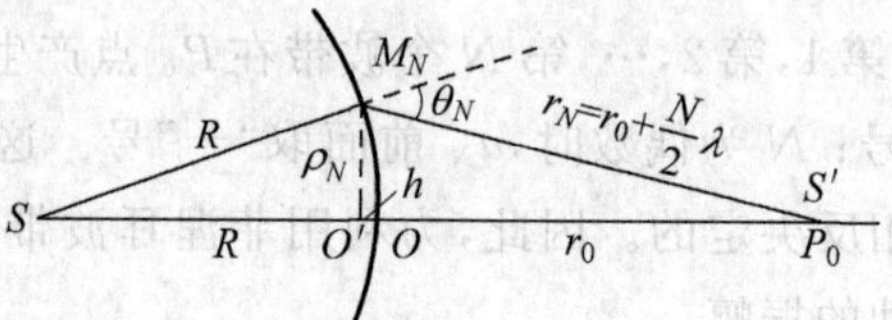

图 3.43 波带面积图解

由图 3.43 可见,倾斜因子为

$$K(\theta) = \frac{1 + \cos\theta}{2} \tag{3-106}$$

则

$$a_N \propto \frac{\pi R \lambda}{R + r_0}\frac{1 + \cos\theta}{2} \tag{3-107}$$

可见,各个波带产生的振幅 a_N 的差别只取决于倾角 θ_N,由于随着 N 增大,θ_N 也相应增大,因而各波带在 P_0 点所产生的光场振幅将随之单调减小。

$$a_1 > a_2 > a_3 > \cdots > a_N$$

因为这种变化比较缓慢,所以近似有下列关系:

$$a_2 = \frac{a_1 + a_3}{2}$$

$$a_4 = \frac{a_3 + a_5}{2}$$

$$\vdots$$

$$a_{2m}=\frac{a_{2m-1}+a_{2m+1}}{2}$$

$$\vdots$$

于是，在 N 为奇数时，

$$A_N=\frac{a_1}{2}+\frac{a_N}{2}$$

当 N 为偶数时，

$$A_N=\frac{a_1}{2}+\frac{a_{N-1}}{2}-a_N$$

同时当 N 较大时，由 $a_{N-1}\approx a_N$，故有

$$A_N=\frac{a_1}{2}\pm\frac{a_N}{2} \tag{3-108}$$

于是，N 为奇数是，取"+"号；N 为偶数时，取"−"号，所以得出结论：圆孔的 P_0 点露出的波带数 N 决定了 P_0 点衍射光的强弱。

那么波带数 N 的圆孔半径 ρ_N 之间有怎么样的联系？由图 3.43 可以看出

$$\rho_N^2\approx r_N^2-r_0^2-2r_0^2h$$

因为

$$r_N^2=\left(r_0+\frac{N\lambda}{2}\right)^2=r_0+Nr_0\lambda+\frac{N^2\lambda^2}{4}$$

代入式(3-100)得

$$h=\frac{Nr_0\lambda+\dfrac{N^2\lambda^2}{4}}{2(R+r_0)}$$

所以

$$\rho_N^2=Nr_0\lambda+\frac{N^2\lambda^2}{4}-2r_0\frac{Nr_0\lambda+\dfrac{N^2\lambda^2}{4}}{2(R+r_0)}=\frac{NR\lambda}{R+r_0}\left(r_0+\frac{N\lambda}{4}\right)$$

一般情况下，$r_0\gg N\lambda$，故

$$\rho_N^2=Nr_0\frac{R\lambda}{R+r_0} \tag{3-109}$$

所以

$$N=\frac{\rho_N^2}{\lambda R}\left(1+\frac{R}{r_0}\right) \tag{3-110}$$

上面两式就是圆孔半径 ρ_N 和露出的波带数 N 之间的关系。

2. 菲涅耳圆孔衍射图样特征

由式(3-110)可见，对于一定的 ρ_N 和 R，露出的波带数 N 随 r_0 变化，r_0 不同 N 也不同，从而 P_0 点的光强度也不同。由式(3-108)，当 N 为奇数时，对应是亮点；N 为偶数时，对应是暗点。所以当观察屏前后移动(r_0 变化)时，P_0 点的光强将明暗交替地变化，这是典型的菲涅耳衍射现象。

在 ρ_N 和 R 一定时，随着 r_0 的增大，N 减小，菲涅耳衍射效应很显著，当 r_0 大到一定程度时，可视 $r\to\infty$，露出的波带数 N 不再变化，且为

$$N = N_m = \frac{\rho_N^2}{\lambda R} \tag{3-111}$$

这个波带数称为菲涅耳数，它是一个描述圆孔衍射效应的很重要的参量。此后，随着 r_0 的增大，P_0 点的光强不再出现明暗交替的变化，逐渐进入夫琅禾费衍射区。而当 r_0 很小时，N 很大，衍射效应不明显。当 r_0 小到一定程度时，可视为直线传播。

当 R 和 r_0 一定时，圆孔对 P_0 露出的波带数 N 与圆孔半径有关，$N \propto \rho_N^2$。于是，孔大，露出的波带数多，衍射效应不显著；孔小，露出的波带数少，衍射效应显著。当孔趋于无限大时，$a_N \to 0$，所以

$$A_\infty = \frac{a_1}{2} \tag{3-112}$$

这说明，孔很大时，P_0 点的光强不再变化，过渡到直线传播。所以，光的直线传播，实际是透光孔径较大情况下的一种特殊情况。当光波波前完全不被遮挡时的 P_0 点光场振幅 A_∞，只是有圆孔时第一个波带在 P_0 点产生光场振幅 a_1 的一半。这说明，当孔小到只露出一个波带时，P_0 点的光强度由于衍射效应，增为无遮挡时 P_0 点光强度的 4 倍。

当波长增大时，N 减少。这说明在 ρ_N、R、r_0 一定的情况下，长波长光波的衍射效应更加显著，更能显示出其波动性。

对于轴外点的光强，原则上也可以用同样的方法进行讨论。如图 3.44 所示，为了确定不在轴上的任意点 P 的光强，可先设想衍射屏不存在，以 M_0 为中心，相对于 P 点作半波带，然后再放上圆孔衍射屏，圆孔中心为 O。这时由于圆孔和波面对 P 点的波带不同心，波带的露出部分如图 3.45 所示。这些波带在 P 点引起振动的振幅大小，不仅取决于波带数目，还取决于每个波带露出部分的大小。可以预期，当 P 点逐渐偏离 P_0 点时，有的地方衍射光会强一些，有些地方会弱一些。

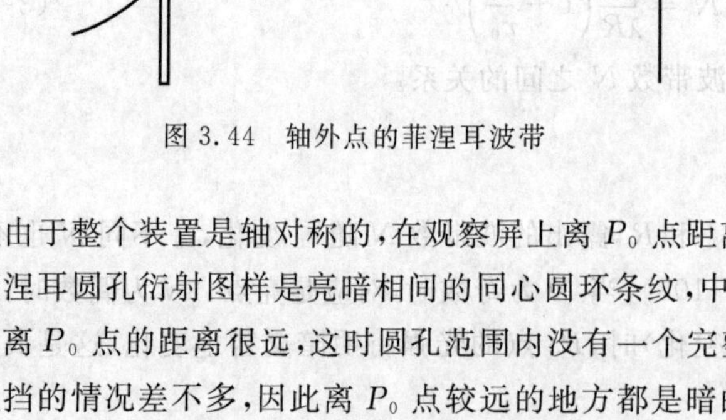

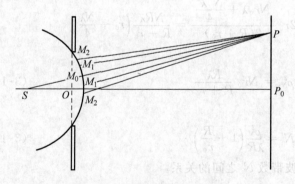

图 3.44 轴外点的菲涅耳波带

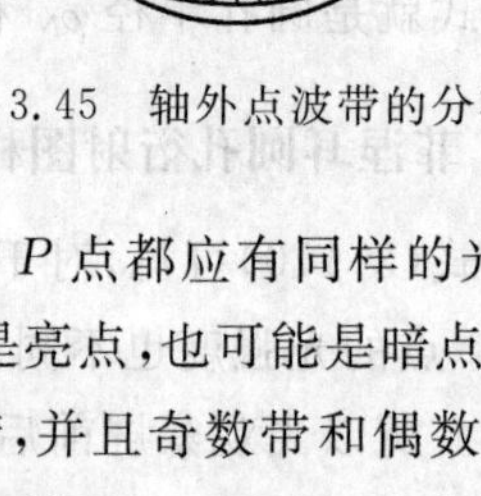

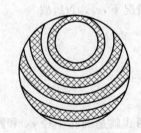

图 3.45 轴外点波带的分布

由于整个装置是轴对称的，在观察屏上离 P_0 点距离相同的 P 点都应有同样的光强，因此菲涅耳圆孔衍射图样是亮暗相间的同心圆环条纹，中心可能是亮点，也可能是暗点。如果 P 点离 P_0 点的距离很远，这时圆孔范围内没有一个完整的波带，并且奇数带和偶数带受光屏阻挡的情况差不多，因此离 P_0 点较远的地方都是暗的(图 3.46)。

上面的讨论都是基于点光源，如果不是点光源，将因有限大小光源中的每一个点源都产生自己的一套衍射图样，导致干涉图样变得模糊。

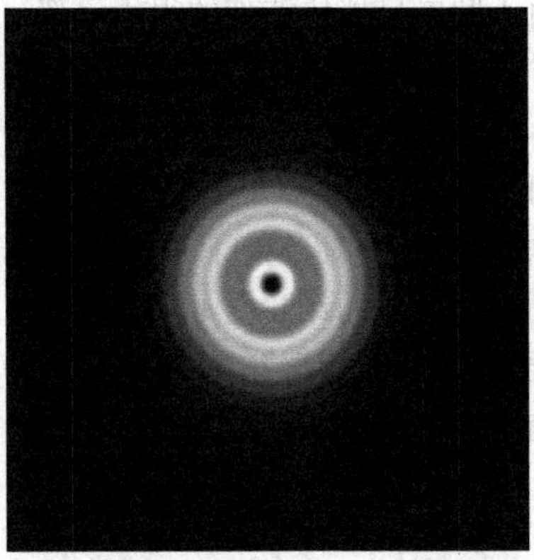

图 3.46 圆孔菲涅耳衍射图样照片

3. 非涅耳圆屏衍射

与上面的情况不同，如果用一个不透明的圆形木板（或一切具有圆形投影的不透明障碍物）替代圆孔衍射屏，将会产生怎样的衍射图样？

如图 3.47 所示，S 为单色点光源，MM' 为圆屏，P_0 为观察点。分析方法与圆孔相同，仍然由 P_0 对波面做波带，只是在圆屏的情况下，开头的 N 个波带被捂住，第 $N+1$ 个以外的波带全部通光，因此，P_0 点的合振幅为

$$\begin{aligned} A_\infty &= a_{N+1} - a_{N+2} + \cdots + a_\infty \\ &= \frac{a_{N+1}}{2} + \left(\frac{a_{N+1}}{2} - a_{n+2} + \frac{a_{N+3}}{2}\right) + \left(\frac{a_{N+3}}{2} - a_{N+4} - \frac{a_{N+5}}{2}\right) + \cdots \\ &= \frac{a_{N+1}}{2} \end{aligned} \tag{3-113}$$

这就是说，只要屏不十分大，$N+1$ 为不大的有限值，则 P_0 的振幅总是刚露出的第一个波带在 P_0 所产生的光场振幅的一半，即 P_0 点永远是亮点，所不同的只是光的强弱有差别而已。如果圆屏较大，P_0 点离圆屏较近，N 是一个很大的数目，则被挡住的波带就很多，P_0 的光强近似为零，基本上是几何光学的结论：几何阴影处光强为零。

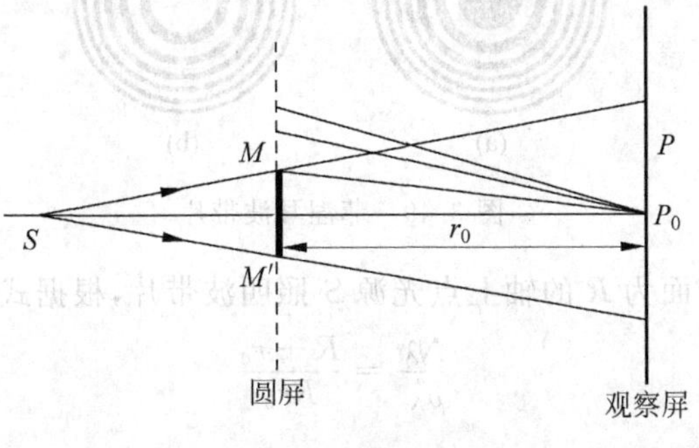

图 3.47 菲涅耳圆屏衍射

对于不在轴上的 P 点，圆屏位置与波带不同心，令振动振幅随 P 点位置的不同而有起伏。考虑到圆屏的对称性，可以预期：圆屏衍射是以 P_0 为中心，在其周围有一组明暗交替的

衍射环。而在远离 P_0 的点，由于圆屏只挡住波带的很小一部分，衍射效应可忽略，过渡到几何光学的结论，如图 3.48 所示。

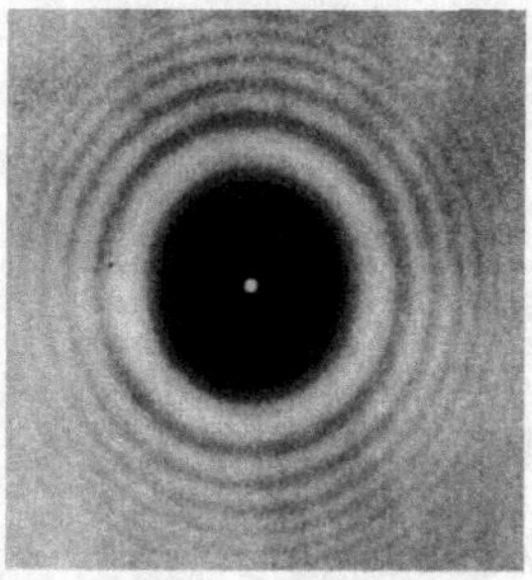

图 3.48 菲涅耳圆屏衍射图样

最后应当指出，如果我们把圆屏和同样大小的圆孔作为互补屏来考虑，并不存在夫琅禾费衍射条件下得出的除轴上点外，两个互补屏的衍射图样相同的结论。也就是说，不能由菲涅耳圆孔衍射直接导出菲涅耳圆屏衍射图样。这是因为对于菲涅耳衍射，无穷大的波面将在观察屏上产生一个非零的均匀振幅分布，而不是像夫琅禾费衍射情形，除轴上点以外处处振幅为零。

4. 菲涅耳波带片

通过对菲涅耳圆孔衍射的讨论，我们知道，由于相邻波带的位相相反，它们对于观察点光场的贡献相互抵消。因此，当只露出一个波带时，光轴上 P_0 点的光强度是波前未被阻挡时的 4 倍。对于一个露出 10 个波带的衍射孔，其作用结果是彼此抵消，P_0 为暗点。现在如果让其中的 1、3、5、7、9 这 5 个奇数带通光，而使 2、4、6、8、10 这 5 个偶数带不通光，则 P_0 点的合振幅为

$$A_N = a_1 + a_3 + a_5 + a_7 + a_9 \approx 5a_1$$

而波前完全不被遮挡时 P_0 点的合振幅为

$$A_\infty = \frac{a_1}{2}$$

所以挡住偶数带(或奇数带)后，P_0 点的光强约为波前完全不被遮挡住时的 100 倍。

这种将奇数波带或偶数波带挡住的特殊光阑称为菲涅耳波带片。由于它的聚光作用类似于一个普通的透镜，所以又称为菲涅耳透镜。图 3.49(a)和(b)给出了将奇数带和偶数带挡住(涂黑)的两块菲涅耳波带片。

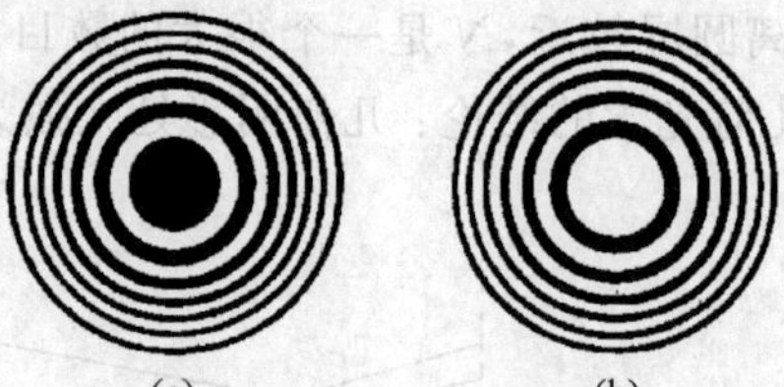

(a) (b)

图 3.49 菲涅耳波带片

设有一个距离波带面为 R 的轴上点光源 S 照明波带片，根据式(3-109)，有

$$\frac{N\lambda}{\rho_N^2} = \frac{R + r_0}{Rr_0}$$

经过变换可得

$$\frac{1}{R} + \frac{1}{r_0} = \frac{N\lambda}{\rho_N^2} \tag{3-114}$$

这个公式和薄透镜成像公式很相近，可视为波带片对轴上物点的成像公式，R 对应于物距

(物点与波带片之间的距离),r_0 对应于像距(观察点与波带片之间的距离),而焦距为

$$f_N = \frac{\rho_N^2}{N\lambda} \tag{3-115}$$

波带片和普通透镜在成像方面除了有类似的一面之外,也有不同之处。主要的不同点是波带片不仅有上面指出的一个焦点 P_0(也称主焦点),还有一系列光强较小的次焦点,这可以利用波带法进行说明。如图 3.50 所示,若 F_1' 为上述的 P_0 点,因为半波带是以 F_1' 为中心划分的,相邻两波带的振动到达 F_1' 的光程差为 $\lambda/2$,而对于轴上的点 F_3' 来说,相应各亮点的焦距为

$$f_m = \frac{1}{m}\left(\frac{\rho_N^2}{N\lambda}\right) \tag{3-116}$$

除了实焦点以外,波带片还有一系列的虚焦点,它们位于波带片的另一侧,其焦距仍由式(3-116)计算。

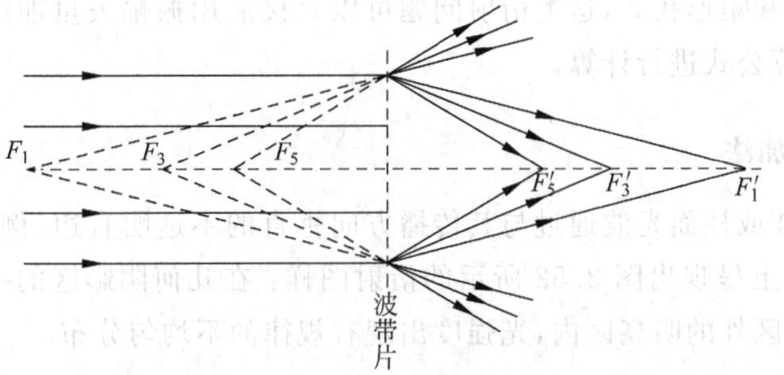

图 3.50 波带片的焦点

菲涅耳波带片与普通透镜相比,还有另外一个差别:波带片的焦距与波长密切相关,这就使得波带片的色差比普通透镜大得多,色差较大是波带片的主要缺点。它的优点是,适应波段范围广。比如用金属薄片制作的波带片,由于透明环带没有任何材料,可以在从紫外到X射线的波段内作透镜用,而普通的玻璃透镜只能在可见光区内使用。此外,还可制成声波和微波的波带片。

波带片除了上述环带状的之外,还可以制成长条形的(图 3.51(a)),条形宽度也决定于相邻两条形波带到焦点 P_0 的光程差为 $\lambda/2$ 这一原则。这种波带片的特点是,在焦点处汇聚成一条明亮的直线,其方向与波带片的条带平行。波带片也可以做成方形的(图 3.51(b)),它可看成是两个正交的条形波带片的组合。这种波带片将使入射平行光会聚成一个明亮的十字线。这种波带片用在激光准直仪中,可以提高准直仪的对准精度。

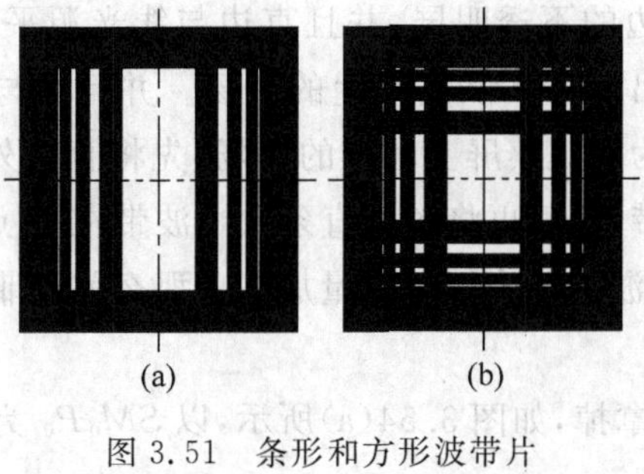

图 3.51 条形和方形波带片

波带片的制作方法是：对已选定的入射光波长和波带片的焦距，先由下式求出各带的半径：

$$\rho_N = \sqrt{N\lambda f_N} \tag{3-117}$$

然后，按上式的计算值画出波带图，并按比例放大画在一张白纸上，将奇数带(或偶数带)涂黑，再用照相方法按原比例精缩，得到底片后，可翻印在胶片或玻璃感光板上，亦可在金属薄片上蚀刻出空心环带，即可制成所需要的波带片。

3.4.2 菲涅耳直边衍射

上一节讨论了圆形孔径的菲涅耳衍射，对于这类衍射问题采用菲涅耳波带法做定性和半定量分析。本节讨论另一类孔径的菲涅耳衍射，这类孔径的边缘都平行于坐标轴的直边，如半平面屏、狭缝和矩形孔等，这类衍射问题可以直接应用振幅矢量加法定性求解，或直接菲涅耳衍射的计算公式进行计算。

1. 振幅矢量加法

一个平面光波或柱面光波通过与其传播方向垂直的不透明直边(例如，刮脸刀片直边)后，将在观察屏幕上呈现出图 3.52 所示的衍射图样：在几何阴影区的一定范围内，光强度不为零，而在阴影区外的明亮区内，光强度出现有规律的不均匀分布。

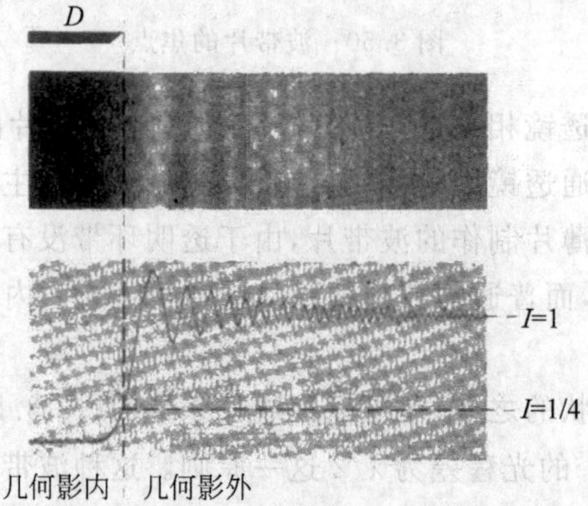

图 3.52 菲涅耳直边衍射图样及光强分布

如图 3.53 所示，S 为一个垂直于图面的线光源，其波面 AB 是以光源为中心的柱面，MM'是垂直于图面有一直边的不透明屏，并且直边与线光源平行。虽然，观察屏上各点的光强度取决于波阵面上露出部分在该点产生的光场。并且在与线光源 S 平行方向上的各观察点具有相同的振幅。为求观察屏上各点的光场，先将直边外的波阵面相当于观察屏上 P 点分成若干直条状半波带，然后再将各个直条状半波带在 P 点产生的光场复振幅进行矢量相加，故常称这种菲涅耳波带法为振幅矢量加法。那么前面菲涅耳圆孔衍射的处理方法，称为代数加法。

假定先将直边屏 MM' 拿掉，如图 3.54(a)所示，以 SM_0P_0 为中线，将柱面波的波面分成

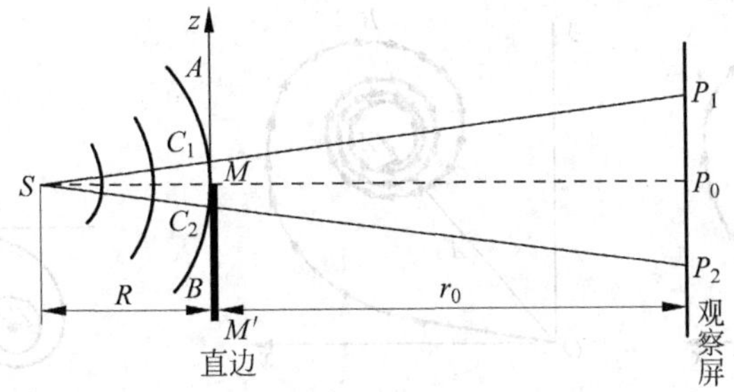

图 3.53　菲涅耳直边衍射示意图

许多直条状半波带，相邻半波带的相应点在 P_0 点所产生的光场相位相反。从 P_0 点向光源看去，其半波带形状如图 3.54(b)所示。

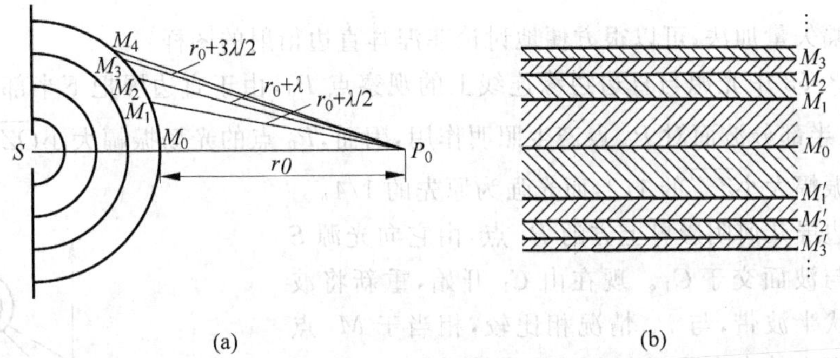

图 3.54　柱面波的半波带

在前面讨论圆孔衍射时已经证明，在球面波面上划分的同心环状波带的面积近似相等，但对于图 3.54(b)所示的条状波带面积却随着波带序数 N 的增大而很快地减小，这样，当波带序数增大时，将同时因波带面积的减小，以及到 P_0 点距离的增大和倾角 θ 的加大，而使 P_0 的振幅迅速下降，这种下降的程度较之环形波带明显得多。因此，不能直接利用环形波带的有关公式进行讨论。为此，可以将每一个直条半波带按相邻带间相位差相等的原则，再分成多条波带元。例如，从 M_0 点向上把第一个半波带分成 9 条波带元，各波带元在 P_0 点产生的光场振幅矢量分别为 $\boldsymbol{a}_1$、$\boldsymbol{a}_2$、…、$\boldsymbol{a}_9$，通过矢量加法，就可以得到第一个半波带在 P_0 点产生的光场振幅矢量，如图 3.55(a)中的 $\boldsymbol{A}_1$。同样，可以得到第二个直条半波带在 P_0 点产生的光场振幅矢量 $\boldsymbol{A}_2$。这两个半波带在 P_0 点产生的合光场振幅如图中的矢量 $\boldsymbol{A}$ 表示。显然，这个结果与前面的环形半波带的情况不同，在那里，合振幅趋近于零。如果断续重复上述作法，并把 M_0 以上的各半波带都分成无限多直条波带元，进行矢量作图，就将得到图 3.55(b)所示的光滑的曲线，此曲线趋近于 Z，矢量 $\boldsymbol{A}=\boldsymbol{OZ}$ 表示上半个波面所有波带在 P_0 点所产生的光场振幅。

显然，对于下半个波面对 P_0 点光场的作用，也可以在同一坐标面的第三象限内画出一条对应的曲线。因此，上下两部分波面对 P_0 点的作用就画成图 3.56 所示的曲线，称为科纽(Cornu)螺线。螺线中终点的连线表示 $\overline{Z'Z}$ 整个波面上 P_0 点所产生的光场振幅的大小。

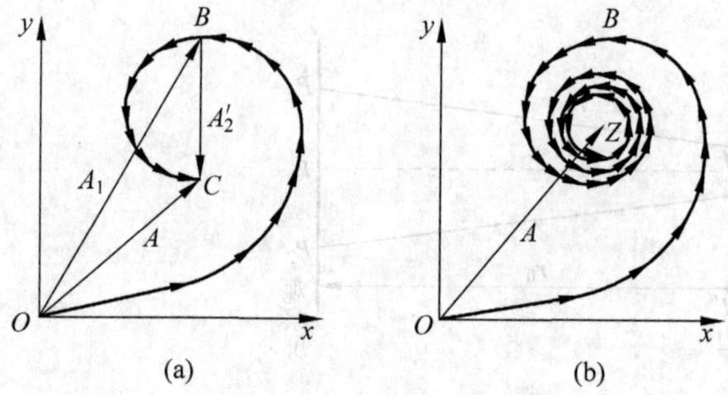

图 3.55 振幅矢量加法

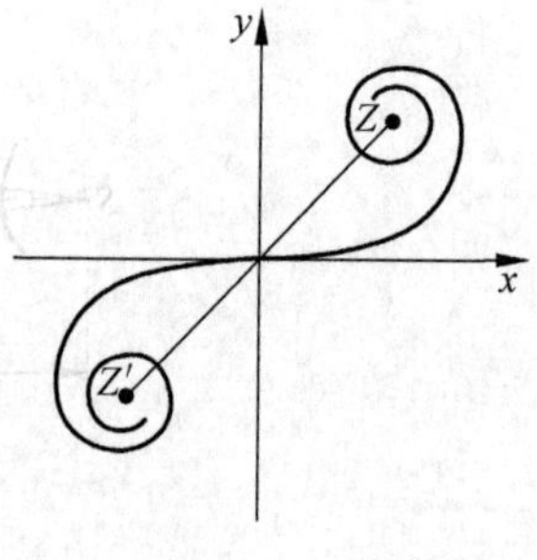

图 3.56 科纽螺线

2. 菲涅耳直边衍射

利用振幅矢量加法,可以很方便地讨论菲涅耳直边衍射的图样:

对于图 3.53 中光源与直边边缘连线上的观察点 P_0,由于直边屏把下半部分波面直接遮住,只有上半部分波面对 P_0 点产生照明作用,因而,P_0 点的光场振幅大小$\overline{OZ}$为波面无任何遮挡时的振幅大小$\overline{ZZ'}$的 1/2,而光强为原先的 1/4。

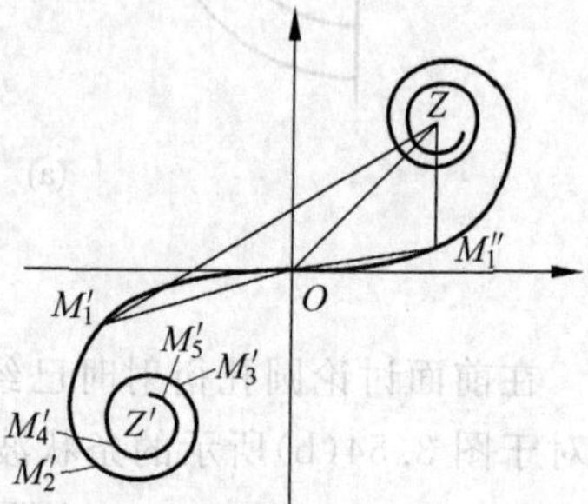

图 3.57 用科纽螺线讨论直边衍射

对于直边屏几何阴影界上方的 P_1 点,由它向光源 S 所作的直线与波面交于 C_1。现在由 C_1 开始,重新将波面许多直条状半波带,与 P_0 情况相比较,相当于 M_0 点移到 C_1,C_1 以上的半个波面完全不受遮挡,因而它在 P_1 点产生的光场振幅由科纽螺线上的$\overrightarrow{OZ}$表示。对于 C_1 以下的半个波面,有一部分被直边屏遮挡,只露出一小部分对 P_1 有作用,在图 3.57 所示的科纽螺线中,以$\overrightarrow{M_i'O}$表示。这样,整个露出的波面对 P_1 点产生光场振幅,在科纽螺线中以$\overrightarrow{OZ}$和$\overrightarrow{M_i'O}$的矢量和,即$\overrightarrow{M_i'Z}$表示。M_i'科纽螺线中的位置取决于 P_1 点到 P_0 点的距离,P_1 点离 P_0 点越远,M_i'点沿螺线越接近 Z'。这就是说,随着 P_1 点的位置的改变,P_1 点的振幅或光强是改变的,并且在 M_2、M_4、…相应的点有最大的光强度,而在 M_3、M_5、…相应的点有最小的光强度。因此,在几何阴影界上方靠近 P_0 处的光强分布不均匀,有亮暗相间的衍射条纹,对于离 P_0 足够远的地方,光强度基本上正比于$|\overrightarrow{ZZ'}|^2$,有均匀的光强分布。

对于 P_0 以下的 P_2 点,它与 S 的连线交波面于 C_2 点。C_2 点以下的半个波面被直边屏遮挡,对于 C_2 点以上的半个波面也有一部分被遮挡。因此,P_2 点的合光场振幅矢量的一端为 Z,另一端为 M_i'',即为$\overrightarrow{M_i''Z}$,P_2 点的光强度正比于$|\overrightarrow{M_i''Z}|^2$。$M_1''$随 P_2 点的位置不同,沿着螺线移动,P_2 点离 P_0 点越远,光强越小,当 P_2 点离 P_0 点足够远时,光强度趋于零。

根据上面的讨论,可以解释图 3.52 所示的直边衍射图样和光强分布。

3.4.3 菲涅耳单缝衍射

利用振幅矢量加法可以很方便地讨论菲涅耳单缝衍射现象。

如图 3.58(a)所示，单缝的每一边犹如一个直边，遮去了大部分的波面，而单缝露出的波面对观察点的作用，可以通过科纽螺线作图得到。在菲涅耳单缝衍射中，条纹强度分布与缝的宽度有关。图 3.58(b)给出了一些宽度不同的菲涅耳单缝衍射图样的照片。可以看出，当缝宽很小时，强度分布类似于夫琅禾费衍射情形；当缝宽较大时，中央出现暗纹，这是夫琅禾费衍射没有的特点。

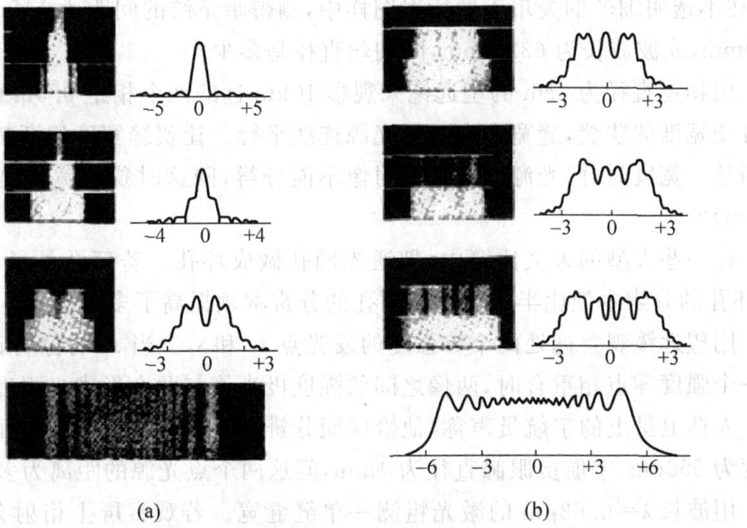

图 3.58 菲涅耳单缝衍射强度分布

习题

3.1 由于衍射效应的限制，人眼能分辨某汽车的两前灯时，人离汽车的最远距离等于多少(假定两车灯相距 1.22m)？

3.2 在图 3.5 中，设 Σ_2 上的场是由发散球面波产生的，证明它满足菲涅耳辐射条件。

3.3 波长 $\lambda=500\text{nm}$ 的单色光垂直射到边长为 3cm 的方孔，在光轴(它通过方孔中心并垂直方孔平面)附近离孔 z 处观察衍射，试求出夫琅禾费衍射区的大致范围。

3.4 (1) 一束直径为 2mm 的氩离子激光($\lambda=514.5\text{nm}$)自地面射向月球，已知地面和月球相距 $3.76\times10^5\text{km}$，问在月球上得到的光斑有多大？

(2) 如果将望远镜反向作为扩束器将该光束扩展成直径为 2m 的光束，该用多大倍数的望远镜？将扩束后的光束再射向月球，在月球上的光斑为多大？

3.5 一准直单色光束($\lambda=600\text{nm}$)垂直入射在直径为 1.2cm、焦距为 50cm 的会聚透镜上，试计算在该透镜焦平面上的衍射图样中心亮斑的角宽度和线宽度。

3.6 (1) 显微镜用紫外光($\lambda=275\text{nm}$)照明比用可见光($\lambda=550\text{nm}$)照明的分辨本领约大多少倍？

(2) 显微镜的物镜在空气中的数值孔径为 0.9，用紫外线照明时能分辨的两条线之间的距离是多少？

(3) 当采用油浸系统($n=1.6$)时，这个最小距离是多少？

3.7 若要使照相机感光胶片能分辨 $2\mu m$ 的线距，问：

(1) 感光胶片的分辨率至少是多少线每毫米？

(2) 照相机镜头的相对孔径 D/f 至少有多大(设光波波长 550nm)？

3.8 一照相物镜的相对孔径为 1∶3∶5，用 $\lambda=546nm$ 的汞绿光照明，问用分辨本领为 500 线/mm 的底片来记录物镜的像是否合适？

3.9 在不透明细丝的夫琅禾费衍射图样中，测得暗条纹的间距为 1.5mm，所有透镜的焦距为 300mm，光波波长为 632.8nm，问细丝直径是多少？

3.10 用物镜直径为 4cm 的望远镜来观察 10km 远的两个相距 0.5m 的光源。在望远镜前置一可变宽度的狭缝，缝宽方向与两光源连线平行。让狭缝宽度逐渐减小，发现当狭缝宽度减小到某一宽度时，两光源产生的衍射像不能分辨，问这时狭缝宽度是多少(设光波波长 $\lambda=550nm$)？

3.11 在一些大型的天文比赛中，把通光圆孔做成环孔。若环孔外径和内径非别为 a 和 $a/2$，问环孔的分辨本领比半径为 a 的圆孔的分辨本领提高了多少？

3.12 用望远镜观察远处两个等强度的发光点 s_1 和 s_2。当 s_1 的像(衍射图样)中央和 s_2 的像第一个强度零点相重合时，两像之间的强度极小值与两个像中央强度之比是多少？

3.13 人造卫星上的宇航员声称，他恰好能分辨离他 100km 地面上的两个点光源。设光波的长度为 550nm，宇航员眼瞳直径为 4mm，问这两个点光源的距离为多大？

3.14 用波长 $\lambda=0.63\mu m$ 的激光粗测一单缝缝宽。若观察屏上衍射条纹左右两个第五级极小的距离是 6.3cm，屏和缝的距离是 5m，求缝宽。

3.15 今测得一细丝的夫琅禾费零级衍射条纹的宽度是 1cm，已知入射光波长为 $0.63\mu m$，透镜焦距为 50cm，求细丝的直径。

3.16 考察缝宽 $b=8.8\times10^{-3}$ cm，双缝间隔 $d=7.7\times10^{-2}$ cm，照明光波长为 $0.6328\mu m$ 时的双缝衍射现象。问在中央极大值两侧的两个衍射极小值间，将出现多少个干涉极小值？若屏离开双缝 457.2cm，计算其条纹宽度。

3.17 在双缝夫琅禾费衍射实验中，所用波长 $\lambda=632.8nm$，透镜焦距 $f=50cm$，观察到两相邻亮条纹之间的距离 $e=1.5mm$，并且第 4 级亮纹缺级。试求：

(1) 双缝的缝距和缝宽；

(2) 第 1、2、3 级亮纹的相对强度。

3.18 有一多缝衍射屏如图 3.59 所示，总缝数为 $2N$，缝宽为 a，缝间不透明部分的宽度依次为 a 和 $3a$。试求正入射情况下，遮住偶数缝和全开放时的夫琅禾费衍射强度分布公式。

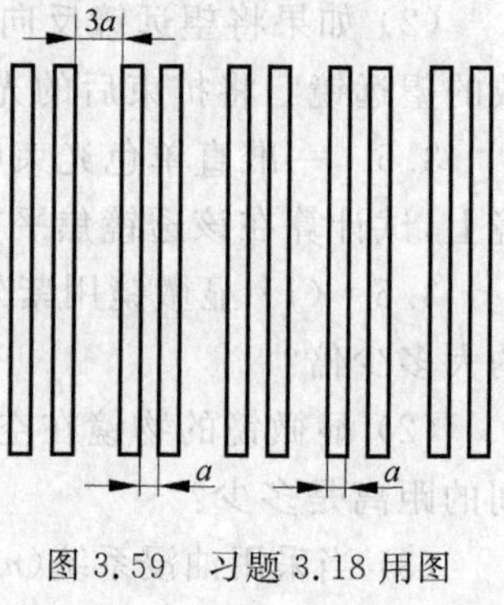

图 3.59 习题 3.18 用图

3.19 用波长为 624nm 的单色光照射一光栅，已知该光栅的缝宽 $a=0.012mm$，不透明部分宽度 $b=0.029mm$，缝数 $N=1000$ 条，试求：

(1) 中央峰的角宽度；

(2) 中央峰内干涉主极大的数目；

(3) 谱线的半角宽度。

3.20 已知一光栅的光栅常数 $d=2.5\mu m$，缝数为 $N=20000$ 条。求此光栅的 1、2、3 级光谱的分辨本领，并求波长

$\lambda=0.69\mu m$ 红光的2级、3级光谱的位置(角度),以及光谱对此波长的最大干涉级次。

3.21 已知F-P标准具有空气间隔 $h=4cm$,两镜面的反射率均为 $R=89.1\%$。另有一反射光栅的刻线面积为 $3cm\times3cm$,光栅常数为1200条/mm,取其一级光谱,试比较这两个分光元件对 $\lambda=0.6328\mu m$ 红光的分光特性。

3.22 在唱片中心 O_1 上方 $h_1=1cm$ 处放置一单色点光源,观察者眼睛与唱片轴线的距离 $a=110cm$,高度 $h_2=10cm$,除光源的几何像外,眼睛在唱片表面上看到衍射条纹系列。若唱片条痕之间的距离 $d=0.5mm$,求条纹之间的距离 Δx 等于多少?已知光波长 $\lambda=0.55\mu m$。

3.23 在一透射光栅上必须刻多少条线,才能使它刚好分辨第1级光谱中的钠双线(589.592nm和588.995nm)?

3.24 一块光栅的宽度为5cm,每毫米内有400条刻线。当波长为500nm的平行光垂直入射时,第4级衍射光谱处在单缝衍射的第1级小位置,试求:

(1) 每缝(透光部分)的宽度;

(2) 第2级衍射光谱的半角宽度;

(3) 第2级可分辨的最小波长差;

(4) 入射光改为光与栅平面法线成30°方向斜入射时,光栅能分辨的谱线最小波长差。

3.25 一块光栅的宽度为10cm,每毫米内有500条缝,光栅后面放置的透镜焦距为500mm。问:

(1) 它产生的波长 $\lambda=632.8nm$ 的单色光的1级和2级谱线的半宽度是多少?

(2) 若入射光是波长为632.8nm和波长与之相差0.5nm的两种单色光,则它们的1级和2级谱线之间的距离是多少?

3.26 计算栅距(光栅常数)是缝宽5倍的光栅的第0、1、2、3、4、5级亮纹的相对强度,并对 $N=5$ 的情形画出光栅衍射的强度分布曲线。

3.27 一块闪耀的波长为第1级 $0.5\mu m$,每毫米刻痕为1200的反射光栅,在里特罗自准装置中能看到 $0.5\mu m$ 的哪几级光谱?

3.28 一块闪耀光栅刻数为100条/mm,用 $\lambda=600nm$ 的单色平行光垂直入射到光栅平面,若第2级光谱闪耀,闪耀角应为多大?

3.29 一块闪耀光栅宽260mm,每毫米有300个刻槽,闪耀角为77°12′。

(1) 求光束垂直于槽面入射时,对于波长 $\lambda=500nm$ 的光的分辨本领。

(2) 光栅的自由光谱范围多大?

(3) 试同空气间隔为1cm,精细度为25的法布里-珀罗标准具的分辨本领和光谱范围做一比较。

3.30 一透射阶梯光栅由20块玻璃板叠成,板厚 $t=1cm$,玻璃折射率 $n=1.5$,阶梯高度 $d=0.1cm$。以波长 $\lambda=500nm$ 的单色光垂直照射,试计算:

(1) 入射光方向上干涉主极大的级数;

(2) 光栅的角色散和分辨本领(假定玻璃折射率不随波长变化)。

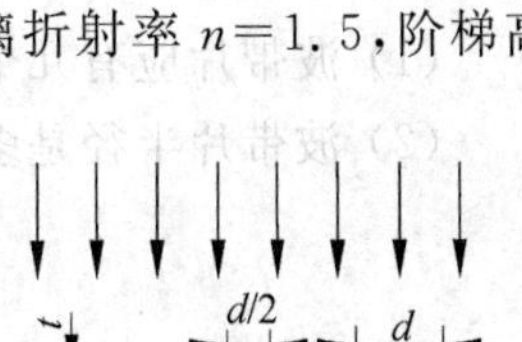

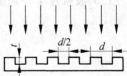

图3.60 习题3.31用图

3.31 一块位相光栅如图3.60所示,在透明介质薄板上做成栅距为 d 的刻槽,刻槽的宽度与凸面宽度相等,且都是透明的。

设刻槽深度为 t，介质折射率为 n，平行光入射。试导出这一光栅的夫琅禾费衍射强度分布公式，并讨论它的强度分布图样。

3.32 波长为 589nm 的单色平行光照明一直径为 $D=2.6$mm 的小圆孔，接收屏距孔 1.5m。试问：轴线与屏的交点是亮点还是暗点？当孔的直径改变为多大时，该点的光强发生相反的变化？

3.33 波长 $\lambda=563.3$nm 的单色光，由远处的光源发出，穿过一个 $D=2.6$mm 的小圆孔，照射与孔相距 $r_0=1$m 的屏幕。试问：屏幕正对孔的 P_0 点处，是亮点还是暗点？要使 P_0 点的情况与上述相反，至少要把屏幕移动多少距离？

3.34 单色平面光入射到小圆孔上，在孔的对称轴线上的 P_0 点进行观察，圆孔正好露出 1/2 个半波带，试问 P_0 点的光强是光波自由传播时光强的几倍？

3.35 波长 632.8nm 的单色平行光垂直入射到一圆孔屏上，在孔后中心轴上距圆孔 $r_0=1$m 处的 P_0 点出现一个亮点，假定这时小圆孔对 P_0 点恰好露出第一个半波带。试求：

(1) 小孔的半径 ρ。

(2) 由 P_0 点沿中心轴从远处向小孔移动时，第一个暗点至圆孔的距离。

3.36 一波带片主焦点的强度约为入射光强度的 10^3 倍，在 400nm 的紫光照明下的主焦距为 80cm。试问

(1) 波带片应有几个开带？

(2) 波带片半径是多少？

3.37 如图 3.61 所示，单色点光源（波长 $\lambda=500$nm）安放在离光阑 1m 远的地方，光阑上有一个内外半径分别为 0.5mm 和 1mm 的通光圆环。考察点 P 离光阑 1m（SP 连线通过圆环中心并垂直于圆环平面），问在 P 点的光强度和没有光阑时的光强度之比是多少？

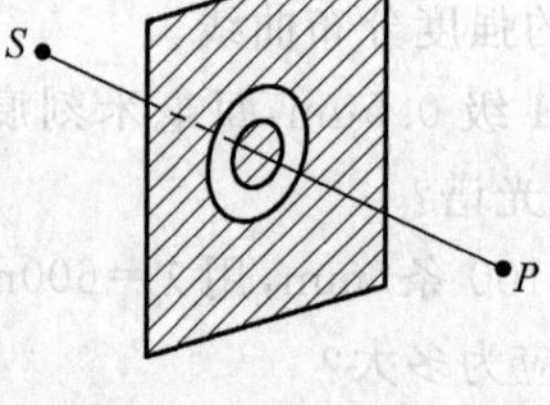

图 3.61 习题 3.37 用图

3.38 一波带片离点光源 2m，点光源发光的波长 $\lambda=546$nm，波带片成点光源的像于 2.5m 远的地方，问波带片第一个波带和第二个波带的半径是多少？

3.39 一波带片主焦点的强度约为入射光强的 10^3 倍，在 400nm 的紫光照明下的主焦距为 80cm。问：

(1) 波带片应有几个开带？

(2) 波带片半径是多少？

第4章 晶体光学基础

晶体光学是研究光在单晶体中传播及其伴生现象的分支学科。晶体光学在晶体定向、矿物鉴定、晶体结构以及其他晶体光学现象(如非线性效应、光散射)的工作与研究中有重要应用。晶体光学元件,如各种起偏棱镜、补偿器等,则广泛应用于各种光学仪器和实验中。本章主要讨论光在各向异性介质中的传播特性。

4.1 双折射

4.1.1 双折射现象和基本规律

当一束单色光在各向同性介质(例如空气和玻璃)的界面折射时,折射光只有一束,而且遵守折射定律,这是我们所共知的。但是,如果取一块方解石,放在一张有字的纸上,我们将看到双重的像(图 4.1)。这表明,当一束单色光在这种晶体的界面折射时,一般可以产生两束折射光,这种现象叫做双折射。下面以双折射现象比较明显的方解石为例,讨论晶体的双折射现象。

方解石也叫冰洲石,化学成分是碳酸钙($CaCO_3$)。天然方解石晶体的外形为平行六面体(图 4.2),每个表面都是锐角为 78°8′、钝角为 101°52′的平行四边形。六面体共有八个顶角,其中两个由三面钝角组成,称为钝隅。其余六个顶角都是由一个钝角和两个锐角构成。

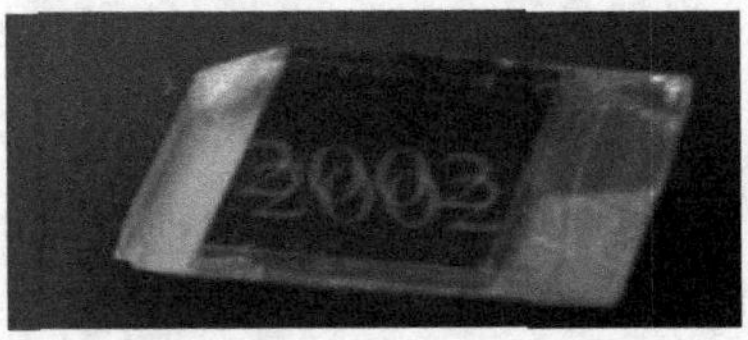

图 4.1 方解石晶体双折射现象的照片

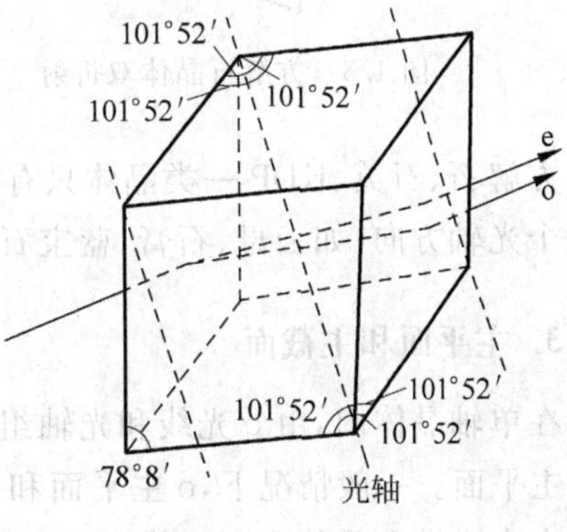

图 4.2 方解石晶体

当一束单色光在各向同性介质(例如空气和玻璃)的界面折射时,折射光只有一束,而且遵守折射定律,这是我们所共知的。但是,当一束单色光在各向异性晶体的界面折射时,一般可以产生两束折射光,这种现象叫做双折射。下面以双折射现象比较明显的方解石为例,讨论晶体的双折射现象。

1. 寻常光和非寻常光(o 光和 e 光)

对方解石的双折射现象的进一步研究表明,两束折射光中,有一束总是遵守折射定律,即不论入射光束的方位如何,这束折射光总是在入射面内,并且折射角的正弦与入射角的正弦之比等于常数。我们把这束折射光称为寻常光或 o 光。另一束折射光一般情况下不遵守折射定律:一般不在入射面内,折射角与入射角的正弦之比不为常数。这束折射光称为非寻常光或 e 光。如图 4.3 所示,光束垂直于方解石表面入射,不偏折地穿过方解石的一束光即为 o 光,而在晶体内偏离入射方向(违背折射定律)的一束光就是 e 光。

2. 晶体光轴

方解石晶体有一个重要的特性,就是存在一个(而且只有一个)特殊的方向,当光在晶体中沿着这个方向传播时不发生双折射。晶体内这个特殊的方向称为晶体光轴。

实验证明,方解石晶体的光轴方向就是从它的一个钝隅所作的等分角线方向,即与钝隅的三条棱成相等角度的那个方向。当方解石晶体的各棱都等长时,钝隅的等分角线刚好就是相对的那两个钝隅的连线(图 4.2)。因此,如果把方解石的这两个钝隅磨平,并使平表面与两个钝隅连线(光轴方向)垂直,那么当平行光垂直于平表面入射时,光在晶体中将沿光轴方向传播,不发生双折射(图 4.4)。必须着重指出,光轴并不是经过晶体的某一条特定的直线,而是一个方向。在晶体内的每一点,都可以作出一条光轴来。

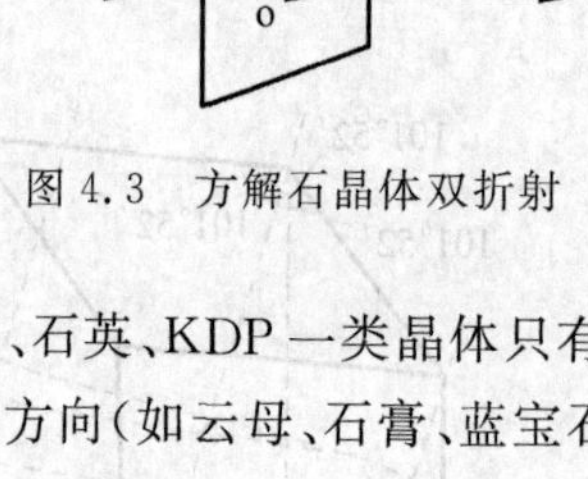

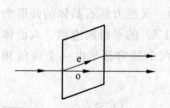

图 4.3　方解石晶体双折射

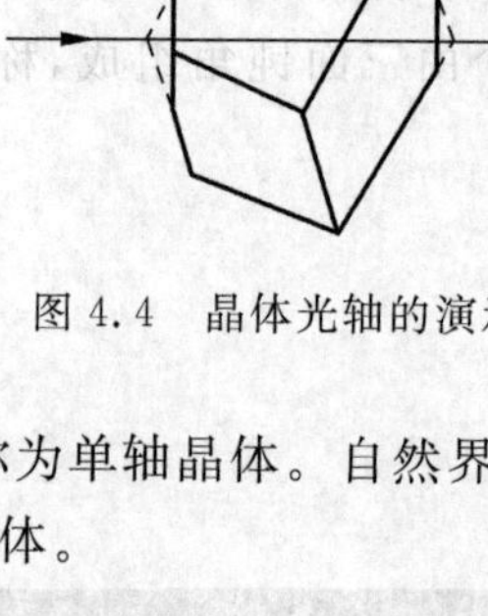

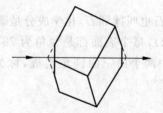

图 4.4　晶体光轴的演示

方解石、石英、KDP 一类晶体只有一个光轴方向,称为单轴晶体。自然界的大多数晶体有两个光轴方向(如云母、石膏、蓝宝石等),称为双轴晶体。

3. 主平面和主截面

在单轴晶体内,由 o 光线和光轴组成的面称为 o 主平面;由 e 光线和光轴组成的面称为 e 主平面。一般情况下,o 主平面和 e 主平面是不重合的。但是,实验和理论都指出,若光线在由光轴和晶体表面法线组成的平面内入射,则 o 光和 e 光都在这个平面内,这个平面也就是 o 光和 e 光共同的主平面。这个由光轴和晶体表面法线组成的面称为晶体的主截面。在实用上，都有意选择入射面与主截面重合，以使所研究的双折射现象大为简化。对于天然方解石晶体来说，如果它的各棱都等长，通过组成钝隅的每一条棱的对角面就是它的主截面。当然，与这些面平行的截面也是方解石的主截面。方解石天然晶体的主截面总是与晶面交成一个角度为70°53′和109°7′的平行四边形(图4.5)。

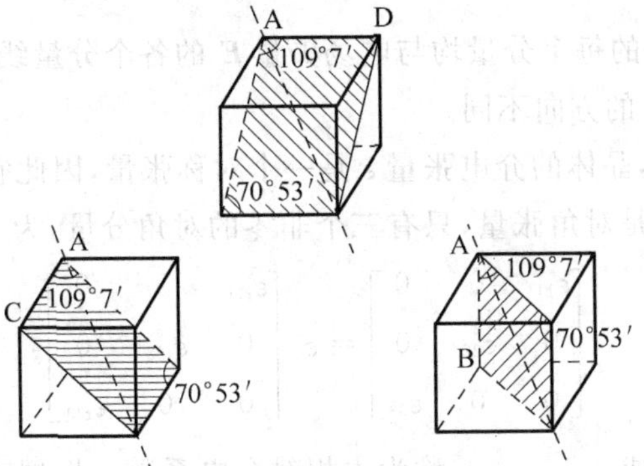

图4.5 方解石晶体的主截面

4. 双折射的偏振

如果用检偏器来检验晶体双折射产生的o光和e光的偏振状态，就会发现o光和e光都是线偏振光。并且，o光的电矢量与o主平面垂直，因而总是与光轴垂直；e光的电矢量在e主平面内，因而它与光轴的夹角就随着传播方向的不同而改变。由于o主平面和e主平面在一般情况下并不重合，所以o光和e光的电矢量方向一般也不相互垂直；只有当主截面是o光和e光的共同主平面时，o光和e光的电矢量才互相垂直。

4.1.2 晶体的各向异性及介电张量

1. 晶体的各向异性

晶体的双折射现象，表示晶体在光学上是各向异性的，即它对不同方向的光振动表现出不同的性质。更具体地说，对于振动方向互相垂直的两个线偏振光，在晶体中有着不同的传播速度(或折射率)，因而发生双折射现象。

许多非晶体物质，其分子、原子也具有不对称的方向性，但由于它们在物质中的无规则排列和运动，在整体上仍呈现出宏观的各向同性。只是在外界一定方向的力(电、磁等)作用下，它们的取向可能出现一定的规则性，从而呈现出各向异性。

2. 晶体的介电张量

由电磁场理论已知，介电常数ε是表征介质电学特性的参量。在各向同性介质中，电位移矢量$\boldsymbol{D}$和电场矢量$\boldsymbol{E}$满足如下关系：

$$\boldsymbol{D} = \varepsilon_0 \varepsilon_r \boldsymbol{E} \tag{4-1}$$

这里，介电常数$\varepsilon = \varepsilon_0 \varepsilon_r$是标量，电位移矢量$\boldsymbol{D}$与电场矢量$\boldsymbol{E}$的方向相同，即$\boldsymbol{D}$矢量的每个

分量只与 $\boldsymbol{E}$ 矢量的相应分量线性相关。对于各向异性介质，$\boldsymbol{D}$ 和 $\boldsymbol{E}$ 间的关系为

$$\boldsymbol{D} = \varepsilon_0 \varepsilon_r \cdot \boldsymbol{E} \tag{4-2}$$

此时介电常数 $\varepsilon = \varepsilon_0 \varepsilon_r$ 是二阶张量。式(4-2)的分量形式为

$$D_i = \sum_j \varepsilon_{ij} E_j \quad (i, j = 1, 2, 3) \tag{4-3}$$

也就是说电位移矢量 $\boldsymbol{D}$ 的每个分量均与电场矢量 $\boldsymbol{E}$ 的各个分量线性相关。一般情况下，在各向异性介质中 $\boldsymbol{D}$ 与 $\boldsymbol{E}$ 的方向不同。

根据光的电磁理论，晶体的介电张量 ε 是一个对称张量，因此它有六个独立分量。经过主轴变换后的介电张量是对角张量，只有三个非零的对角分量，为

$$\begin{bmatrix} \varepsilon_{11} & 0 & 0 \\ 0 & \varepsilon_{22} & 0 \\ 0 & 0 & \varepsilon_{33} \end{bmatrix} = \varepsilon_0 \begin{bmatrix} \varepsilon_{r11} & 0 & 0 \\ 0 & \varepsilon_{r22} & 0 \\ 0 & 0 & \varepsilon_{r33} \end{bmatrix} \tag{4-4}$$

上式中 ε_{r11}、ε_{r22}、ε_{r33} 常写成 ε_{r1}、ε_{r2}、ε_{r3}，称为主相对介电系数。根据麦克斯韦关系 $n = \sqrt{\varepsilon_r}$，可以定义三个主折射率 n_1、n_2、n_3。在主轴坐标系中，式(4-3)可以表示为

$$D_i = \varepsilon_0 \varepsilon_{ri} E_i \quad (i = 1, 2, 3) \tag{4-5}$$

各向异性晶体按照光学性质可以分成两类：双轴晶体和单轴晶体。双轴晶体中，主相对介电常数 $\varepsilon_{r1} \neq \varepsilon_{r2} \neq \varepsilon_{r3}$。单轴晶体对应于 $\varepsilon_{r1} = \varepsilon_{r2} \neq \varepsilon_{r3}$，而如果主相对介电常数 $\varepsilon_{r1} = \varepsilon_{r2} = \varepsilon_{r3}$，则表明该晶体是各向同性的。

4.2 单色平面波在晶体中的传播

4.2.1 晶体中单色平面波的各矢量关系

光波是一种电磁波，光波在物质中的传播过程可以用麦克斯韦方程组和物质方程来描述。在均匀、不导电、非磁性的各向异性晶体中，若没有自由电荷，麦克斯韦方程组可以写为

$$\begin{cases} \nabla \times \boldsymbol{H} = \dfrac{\partial \boldsymbol{D}}{\partial t} \\ \nabla \times \boldsymbol{E} = -\mu_0 \dfrac{\partial \boldsymbol{H}}{\partial t} \\ \nabla \cdot \boldsymbol{B} = 0 \\ \nabla \cdot \boldsymbol{D} = 0 \\ \boldsymbol{B} = \mu_0 \boldsymbol{H} \\ \boldsymbol{D} = \varepsilon \cdot \boldsymbol{E} \end{cases} \tag{4-6}$$

为简单起见，我们只讨论单色平面光波在晶体中的传播特性。这样处理，可不考虑介质的色散特性，同时，对于任意复杂的光波，因为光场可以通过傅里叶变换分解为许多不同频率的单色平面光波的叠加，所以也不失一般性。

设晶体中传播的单色平面光波为

$$\begin{bmatrix}\boldsymbol{E}\\ \boldsymbol{D}\\ \boldsymbol{H}\end{bmatrix}=\begin{bmatrix}\boldsymbol{E}_0\\ \boldsymbol{D}_0\\ \boldsymbol{H}_0\end{bmatrix}\mathrm{e}^{-\mathrm{i}(\omega t-\boldsymbol{k}\cdot\boldsymbol{r})}$$

式中 $\boldsymbol{k}$ 为波矢量。将 $\boldsymbol{E}$、$\boldsymbol{D}$、$\boldsymbol{H}$ 代入式(4-6)中的第 1～4 式，可以得到

$$\begin{cases}\boldsymbol{H}\times\boldsymbol{k}=\omega\boldsymbol{D}\\ \boldsymbol{E}\times\boldsymbol{k}=-\omega\mu_0\boldsymbol{H}\\ \boldsymbol{k}\cdot\boldsymbol{D}=0\\ \boldsymbol{k}\cdot\boldsymbol{H}=0\end{cases}\tag{4-7}$$

从上面的关系式可以看出：

(1) $\boldsymbol{D}$ 垂直于 $\boldsymbol{H}$ 和 $\boldsymbol{k}$，$\boldsymbol{H}$ 垂直于 $\boldsymbol{E}$ 和 $\boldsymbol{k}$，所以 $\boldsymbol{H}$ 垂直于 $\boldsymbol{E}$、$\boldsymbol{D}$、$\boldsymbol{k}$，所以 $\boldsymbol{E}$、$\boldsymbol{D}$、$\boldsymbol{k}$ 在垂直于 $\boldsymbol{H}$ 的同一平面内，且 $\boldsymbol{D}$、$\boldsymbol{H}$、$\boldsymbol{k}$ 构成右手正交螺旋关系。如图 4.6 所示。

(2) 根据坡印亭矢量(代表能量传播的方向)的定义

$$\boldsymbol{S}=\boldsymbol{E}\times\boldsymbol{H}$$

可知，$\boldsymbol{H}$ 和 $\boldsymbol{E}$、$\boldsymbol{S}$ 相互垂直。所以 $\boldsymbol{D}$、$\boldsymbol{E}$、$\boldsymbol{k}$ 和 $\boldsymbol{S}$ 在同一个平面上，并且，一般情况下，$\boldsymbol{k}$ 和 $\boldsymbol{S}$ 的方向不同，两者之间的夹角等于 $\boldsymbol{D}$ 和 $\boldsymbol{E}$ 之间的夹角。所以，在晶体中，光能量传播方向通常与光波法线方向不同。

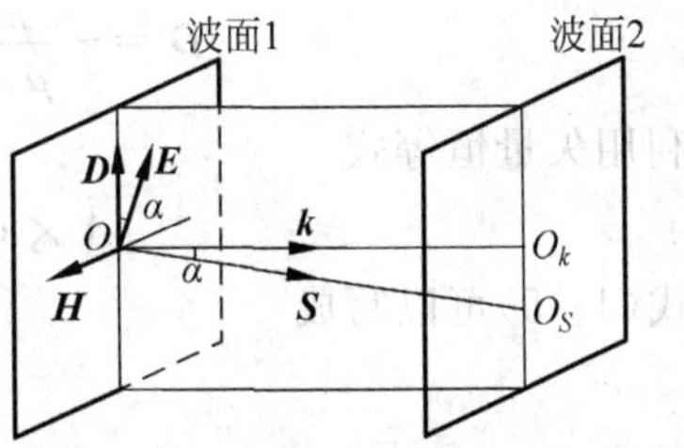

图 4.6 晶体中单色平面波的矢量关系

(3) 根据电磁能量密度公式及式(4-7)的第 1、2 式，有

$$w_{\mathrm{e}}=\frac{1}{2}\boldsymbol{E}\cdot\boldsymbol{D}=\frac{1}{2\omega}\boldsymbol{E}\cdot(\boldsymbol{H}\times\boldsymbol{k})=\frac{1}{2\omega}(\boldsymbol{E}\times\boldsymbol{H})\cdot\boldsymbol{k}\tag{4-8}$$

$$w_{\mathrm{m}}=\frac{1}{2}\boldsymbol{B}\cdot\boldsymbol{H}=-\frac{1}{2\omega}\boldsymbol{H}\cdot(\boldsymbol{E}\times\boldsymbol{k})=\frac{1}{2\omega}(\boldsymbol{E}\times\boldsymbol{H})\cdot\boldsymbol{k}\tag{4-9}$$

则总的电磁能量密度为

$$w=w_{\mathrm{e}}+w_{\mathrm{m}}=\frac{1}{\omega}\boldsymbol{S}\cdot\boldsymbol{k}\tag{4-10}$$

图 4.6 中，$\boldsymbol{k}$ 和 $\boldsymbol{S}$ 的夹角为 α，当平面波从位置 1 传播到位置 2 时，光线(能量)就从 O 点传播到 O_S 点，而等相位面的传播方向为 $\boldsymbol{k}$ 的方向。设等相位面的传播速度为

$$v_k=\frac{c}{n}\hat{\boldsymbol{k}}\tag{4-11}$$

其中 $\hat{\boldsymbol{k}}$ 为 $\boldsymbol{k}$ 方向的单位矢量。光线速度 v_S 是单色光波能量的传播速度，其方向为能流密度(坡印亭矢量)的方向 $\boldsymbol{S}$，大小等于单位时间内流过垂直于能流方向上的一个单位面积的能量除以能量密度，即

$$v_S=\frac{S}{w}\hat{\boldsymbol{s}}=\frac{\omega}{k\,\hat{\boldsymbol{s}}\cdot\hat{\boldsymbol{k}}}=\frac{v_k}{\hat{\boldsymbol{s}}\cdot\hat{\boldsymbol{k}}}\tag{4-12}$$

其中，$\hat{\boldsymbol{s}}$ 为能流密度方向的单位矢量。进一步整理，可以得到

$$v_k=v_S\,\hat{\boldsymbol{s}}\cdot\hat{\boldsymbol{k}}=v_S\cos\alpha\tag{4-13}$$

上式表明，单色平面光波的相速度是其光线速度在波阵面法线方向的投影。总结上述的分析如下：在一般情况下，光在晶体中的相速度和光线速度分离，其大小和方向均不相同。而在各向同性介质中，单色平面光波的相速度就是其能量传播速度（光线速度）。

4.2.2 晶体中光波传输的基本方程

根据光的电磁理论，光在晶体中的基本方程可以由麦克斯韦方程组导出。将式(4-7)的前两个式子中的 $\boldsymbol{H}$ 消去，可以得到

$$\boldsymbol{D}=-\frac{1}{\mu_0\omega^2}\boldsymbol{k}\times(\boldsymbol{k}\times\boldsymbol{E}) \tag{4-14}$$

因为 $\boldsymbol{k}=k\hat{\boldsymbol{k}}=\frac{\omega}{c}n\hat{\boldsymbol{k}}$，所以上式还可以写为

$$\boldsymbol{D}=-\frac{n^2}{\mu_0 c^2}\hat{\boldsymbol{k}}\times(\hat{\boldsymbol{k}}\times\boldsymbol{E})=-\varepsilon_0 n^2\hat{\boldsymbol{k}}\times(\hat{\boldsymbol{k}}\times\boldsymbol{E}) \tag{4-15}$$

利用矢量恒等式

$$\boldsymbol{A}\times(\boldsymbol{B}\times\boldsymbol{C})=\boldsymbol{B}(\boldsymbol{A}\cdot\boldsymbol{C})-\boldsymbol{C}(\boldsymbol{A}\cdot\boldsymbol{B})$$

式(4-15)可以写成

$$\boldsymbol{D}=\varepsilon_0 n^2[\boldsymbol{E}-\hat{\boldsymbol{k}}(\hat{\boldsymbol{k}}\cdot\boldsymbol{E})] \tag{4-16}$$

同样，利用图 4.6 和图 4.7 中的矢量关系

$$\begin{aligned}
\boldsymbol{D}\times\hat{\boldsymbol{s}}\times\hat{\boldsymbol{s}}&=-\varepsilon_0 n^2[\boldsymbol{E}\times\hat{\boldsymbol{k}}\times\hat{\boldsymbol{k}}]\times\hat{\boldsymbol{s}}\times\hat{\boldsymbol{s}}\\
&=\varepsilon_0 n^2\,\hat{\boldsymbol{s}}\times[\boldsymbol{E}\times\hat{\boldsymbol{k}}\times\hat{\boldsymbol{k}}]\times\hat{\boldsymbol{s}}\\
&=\varepsilon_0 n^2\{[(\boldsymbol{E}\times\hat{\boldsymbol{k}})\times\hat{\boldsymbol{k}}](\hat{\boldsymbol{s}}\cdot\hat{\boldsymbol{s}})-\hat{\boldsymbol{s}}\{\hat{\boldsymbol{s}}\cdot[(\boldsymbol{E}\times\hat{\boldsymbol{k}})\times\hat{\boldsymbol{k}}]\}\}\\
&=-\varepsilon_0 n^2\{[\boldsymbol{E}-\hat{\boldsymbol{k}}(\hat{\boldsymbol{k}}\cdot\boldsymbol{E})]-\hat{\boldsymbol{s}}\{\hat{\boldsymbol{s}}\cdot[\boldsymbol{E}-\hat{\boldsymbol{k}}(\hat{\boldsymbol{k}}\cdot\boldsymbol{E})]\}\}\\
&=-\varepsilon_0 n^2\{\boldsymbol{E}-\hat{\boldsymbol{k}}(\hat{\boldsymbol{k}}\cdot\boldsymbol{E})-\hat{\boldsymbol{s}}(\hat{\boldsymbol{s}}\cdot\boldsymbol{E})+\hat{\boldsymbol{s}}(\hat{\boldsymbol{s}}\cdot\hat{\boldsymbol{k}})(\hat{\boldsymbol{k}}\cdot\boldsymbol{E})\}\\
&=-\varepsilon_0 n^2\{\boldsymbol{E}-\hat{\boldsymbol{k}}E\sin\alpha+\hat{\boldsymbol{s}}E\sin\alpha\cos\alpha\}\\
&=-\varepsilon_0 n^2\boldsymbol{E}+\varepsilon_0 n^2 E\sin\alpha(\hat{\boldsymbol{k}}-\hat{\boldsymbol{s}}\cos\alpha)
\end{aligned}$$

在图 4.7 中，$\hat{\boldsymbol{k}}-\hat{\boldsymbol{s}}\cos\alpha$ 的方向与 $\boldsymbol{E}$ 的方向相同，所以

$$E\sin\alpha(\hat{\boldsymbol{k}}-\hat{\boldsymbol{s}}\cos\alpha)=\boldsymbol{E}\sin^2\alpha$$

整理得到

$$\boldsymbol{D}\times\hat{\boldsymbol{s}}\times\hat{\boldsymbol{s}}=-\varepsilon_0 n^2\boldsymbol{E}\cos^2\alpha=\hat{\boldsymbol{s}}(\hat{\boldsymbol{s}}\cdot\boldsymbol{D})-\boldsymbol{D}$$

令 $n_r=n\cos\alpha$，所以有

$$\boldsymbol{E}=\frac{1}{\varepsilon_0 n_r^2}[\boldsymbol{D}-\hat{\boldsymbol{s}}(\hat{\boldsymbol{s}}\cdot\boldsymbol{D})] \tag{4-17}$$

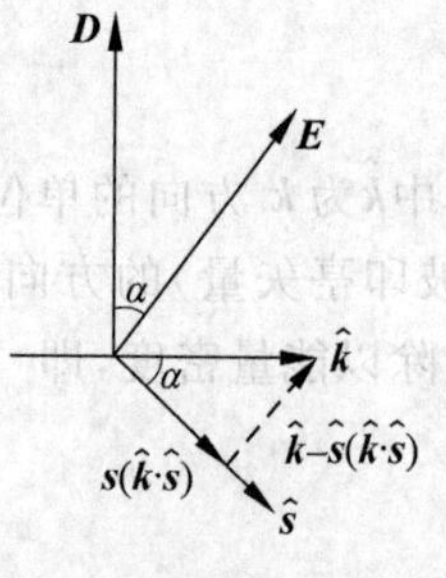

图 4.7 平面中 $\boldsymbol{D}$、$\boldsymbol{E}$、$\boldsymbol{s}$、$\boldsymbol{k}$ 之间的关系

式(4-16)和式(4-17)两式是麦克斯韦方程组的直接推论，它们决定了在晶体中传播的单色平面光波电磁波的结构，给出了沿某一 $\boldsymbol{k}(\boldsymbol{s})$ 方向传播的光波电场 $\boldsymbol{E}(\boldsymbol{D})$ 与晶体特性 $\boldsymbol{n}(\boldsymbol{n}_r)$ 的关系，因而是描述晶体光学性质的基本方程。

4.2.3 菲涅耳方程

在主轴坐标系中物质方程可以表示为：

$$D_i = \varepsilon_0 \varepsilon_{ri} E_i \quad (i=1,2,3) \tag{4-18}$$

将方程(4-16)按照在晶体三个主轴上的分量写出分量表达式

$$D_i = \varepsilon_0 n^2 [E_i - \hat{k}_i(\hat{\boldsymbol{k}} \cdot \boldsymbol{E})] \quad (i=1,2,3) \tag{4-19}$$

结合式(4-18)，电位移分量可以表示为

$$D_i = \frac{\varepsilon_0 \hat{\boldsymbol{k}}_i(\hat{\boldsymbol{k}} \cdot \boldsymbol{E})}{\dfrac{1}{\varepsilon_i} - \dfrac{1}{n^2}} \quad (i=1,2,3) \tag{4-20}$$

因为 $\boldsymbol{D} \cdot \hat{\boldsymbol{k}} = 0$，所以有

$$D_1 \hat{k}_1 + D_2 \hat{k}_2 + D_3 \hat{k}_3 = 0$$

将式(4-20)代入后，得到

$$\frac{\hat{k}_1^2}{\dfrac{1}{n^2} - \dfrac{1}{\varepsilon_{r1}}} + \frac{\hat{k}_2^2}{\dfrac{1}{n^2} - \dfrac{1}{\varepsilon_{r2}}} + \frac{\hat{k}_3^2}{\dfrac{1}{n^2} - \dfrac{1}{\varepsilon_{r3}}} = 0 \tag{4-21}$$

这一方程称为菲涅耳方程。该式描述了单色平面光波在晶体中传播时，光波折射率 n 与光波法线方向 $\hat{\boldsymbol{k}}$ 以及晶体的主介电张量 ε 之间的关系。上式还可以表示成如下的形式，

$$\frac{\hat{k}_1^2}{v_k^2 - v_1^2} + \frac{\hat{k}_2^2}{v_k^2 - v_2^2} + \frac{\hat{k}_3^2}{v_k^2 - v_3^2} = 0 \tag{4-22}$$

其中 $v_i = c/\sqrt{\varepsilon_i}\,(i=1,2,3)$ 是描述晶体光学性质的三个主速度，它们实际上是光波场沿三个主轴方向的相速度。将菲涅耳方程通分后可以化为一个 $n^2(v_k^2)$ 的二次方程，一般有两个独立的实根 $n_1^2(v_{k1}^2)$ 和 $n_2^2(v_{k2}^2)$，因而，对应每一个波法线方向 $\hat{\boldsymbol{k}}$，有两个具有不同的折射率或不同的相速度的光波。把 $n=n_1$ 和 $n=n_2$ 两个根分别代入式(4-21)，便可以确定对应于 $n=n_1$ 和 $n=n_2$ 的两个光波的 $\boldsymbol{D}$ 矢量方向。分析表明，两个光波都是线偏振光，且它们的 $\boldsymbol{D}$ 矢量互相垂直。而且，由于一般情况下，两个光波中 $\boldsymbol{D}$ 矢量和 $\boldsymbol{E}$ 矢量不平行，所以这两个光波有不同的光线方向(图 4.8)，这也证明了双折射的存在。

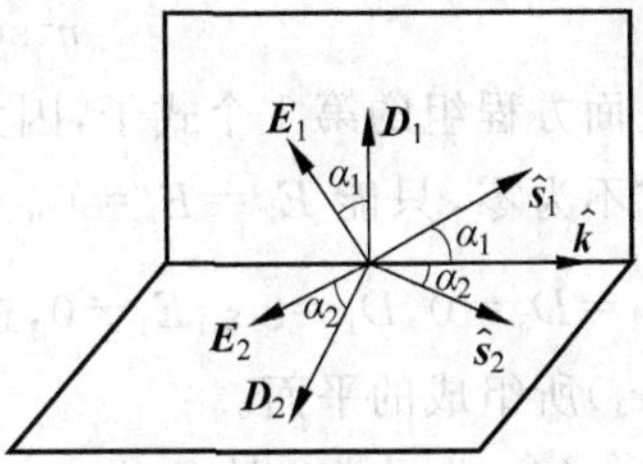

图 4.8 给定 $\hat{\boldsymbol{k}}$ 情况下，两个不同的光线方向

4.2.4 光在单轴晶体中的传播

单轴晶体的主相对介电系数为 $\varepsilon_{r1} = \varepsilon_{r2} \neq \varepsilon_{r3}$，对于单轴晶体，可以令

$$\varepsilon_{r1} = \varepsilon_{r2} = n_o^2, \quad \varepsilon_{r3} = n_e^2 \neq n_o^2 \tag{4-23}$$

这里 n_o 和 n_e 分别称为单轴晶体的 o 折射率和 e 折射率。$n_o < n_e$ 的晶体，称为正单轴晶体；

$n_o > n_e$ 的晶体，称为负单轴晶体。为讨论方便，设 $\hat{\boldsymbol{k}}$ 位于 x_2Ox_3 平面内，并与 x_3 轴的夹角为 θ，则

$$\hat{k}_1 = 0, \quad \hat{k}_2 = \sin\theta, \quad \hat{k}_3 = \cos\theta \tag{4-24}$$

将上面两个式子代入菲涅耳方程(4-21)，得到

$$(n^2 - n_o^2)[n^2(n_o^2\sin^2\theta + n_e^2\cos^2\theta) - n_o^2 n_e^2] = 0 \tag{4-25}$$

很显然，这个方程有两个解

$$n_1^2 = n_o^2 \tag{4-26}$$

$$n_2^2 = \frac{n_o^2 n_e^2}{n_o^2\sin^2\theta + n_e^2\cos^2\theta} \tag{4-27}$$

这表示在单轴晶体中，对于给定的波法线方向 $\hat{\boldsymbol{k}}$，可以有两种不同折射率的光波。式(4-26)表示 n_1 与光的传播方向无关，与之相应的光波称为寻常光波，简称 o 光。式(4-27)表示第二个解 n_2 与光的传播方向有关，随 θ 变化，相应的光波称为异常光波（非寻常光波），简称 e 光。对于非寻常光波的折射率，当 $\theta = 90°$ 时，$n_2 = n_e$，而当 $\theta = 0°$ 时，$n_2 = n_o$。这就是说，当光波沿着 x_3 方向传播时，只可能存在一种折射率的光波，光波在这个方向上传播时不发生双折射，也就是说 x_3 方向就是光轴方向。下面确定寻常光波和非寻常光波的振动方向。

(1) 寻常光波（o 光）

将 $n = n_1 = n_o$ 及式(4-23)、式(4-24)代入式(4-19)，结合式(4-5)，得到

$$\left.\begin{aligned} D_1 &= \varepsilon_0 n_o^2 E_1 = \varepsilon_0 \varepsilon_{r1} E_1 \\ D_2 &= \varepsilon_0 n^2[E_2 - k_2(E_2\sin\theta + E_3\cos\theta)] = \varepsilon_0\varepsilon_{r2} E_2 \\ D_3 &= \varepsilon_0 n^2[E_3 - k_3(E_2\sin\theta + E_3\cos\theta)] = \varepsilon_0\varepsilon_{r3} E_2 \end{aligned}\right\}$$

整理后得到

$$\left.\begin{aligned} (n_o^2 - n_o^2)E_1 &= 0 \\ (n_o^2 - n_o^2\cos^2\theta)E_2 + n_o^2\sin\theta\cos\theta E_3 &= 0 \\ n_o^2\sin\theta\cos\theta E_2 + (n_e^2 - n_o^2\sin^2\theta)E_3 &= 0 \end{aligned}\right\} \tag{4-28}$$

上面方程组的第 1 个式子，因为系数为零，所以 E_1 有非零解；而第 2、3 个式子的系数行列式不为零，只能 $E_2 = E_3 = 0$。因此 o 光的电场平行于 x_1 轴，有 $\boldsymbol{E} = E_1\boldsymbol{i}$。对于 $\boldsymbol{D}$ 矢量，有 $D_2 = D_3 = 0$，$D_1 = \varepsilon_0\varepsilon_{r1}E_1 \neq 0$，这表明 o 光波 $\boldsymbol{D}$ 矢量平行于 $\boldsymbol{E}$ 矢量，两者同时垂直于 $\hat{\boldsymbol{k}}$ 与光轴(x_3)所组成的平面。

(2) 非寻常光波（e 光）

将 $n = n_2$ 及式(4-23)、式(4-24)代入式(4-19)，结合式(4-5)，得到

$$\left.\begin{aligned} D_1 &= \varepsilon_0 n_2^2 E_1 = \varepsilon_0 \varepsilon_{r1} E_1 \\ D_2 &= \varepsilon_0 n_2^2[E_2 - k_2(E_2\sin\theta + E_3\cos\theta)] = \varepsilon_0\varepsilon_{r2} E_2 \\ D_3 &= \varepsilon_0 n_2^2[E_3 - k_3(E_2\sin\theta + E_3\cos\theta)] = \varepsilon_0\varepsilon_{r3} E_2 \end{aligned}\right\}$$

整理后得到

$$\left.\begin{aligned} (n_o^2 - n_2^2)E_1 &= 0 \\ (n_o^2 - n_2^2\cos^2\theta)E_2 + n_2^2\sin\theta\cos\theta E_3 &= 0 \\ n_2^2\sin\theta\cos\theta E_2 + (n_e^2 - n_2^2\sin^2\theta)E_3 &= 0 \end{aligned}\right\} \tag{4-29}$$

式(4-29)中第1个方程式因系数不为零,只可能是 $E_1=0$;而第2、3个方程式的系数行列式为零,故 E_2 和 E_3 有非零解。由于 $D_1=\varepsilon_0\varepsilon_{r1}E_1=0$,这说明e光波的 $\boldsymbol{D}$ 矢量和 $\boldsymbol{E}$ 矢量位于 $\hat{\boldsymbol{k}}$ 矢量与光轴(x_3)所确定的平面内(x_2Ox_3),它们与o光波的 $\boldsymbol{D}$ 矢量或 $\boldsymbol{E}$ 矢量垂直。$\boldsymbol{E}$ 矢量在 x_2Ox_3 平面内的具体指向,可由式(4-29)第2、3个方程通过求 E_2 和 E_3 的比值来确定。把式(4-27)代入第2个方程,可以得到

$$\frac{E_3}{E_2}=\frac{n_o^2\sin\theta}{n_e^2\cos\theta} \tag{4-30}$$

同时,

$$\frac{D_3}{D_2}=\frac{\varepsilon_{r3}E_3}{\varepsilon_{r2}E_2}=-\frac{n_e^2n_o^2\sin\theta}{n_o^2n_e^2\cos\theta}=-\frac{\sin\theta}{\cos\theta} \tag{4-31}$$

从以上两式可以知道,e光 $\boldsymbol{D}$ 矢量和 $\boldsymbol{E}$ 矢量的方向一般不一致,所以e光波法线方向($\hat{\boldsymbol{k}}$)与光线方向($\hat{\boldsymbol{s}}$)一般也不一致。

综上所述,在单轴晶体中,存在两种振动方向的光波:o光和e光。对应于某一波法线方向 $\boldsymbol{k}$ 有两条光线:o光的光线 $\boldsymbol{s}_o$ 和e光的光线 $\boldsymbol{s}_e$,如图4.9所示。这两种光波的 $\boldsymbol{E}$ 矢量(和 $\boldsymbol{D}$ 矢量)彼此垂直。对于o光,$\boldsymbol{E}$ 矢量和 $\boldsymbol{D}$ 矢量总是平行,并且垂直于波法线 $\boldsymbol{k}$ 与光轴所确定的平面,折射率不依赖于 $\boldsymbol{k}$ 的方向,光线方向 $\boldsymbol{s}_o$ 与波法线方向重合。这种特性与光在各向同性介质中的传播特性一样,所以称为寻常光波。对于e光,其折射率随 $\boldsymbol{k}$ 矢量的方向改变;$\boldsymbol{E}$ 矢量与 $\boldsymbol{D}$ 矢量一般不平行,并且都在波法线 $\boldsymbol{k}$ 与光轴所确定的平面内,它们与光轴的夹角 α 随着 $\boldsymbol{k}$ 的方向改变;折射率随 $\boldsymbol{k}$ 矢量的方向变化;光线方向 $\boldsymbol{s}_e$ 与波法线方向不重合。这种特性与光在各向同性介质中的传播特性不一样,所以称为异常光波或非常光波。

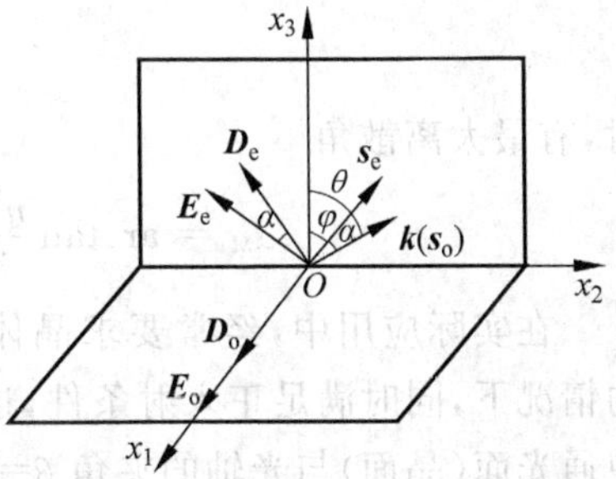

图4.9 单轴晶体内o光和e光的矢量方向

由上分析已知,单轴晶体中e光波法线方向与光线方向之间存在着一个夹角,通常称为离散角。确定这个角度,对于晶体光学元件的制作和许多应用非常重要。因此,下面对该角度问题进行较详细的讨论。

由光的电磁理论,相应于同一e光光波的 $\boldsymbol{E}$、$\boldsymbol{D}$、$\boldsymbol{s}$、$\boldsymbol{k}$ 均在垂直于 $\boldsymbol{H}$ 的同一平面内。若取图4.9中的 x_3 轴为光轴,$\boldsymbol{E}$、$\boldsymbol{D}$、$\boldsymbol{s}$、$\boldsymbol{k}$ 均在主截面 x_2Ox_3 平面内,$\boldsymbol{k}$ 与 x_3 轴的夹角为 θ,$\boldsymbol{s}_e$ 与 x_3 轴的夹角为 φ,且所取坐标系为单轴晶体的主轴坐标系,则有

$$\begin{bmatrix}D_1\\D_2\\D_3\end{bmatrix}=\varepsilon_0\begin{bmatrix}\varepsilon_{r1}&0&0\\0&\varepsilon_{r1}&0\\0&0&\varepsilon_{r2}\end{bmatrix}\begin{bmatrix}E_1\\E_2\\E_3\end{bmatrix} \tag{4-32}$$

因而有

$$\left.\begin{aligned}D_2&=\varepsilon_0\varepsilon_{r1}E_2=\varepsilon_0n_o^2E_2\\D_3&=\varepsilon_0\varepsilon_{r2}E_3=\varepsilon_0n_e^2E_3\end{aligned}\right\} \tag{4-33}$$

根据图4.9中的几何关系,有

$$\tan\theta = \frac{D_3}{D_2}, \quad \tan\varphi = \frac{E_3}{E_2} \tag{4-34}$$

将式(4-33)中的两个式子相除，并利用式(4-34)，可得

$$\tan\varphi = \frac{n_o^2}{n_e^2}\tan\theta \tag{4-35}$$

进一步，根据离散角 α 的定义，应有如下关系：

$$\tan\alpha = \tan(\theta-\varphi) = \frac{1}{2}\sin 2\theta\left(\frac{1}{n_o^2}-\frac{1}{n_e^2}\right)\left(\frac{\cos^2\theta}{n_o^2}+\frac{\sin^2\theta}{n_e^2}\right)^{-1} \tag{4-36}$$

由上式可见：

① 当 $\theta=0°$ 或 $90°$，即光波法线方向 $\boldsymbol{k}$ 平行或垂直于光轴时，$\alpha=0$。这时，$\boldsymbol{s}$ 与 $\boldsymbol{k}$、$\boldsymbol{E}$ 与 $\boldsymbol{D}$ 方向重合。

② $\theta<\pi/2$ 时，对于正单轴晶体，$n_e>n_o$，$\alpha>0$，e 光的光线较其波法线靠近光轴；对于负单轴晶体，$n_e<n_o$，$\alpha<0$，e 光的光线较其波法线远离光轴。

③ 可以证明，当 $\boldsymbol{k}$ 与光轴间的夹角 θ 满足

$$\tan\theta = \frac{n_e}{n_o} \tag{4-37}$$

时，有最大离散角

$$\alpha_M = \arctan\frac{n_e^2-n_o^2}{2n_o n_e} \tag{4-38}$$

在实际应用中，经常要求晶体元件工作在最大离散角的情况下，同时满足正入射条件，这就应当如图 4.10 所示，使通光面(晶面)与光轴的夹角 $\beta=90°-\theta$ 满足

$$\tan\beta = \frac{n_o}{n_e} \tag{4-39}$$

以上讨论了光在单轴晶体中的传播规律，对于双轴晶体($\varepsilon_1\neq\varepsilon_2\neq\varepsilon_3$)，可以采用相同的方法处理，只是比单轴晶体情形要复杂些，这里就不再详细讨论了。

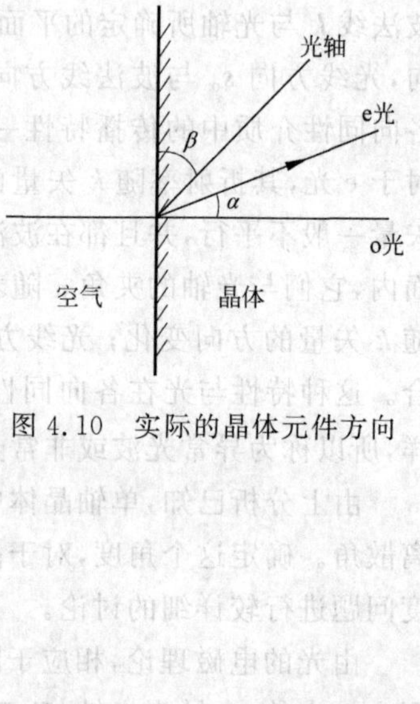

图 4.10　实际的晶体元件方向

4.3　光在晶体中传播规律的图形表示

由于晶体光学问题的复杂性，采用解析法描述往往导致问题异常复杂，在实际工作中，常常要使用一些表示晶体光学性质的几何图形来描述。这些几何图形能使我们直观地看出晶体中光波的各个矢量场间的方向关系，以及与各传播方向相应的光速或折射率的空间取值分布。当然，几何方法仅仅是一种表示方法，它的基础仍然是上面所给出的光的电磁理论基本方程和基本关系。

在传统的晶体光学中，常用的几何图形有折射率椭球、折射率曲面、波法线曲面、光线曲面等。利用这些图形，再结合一定的作图法，可以比较简单，比较直观、有效地描述光波在晶体中传播的问题。

4.3.1 折射率椭球

我们已经知道，在晶体的介电主轴坐标系中物质方程可以表示为

$$D_i = \varepsilon_0 \varepsilon_{ri} E_i \quad (i = 1,2,3)$$

因此，晶体中的光波的电场储能密度为

$$w_e = \frac{1}{2}\boldsymbol{E} \cdot \boldsymbol{D} = \frac{1}{2\varepsilon_0}\left(\frac{D_1^2}{\varepsilon_{r1}} + \frac{D_2^2}{\varepsilon_{r2}} + \frac{D_3^2}{\varepsilon_{r3}}\right) \tag{4-40}$$

故有

$$\frac{D_1^2}{\varepsilon_{r1}} + \frac{D_2^2}{\varepsilon_{r2}} + \frac{D_3^2}{\varepsilon_{r3}} = 2\varepsilon_0 w_e \tag{4-41}$$

若用 x_1、x_2、x_3 代替 $D_1/\sqrt{2\varepsilon_0 w_e}$、$D_2/\sqrt{2\varepsilon_0 w_e}$、$D_3/\sqrt{2\varepsilon_0 w_e}$，并把它们取为空间直角坐标系，则可得到

$$\frac{x_1^2}{\varepsilon_{r1}} + \frac{x_2^2}{\varepsilon_{r2}} + \frac{x_3^2}{\varepsilon_{r3}} = 1 \tag{4-42}$$

或

$$\frac{x_1^2}{n_1^2} + \frac{x_2^2}{n_2^2} + \frac{x_3^2}{n_3^2} = 1 \tag{4-43}$$

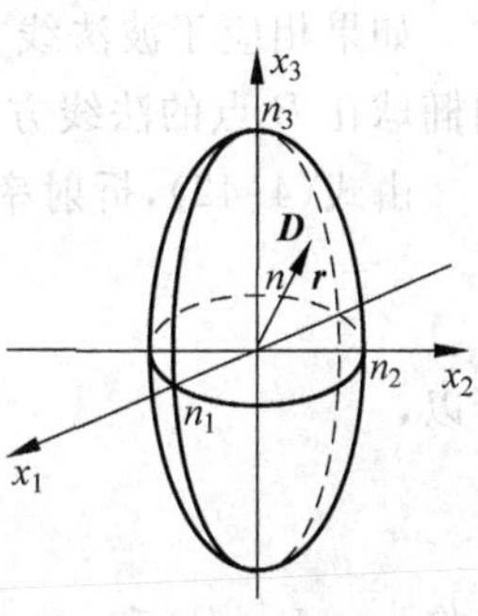

图 4.11 折射率椭球

该方程表示为归一化 $\boldsymbol{D}(D_1、D_2、D_3)$空间的椭球面(图 4.11)，它的三个主轴方向与介电主轴方向重合，它就是在主轴坐标系中的折射率椭球(或称光率体)方程。对于任一特定的晶体，折射率椭球由其光学性质(主介电常数或主折射率)唯一确定。

1. 折射率椭球的性质

折射率椭球有两个重要性质，它们是利用折射率椭球的主要依据。

(1) 折射率椭球任意一条矢径的方向，表示光波 $\boldsymbol{D}$ 矢量的一个方向，矢径的长度表示 $\boldsymbol{D}$ 矢量沿矢径方向振动的光波的折射率。因此，折射率椭球的矢径 $\boldsymbol{r}$ 可以表示为

$$\boldsymbol{r} = n\boldsymbol{d} \tag{4-44}$$

其中，$\boldsymbol{d}$ 是 $\boldsymbol{D}$ 矢量方向的单位矢量。

(2) 过原点作一平面与所给定的波法线 $\boldsymbol{k}$ 垂直，该平面与波法线椭球的截面曲线是一个椭圆。椭圆的长轴方向和短轴方向就是对应于波法线方向 $\boldsymbol{k}$ 的两个允许存在的光波的 $\boldsymbol{D}$ 矢量方向($\boldsymbol{D}_1$ 和 $\boldsymbol{D}_2$)，而长、短半轴的长度则分别等于两个光波的折射率 n_1 和 n_2。

折射率椭球的上述两条性质对于讨论光波在晶体中传播的性质极其有用，对于非工程技术人员，只要能够利用这两条性质就可以了，关于这条性质的证明，有兴趣的同学可以参考相关文献。

2. 利用折射率椭球确定 $\boldsymbol{D}$、$\boldsymbol{E}$、$\boldsymbol{s}$、$\boldsymbol{k}$ 方向的几何方法

利用折射率椭球除了确定相应于 $\boldsymbol{k}$ 的两个特许线偏振光 $\boldsymbol{D}$ 矢量的振动方向(图 4.12)和折射率外，还可以借助于下述几何方法，确定 $\boldsymbol{D}$、$\boldsymbol{E}$、$\boldsymbol{k}$、$\boldsymbol{s}$ 各矢量的方向。

如前所述，$\boldsymbol{D}$、$\boldsymbol{E}$、$\boldsymbol{k}$、$\boldsymbol{s}$ 矢量都与 $\boldsymbol{H}$ 矢量垂直，因而同处于一个平面内，这个平面与折射率椭球的交线是一个椭圆，如图 4.13 所示。

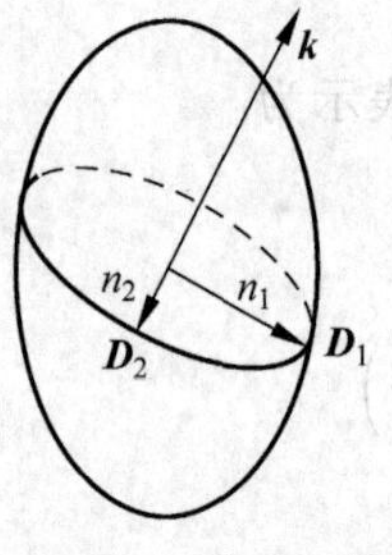

图 4.12　波法线 $\boldsymbol{k}$ 所属 $\boldsymbol{D}$ 矢量($\boldsymbol{D}_1$ 和 $\boldsymbol{D}_2$)振动方向图解

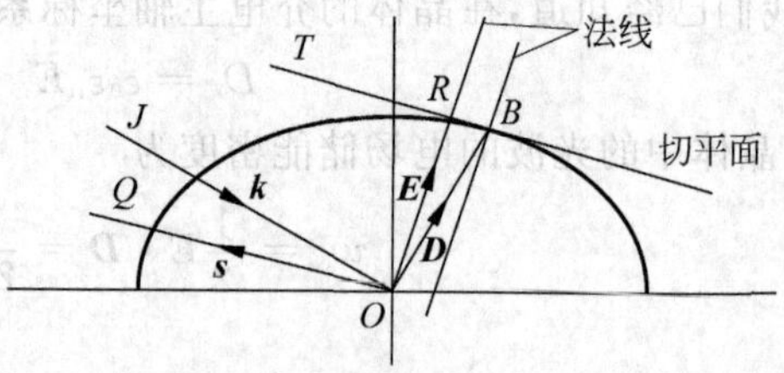

图 4.13　由给定的 $\boldsymbol{D}$ 确定 $\boldsymbol{E}$、$\boldsymbol{k}$、$\boldsymbol{s}$ 的方向

如果相应于波法线方向 $\boldsymbol{k}$ 的一个电位移矢量 $\boldsymbol{D}$ 确定了，与该 $\boldsymbol{D}$ 平行的矢径端点为 B，则椭球在 B 点的法线方向平行于与该 $\boldsymbol{D}$ 矢量相应的 $\boldsymbol{E}$ 矢量方向。

由式(4-42)，折射率椭球方程可写成

$$f(x_2,x_2,x_3)=\frac{x_1^2}{\varepsilon_1}+\frac{x_2^2}{\varepsilon_2}+\frac{x_3^2}{\varepsilon_3}=1$$

所以，

$$(\nabla f)_i=\frac{\partial f}{\partial x_i}=\frac{2x_i}{\varepsilon_i}\quad(i=1,2,3)$$

若将 $x_i=D_i n/D$ 和 $\varepsilon_i=D_i/(\varepsilon_0 E_i)$ 代入，上式变为

$$(\nabla f)_i=\frac{2n\varepsilon_0 E_i}{D}$$

因而

$$(\nabla f)_1:(\nabla f)_2:(\nabla f)_3=E_1:E_2:E_3$$

因为曲面 $f(x_1,x_2,x_3)=C$ 上某点处的法线方向平行于函数 f 在该点处的梯度矢量 ∇f。这说明，与折射率椭球上某点所确定的 $\boldsymbol{D}$ 矢量相应的 $\boldsymbol{E}$ 矢量方向，平行于椭球在该点处的法线方向，也就是由坐标原点向过该点的切平面所作的垂直方向。

于是，给定了 $\boldsymbol{D}$ 矢量的方向，相应的 $\boldsymbol{E}$ 矢量方向可用几何方法作出：先过 B 点作椭圆的切线(或椭球的切平面)BT，再由 O 点向 BT 作垂线 OR，则 OR 的方向即是 B 点的法线方向，也就是与 $\boldsymbol{D}$ 相应的 $\boldsymbol{E}$ 的方向。另外，过 O 点作 BT 的平行线 OQ，则 OQ 的方向就是 $\boldsymbol{s}$ 的方向，而垂直于 OB 的方向 OJ 就是 $\boldsymbol{k}$ 的方向。这个几何作图法如图 4.13 所示。

3. 应用折射率椭球讨论晶体的光学性质

1) 各向同性介质或立方晶体。在各向同性介质或立方晶体中，主相对介电系数 $\varepsilon_1=\varepsilon_2=\varepsilon_3$，主折射率 $n_1=n_2=n_3=n_o$，折射率椭球方程为

$$x_1^2+x_2^2+x_3^2=n_o^2 \tag{4-45}$$

这就是说，各向同性介质或立方晶体的折射率椭球是一个半径为 n_o 的球。因此，不论 $\boldsymbol{k}$ 在什么方向，垂直于 $\boldsymbol{k}$ 的中心截面与球的交线均是半径为 n_o 的圆，不存在特定的长、短轴方向，因而光学性质是各向同性的。

2）单轴晶体。在单轴晶体中，$\varepsilon_1=\varepsilon_2\neq\varepsilon_3$，或 $n_1=n_2=n_o$，$n_3=n_e\neq n_o$，因此折射率椭球方程为

$$\frac{x_1^2}{n_o^2}+\frac{x_2^2}{n_o^2}+\frac{x_3^2}{n_e}=1 \tag{4-46}$$

显然这是一个旋转轴为光轴（x_3 轴）的椭球面，旋转轴为 x_3 轴。若 $n_e<n_o$，则称为负单轴晶体（如方解石晶体），折射率椭球沿着 x_3 轴压扁了的旋转椭球，如图 4.14(a)所示；若 $n_e>n_o$ 则称为正单轴晶体（如石英晶体），折射率椭球是沿着 x_3 轴拉长了的旋转椭球，如图 4.14(b)所示。

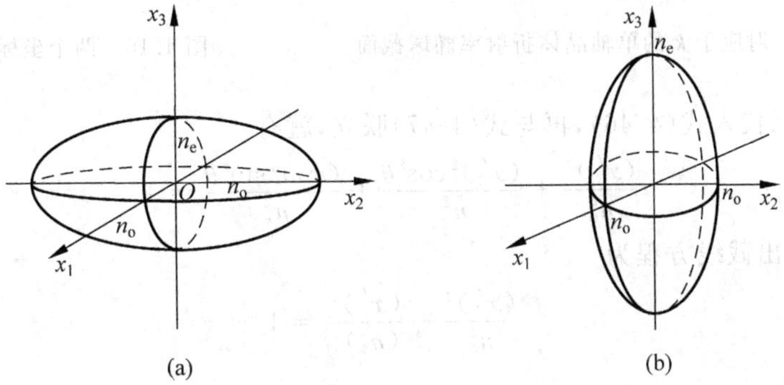

图 4.14 单轴晶体的折射率椭球

(a) 负晶体；(b) 正晶体

从单轴晶体的折射率椭球可以看出：

(1) 椭球在 x_1Ox_2 平面上的截线是一个圆，其半径为 n_o。根据前述折射率椭球的两点重要性质，当光波沿 x_3 轴方向传播时，只有一种折射率（$n=n_o$）的光波，其 $\boldsymbol{D}$ 矢量可取垂直于 z 轴的任意方向。所以，x_3 轴就是单轴晶体的光轴。

(2) 椭球在 x_1Ox_3、x_2Ox_3 或其他包含 x_3 轴的平面内的截线是一个椭圆，它的两个半轴长度分别为 n_o 和 n_e。这表示当波法线方向垂直于光轴方向时，可以允许两个线偏振光波传播，一个光波的 $\boldsymbol{D}$ 矢量平行于光轴方向，折射率为 n_e，另一个光波的 $\boldsymbol{D}$ 矢量垂直于光轴和波法线方向，折射率为 n_o。

(3) 对于波法线方向为 $\boldsymbol{k}$ 的光波的传播特性分析如下。

设晶体内一平面光波的 $\boldsymbol{k}$ 与 x_3 轴夹角为 θ，则过椭球中心作垂直于 $\boldsymbol{k}$ 的平面 $\Pi(\boldsymbol{k})$ 与椭球的交线必定是一个椭圆（图 4.15）。其截线方程可用下述方法得到：由于旋转椭球的 $x_1(x_2)$ 轴的任意性，可以假设（$\boldsymbol{k}$，x_3）面为 x_2Ox_3 平面。若建立新的坐标系 $O\text{-}x_1'x_2'x_3'$，使 x_3' 轴与 k 重合，x_1' 轴与 x_1 轴重合，则 x_2' 轴在 x_2Ox_3 平面内。这时，$\Pi(\boldsymbol{k})$ 截面即为 $x_1'Ox_2'$ 面，其方程为

$$x_3'=0 \tag{4-47}$$

新旧坐标系的变换关系为（图 4.16）

$$\begin{aligned}x_1&=x_1'\\x_2&=x_2'\cos\theta-x_3'\sin\theta\\x_3&=x_2'\sin\theta+x_3'\cos\theta\end{aligned}$$

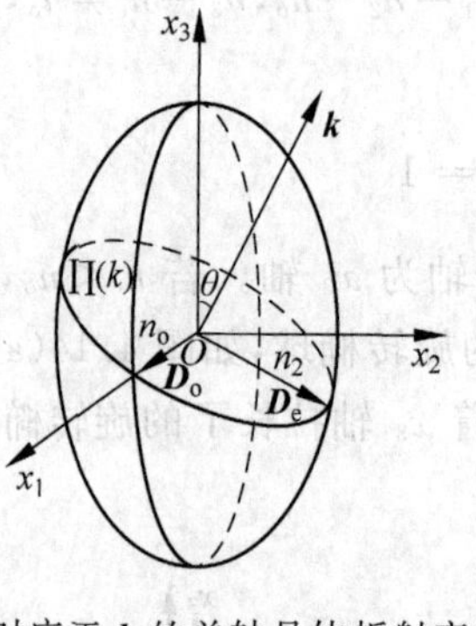

图 4.15 对应于 $\boldsymbol{k}$ 的单轴晶体折射率椭球截面

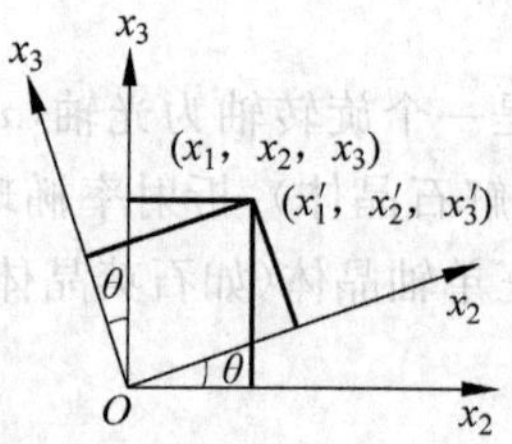

图 4.16 两个坐标系的关系

将上面关系代入式(4-46),再与式(4-47)联立,就有

$$\frac{(x_1')^2}{n_o^2}+\frac{(x_2')^2\cos^2\theta}{n_o^2}+\frac{(x_2')^2\sin^2\theta}{n_e^2}=1$$

经过整理,可得出截线方程为

$$\frac{(x_1')^2}{n_o^2}+\frac{(x_2')^2}{(n_2)^2}=1 \tag{4-48}$$

其中

$$n_2=\frac{n_o n_e}{\sqrt{n_o^2\sin^2\theta+n_e^2\cos^2\theta}} \tag{4-49}$$

或表示为

$$\frac{1}{n_2^2}=\frac{\cos^2\theta}{n_o^2}+\frac{\sin^2\theta}{n_e^2} \tag{4-50}$$

根据折射率椭球的性质,椭圆截线的长半轴和短半轴方向就是相应于波法线方向 $\boldsymbol{k}$ 的两个线偏振光 $\boldsymbol{D}$ 矢量振动方向 $\boldsymbol{D}_1$ 和 $\boldsymbol{D}_2$,两个半轴的长度等于这两个特许线偏振光的折射率 n_1 和 n_2。由式(4-48)所示,这个椭圆的一个半轴的长度为 n_o,方向为 x_1 方向。这就是说,如果 $\boldsymbol{k}$ 在 x_2Ox_3 平面内,不论 $\boldsymbol{k}$ 的方向如何,它总有一个线偏振光的折射率不变(等于 n_o),相应的 $\boldsymbol{D}$ 方向垂直于 $\boldsymbol{k}$ 与 x_3 轴所构成的平面,这就是 o 光(寻常光)。通过图 4.15 所示的作图法,可以确定 o 光的 $\boldsymbol{E}/\!/\boldsymbol{D}$, $\boldsymbol{s}/\!/\boldsymbol{k}$。对于椭圆的另一个半轴,其长度为 n_2,且在 x_2Ox_3 平面内,折射率 n_2 随 $\boldsymbol{k}$ 的方向变化,这就是 e 光(非常光)。通过作图法可以看出,e 光的 $\boldsymbol{D}$ 方向不在主轴方向,因而 $\boldsymbol{E}$ 与 $\boldsymbol{D}$ 不平行,$\boldsymbol{s}$ 与 $\boldsymbol{k}$ 也不平行。这些结果与解析法得到的结论完全一致。

下面讨论两种特殊情况:

① $\theta=0$ 时,$\boldsymbol{k}$ 与 x_3 轴重合,这时,$n_2=n_o$,中心截面与椭球的截线方程为

$$x_1^2+x_2^2=n_o^2$$

这是一个半径为 n_o 的圆。可见,沿 x_3 轴方向传播的光波折射率为 n_o,$\boldsymbol{D}$ 矢量的振动方向除与 x_3 轴垂直外,没有其他约束,即沿 x_3 轴方向传播的光可以允许任意偏振方向,且折射率均为 n_o,故 x_3 轴为光轴。因为这类晶体只有一个光轴,所以称为单轴晶体。

② $\theta=\pi/2$ 时,$\boldsymbol{k}$ 与 x_3 轴垂直,这时,$n_2=n_e$,e 光的 $\boldsymbol{D}$ 与 x_3 轴平行。中心截面与椭球的截线方程为

$$\frac{x_1^2}{n_o^2}+\frac{x_3^2}{n_e^2}=1$$

由于折射率椭球是旋转椭球，x_1、x_2 坐标轴可任意选取，所以包含 x_3 轴的中心截面都可选作 x_3Ox_1 平面(或 x_3Ox_2 平面)。对于正单轴晶体，e 光有最大折射率；而对于负单轴晶体，e 光有最小折射率。运用图 4.13 所示的几何作图法，可以得到 $\boldsymbol{D}/\!/\boldsymbol{E}$，$\boldsymbol{k}/\!/\boldsymbol{s}$。

3）双轴晶体

(1) 双轴晶体中的光轴。对于双轴晶体，介电张量的三个主介电系数不相等，即 $\varepsilon_1\neq\varepsilon_2\neq\varepsilon_3$，因而 $n_1\neq n_2\neq n_3$，所以折射率椭球方程为

$$\frac{x_1^2}{n_1^2}+\frac{x_2^2}{n_2^2}+\frac{x_3^2}{n_3^2}=1 \tag{4-51}$$

若约定 $n_1<n_2<n_3$，则折射率椭球与 x_1Ox_3 平面的交线是椭圆(图 4.17)，它的方程为

$$\frac{x_1^2}{n_1^2}+\frac{x_3^2}{n_3^2}=1 \tag{4-52}$$

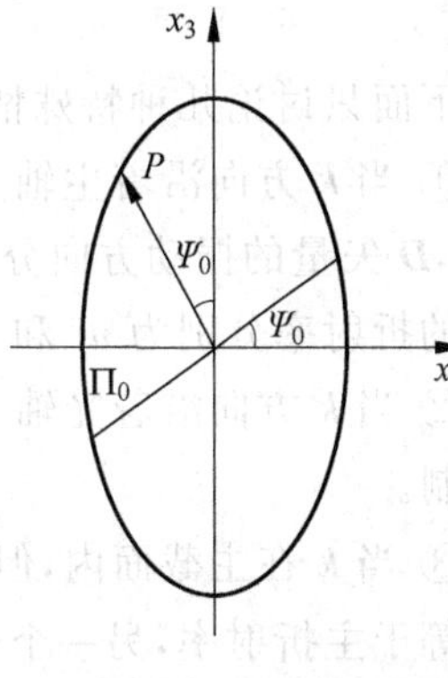

图 4.17 双轴晶体折射率椭球在 x_1Ox_2 面上的截线

式中，n_1 和 n_3 分别是最短、最长的主半轴。若椭圆上任意一点的矢径 r 与 x_1 轴的夹角为 Ψ，长度为 n，则式(4-52)可以写成

$$\frac{(n\cos\psi)^2}{n_1^2}+\frac{(n\sin\psi)^2}{n_3^2}=1 \tag{4-53}$$

或

$$\frac{1}{n^2}=\frac{\cos^2\psi}{n_1^2}+\frac{\sin^2\psi}{n_3^2} \tag{4-54}$$

n 的大小随着 ψ 在 n_1 和 n_3 之间变化。由于 $n_1<n_2<n_3$，因而总是可以找到某一矢径 r_0，其长度为 $n=n_2$。设这个 r_0 矢径与 x_1 轴的夹角为 ψ_0，则 ψ_0 应满足

$$\frac{1}{n_2^2}=\frac{\cos^2\psi_0}{n_1^2}+\frac{\sin^2\psi_0}{n_3^2} \tag{4-55}$$

所以

$$\tan\psi_0=\pm\frac{n_3}{n_1}\sqrt{\frac{n_2^2-n_1^2}{n_3^2-n_2^2}} \tag{4-56}$$

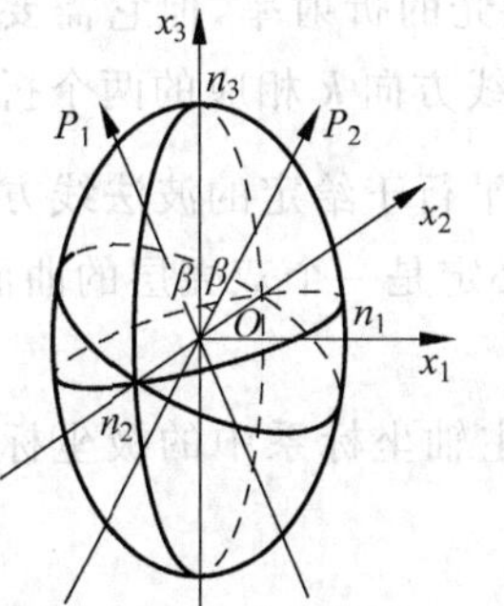

图 4.18 双轴晶体折射率椭球及光轴

显然，矢径 r_0 与 x_2 轴组成的平面与折射率椭球的截线是一个半径为 n_2 的圆。若以 Π_0 表示该圆截面，则与垂直于 Π_0 面的波法线方向 $\boldsymbol{k}$ 相应的 $\boldsymbol{D}$ 矢量在 Π_0 面内振动，且振动方向没有限制，折射率均为 n_2。如果用 $\boldsymbol{P}$ 表示 Π_0 面法线方向的单位矢量，则 $\boldsymbol{P}$ 的方向即是光轴方向。由于式(4-56)右边有正负两个值，相应的 Π_0 面及其法向单位矢量 $\boldsymbol{P}$ 也有两个，因此，有两个光轴方向 $\boldsymbol{P}_1$ 和 $\boldsymbol{P}_2$，这就是双轴晶体名称的由来。实际上，P_1 和 P_2 对称地分布在 x_3 轴两侧，如图 4.18 所示。由 P_1 和 P_2 构成的平面叫做光轴面，显然，光轴面就是 x_3Ox_1 平面。设 P_1、P_2 与 x_3 轴的夹角为 β、$-\beta$，则

$$\tan\beta = \frac{n_3}{n_1}\sqrt{\frac{n_2^2 - n_1^2}{n_3^2 - n_2^2}} \tag{4-57}$$

当β角小于45°时,称为正双轴晶体;β角大于45°时,称为负双轴晶体。

(2) 光在双轴晶体中的传播特性。与单轴晶体一样,利用双轴晶体的折射率椭球可以确定相应于$\boldsymbol{k}$方向两束特许线偏振光的折射率和振动方向,只是具体计算比单轴晶体复杂得多。

下面只讨论几种特殊情况:

① 当$\boldsymbol{k}$方向沿着主轴方向,比如x_1轴时,相应的两个特许线偏振光的折射率分别为n_2和n_3,$\boldsymbol{D}$矢量的振动方向分别沿x_2轴和x_3轴方向;当$\boldsymbol{k}$沿x_2轴时,相应的两个特许线偏振光的折射率分别为n_1和n_3,$\boldsymbol{D}$矢量的振动方向分别沿x_1轴和x_3轴方向。

② 当$\boldsymbol{k}$方向沿着光轴方向时,两正交线偏振光的折射率为n_2,其$\boldsymbol{D}$矢量的振动方向没有限制。

③ 当$\boldsymbol{k}$在主截面内,但不包括上面两种情况时,两个特许线偏振光的折射率不等,其中一个等于主折射率,另一个介于其余二主折射率之间。

④ 当$\boldsymbol{k}$与折射率椭球的三个主轴既不平行又不垂直时,相应的两个折射率都不等于主折射率,其中一个介于n_1、n_2之间,另一个介于n_2、n_3之间。如果用波法线与两个光轴的夹角θ_1和θ_2来表示波法线方向k(见图4.9),则可以利用折射率椭球的关系,得到与$\boldsymbol{k}$相应的十分简单的两个折射率表达式

$$\frac{1}{n^2} = \frac{\cos^2[(\theta_1 \pm \theta_2)/2]}{n_1^2} + \frac{\sin^2[(\theta_1 \pm \theta_2)/2]}{n_3^2} \tag{4-58}$$

最后应当指出,在双轴晶体中,除两个光轴方向外,沿其余方向传播的平面光波,在折射率椭球中心所作的垂直于$\boldsymbol{k}$的平面与折射率椭球的截线都是椭圆。而且,由于折射率椭球没有旋转对称性,相应的两个正交线偏振光的折射率都与$\boldsymbol{k}$的方向有关,因此这两个光都是非常光。故在双轴晶体中,不能采用o光与e光的称呼来区分这两种偏振光。

4.3.2 折射率曲面和波矢曲面

折射率椭球可以确定与波法线方向$\boldsymbol{k}$相应的两个特许线偏振光的折射率,但它需要通过一定的作图过程才能得到。为了更直接地表示出与每一个波法线方向$\boldsymbol{k}$相应的两个折射率,人们引入了折射率曲面。折射率曲面上的矢径$\boldsymbol{r}=n\hat{\boldsymbol{k}}$,其方向平行于给定的波法线方向$\boldsymbol{k}$,长度则等于与该$\boldsymbol{k}$相应的两个波的折射率。因此,折射率曲面必定是一个双壳层的曲面,记作$(\boldsymbol{k},n)$曲面。

实际上,根据$(\boldsymbol{k},n)$曲面的意义,式(4-21)就是折射率曲面在主轴坐标系中的极坐标方程,现重写如下:

$$\frac{\hat{k}_1^2}{\frac{1}{n^2}-\frac{1}{\varepsilon_{r1}}} + \frac{\hat{k}_2^2}{\frac{1}{n^2}-\frac{1}{\varepsilon_{r2}}} + \frac{\hat{k}_3^2}{\frac{1}{n^2}-\frac{1}{\varepsilon_{r3}}} = 0$$

根据矢径分量关系$x_1=n\hat{k}_1$,$x_2=n\hat{k}_2$,$x_3=n\hat{k}_3$,代入上式,可以得到

$$(n_1^2x_1^2+n_2^2x_2^2+n_3^2x_3^2)(x_1^2+x_2^2+x_3^2)-$$
$$[n_1^2(n_2^2+n_3^2)x_1^2+n_2^2(n_3^2+n_1^2)x_2^2+n_3^2(n_1^2+n_2^2)x_3^2]+n_1^2n_2^2n_3^2=0 \tag{4-59}$$

上式就是折射率曲面方程。

对于立方晶体，$n_1=n_2=n_3=n_o$，代入式(4-59)得

$$x_1^2+x_2^2+x_3^2=n_o^2 \tag{4-60}$$

显然，这个折射率曲面是一个半径为 n_o 的球面，在所有的 $\boldsymbol{k}$ 方向上，折射率都等于 n_o，在光学上是各向同性的。

对于单轴晶体，$n_1=n_2=n_o$，$n_3=n_e$，代入式(4-59)得

$$(x_1^2+x_2^2+x_3^2-n_o^2)[n_o^2(x_1^2+x_2^2)+n_e^2x_3^2-n_o^2n_e^2]=0$$

或表示为

$$\left.\begin{aligned}&x_1^2+x_2^2+x_3^2=n_o^2\\&\frac{x_1^2+x_2^2}{n_e^2}+\frac{x_3^2}{n_o^2}=1\end{aligned}\right\} \tag{4-61}$$

可见，单轴晶体的折射率曲面是一个双层曲面，它是由一个半径为 n_o 的球面和一个以 x_3 轴为旋转轴的旋转椭球构成的。球面对应为 o 光的折射率曲面，旋转椭球表示的是 e 光的折射率曲面。

单轴晶体的折射率曲面在主轴截面上的截线如图 4.19 所示：对于负单轴晶体，$n_e<n_o$，球面外切于椭球；对于正单轴晶体，$n_e>n_o$，球面内切于椭球。两种情况的切点均在 x_3 轴上，故 x_3 轴为光轴。当与 x_3 轴夹角为 θ 的波法线方向 $\boldsymbol{k}$ 与折射率曲面相交时，得到长度为 n_o 和 $n_e(\theta)$ 的矢径，它们分别是相应于 $\boldsymbol{k}$ 方向的两个特许线偏振光的折射率，其中 $n_e(\theta)$ 可由式(4-62)求出：

$$n_e(\theta)=\frac{n_on_e}{\sqrt{n_o^2\sin^2\theta+n_e^2\cos^2\theta}} \tag{4-62}$$

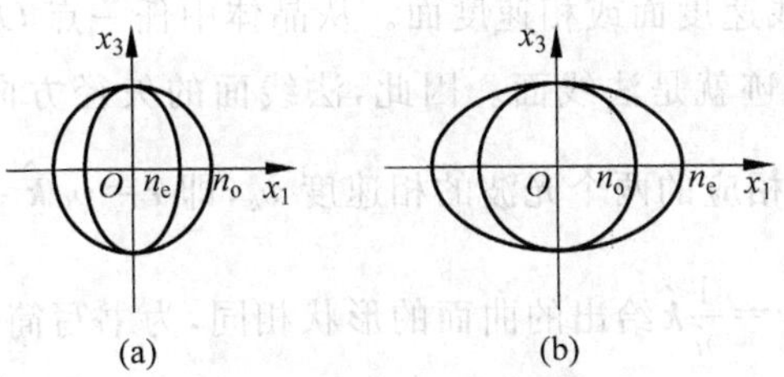

图 4.19 单轴晶体折射率曲面
(a) 负单轴晶体；(b) 正单轴晶体

对于双轴晶体，$n_1\neq n_2\neq n_3$，式(4-59)所表示的曲面在三个主轴截面上的截线都是一个圆加上一个同心椭圆，它们的方程分别是：

$$\left.\begin{aligned}&x_2Ox_3\ 平面\quad (x_2^2+x_3^2-n_1^2)\left(\frac{x_2^2}{x_3^2}+\frac{x_3^2}{x_2^2}-1\right)=0\\&x_3Ox_1\ 平面\quad (x_3^2+x_1^2-n_2^2)\left(\frac{x_3^2}{x_1^2}+\frac{x_1^2}{x_3^2}-1\right)=0\\&x_1Ox_2\ 平面\quad (x_1^2+x_2^2-n_3^2)\left(\frac{x_1^2}{x_2^2}+\frac{x_2^2}{x_1^2}-1\right)=0\end{aligned}\right\} \tag{4-63}$$

图 4.20 给出了双轴晶体的折射率曲面在第一象限中的示意图，其中假定 $n_1<n_2<n_3$，则三个主轴截面上的截线可以表示如图 4.21 所示。折射率曲面的两个壳层仅有四个交点，而通过坐标原点 O 的两对交点的连线方向就是双轴晶体光轴的方向。

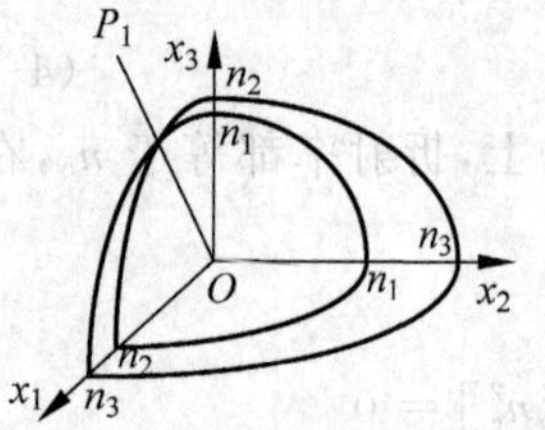

图 4.20 双轴晶体的折射率曲面在第一象限中的示意图

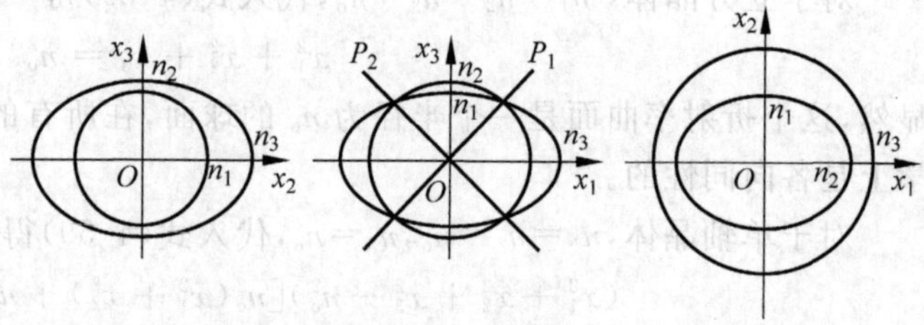

图 4.21 双轴晶体的折射率曲面在三个主轴截面上的截线

可以证明，折射率曲面在任一矢径末端处的法线方向，即与该矢径所代表的波法线方向 $\boldsymbol{k}$ 相应的光线方向 $\boldsymbol{s}$。

应注意，折射率曲面虽然可以将任一给定 $\boldsymbol{k}$ 方向所对应的两个折射率直接表示出来，但它表示不出相应的两个光的偏振方向。因此，与折射率椭球相比，折射率曲面对于光在界面上的折射、反射问题讨论比较方便，而折射率椭球用于处理偏振效应的问题比较方便。

对于折射率曲面，如果将其矢径长度乘以 ω/c，则构成一个新曲面的矢径 $\boldsymbol{r}=(\omega n/c)\boldsymbol{k}$，这个曲面称为波矢曲面，通常记为$(\boldsymbol{k},k)$曲面。

4.3.3 波法线曲面

波法线曲面也叫法线速度面或相速度面。从晶体中任一点 O 出发，引各个方向的法线速度矢量 v_k，其端点的轨迹就是法线面。因此，法线面的矢径方向平行于某个给定的波法线方向，而矢径长度等于相应的两个光波的相速度 v_k，即 $\boldsymbol{r}=v_k\hat{\boldsymbol{k}}=\frac{c}{n}\hat{\boldsymbol{k}}$，法线面也是双层曲面。由于矢径 $\boldsymbol{r}=\frac{c}{n}\hat{\boldsymbol{k}}$ 和 $\boldsymbol{r}=\frac{1}{n}\hat{\boldsymbol{k}}$ 给出的曲面的形状相同，为书写简便起见，这里用 $\boldsymbol{r}=\frac{1}{n}\hat{\boldsymbol{k}}$ 来给出波法线面。把矢径 $\boldsymbol{r}$ 的三个分量

$$x_1=\frac{1}{n}\hat{k}_1,\quad x_2=\frac{1}{n}\hat{k}_2,\quad x_3=\frac{1}{n}\hat{k}_3$$

及

$$r^2=x_1^2+x_2^2+x_3^2=\frac{\hat{k}_1}{n^2}+\frac{\hat{k}_2}{n^2}+\frac{\hat{k}_3}{n^2}$$

代入菲涅耳方程(4-21)中，即可得到波法线曲面方程

$$n_1^2n_2^2n_3^2(x_1^2+x_2^2+x_3^2)^3-[n_1^2(n_2^2+n_3^2)x_1^2+n_2^2(n_1^2+n_3^2)x_2^2+n_3^2(n_1^2+n_2^2)x_3^2]\times (x_1^2+x_2^2+x_3^2)+(n_1^2x_1^2+n_2^2x_2^2+n_3^2x_3^2)=0 \tag{4-64}$$

这也是一个双层曲面，该曲面与三个坐标面的交线都是由圆和卵形线组成，如图 4.22 所示。

这一点只要从式(4-64)写出三个坐标面上的交线方程便可以看出，它们的方程分别是：

x_1Ox_3 平面

$$[n_2^2(x_1^2+x_3^2)-1][n_1^2n_3^2(x_1^2+x_3^2)^2-(n_1^2x_1^2+n_3^2x_3^2)]=0 \tag{4-65a}$$

x_2Ox_3 平面

$$[n_1^2(x_2^2+x_3^2)-1][n_2^2n_3^2(x_2^2+x_3^2)^2-(n_2^2x_2^2+n_3^2x_3^2)]=0 \tag{4-65b}$$

x_1Ox_2 平面

$$[n_3^2(x_1^2+x_2^2)-1][n_1^2n_2^2(x_1^2+x_2^2)^2-(n_1^2x_1^2+n_2^2x_2^2)]=0 \tag{4-65c}$$

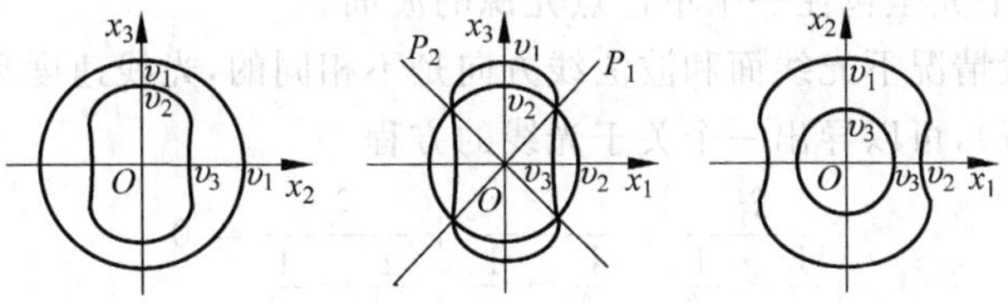

图 4.22 波法线曲面与三个坐标面的截面图形

对于单轴晶体，波法线面对于 x_3(光轴)也是轴对称的。所以，要知道波法线曲面的空间图形，只要知道它在包含光轴的任一平面上的交线图形即可。比如要想知道它在 x_1Ox_3 面上的交线图形，因为单轴晶体 $n_1=n_2=n_o$，$n_3=n_e$，由式(4-65a)可以得到

$$x_1^2+x_3^2=\frac{1}{n_o^2} \tag{4-66a}$$

$$n_o^2n_e^2(x_1^2+x_3^2)^2-(n_o^2x_1^2+n_e^2x_3^2)=0 \tag{4-66b}$$

其中第一个方程表示交线是一个圆，与之对应的空间图形是球面。显然，这就是 o 光的法线面。

第二个方程若以

$$x_1=\frac{1}{n}\hat{k}_1=\frac{1}{n}\sin\theta,\quad x_3=\frac{1}{n}\hat{k}_3=\frac{1}{n}\cos\theta$$

代换，其中 θ 为 $\hat{\boldsymbol{k}}$ 与光轴的夹角，式(4-66b)又可以化为如下形式：

$$\frac{\sin^2\theta}{n_e^2}+\frac{\cos^2\theta}{n_o^2}=\left(\frac{v_{ke}}{c}\right)^2 \tag{4-67}$$

它表示 e 光的波法线曲面是一个旋转卵形面。图 4.23 给出了 o 光和 e 光的波法线曲面图形。由于实际的 n_o 和 n_e 相差不大，卵形面非常接近于椭球面。

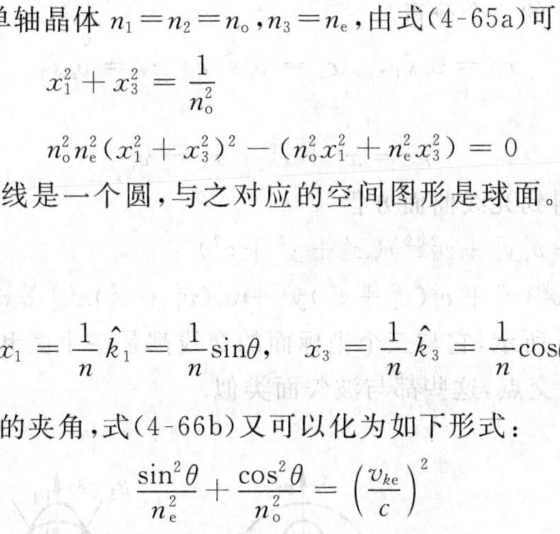

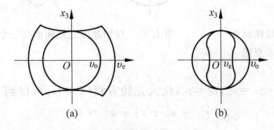

图 4.23 单轴晶体的波法线曲面

(a) 负晶体；(b) 正晶体

4.3.4 光线曲面

光线曲面在有的书本上也叫射线曲面，它是和折射率曲面相对应的几何图形，它描述与晶体中光线方向 $\boldsymbol{s}$ 相应的两个光线速度的分布，也称光线速度面。从晶体中任一点 O 引各方向的光线速度矢量 $\boldsymbol{v}_s$，其端点的轨迹就构成光线面。光线曲面上的矢径方向平行于给定的 $\boldsymbol{s}$ 方向，矢径的长度等于相应的两个光线速度 $\boldsymbol{v}_s$，因此可简记为 $(\boldsymbol{s},\boldsymbol{v}_s)$ 曲面。实际上，射线曲面就是在晶体中完全包住一个单色点光源的波面。

在晶体中，一般情况下光线面和波法线方向是不相同的，光线速度和法线速度也是不相同的。利用式(4-17)，可以导出一个关于光线的方程

$$\frac{\hat{s}_1^2}{\frac{1}{v_s^2}-\frac{1}{v_1^2}}+\frac{\hat{s}_2^2}{\frac{1}{v_s^2}-\frac{1}{v_2^2}}+\frac{\hat{s}_3^2}{\frac{1}{v_s^2}-\frac{1}{v_3^2}}=0 \tag{4-68}$$

这个方程称为光线方程，它规定了晶体中光线速度 $\boldsymbol{v}_s$ 与光线方向 $\boldsymbol{s}$ 之间所满足的关系。在形式上，它与折射率曲面方程式(4-21)相仿，因此曲面形状相似，也是一个双壳层曲面。不过由于波速与折射率成反比，两壳层的里外顺序与折射率曲面正好相反。从光线面的定义 $(\boldsymbol{r}=v_S\hat{\boldsymbol{s}})$ 出发，把矢径 $\boldsymbol{r}$ 的三个分量

$$x_1=v_s\hat{\boldsymbol{s}}_1,\quad x_2=v_s\hat{\boldsymbol{s}}_2,\quad x_3=v_s\hat{\boldsymbol{s}}_3$$

及

$$r^2=x_1^2+x_2^2+x_3^2=v_s^2$$

代入光线方程(4-68)，得到光线曲面方程

$$(v_1^2x^2+v_2^2y^2+v_3^2z^2)(x^2+y^2+z^2)-$$
$$[v_1^2(v_2^2+v_3^2)x^2+v_2^2(v_1^2+v_3^2)y^2+v_3^2(v_1^2+v_2^2)z^2]+v_1^2v_2^2v_3^2=0 \tag{4-69}$$

光线面的图形如图 4.24 所示，它与三个坐标面的交线都是一个圆和一个椭圆(图 4.25)，并且在 xOz 面上也有四个交点，这些都与波矢面类似。

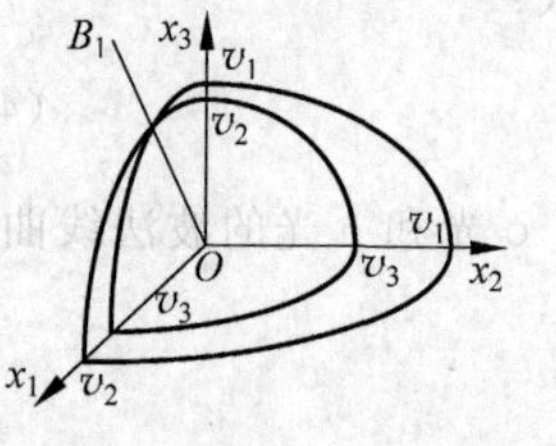

图 4.24 双轴晶体的光线曲面在第一象限中的示意图

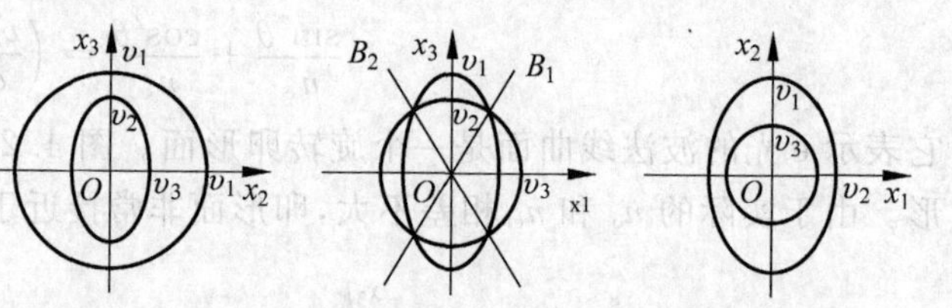

图 4.25 双轴晶体光线曲面与三个坐标面的截面图形

对于单轴晶体，$v_1=v_2=v_o$，$v_3=v_e$，代入光线方程(4-69)，可得到下面两个方程：

$$r^2=x_1^2+x_2^2+x_3^2=v_o^2 \tag{4-70a}$$

$$\frac{x^2+y^2}{v_e^2}+\frac{z^2}{v_o^2}=1 \tag{4-70b}$$

前者表示半径为 v_o 的球面，后者表示一个以 x_3 轴(光轴)为旋转轴的旋转椭球面。两面在 x_3 轴上相切，如图 4.26 所示。球面是单轴晶体中 o 光的光线面，旋转椭球面是 e 光的

光线面。

光线面和法线面的几何关系如图 4.27 所示，通过光纤面上任一点 P 作光线面的切面，再从原点 O 向这个平面引垂线 OP'，OP' 的方向就是与光线方向 OP 相应的波法线方向，而 $OP'=v_k=v_s\cos\alpha$。由此可见，法线面是光线面的垂直曲面。或者反过来，通过法线面上每一点作对应波法线方向的垂面，这些垂面的包络就是光线面。

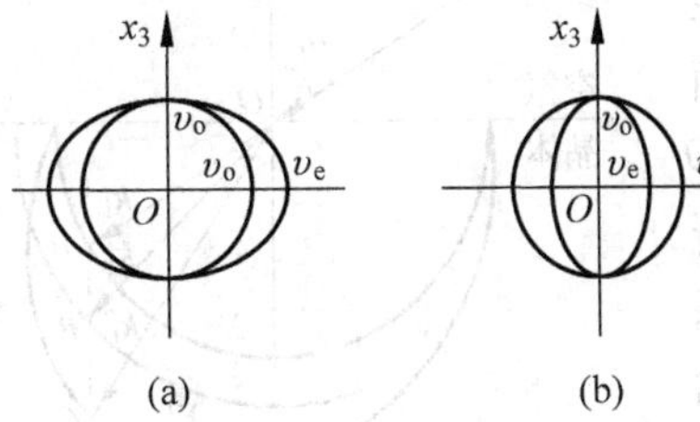

图 4.26 单轴晶体光线曲面

(a) 负晶体；(b) 正晶体

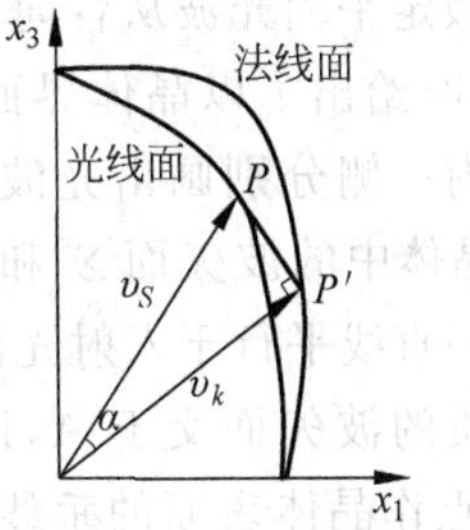

图 4.27 光线面与法线面的几何关系

4.4 平面光波在晶体界面上的反射和折射

在一般情况下，对于一定方向入射的平面波，在晶体内有两个不同波法线方向的折射波，它们的方向并不是已知的。这就涉及到光在晶体界面上的入射和出射问题，因此应考虑光从空气射向晶体界面，或由晶体内部射向晶体界面时的反射和折射特性。在这一节里，主要讨论在一般情况下如何确定折射波和反射波的波法线方向和光线方向。

4.4.1 光在晶体界面上的双反射和双折射现象

一束单色光入射到各向同性介质的界面上时，将分别产生一束反射光和一束折射光，并且遵从熟知的反射定律式(1-144)和折射定律式(1-145)。人们在实验中将一束单色光从空气入射到晶体表面(例如方解石晶体)上时，会产生两束同频率的折射光(图 4.28)，这就是双折射现象；当一束单色光从晶体内部(例如方解石晶体)射向界面上时，会产生两束同频率的反射光(图 4.29)，这就是双反射现象。并且，在界面上所产生的两束折射光或两束反射光都是线偏振光，它们的振动方向相互垂直。显然，这种双折射和双反射现象都是晶体中光学各向异性特性的直接结果。

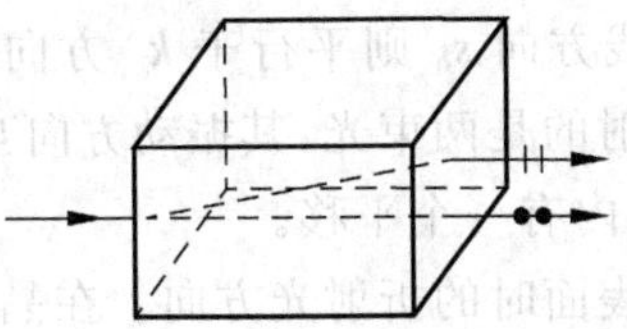

图 4.28 方解石晶体的双折射现象

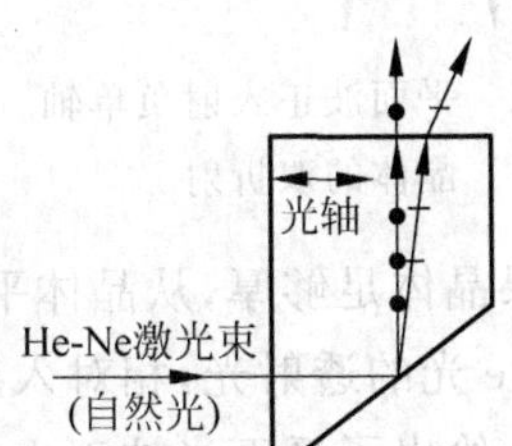

图 4.29 方解石晶体的双反射现象

4.4.2 斯涅耳作图法

以反射和折射定律为依据的一种利用波矢面的作图法——斯涅耳作图法，可以很方便地确定光波在晶体表面的反射波和折射波的方向。

假定平面光波从各向同性介质射向晶体表面，图 4.30 给出了以晶体界面上任一点 O 为原点，在晶体内一侧分别画出光波在入射介质中的波矢面 Σ 和晶体中的波矢面 Σ' 和 Σ''（双壳层曲面）。自 O 点引一直线平行于入射光波法线方向，与入射光所在介质的波矢面交于 A，该 OA 即为入射光波 $\boldsymbol{k}_i$。以 A 点作晶体表面的垂线交晶体中的波矢面于 B 和 C，OB 和 OC 就是与入射光 k_i 相应的两个折射光波矢 $\boldsymbol{k}_t'$ 和 $\boldsymbol{k}_t''$。每一个折射光对应着一个光线方向和一个光线速度，这就是双折射现象。

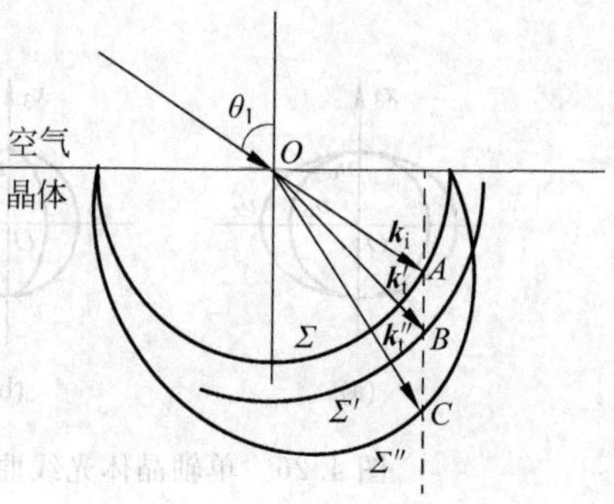

图 4.30　斯涅耳作图法

对于晶体内部的双反射现象，可以类似处理：以界面上任一点为原点，在界面 Σ 两侧画出晶体的波矢面，其中入射光的波矢面画在晶体外侧，自原点引出与入射光波法线方向平行的直线，确定出入射波矢 $\boldsymbol{k}_i$，过 $\boldsymbol{k}_i$ 末端作 Σ 的垂线，在晶体内侧交反射光波矢面于两点，从而可定出符合式(1-143)的两个反射波矢 $\boldsymbol{k}_r'$ 和 $\boldsymbol{k}_r''$。

应当指出的是，由这个作图法所确定的两个反射波矢和两个折射波矢只是允许的或可能的两个波矢，至于实际上两个波矢是否同时存在，要看入射光是否包含有各反射光或各折射光的场矢量方向上的分量。

下面讨论几个单轴晶体双折射的特例。

1. 平面光波正入射

图 4.31 表示一负单轴晶体，其光轴位于入射面内，与晶面斜交。当一束平面光波正入射时，其折射光的波矢、光线方向可如下确定：首先在入射界面上任取一点作为原点，按比例在晶体一侧画出入射光所在介质的波矢面和晶体的波矢面。光波垂直射入晶体后，分为 o 光和 e 光。o 光垂直于主截面振动，e 光在主截面内振动。o 光、e 光的波法线方向相同，均垂直于界面，但光线方向不同。过 $\boldsymbol{k}_e$ 矢量末端所作的椭圆切线是 e 光的 $\boldsymbol{E}$ 矢量振动方向，其法线方向即为该 e 光的光线方向 $\boldsymbol{s}_e$，它仍在主截面内，而 o 光的光线方向 $\boldsymbol{s}_o$ 则平行于 $\boldsymbol{k}_o$ 方向。在一般情况下，如果晶体足够厚，从晶体平行的下通光表面出射的是两束光，其振动方向互相垂直，其中相应于 e 光的透射光，相对入射光的位置在主截面内有一个平移。

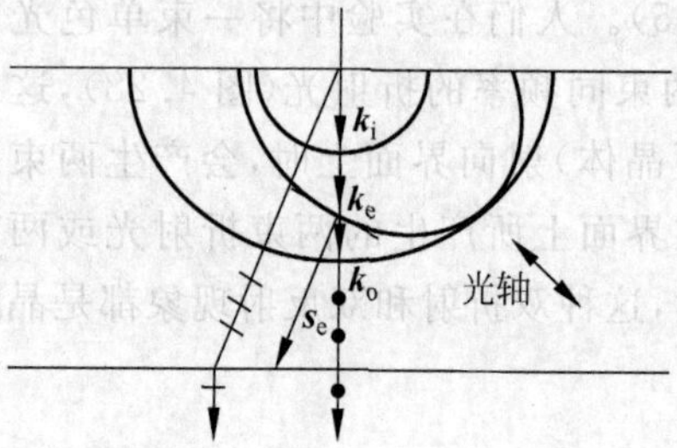

图 4.31　平面波正入射负单轴晶体的双折射

图 4.32 给出了平面光波正入射、光轴平行于晶体表面时的折射光方向。在晶体内产生的 o 光和 e 光的波法线方向、光线方向均相同，但其传播速度不同。因此，当入射光为线偏

振光时，从晶体下表面出射的光在一般情况下将是随晶体厚度变化的椭圆偏振光。

图 4.33 绘出了平面光波正入射，光轴垂直于晶体表面时的折射光方向。由于此时晶体内光的波法线方向平行于光轴方向，所以不发生双折射现象。从晶体下表面出射光的偏振状态，与入射光相同。

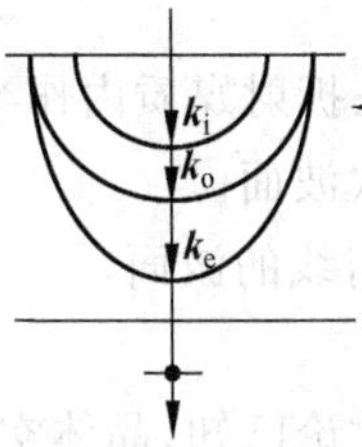

图 4.32　平面波正入射，光轴平行于表面的双折射

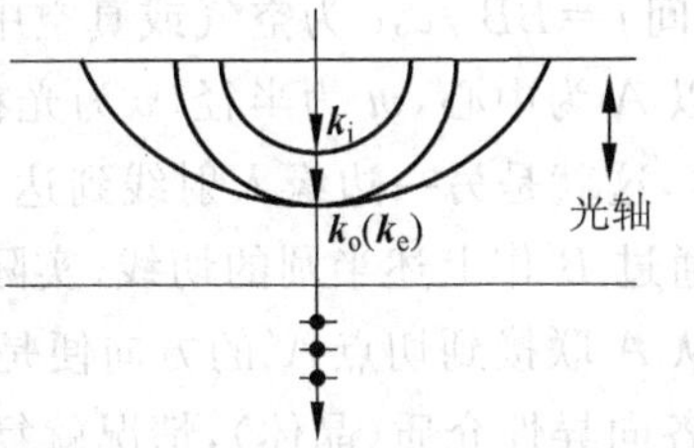

图 4.33　平面波正入射，光轴垂直于表面的双折射

2. 平面光波在主截面内斜入射

如图 4.34 所示，平面光波在主截面内斜入射时，在晶体内将分为 o 光和 e 光，e 光的波法线方向、光线方向一般与 o 光不相同，但都在主截面内。当晶体足够厚时，从晶体下表面射出的是两束振动方向互相垂直的线偏振光，传播方向与入射光相同。

3. 光轴平行于晶面，入射面垂直于主截面

图 4.35 绘出了晶体光轴平行于晶面（垂直于图面），平行光波的入射面垂直于主截面时的折射光传播方向。此时，光进入晶体后分为 o、e 两束光。对于 o 光，其波法线方向与光线方向一致；而 e 光因其折射率是常数 n_e，与入射角的大小无关，所以它的波法线方向与光线方向也相同。

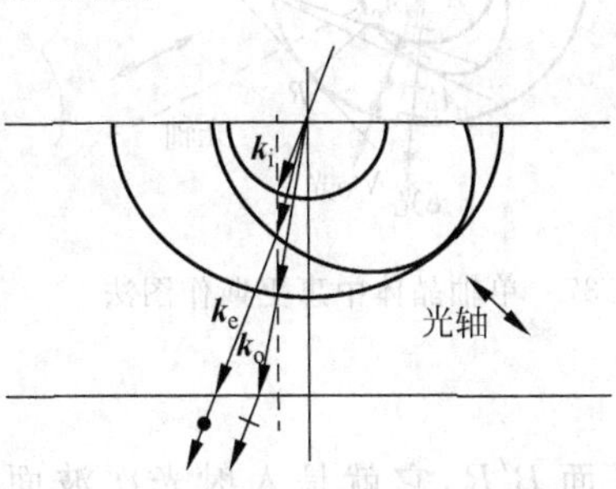

图 4.34　平面波斜入射负单轴晶体的双折射

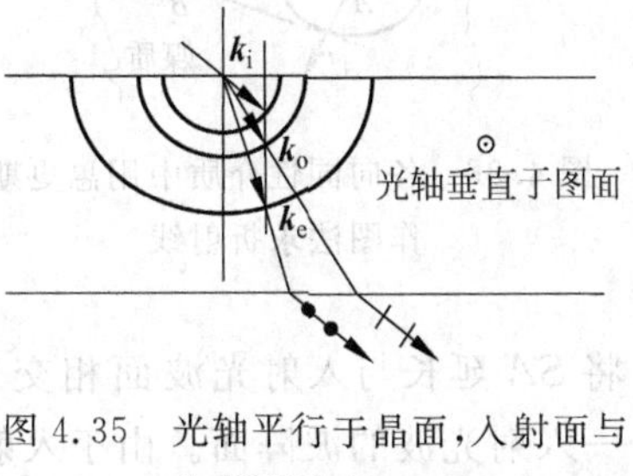

图 4.35　光轴平行于晶面，入射面与主截面垂直

4.4.3　惠更斯作图法

惠更斯作图法是利用射线曲面（即波面）确定反射光、折射光方向的几何作图法。对于各向同性介质，惠更斯原理曾以次波的包迹是新的波阵面的观点，说明了光波由一种介质进入另一种介质时为什么会折射，并通过作图法利用次波面的单层球面特性，确定了次波的包

迹——波阵面,从而确定了折射光的传播方向。对于各向同性晶体中的惠更斯作图法的基本步骤归纳如下,如图4.36所示。

(1) 画出平行的入射光束,令两边缘光线与界面的交点分别 A、B'。

(2) 由先到界面的 A 点作另一边缘入射线的垂线 AB,它便是入射线的波面。求出 B 到 B' 的时间 $t=\overline{BB'}/c$,c 为空气或真空中的光速。

(3) 以 A 为中心,vt 为半径(v 为光在折射媒质中的波速)在折射媒质内作半圆(实际上是半球面),这就是另一边缘入射线到达 B' 点时由 A 点发出的次波面。

(4) 通过 B' 作上述半圆的切线(实际上为切面),这就是折射线的波面。

(5) 从 A 联接到切点 A' 的方向便是折射线的方向。

对于各向异性介质(晶体),情况就复杂多了。由上一节的讨论已知,晶体空间对于光的传播来说,是一个偏振化的空间,一束入射光不管其偏振性质如何,它一进入晶体,就要按晶体所规定的方式分成取向不同的两种特许的线偏振态,并且这两种振动所产生的次波沿任一方向都以不同的速度传播。因此,在晶体界面上的次波源向晶体内发射的次波波面是双壳层曲面,每一壳层对应一种振动方式,这就是上节介绍的射线曲面。这样,对于两种不同振动方式的次波的包迹,就是各自的波阵面,它们按不同的方向传播,从而形成两束折射光。

现在把惠更斯作图法应用到单轴晶体上,假设有一束平行光由各向同性介质斜入射到单轴晶体的表面,从 A 点出发的次波面晶体光轴为一般取向,即光轴与入射面不平行,也不垂直。当入射波波面上的 B 到达 B' 点时,A 点发出的次波波面如图4.37所示,不再是简单的半球面,而有两个,一个是以 $v_o t$ 为半径的半球面(o光的次波面),另一个是与它在光轴方向上相切的半椭球面,其另外的半主轴长为 $v_e t$(e光的次波面)。

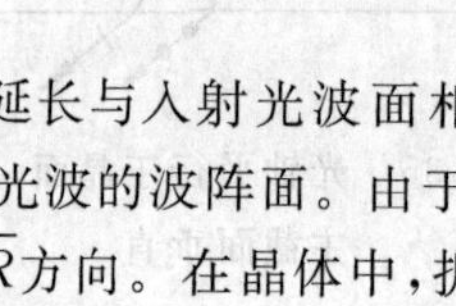

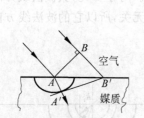

图4.36 各向同性介质中用惠更斯作图法求折射线

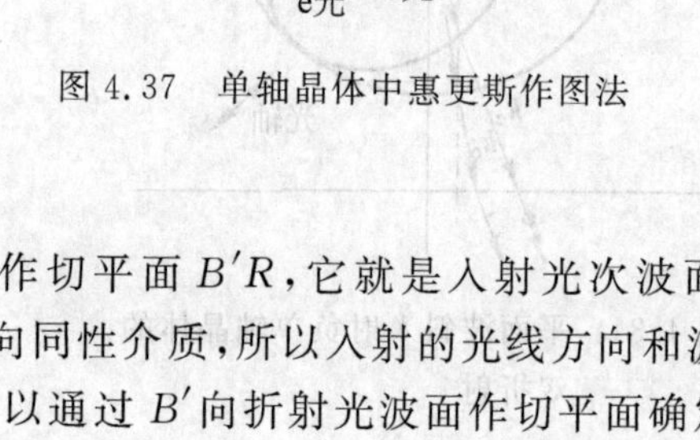

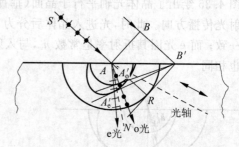

图4.37 单轴晶体中惠更斯作图法

将 SA 延长与入射光波面相交于 R,过 R 作切平面 $B'R$,它就是入射光次波面的包迹——入射光波的波阵面。由于入射介质是各向同性介质,所以入射的光线方向和波法线方向均为 $\overline{AR}$ 方向。在晶体中,折射光的方向可以通过 B' 向折射光波面作切平面确定:过 B' 作o光波面的切平面 $B'A_o'$,A_o' 为切点,该平面就是寻常折射光的波阵面,$\overrightarrow{AA_o'}$ 方向是寻常折射光能流(光线)方向。由于o光波面是球面,所以 AA_o' 垂直于 $B'A_o'$ 切平面,并且 AA_o' 在入射面内,因此,它既是寻常折射光的光线方向,又是其波法线方向;过 B' 作e光波面的切平面 $B'A_e'$,它就是非常折射光的波阵面。因为在一般情况下,e光波面与 $B'A_e'$ 面的切点不在图面内,所以非寻常光线一般不在入射面上,但过 A 作 $B'A_e'$ 面的法线 AN 却在图面上,AN 就是非常折射光的波法线方向。

由上述惠更斯原理和惠更斯作图法说明了单轴晶体中两个折射光的性质：o光折射光的波法线方向与光线方向一致，并在入射面内；e光折射光的波法线方向在入射面内，但e光光线方向一般不在入射面内。

在使用惠更斯原理和惠更斯作图法说明晶体中折射光方向时，有两种很有实际意义的双折射现象：图4.38(a)表示晶体表面垂直于光轴方向切割，光线沿光轴方向传播，不发生双折射现象；图4.38(b)和(c)表示晶体表面平行于光轴方向切割，当光线垂直表面入射时，折射光方向也只有一个，但沿该方向传播的o光和e光的速度不同，因此通过晶片后，它们之间将产生一定的相位差。利用这种晶片制作的光学元件，在光电子技术中有重要的用途。

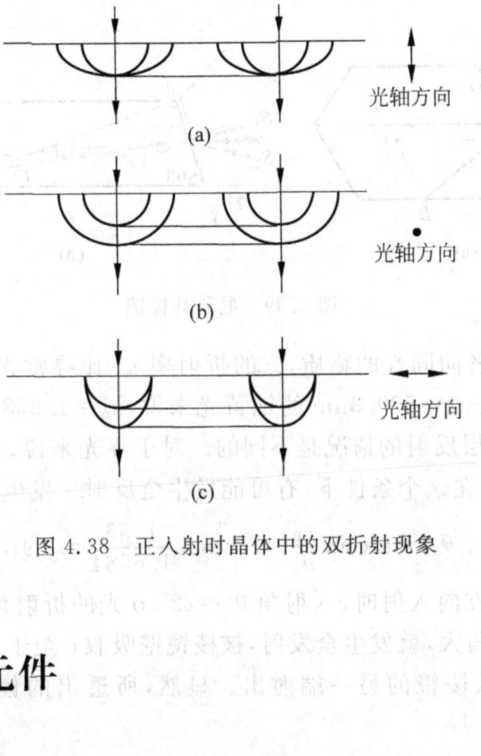

图4.38 正入射时晶体中的双折射现象

4.5 晶体光学元件

4.5.1 晶体偏振器

在光电子技术应用中，经常需要偏振度很高的线偏振光。除了某些激光器本身可产生线偏振光外，大部分是通过对入射光进行分解和选择获得线偏振光的。通常将能够产生线偏振光的元件叫做偏振器。

根据偏振器的工作原理不同，可以分为双折射型、反射型、吸收型和散射型偏振器。后三种偏振器因其存在消光比差，抗损伤能力低，有选择性的吸收等缺点，应用受到限制；在光电子技术中，广泛地采用双折射型偏振器。

由晶体双折射特性的讨论已知，一块晶体本身就是一个偏振器，从晶体中射出的两束光都是线偏振光。但是，由于由晶体射出的两束光通常靠得很近，不便于分离应用，所以实际的双折射偏振器，或者是利用两束偏振光折射的差别，使其中一束在偏振器内发生全反射(或散射)，而让另一束光顺利通过；或者利用某些各向异性介质的二向色性，吸收掉一束线偏振光，而使另一束线偏振光顺利通过。

1. 偏振棱镜

偏振棱镜是利用晶体的双折射特性制成的偏振器，它通常是由两块晶体按一定的取向组合而成的。

(1) 尼科耳棱镜

尼科耳棱镜的制法大致如图 4.39(a)所示。取一块长度约为宽度 3 倍的优质方解石晶体，将两端磨去约 3°，使其主截面的角度由 70°53′变为 68°，然后将晶体沿垂直于主截面及两端面的平面 $ABCD$ 切开，把切开的面磨成光学平面，再用加拿大树胶胶合起来，并将周围涂黑，就成了尼科耳棱镜。

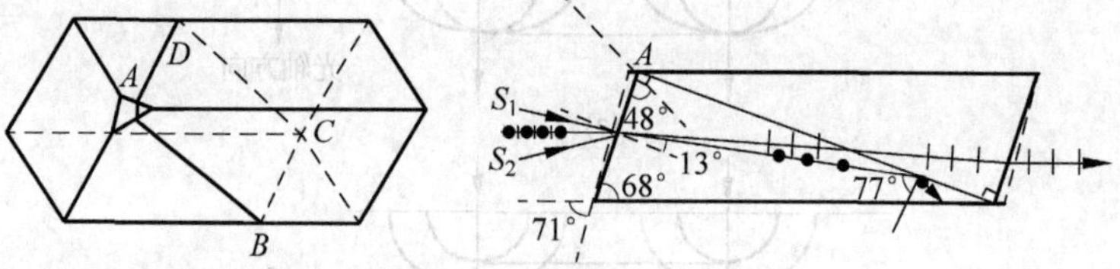

图 4.39　尼科耳棱镜

加拿大树胶是一种各向同性的物质，它的折射率 n_B 比寻常光的折射率小，但比非常光的折射率要大。例如对于 $\lambda=589.3$nm 的钠黄光来说，$n_o=1.6584$，$n_B=1.55$，$n_e=1.5159$。因此，o 光和 e 光在胶合层反射的情况是不同的。对于 o 光来说，它由光密介质(方解石)入射到光疏介质(树胶层)，在这个条件下，有可能发生全反射。发生全反射的临界角为

$$\theta_c = \arcsin\frac{n_B}{n_o} = \arcsin\frac{1.55}{1.6584} \approx 69° \tag{4-71}$$

当自然光沿棱镜的纵长方向入射时，入射角 $\theta_1=22°$，o 光的折射角 $\theta_{2o}\approx 13°$，因此在胶层的入射角约为 77°，比临界角大，就发生全发射，被棱镜壁吸收；至于 e 光，由于 $n_e<n_B$，不发生全反射，可以透过胶层从棱镜的另一端射出。显然，所透出的偏振光的光矢量与入射面平行。

尼科耳棱镜的孔径角约为±14°。如图 4.39(b)所示，虚线表示未磨之前的端面位置，当入射光在 S_1 一侧超过 14°时，o 光在胶层上的入射角就小于临界角，不发生全反射；当入射光在 S_2 一侧超过 14°时，由于 e 光的折射率增大而与 o 光同时发生全发射，结果没有光从棱镜射出。因此尼科耳棱镜不适应用于高度会聚或发散的光束。另外，方解石天然晶体都比较小，制成的尼科耳棱镜的有效使用面积都很小，而价格却十分昂贵。由于它对可见光的透明度很高，并且能产生完善的线偏振光，所以尽管有上述缺点，对于可见的平行光束(特别是激光)来说，尼科耳棱镜仍然是一种比较优良的偏振器件。

(2) 格兰-汤普森棱镜

尼科耳棱镜的出射光束与入射光束不在一条直线上，这在使用中会带来不便。格兰-汤普森(Glan-Thompson)棱镜是为改进尼科尔棱镜的缺点而设计的。如图 4.40 所示，它由两块方解石直角棱镜沿斜面相对胶合制成，两块晶体的光轴与通光的直角面平行，并且或者与 AB 棱平行，或者与 AB 棱垂直。

格兰-汤普森棱镜输出偏振光的原理如下：当一束自然光垂直射入棱镜时，o 光和 e 光

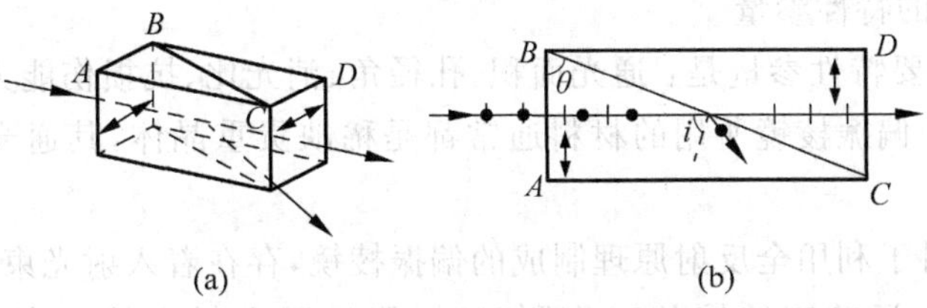

图 4.40 格兰-汤普森棱镜

均无偏折地射向胶合面，在 BC 面上，入射角 i 等于棱镜底角 θ。制作棱镜时，选择胶合剂(例如加拿大树胶)的折射率 n 介于 n_o 和 n_e 之间，并且尽量和 n_e 接近。因为方解石是负单轴晶体，$n_e<n_o$，所以 o 光在胶合面上相当于从光密介质射向光疏介质，当 $i>\arcsin(n/n_o)$ 时，o 光产生全反射，而 e 光照常通过，因此，输出光中只有一种偏振分量。通常将这种偏振分光棱镜叫作单像偏光棱镜。

组成格兰棱镜的两块直角棱镜之间用加拿大树脂胶合，这时 $\theta\approx76°30'$，孔径角约为 $\pm13°$。用加拿大树脂有两个缺点，一是加拿大胶对紫外光吸收很厉害，二是胶合层易被大功率的激光束所破坏。在这种情况下往往用空气层来代替胶合层。这时 $\theta\approx38.5°$，孔径角约为 $\pm7.5°$，这种棱镜能够透过波长短到 210nm 的紫外光。

在上述结构中，o 光在 BC 面上全反射至 AC 面时，如果 AC 面吸收不好，必然有一部分 o 光经 AC 面反射回 BC 面，并因入射角小于临界角而混到出射光中，从而降低了出射光的偏振度。所以在要求偏振度很高的场合，都是把格兰-汤普森棱镜制成图 4.41 所示的改进型。

(3) 渥拉斯顿(Wollaston)棱镜

渥拉斯顿棱镜是加大了两种线偏振光的离散角，且同时出射两束线偏振光的双像棱镜。它的结构如图 4.42 所示，是由光轴互相垂直的两块直角棱镜沿斜面用胶合剂胶合而成的，一般都是由方解石或石英等透明单轴晶体制作。

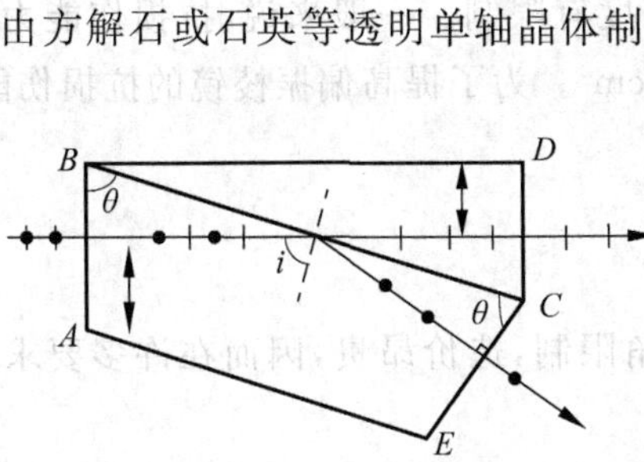

图 4.41 改进型格兰-汤普森棱镜

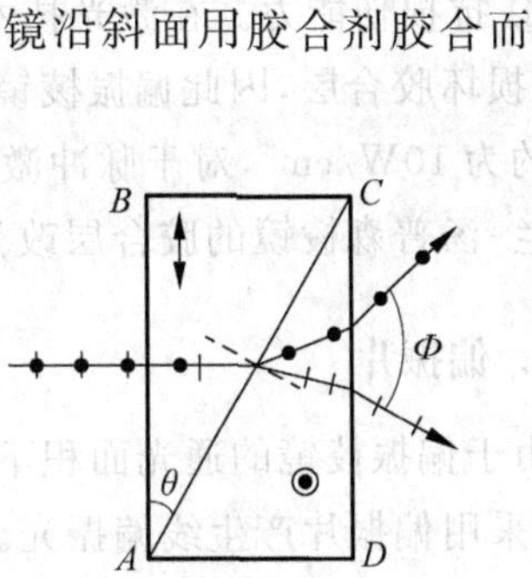

图 4.42 渥拉斯顿棱镜

正入射的平行光束在第一块棱镜内垂直光轴传播，o 光和 e 光以不同的相速度同向传播。它们进入第二块棱镜时，因光轴方向旋转 90°，使得第一块棱镜中的 o 光变为 e 光，且由于方解石为负单轴晶体($n_e<n_o$)，将远离界面法线偏折；第一块晶体中的 e 光，现在变为 o 光，靠近法线偏折。这两束光在射出棱镜时，将再偏折一次。这样，它们对称地分开一个角度，此角的大小与棱镜的材料及底角 θ 有关。对于负单轴晶体近似为

$$\Phi=2\arcsin[(n_o-n_e)\tan\theta] \tag{4-72}$$

对于方解石棱镜，Φ 角一般为 $10°\sim40°$。例如，当 $\theta=45°$ 时，$\Phi\approx20°40'$。

(4) 偏振棱镜的特性参量

偏振棱镜的主要特性参量是：通光面积、孔径角、消光比、抗损伤能力。

① 通光面积。偏振棱镜所用的材料通常都是稀缺贵重晶体，其通光面积都不大，直径约为 5～20mm。

② 孔径角。对于利用全反射原理制成的偏振棱镜，存在着入射光束锥角限制。

上面讨论格兰-汤普森棱镜的工作原理时，假设了入射光是垂直入射。当光斜入射(图 4.43)时，若入射角过大，则对于光束 1 中的 o 光，在 BC 面上的入射角可能小于临界角，致使不能发生全反射，而部分地透过棱镜；对于光束 2 中的 e 光，在 BC 面上的入射角可能大于临界角，使 e 光在胶合面上发生全反射，这将降低出射光的偏振度。

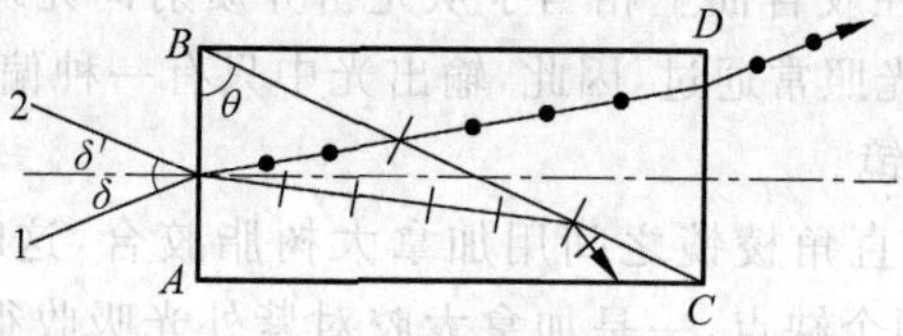

图 4.43 格兰棱镜孔径角的限制

因而，这种棱镜不适合于发散角(或会聚角)过大的光路。或者说，这种棱镜对入射光锥角有一定的限制，并且称入射光锥角的限制范围 $2\delta_m$(δ_m 是 δ 和 δ' 中较小的一个)为偏振棱镜的有效孔径角。有效孔径角的大小与棱镜材料、结构、使用波段和胶合剂的折射率诸因素有关。

③ 消光比。消光比是指通过偏振器后两正交偏振光的强度比，一般偏振棱镜的消光比为 10^{-5}～10^{-4}。

④ 抗损伤能力。在激光技术中使用利用胶合剂的偏振棱镜时，由于激光束功率密度极高，会损坏胶合层，因此偏振棱镜对入射光能密度有限制。一般来说，抗损伤能力对于连续激光约为 10W/cm^2，对于脉冲激光约为 10^4W/cm^2。为了提高偏振棱镜的抗损伤能力，可以把格兰-汤普森棱镜的胶合层改为空气层。

2. 偏振片

由于偏振棱镜的通光面积不大，存在孔径角限制，造价昂贵，因而在许多要求不高的场合，都采用偏振片产生线偏振光。

(1) 散射型偏振片

这种偏振片是利用双折射晶体的散射起偏的，其结构如图 4.44 所示，两片具有特定折射率的光学玻璃(ZK_2)夹着一层双折射性很强的硝酸钠($NaNO_3$)晶体。制作过程大致是：把两片光学玻璃的相对面打毛，竖立在云母片上，将硝酸钠溶液倒入两毛面形成的缝隙中，压紧二毛玻璃，挤出气泡，使得很窄的缝隙为硝酸钠填满，并使溶液从云母片一边缓慢冷却，形成单晶，其光轴恰好垂直云母片，进行退火处理后，即可截成所需要的尺寸。

由于硝酸钠晶体对于垂直其光轴入射的黄绿光主折射率为 $n_o=1.5854$，$n_e=1.3369$，而光学玻璃(ZK_2)对这一段光的折射率为 $n=1.5831$，与 n_o 非常接近，而与 n_e 相差很大。因而，当光通过玻璃与晶体间的粗糙界面时，o 光将无阻地通过，而 e 光则因受到界面强烈

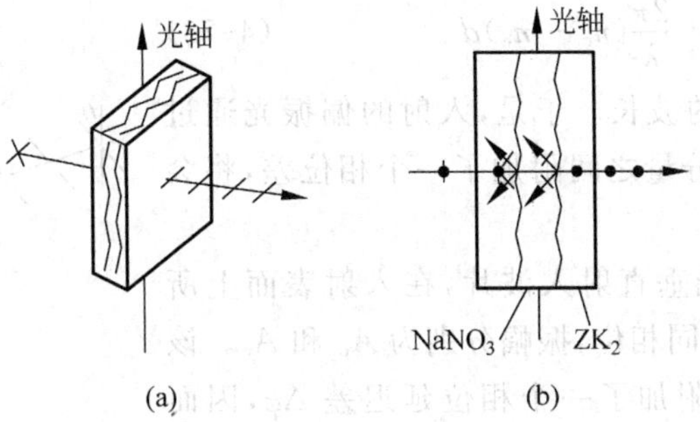

图 4.44 散射型偏振片
(a) 立体图；(b) 侧视图

散射以致无法通过。

散射型偏振片本身是无色的，而且它对可见光范围的各种色光的透过率几乎相同，又能做成较大的通光面积，因此，特别适用于需要真实地反映自然光中各种色光成分的彩色电影、彩色电视中。

(2) 二向色型偏振片

二向色型偏振片是利用某些物质的二向色性制作成的偏振片。所谓二向色性，就是有些晶体(电气石、硫酸碘奎宁等)对传输光中两个相互垂直的振动分量具有选择吸收的性能。例如电气石对传输光中垂直光轴的寻常光矢量分量吸收很强烈，吸收量与晶体厚度成正比，而对非常光矢量分量只吸收某些波长成分。但是因它略带颜色，且大小有限，所以用的不多。

目前使用较多的二向色型偏振片是人造偏振片。例如，广泛应用的 H 偏振片就是一种带有墨绿色的塑料偏振片，它是把一片聚乙烯醇薄膜加热后，沿一个方向拉伸 3～4 倍，再放入碘溶液浸泡制成的。浸泡后的聚乙烯膜具有强烈的二向色性。碘附着在直线的长链聚合分子上，形成一条碘链，碘中所含的传导电子能沿着链运动。自然光射入后，光矢量平行于链的分量对电子做功，被强烈吸收，只有光矢量垂直于薄膜拉伸方向的分量可以透过(图 4.45)。这种偏振片的优点是很薄，面积可以做得大，有效孔径角几乎是 180°，工艺简单，成本低。其缺点是有颜色，透过率低，对黄色自然光的透过率仅约 30%。

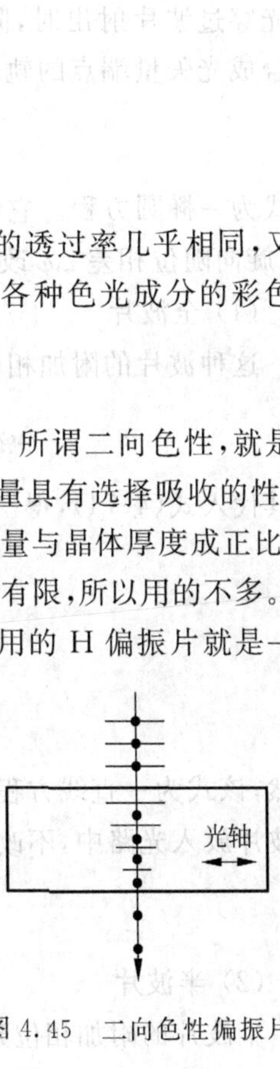

图 4.45 二向色性偏振片

4.5.2 波片和补偿器

1. 波片

波片是一种对二垂直振动分量提供固定相位差的元件。它通常是从单轴晶体上按一定方式切割的、有一定厚度的平行平面薄片，其光轴平行于晶片表面，设为 x_2 方向，如图 4.46 所示。一束正入射的光波进入波片后，将沿原方向传播两束偏振光——o 光和 e 光，它们的 $\boldsymbol{D}$ 矢量分别平行于 x_1 和 x_2 方向，其折射率分别为 n_o 和 n_e。由于二光的折射率不同，它们通过厚度为 d 的波片后，将产生一定的相位差 $\Delta\varphi$，且

$$\Delta\varphi=\frac{2\pi}{\lambda}(n_o-n_e)d \tag{4-73}$$

式中，λ 是光在真空中的波长。于是，入射的偏振光通过波片后，由于其二垂直分量之间附加了一个相位差，将会改变偏振状态。

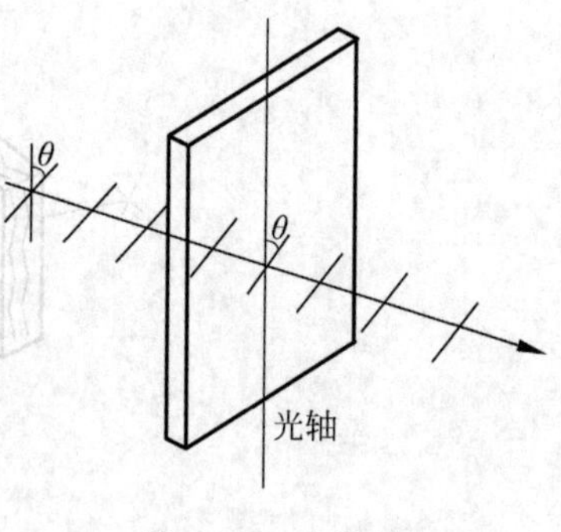

图 4.46　全波片

现有一束线偏振光垂直射入波片，在入射表面上所产生的 o 光和 e 光分量同相位，振幅分别为 A_o 和 A_e。该二光穿过波片射出时，附加了一个相位延迟差 $\Delta\varphi$，因而其合成光矢量端点的轨迹方程为

$$\left(\frac{E_1}{A_o}\right)^2+\left(\frac{E_2}{A_e}\right)^2-2\frac{E_1E_2}{A_oA_e}\cos\Delta\varphi=\sin^2\Delta\varphi \tag{4-74}$$

该式为一椭圆方程。它说明，输出光的偏振态发生了变化，为椭圆偏振光。椭圆的形状、方位、旋向随位相差 $\Delta\varphi$ 改变。在光电子技术中，经常应用的是全波片、半波片和 1/4 波片。

(1) 全波片

这种波片的附加相位延迟差为

$$\Delta\varphi=\frac{2\pi}{\lambda}(n_o-n_e)d=2m\pi\quad(m=\pm1,\pm2,\cdots) \tag{4-75}$$

将其代入式(4-74)，得

$$\left(\frac{E_1}{A_o}-\frac{E_2}{A_e}\right)^2=0 \tag{4-76}$$

即

$$E_1=\frac{A_o}{A_e}E_2=E_2\tan\theta \tag{4-77}$$

显然，该式为一直线方程，即线偏振光通过全波片后，其偏振状态不变(图 4.46)。因此，将全波片放入光路中，不改变光路的偏振状态。全波片的厚度为

$$d=\left|\frac{m}{n_o-n_e}\right|\lambda \tag{4-78}$$

(2) 半波片

半波片的附加相位延迟差为

$$\Delta\varphi=\frac{2\pi}{\lambda}(n_o-n_e)d=(2m+1)\pi\quad(m=\pm1,\pm2,\cdots) \tag{4-79}$$

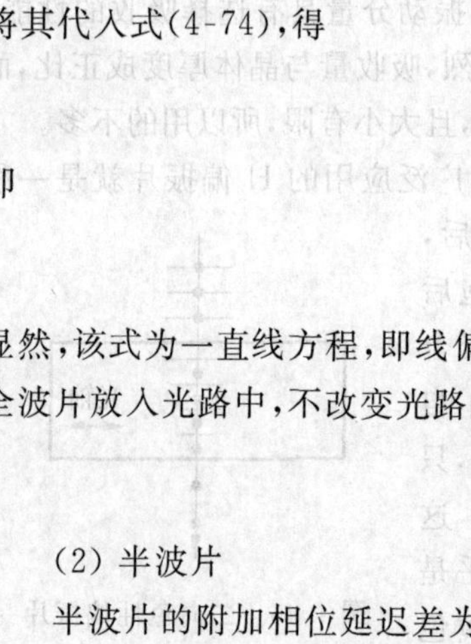

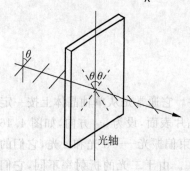

图 4.47　半波片

将其代入式(4-74)，得

$$\left(\frac{E_1}{A_o}+\frac{E_2}{A_e}\right)^2=0 \tag{4-80}$$

即

$$E_1=-\frac{A_o}{A_e}E_2=E_2\tan(-\theta) \tag{4-81}$$

该式也为一直线方程，即出射光仍为线偏振光，只是振动面的方位较入射光转过了 2θ 角(图 4.47)，当 $\theta=45°$时，振动面转过 90°。

半波片的厚度为

$$d=\left|\frac{2m+1}{n_o-n_e}\right|\frac{\lambda}{2} \tag{4-82}$$

(3) 1/4 波片

1/4 波片的附加相位延迟差为

$$\Delta\varphi=\frac{2\pi}{\lambda}(n_o-n_e)d=(2m+1)\frac{\pi}{2}\quad(m=\pm1,\pm2,\cdots) \tag{4-83}$$

将其代入式(4-74),得

$$\frac{E_1^2}{A_o^2}+\frac{E_3^2}{A_e^2}=1 \tag{4-84}$$

该式是一个标准椭圆方程,其长、短半轴长分别为 A_e 和 A_o。这说明,线偏振光通过 1/4 波片后,出射光将变为长、短半轴等于 A_e 和 A_o 的椭圆偏振光(图 4.48(a))。当 $\theta=45°$ 时,$A_e=A_o=A$,出射光为一圆偏振光(图 4.48(b)),其方程为

$$\frac{E_1^2}{A^2}+\frac{E_3^2}{A^2}=1 \tag{4-85}$$

根据光的可逆性原理,反过来,1/4 波片也可以使圆偏振光变成线偏振光。1/4 波片的厚度为

$$d=\left|\frac{2m+1}{n_o-n_e}\right|\frac{\lambda}{4} \tag{4-86}$$

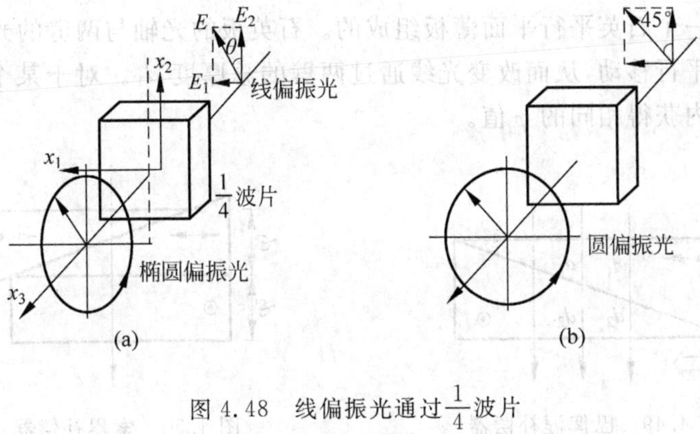

图 4.48 线偏振光通过$\frac{1}{4}$波片

值得注意的是,所谓 1/4 波片、半波片或全波片都是针对某一特定的波长而言的。这是因为一个波片所产生的光程差 $|n_o-n_e|d$ 基本上是不随波长改变的,因此式(4-75)、式(4-79)和式(4-83)都只对某一特定波长才成立。例如,若波片产生的光程差 $\Delta L=560$nm,那么对波长 560nm 的光来说,它是全波片。这种波长的线偏振光通过全波片以后仍为线偏振光。但对其他波长来说,它不是全波片,其他波长的线偏振光通过它后一般得到椭圆偏振光。

同时需要指出的是,晶体的双折射率 n_o-n_e 数值是很小的,对应于 $m=1$ 的波片厚度非常小。例如,石英晶体的双折射率(n_o-n_e)为 -0.009,当波长是 0.5μm 时,半波片仅为 28μm 厚,制作和使用都很困难。虽然可以加大 m 值,增加厚度,但将导致波片对波长、温度和自身方位的变化很敏感。比较可行的办法是把两片光轴方向相互垂直的石英粘在一起,使它们的厚度差为一个波片的厚度(对应 $m=1$ 的厚度)。

2. 补偿器

波片只能产生固定的相位差,补偿器可以产生连续改变的位相差。最简单的一种补偿器叫巴俾涅补偿器,它的结构如图 4.49 所示,由两个方解石或石英劈组成,这两个劈的光轴相互垂直。当线偏振光射入补偿器后,产生传播方向相同,振动方向相互垂直的 o 光和 e 光,并且,在上劈中的 o 光(或 e 光),进入下劈时就成了 e 光(或 o 光)。由于劈尖顶角很小($2°\sim3°$),在两个劈界面上,e 光和 o 光可认为不分离。上劈中的 e 光在下劈中变为 o 光,它通过上、下劈的总光程为 $n_e d_1 + n_o d_2$;上劈中的 o 光在下劈中变为 e 光,它通过上、下劈的总光程为 $n_o d_1 + n_e d_2$,所以,从补偿器出来时,这两束振动方向相互垂直的线偏振光间的相位差为

$$\begin{aligned}\Delta\varphi &= \frac{2\pi}{\lambda}[(n_e d_1 + n_o d_2) - (n_o d_1 + n_e d_2)] \\ &= \frac{2\pi}{\lambda}(n_o - n_e)(d_2 - d_1) \qquad (4\text{-}87)\end{aligned}$$

当入射光从补偿器上方不同位置入射时,相应的 $d_2 - d_1$ 值不同,φ 值也就不同。或者,当上劈沿图 4.49 中所示箭头方向移动时,对于同一条入射光线,$d_2 - d_1$ 值也随上劈移动而变化,故 φ 值也随之改变。因此,调整 $d_2 - d_1$ 值,便可得到任意的 φ 值。

巴俾涅补偿器的缺点是必须使用极细的入射光束,因为宽光束的不同部分会产生不同的相位差。采用图 4.50 所示的索累补偿器可以弥补这个不足。这种补偿器是由两个光轴平行的石英劈和一个石英平行平面薄板组成的。石英板的光轴与两劈的光轴垂直。上劈可由微调螺丝使之平行移动,从而改变光线通过两劈的总厚度 d_1。对于某个确定的 d_1,可以在相当宽的区域内获得相同的 φ 值。

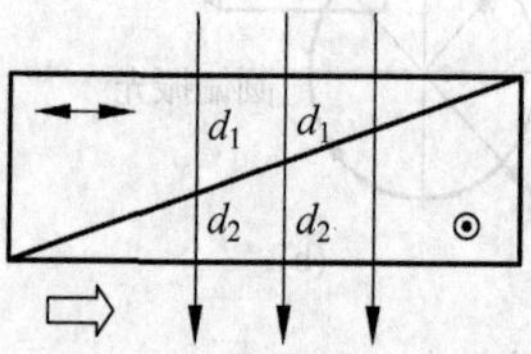

图 4.49 巴俾涅补偿器

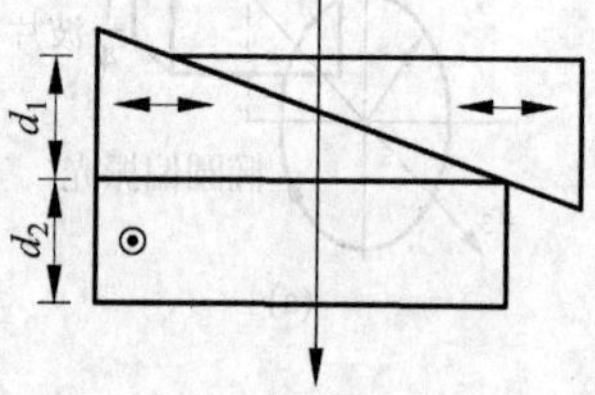

图 4.50 索累补偿器

4.6 晶体的偏光干涉

在第 2 章中,我们曾经讨论了振动方向相互垂直的两束线偏振光的叠加现象,在一般情况下,它们叠加形成椭圆偏振光。这一节讨论两束振动方向平行的相干线偏振光的叠加,这种叠加会产生干涉现象。从干涉现象来说,这种偏振光的干涉与第 2 章讨论的自然光的干涉现象是相同的,但实验装置不同:自然光干涉是通过分振幅法或分波面法获得两束相干光,而偏光干涉则是利用晶体的双折射效应,将同一束光分成振动方向相互垂直的两束线偏振光,再经检偏器将其振动方向引到同一方向上进行干涉,也就是说,通过各向异性介质(晶体)和一个检偏器即可观察到偏光干涉现象,如图 4.51 所示。

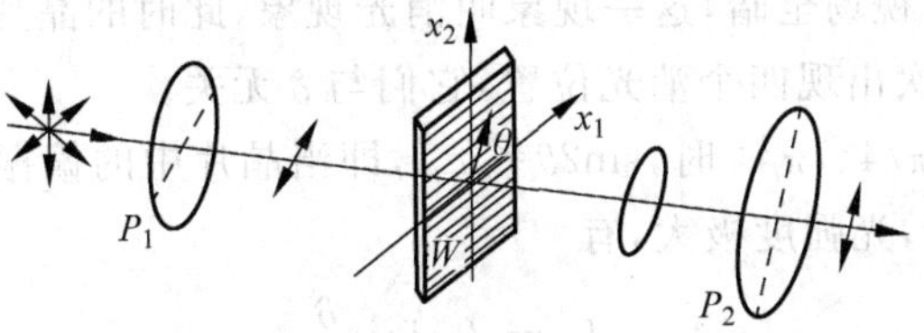

图 4.51 偏振光干涉装置

下面讨论偏光干涉的基本规律，这些规律是光电子技术中应用非常广泛的光调制技术的基础。

4.6.1 平行光的偏光干涉

1. 单色平行光正入射的干涉

如图 4.51 所示的平行偏振光干涉装置中，晶片的厚度为 d，起偏器 P_1 将入射的自然光变成线偏振光，检偏器 P_2 则是将有一定相位差、振动方向相互垂直的线偏振光引到同一振动方向上，使其产生干涉。如果起偏器与检偏器的偏振轴相互垂直，称这对偏振器为正交偏振器，如果互相平行，就叫平行偏振器，其中以正交偏振器最为常用。下面分情况予以讨论。

(1) P_1、P_2 的透光轴互相垂直(简写为 $P_1 \perp P_2$)

如图 4.52 所示，P_1、P_2 代表代表两偏振片的透光轴方向，A_1 是射向波片 W 的线偏振的振幅，P_1 与波片光轴(x_1 轴)的夹角为 θ，因此波片内 o、e 光的振幅分别为 $A_o = A_1\sin\theta$，$A_e = A_1\cos\theta$。o、e 光的振动分别沿 x_2 和 x_1 方向。两束光透过波片再通过 P_2 时，只有振动方向平行于 P_2 透光轴方向的分量，它们的振幅相等：

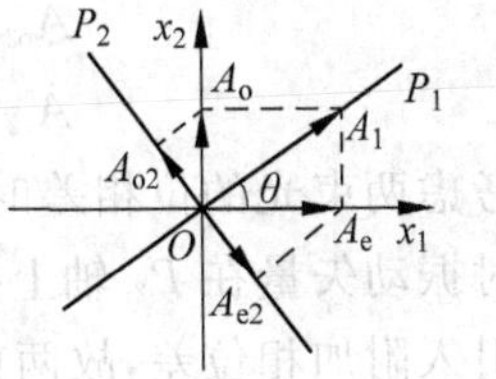

图 4.52 $P_1 \perp P_2$ 时入射光振幅的分解

$$A_{o2} = A_o\cos\theta = A_1\sin\theta\cos\theta \tag{4-88}$$

$$A_{e2} = A_e\sin\theta = A_1\sin\theta\cos\theta \tag{4-89}$$

两束光的振动方向相同，因而可以发生干涉，干涉的强度与两束光的相位差有关。两束光由波片射出后具有位相差 $\delta = \dfrac{2\pi}{\lambda}|n_o - n_e|d$，$d$ 为波片厚度。另外，从图 4.52 可以看出，两束光通过 P_2 时振动矢量在 P_2 轴上投影的方向相反，这表示 P_2 对两束光引入了附加位相差 π。因此两束光的总的相位差为

$$\delta_\perp = \delta + \pi = \frac{2\pi}{\lambda} \mid n_o - n_e \mid d + \pi \tag{4-90}$$

根据双光束干涉的强度公式，上述两束光的干涉强度为

$$I_\perp = A_{o2}^2 + A_{e2}^2 + 2A_{o2}A_{e2}\cos\delta_\perp = I_1\sin^2 2\theta\sin^2\frac{\delta}{2} \tag{4-91}$$

该式说明，输出光强 $I_\perp$ 除了与入射光强度 I_1 有关外，还与晶片产生的二正交偏振光的相位差 δ、偏振光振动方向与晶片的光轴夹角 θ 有关。

① 晶片取向 θ 对输出光强的影响。当 $\theta = 0$、$\pi/2$、π、$3\pi/2$ 时，$\sin 2\theta = 0$，相应 $I_\perp = 0$。就是说，在 P_1 和 P_2 偏振轴正交条件下，当晶片中的偏振光振动方向与起偏器的偏振轴方向

一致时，出射光强为零，视场全暗，这一现象叫消光现象，此时的晶片位置为消光位置。当将晶片旋转 360°时，将依次出现四个消光位置，它们与 δ 无关。

当 $\theta=\pi/4$、$3\pi/4$、$5\pi/4$、$7\pi/4$ 时，$\sin 2\theta=\pm 1$，即当晶片中的偏振光振动方向位于二偏振器偏振轴的中间位置时，光强度极大，有

$$I_{\perp}=I_1\sin^2\frac{\delta}{2} \tag{4-92}$$

把晶片转动一周，同样有四个最亮的位置。在实际应用中，经常使晶片处于这样的位置。

② 晶片相位差 δ 对输出光强的影响。当 $\delta=0,2\pi,\cdots,2m\pi$（$m$ 为整数）时，$\sin^2(\delta/2)=0$，即当晶片所产生的相位差为 2π 的整数倍时，输出强度为零。此时如果改变 θ，则不论晶片是处于消光位置还是处于最亮位置，输出强度均为零。

当 $\delta=\pi,3\pi,\cdots,(2m+1)\pi$（$m$ 为整数）时，$\sin^2(\delta/2)=1$，即当晶片所产生的相位差为 π 的奇数倍时，输出强度得到加强，$I_{\perp}=I_1\sin^2 2\theta$。如果此时晶片处于最亮位置（$\theta=\pi/4$），$\theta$ 和 δ 的贡献都使得输出光强干涉极大，可得最大的输出光强为

$$I_{\perp\max}=I_1 \tag{4-93}$$

即该输出光强等于入射光的光强。

(2) P_1、P_2 的透光轴互相平行（简写为 $P_1/\!/P_2$）

这时透过 P_2 的两束光的振幅一般不相等，如图 4.53 所示，它们分别为

$$A_{o2}=A_o\sin\theta=A_1\sin^2\theta \tag{4-94}$$

$$A_{e2}=A_e\cos\theta=A_1\cos^2\theta \tag{4-95}$$

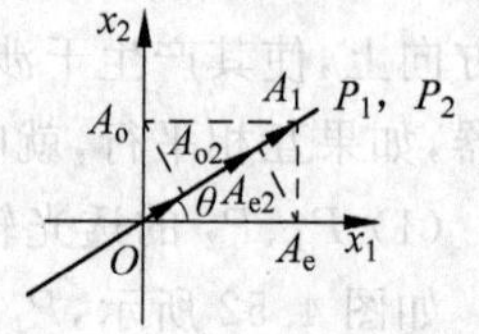

图 4.53 $P_1/\!/P_2$ 时入射光振幅的分解

考虑两束光的位相差时，应注意图 4.53 显示的两束光通过 P_2 时振动矢量在 P_2 轴上投影的方向相同，因此 P_2 对两束光没有引入附加相位差，故两束光的位相差为

$$\delta_{/\!/}=\delta=\frac{2\pi}{\lambda}\mid n_o-n_e\mid d \tag{4-96}$$

根据双光束干涉的强度公式，两束光的干涉强度为

$$I_{/\!/}=I_1\left[1-\sin^2 2\theta\sin^2\frac{\delta}{2}\right] \tag{4-97}$$

① 晶片取向 θ 对输出光强的影响。当 $\theta=0$、$\pi/2$、π、$3\pi/2$ 时，$\sin 2\theta=0$，$I_{/\!/}=I_1$，光强度最大。即当偏振器的偏振轴与晶体中的一个偏振光振动方向重合时，通过起偏器所产生的线偏振光在晶片中不发生双折射，按原状态通过检偏器，因此出射光强最大。

当 $\theta=\pi/4$、$3\pi/4$、$5\pi/4$、$7\pi/4$ 时，$\sin 2\theta=\pm 1$，此时光强极小，为

$$I_{/\!/}=I_1\left(1-\sin^2\frac{\delta}{2}\right) \tag{4-98}$$

② 晶片相位差 δ 对输出光强的影响。当 $\delta=0,2\pi,\cdots,2m\pi$（$m$ 为整数）时，$\sin(\delta/2)=0$，相应地有 $I_{/\!/}=I_1$。

当 $\delta=\pi,3\pi,\cdots,(2m+1)\pi$（$m$ 为整数）时，$\sin(\delta/2)=\pm 1$，相应光强极小，且为

$$I_{/\!/}=I_1(1-\sin^2 2\theta) \tag{4-99}$$

此时，若 $\theta=\pi/4$，则有

$$I_{/\!/\min}=0 \tag{4-100}$$

由式(4-91)和式(4-97)可知

$$I_{\perp}+I_{/\!/}=I_1 \tag{4-101}$$

上式表明 $P_1\perp P_2$ 和 $P_1/\!/P_2$ 两种情形下系统的输出光强是互补的，在 $P_1\perp P_2$ 的情况下产生干涉强度最大时，在 $P_1/\!/P_2$ 情形下产生干涉强度最小，反之亦然。

以上讨论假定波片的厚度是均匀的，并且使用单色光，因此干涉光强也是均匀的。但是，如果波片厚度不均匀，比如使用图 4.54(a)所示的楔形晶片，这样从晶片不同厚度部分通过的光将产生不同的位相差，因而干涉光强依赖于晶片厚度。这是等厚干涉的特征，故屏幕上将出现平行于晶片楔棱的一些等距条纹，如图 4.54(b)所示。等厚干涉条纹的计算完全类似于第 2 章。对于上述楔形晶片产生的干涉条纹，容易证明条纹间距为

$$e=\frac{\lambda}{|n_o-n_e|\alpha} \tag{4-102}$$

式中，α 是晶片的楔角。

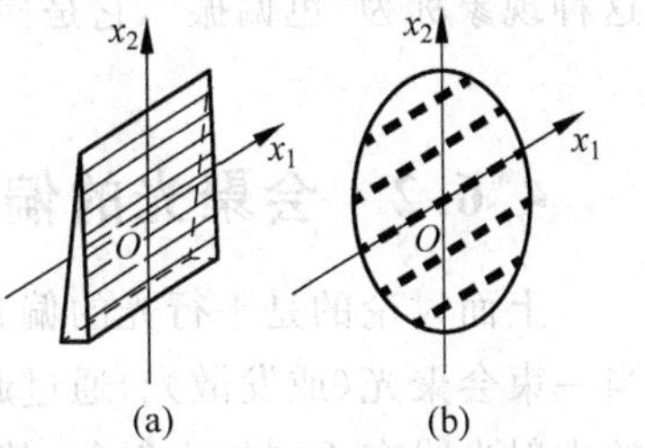

图 4.54　楔形晶片及其干涉条纹

2. 白光干涉

偏振光干涉系统的照明不仅可以使用单色光，也可以使用白光，这时干涉条纹是彩色的。因为相位差不仅与晶片厚度有关，还与波长有关。即便是晶片的厚度均匀，透射光也会带有一定的颜色，总的光场强度是各色单色光波的非相干叠加。在此，仅讨论正入射情况。

(1) 两个偏振器偏振轴垂直的情况

对各种单色光分别应用式(4-91)，然后将其相加

$$I_{\perp(色)}=\sum_i I_{1i}\sin^2 2\theta\sin^2\frac{\delta_i}{2} \tag{4-103}$$

显然，由于不同波长的单色光通过晶片时，相应的二振动方向互相垂直的线偏振光之间的相位差不同，所以对出射总光强的贡献不同。可以看出，凡是波长为

$$\lambda_i=\left|\frac{n_o-n_e}{m}\right|d \quad (m\ 为整数) \tag{4-104}$$

的单色光，干涉强度为零，即 $I_{\perp 色}$ 中不包含这种波长成分的单色光。凡是波长为

$$\lambda_i=\left|\frac{2(n_o-n_e)}{m+1}\right|d \quad (m\ 为整数) \tag{4-105}$$

的单色光，干涉强度为极大。因此，对于白光入射，由于输出光 $I_{\perp 色}$ 中不含有某些波长成分，其透射光将不再是白光，而呈现出美丽的色彩。

(2) 两个偏振器偏振轴平行的情况

同样分析，对于白光入射，其透射光强为

$$I_{/\!/(色)}=\sum_i I_{1i}\left(1-\sin^2 2\theta\sin^2\frac{\delta_i}{2}\right) \tag{4-106}$$

式中，第一项代表透射的白光光强；第二项与式(4-103)相同，但符号相反，因此，式(4-106)可简写为

$$I_{/\!/(色)}=I_{1(白)}-I_{\perp(色)} \tag{4-107}$$

这表明，在 $I_{\perp色}$ 中最强的色光，在 $I_{/\!/色}$ 中恰被消掉；反之亦然，在 $I_{\perp色}$ 中消失的色光，在 $I_{/\!/色}$ 中恰恰最强。通常将式(4-103)和式(4-106)决定的色光称为互补色光，也就是说，若将这两种色光叠加在一起，即得到白光。

由于晶片中的振动方向与 P_1 的夹角 θ 影响着干涉光强，因而对于图 4.51 所示的干涉装置，如果在起偏器和检偏器之间转动晶片，可以看到晶片在连续变幻着绚丽的颜色。或者，如果我们转动 P_2，使之与 P_1 由垂直转向平行，出射的色光突然变幻为与之互补的色光。这种现象称为"色偏振"，它是检验双折射性的最灵敏的方法。

4.6.2 会聚光的偏光干涉

上面讨论的是平行光的偏光干涉现象，实际上经常遇到的是会聚光(或发散光)的情况。当一束会聚光(或发散光)通过起偏器射到晶片上时，入射光线的方向就不是单一的了，不同的入射光线有不同的入射角，甚至还有不同的入射面。因此，会聚光(或发射光)的偏光干涉现象比较复杂。在此，讨论最基本的情况。

会聚光偏光干涉装置如图 4.55 所示，P_1、P_2 是起偏器和检偏器，S 是光源，K 是晶片，L_1、L_2、L_3、L_4 是聚光镜，M 是观察屏。从光源 S 发出的光被透镜 L_1 准直为平行光，通过偏振片 P_1 后被短焦距的透镜 L_2 高度会聚，经过晶片 K 后又用一个类似的透镜 L_3 使光束再变成平行，在检偏器 P_2 后用另一个透镜 L_4 的后焦面成像于观察屏幕 M 上。也就是说，以相同入射角入射到晶片 K 的光线最后会聚到屏幕上同一点。这样就可以观察各种角度的会聚光的干涉效应。

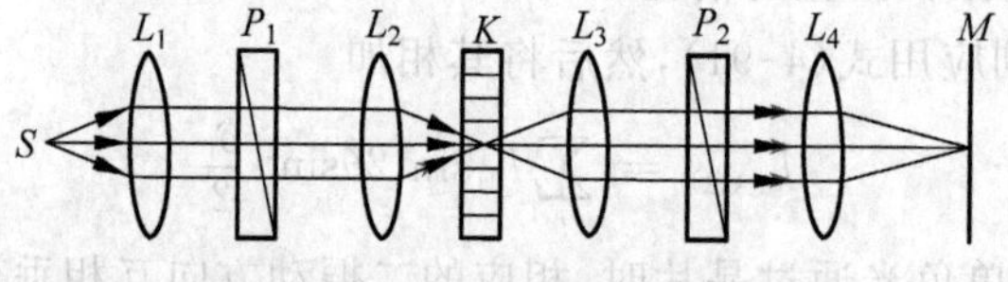

图 4.55 会聚偏振光干涉装置

观察屏上各点的光强可利用平行光斜入射的光强公式计算，具体可写成

$$I = I_1\left[\cos^2\beta - \sin 2\theta \sin 2(\theta-\beta)\sin^2\frac{\pi d(n'-n'')}{\lambda\cos\theta_t}\right] \tag{4-108}$$

式中，β 是两个偏振片偏振轴的夹角，θ_t 是 o 光和 e 光折射角的平均值，n' 和 n'' 是斜入射时与晶体光轴成 θ 角的波法线方向，相应的两个振动方向互相垂直的线偏振光的折射率。

显然，会聚光的干涉光强分布(干涉条纹)，既决定于干涉装置中 P_1、P_2 的相对位置，又与晶片的双折射 $(n'-n'')$ 特性有关。因为 $(n'-n'')$ 与晶片中折射光相对光轴的方位有关，所以干涉条纹与晶体的光学性质及晶片的切割方式有关。

1. 通过晶片的两束透射光的相位差

对于斜入射晶片的光线，将在晶片内产生振动方向相互垂直的两束线偏振光，它们的折射率不同，因而在通过晶片后将产生一定的相位差。

(1) 单轴晶体中的相位差

在单轴晶体中，当波法线方向 k 与光轴的夹角为 θ 时，相应的两个振动方向互相垂直的

线偏振光的折射率 n' 和 n'' 满足如下关系：

$$\frac{1}{n'^2}=\frac{1}{n_o^2} \tag{4-109}$$

$$\frac{1}{n''^2}=\frac{\cos^2\theta}{n_o^2}+\frac{\sin^2\theta}{n_e^2} \tag{4-110}$$

因而有

$$\frac{1}{n'^2}-\frac{1}{n''^2}=\left(\frac{1}{n_o^2}-\frac{1}{n_e^2}\right)\sin^2\theta$$

或

$$\frac{(n''+n')(n''-n')}{n'^2n''^2}=\frac{(n_e+n_o)(n_e-n_o)}{n_o^2n_e^2}\sin^2\theta$$

由于这些折射率之间的差别与它们的值相比较是很小的，所以上式可近似地写成

$$n''-n'=(n_e-n_o)\sin^2\theta \tag{4-111}$$

所以相位差可以写成

$$\Delta\varphi=\frac{2\pi(n_e-n_o)d\sin^2\theta}{\lambda\cos\theta_t} \tag{4-112}$$

(2) 双轴晶体中的相位差

在双轴晶体中，设折射光的波法线方向 $\boldsymbol{k}$ 与两个光轴的夹角分别为 θ_1 和 θ_2，则根据式(4-58)有

$$\frac{1}{n'^2}-\frac{1}{n''^2}=\left(\frac{1}{n_1^2}-\frac{1}{n_3^2}\right)\sin\theta_1\sin\theta_2 \tag{4-113}$$

可近似表示为

$$n''-n'=(n_3-n_1)\sin\theta_1\sin\theta_3 \tag{4-114}$$

所以双轴晶体中的相位差可以写成

$$\Delta\varphi=\frac{2\pi(n_3-n_1)d\sin\theta_1\sin\theta_2}{\lambda\cos\theta_t} \tag{4-115}$$

2. 等色面和等色线

图 4.56 表示会聚光经过晶片时的详细情形。沿着光轴前进的那一条居中光线，不发生双折射。其他光线，因为与光轴夹一个角度，会发生双折射。从同一条入射光线分出的 o 光和 e 光在射出晶片后仍然是平行的，因此在透过检偏器 P_2 后就会会聚在屏幕上的同一点。由于 o 光和 e 光在晶片中速度不同，在射出晶片后会有一定的位相差，而且由于都经检偏器 P_2 射出，在屏上会聚时振动方向也相同，所以会发生干涉。当如图 4.57 所示，在晶片后两个透镜之间放置检偏器时，各对透射光就会在各 F 点处发生干涉，干涉条纹的形状由相应 $\Delta\varphi$=常数的 F 点的轨迹——等色线所确定。由上所述，透镜焦平面上的等色线与晶片下表面上 $\Delta\varphi$=常数的各 B 点的轨迹一一对应，形状基本相同。而 $\Delta\varphi$=常数的 B 点轨迹实际上是晶片中围绕 D 点的等相位差 $\Delta\varphi$ 的曲面——等色面与出射表面的交线。因此，如果知道了晶片中的等相位差 $\Delta\varphi$ 曲面——等色面，便可通过确定等色面与晶片出射表面的交线确定出干涉条纹的形状。

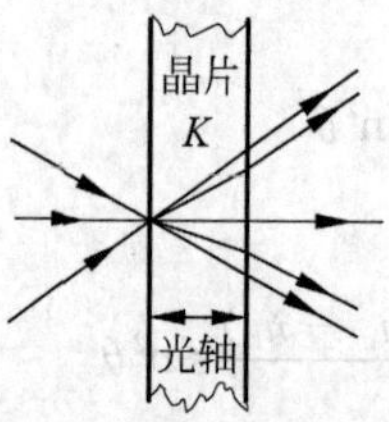

图 4.56 会聚光通过晶片示意图

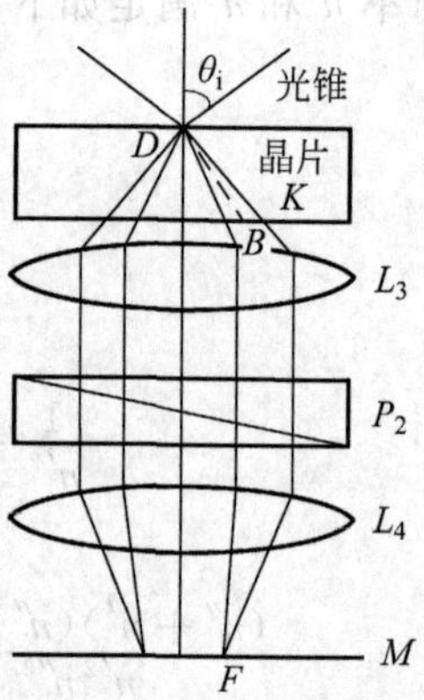

图 4.57 确定会聚光干涉的轨迹

考察式(4-112)和式(4-115)，式中 θ(或 θ_1、θ_2)表示晶体中两束折射光的传播方向，$d/\cos\theta_t$ 表示传播距离。可以设想，若 $d/\cos\theta_t$ 和 θ(或 θ_1、θ_2)同时变化，但只要

$$d\sin^2\theta/\cos\theta_t = \text{常数(单轴晶体)} \tag{4-116}$$

$$d\sin\theta_1\ \sin\theta_2/\cos\theta_t = \text{常数(双轴晶体)} \tag{4-117}$$

就保持 $\Delta\varphi$ 不变。因此，我们可以通过晶体中的某一点引一矢径，该矢径的长短随其方向按式(4-116)或式(4-117)规律变化，矢径末端在空间描出一个曲面，这个曲面上的 $\Delta\varphi$ 值处处相等，它即是等相位差曲面或等色面。显然，等色面不是只有一个，而是对应不同 $\Delta\varphi$ 值的一族。单轴晶体的等色面方程为式(4-116)，它是以光轴(x_2 轴)为旋转轴的回转曲面，如图 4.58 所示。双轴晶体的等色面方程为式(4-117)，如图 4.59 所示。在该图中还画出了几个垂直于 x_2 轴的平面上的截线，图中的 C_1 和 C_2 为双轴晶体的两个光轴方向。

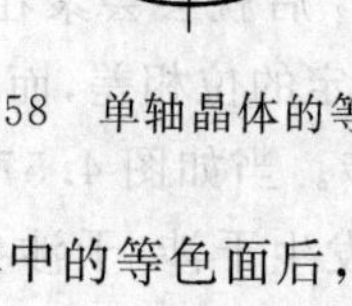

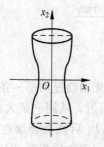

图 4.58 单轴晶体的等色面

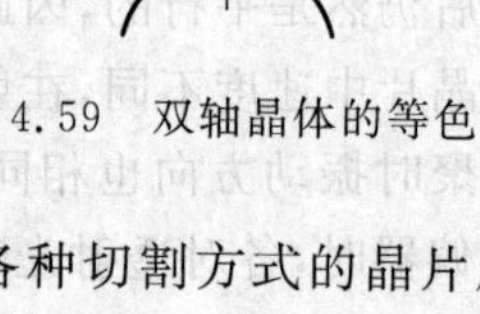

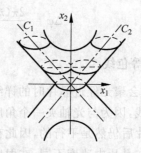

图 4.59 双轴晶体的等色面

当知道了晶体中的等色面后，即可大致确定出各种切割方式的晶片所产生的会聚光干涉条纹(等色线)的形状。例如，如图 4.60 所示，以晶片第一个表面上的 A 点为中心，根据晶片切割方式确定的光轴(或主轴)方位，画出相位差为 $\Delta\varphi$ 的等色面，则晶片的第二个表面与该等色面的截线即为相位差为 $\Delta\varphi$ 的等色线(干涉条纹的形状)。对于单轴晶体，当晶体光轴与晶片表面垂直时，等色线是同心圆形，如图 4.60(a)所示；当光轴与晶片表面有一小的夹角时，等色线是卵圆形，如图 4.60(b)所示；当光轴与晶片表面平行时，等色线是一对双曲线，如图 4.60(c)所示。

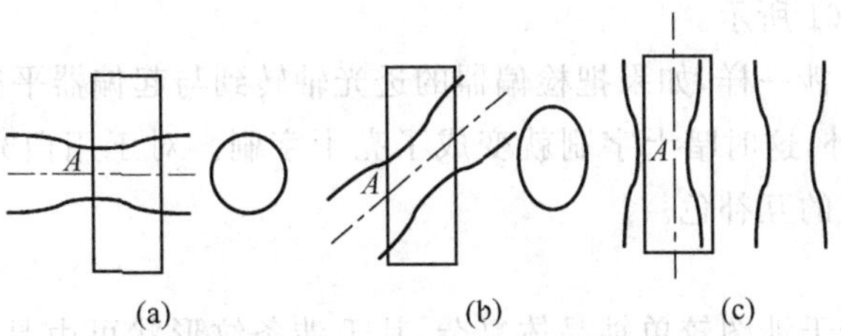

图 4.60 由等色面确定等色线的形状

3. 晶体会聚光的干涉图

1) 单轴晶体

当晶片表面垂直于光轴、P_1 垂直于 P_2 时，会聚光干涉图如图 4.61 所示。干涉条纹是同心圆环，中心为通过光轴的光线所到达的位置，并且有一个暗十字贯穿整个干涉图。对于 P_1 平行于 P_2 的情况，干涉图与正交时互补，此时有一个亮十字贯穿整个干涉图。当使用扩展光源时，该干涉图定域在透镜的焦平面上；当使用点光源时，条纹是非定域的。下面以 P_1 垂直于 P_2 的情况进行说明。

(1) 同心圆环干涉条纹

由上述分析，当晶片表面垂直于光轴时，其等色线是同心圆，中心是通过光轴的光线所到达的位置(有时称为光轴露头)。

从对称性考虑容易知道，沿着以光轴为轴线的圆锥面入射的所有光线，例如图 4.57 中以 D 为顶点、顶角为 θ_i 的圆锥面上的所有光线，在晶体中经过的距离相同，所分出的 o 光和 e 光的折射率差也相同，光程差都是相等的。干涉色是有光程差决定的，因此所有这些光线形成同一干涉色的条纹，它们在屏幕上的轨迹是一个圆。随着光线倾角的增大，在晶片中经过的距离增大，而且 o 光和 e 光的折射率差也增大，所以光程差随倾角急剧的增加，从中心向外干涉环将变得越来越密，如图 4.61 所示。

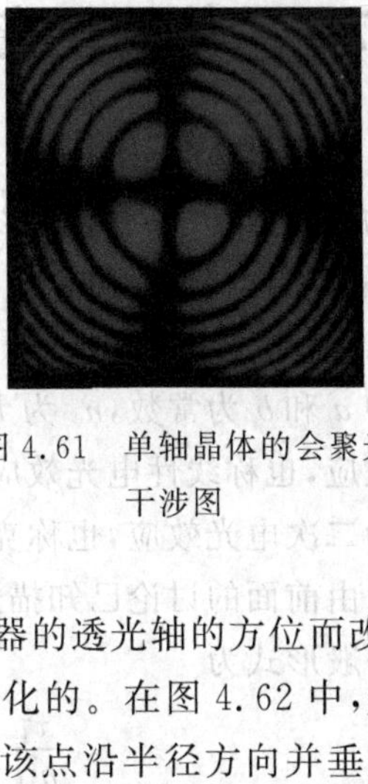

图 4.61 单轴晶体的会聚光干涉图

(2) 暗十字的形成

参与干涉的两束光的振幅是，随入射面相对于正交的两偏振器的透光轴的方位而改变。这是由于在同一圆周上，由光线与光轴所构成的主平面是逐点变化的。在图 4.62 中，光轴与图面垂直，到达某一点的光线与光轴所构成的主平面就是通过该点沿半径方向并垂直于图面的平面。例如，在 S 点，DS 平面就是主平面；在 B 点，DB 平面就是主平面等。参与干涉的 o 光和 e 光的振幅就随着主平面的方位而改变。我们来分析在 S 点的 o 光和 e 光的振幅。到达 S 点的光在透过起偏器 P_1 时，它的光矢量是沿着 P_1 的透光轴方向即 SA 方向。在晶体中，它被分解为在主平面 DS 上的分量(e 光)和垂直于主平面的分量(o 光)，然后经过检偏器 P_2 时再投影到 P_2 的透光轴上。它们的大小为 $A_{2e}=A_{2o}=A\sin\theta\cos\theta$，式中 θ 为 DS 与起偏器 P_1 的透光轴之间的夹角。当入射面趋近于起偏器或检偏器的透光轴时，即 S 点趋近于 B 或 G、B'、G'时，θ 趋近于 0 或 90°，A_{2e}和 A_{2o}都趋于零，因此在干涉图样中会出现暗的十字形，如图 4.61 所示。

和平行偏振光干涉一样，如果把检偏器的透光轴转到与起偏器平行，则干涉图样与 P_1、P_2 正交时的图样互补，这时暗十字刷就变成了亮十字刷。对于用白光照明的干涉图样，各圆环的颜色则变成它的互补色。

2）双轴晶体

双轴晶体会聚光干涉图较单轴晶体复杂，其干涉条纹形状可由晶体等色面与晶体的第二个表面的截线确定，如图 4.63 所示。从图中条纹的两个"极"的位置，我们可以推算出双轴晶体两光轴的夹角，并确定晶体光轴的方位。

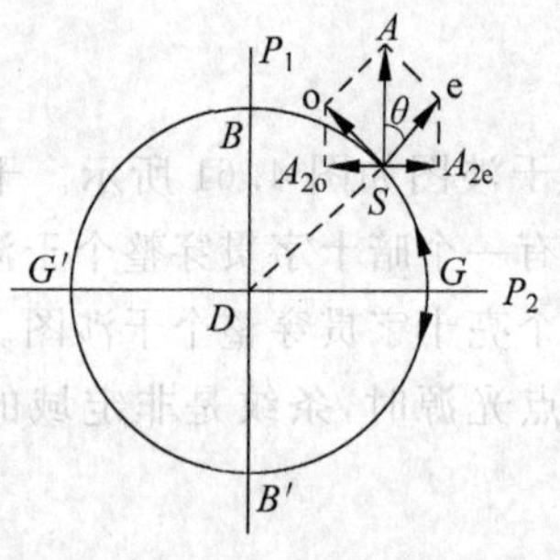

图 4.62　干涉图暗十字线的形成

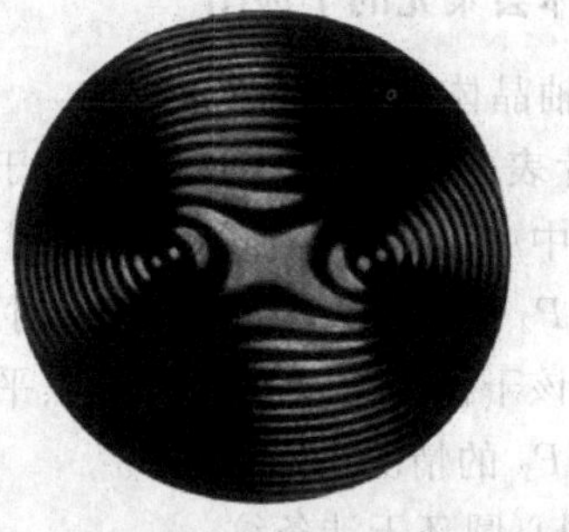

图 4.63　双轴晶体会聚偏振光的干涉图样

4.7　晶体的电光效应

某些晶体在外加电场中，随着电场强度 $\boldsymbol{E}$ 的改变，晶体的折射率会发生改变，这种现象称为电光效应。因此，可以根据晶体折射率椭球的大小、形状和取向的变化，来研究外电场对晶体光学特性的影响。通常将电场引起的折射率的变化用下式表示：

$$n = n_0 + aE + bE^2 + \cdots \tag{4-118}$$

式中 a 和 b 为常数，n_0 为 $E=0$ 时的折射率。由一次项引起折射率变化的效应，称为一次电光效应，也称线性电光效应或普克尔电光效应(pokells)；由二次项引起折射率变化的效应，称为二次电光效应，也称克尔效应(kerr)。

由前面的讨论已知描述晶体光学各向异性的折射率椭球在直角坐标系(O-$x_1x_2x_3$)中的一般形式为

$$\frac{x_1^2}{n_{11}^2} + \frac{x_2^2}{n_{22}^2} + \frac{x_3^2}{n_{33}^2} + \frac{2x_2x_3}{n_{23}^2} + \frac{2x_1x_3}{n_{13}^2} + \frac{2x_1x_2}{n_{12}^2} = 1 \tag{4-119}$$

令 $B_{11}=1/n_{11}^2, B_{22}=1/n_{22}^2, B_{33}=1/n_{33}^2, B_{23}=1/n_{23}^2, B_{13}=1/n_{13}^2, B_{12}=1/n_{12}^2$，则折射率椭球可以改写为

$$B_{11}x_1^2 + B_{22}x_2^2 + B_{33}x_3^2 + 2B_{23}x_2x_3 + 2B_{13}x_1x_3 + 2B_{12}x_1x_2 = 1 \tag{4-120}$$

如果将没有外加电场的晶体折射率椭球记为

$$B_{11}^0x_1^2 + B_{22}^0x_2^2 + B_{33}^0x_3^2 + 2B_{23}^0x_2x_3 + 2B_{13}^0x_1x_3 + 2B_{12}^0x_1x_2 = 1 \tag{4-121}$$

外加电场后晶体的感应折射率椭球用式(4-120)表示，则外加电场引起折射率椭球的变化，用折射率椭球系数的变化 ΔB_{ij} 描述将很方便，$\Delta B_{ij}=B_{ij}-B_{ij}^0(i,j=1,2,3)$在这里，仅考虑

ΔB_{ij}是由外加电场引起的，它应与外加电场有关系。

4.7.1 晶体的线性电光效应

1. 线性电光系数

如上所述，在主轴坐标系中，无外加电场晶体的折射率椭球为

$$B_1^0 x_1^2 + B_2^0 x_2^2 + B_3^0 x_3^2 = 1 \tag{4-122}$$

外加电场后，由于线性电光效应，折射率椭球发生了变化，它应表示为一般折射率椭球的形式式(4-120)。将式(4-120)与式(4-122)进行比较可见，外加电场后，晶体折射率椭球系数$[B_{ij}]$的变化为

$$\left.\begin{aligned} \Delta B_{11} &= B_{11} - B_1^0 \\ \Delta B_{22} &= B_{22} - B_2^0 \\ \Delta B_{33} &= B_{33} - B_3^0 \\ \Delta B_{23} &= B_{23} \\ \Delta B_{13} &= B_{13} \\ \Delta B_{12} &= B_{12} \end{aligned}\right\} \tag{4-123}$$

考虑到$[B_{ij}]$是二阶对称张量，将其下标i和j交换其值不变，所以可将它的二重下标简化成单个下标，其对应关系为

$$\begin{matrix} B_{11} & B_{22} & B_{33} & B_{23} & B_{31} & B_{12} \\ B_1 & B_2 & B_3 & B_4 & B_5 & B_6 \end{matrix} \tag{4-124}$$

相应的$[\Delta B_{ij}]$也可简化为有六个分量的矩阵

$$\begin{bmatrix} \Delta B_1 \\ \Delta B_2 \\ \Delta B_3 \\ \Delta B_4 \\ \Delta B_5 \\ \Delta B_6 \end{bmatrix} = \begin{bmatrix} \Delta B_{11} \\ \Delta B_{22} \\ \Delta B_{33} \\ \Delta B_{23} \\ \Delta B_{31} \\ \Delta B_{12} \end{bmatrix} \tag{4-125}$$

如果只考虑线性电光效应，则$[\Delta B_i]$($i=1,2,3,4,5,6$)与电场的关系可以用矩阵表示为

$$\begin{bmatrix} \Delta B_1 \\ \Delta B_2 \\ \Delta B_3 \\ \Delta B_4 \\ \Delta B_5 \\ \Delta B_6 \end{bmatrix} = \begin{bmatrix} \gamma_{11} & \gamma_{12} & \gamma_{13} \\ \gamma_{21} & \gamma_{22} & \gamma_{23} \\ \gamma_{31} & \gamma_{32} & \gamma_{33} \\ \gamma_{41} & \gamma_{42} & \gamma_{43} \\ \gamma_{51} & \gamma_{52} & \gamma_{53} \\ \gamma_{61} & \gamma_{62} & \gamma_{63} \end{bmatrix} \begin{bmatrix} E_1 \\ E_2 \\ E_3 \end{bmatrix} \tag{4-126}$$

式中的$(6\times3)\gamma$矩阵就是线性电光系数矩阵，它可以描述外加电场对晶体光学特性的线性效应。

2. 几种晶体的线性电光效应

1) KDP 型晶体的线性电光效应

KDP(KH_2PO_4,磷酸二氢钾)晶体是水溶液培养的一种人工晶体,由于它很容易生长成大块均匀晶体,在 0.2～1.5μm 波长范围内透明度很高,且抗激光破坏阈值很高,因此在光电子技术中有广泛的应用。它的主要缺点是易潮解。

KDP 晶体是单轴晶体,属四方晶系。属于这一类型的晶体还有 ADP(磷酸二氢氨)、KD* P(磷酸二氘钾)等,它们属同一个晶体点群,其外形如图 4.64 所示,光轴方向为 x_3 轴方向。

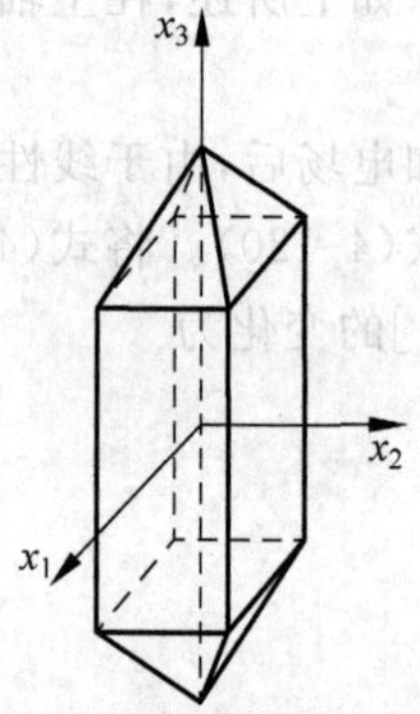

图 4.64 KDP 晶体外形图

(1) KDP 型晶体的感应折射率椭球。KDP 型晶体无外加电场时,折射率椭球为旋转椭球,在主轴坐标系(折射率椭球主轴与晶轴重合)中,折射率椭球方程为

$$B_1^0(x_1^2+x_2^2)+B_3^0x_3^2=1 \tag{4-127}$$

式中,$B_1^0=B_2^0=1/n_o^2$; $B_3^0=1/n_e^2$; n_o,n_e 分别为单轴晶体的寻常光和非常光的主折射率。

当晶体外加电场时,折射率椭球发生形变。通过查阅手册,可以得到 KDP 型晶体的线性电光系数矩阵为

$$[\gamma_{ij}]=\begin{bmatrix}0&0&0\\0&0&0\\0&0&0\\\gamma_{41}&0&0\\0&\gamma_{41}&0\\0&0&\gamma_{63}\end{bmatrix} \tag{4-128}$$

由式(4-126),其$[\Delta B_i]$为

$$\begin{bmatrix}\Delta B_1\\\Delta B_2\\\Delta B_3\\\Delta B_4\\\Delta B_5\\\Delta B_6\end{bmatrix}=\begin{bmatrix}0&0&0\\0&0&0\\0&0&0\\\gamma_{41}&0&0\\0&\gamma_{41}&0\\0&0&\gamma_{63}\end{bmatrix}\begin{bmatrix}E_1\\E_2\\E_3\end{bmatrix} \tag{4-129}$$

因此

$$\left.\begin{aligned}\Delta B_1&=0\\\Delta B_2&=0\\\Delta B_3&=0\\\Delta B_4&=\gamma_{41}E_1\\\Delta B_5&=\gamma_{41}E_2\\\Delta B_6&=\gamma_{63}E_3\end{aligned}\right\} \tag{4-130}$$

可得 KDP 型晶体的感应折射率椭球表示式为

$$B_1^0x_1^2+B_2^0x_2^2+B_3^0x_3^2+2\gamma_{41}(E_1x_2x_3+E_2x_3x_1)+2\gamma_{63}E_3x_1x_2=1 \tag{4-131}$$

(2) 外加电场平行于光轴的电光效应。相应于这种工作方式的晶片是从 KDP 型晶体

上垂直于光轴方向(x_3 轴)切割下来的,通常称为 x_3-切割晶片。在未加电场时,光沿着 x_3 方向传播不发生双折射。当平行于 x_3 方向加电场时,感应折射率椭球的表示式为

$$B_1^0(x_1^2+x_2^2)+B_3^0x_3^2+2\gamma_{63}E_3x_1x_2=1 \tag{4-132}$$

或

$$\frac{x_1^2+x_2^2}{n_o^2}+\frac{x_3^2}{n_e^2}+2\gamma_{63}E_3x_1x_2=1 \tag{4-133}$$

为了讨论晶体的电光效应,首先应确定感应折射率椭球的形状,也就是找出感应折射率椭球的三个主轴方向及相应的长度。为此,我们进一步考察感应折射率椭球的方程式。由式(4-133)可以看出,这个方程的 x_3^2 项相对无外加电场时的折射率椭球没有变化,说明感应折射率椭球的一个主轴与原折射率椭球的 x_3 轴重合,另外两个主轴方向可绕 x_3 轴旋转得到。假设感应折射率椭球的新主轴方向为 x_1'、x_2'、x_3',则由 x_1'、x_2'、x_3'构成的坐标系可由原坐标系(O-$x_1x_2x_3$)绕 x_3 轴旋转 α 角得到,相应的坐标变换关系为

$$\left.\begin{aligned}x_1&=x_1'\cos\alpha-x_2'\sin\alpha\\x_2&=x_1'\sin\alpha-x_2'\cos\alpha\\x_3&=x_3'\end{aligned}\right\} \tag{4-134}$$

将上式代入式(4-133),经过整理可得

$$\left(\frac{1}{n_o^2}+2\gamma_{63}E_3\sin\alpha\cos\alpha\right)x_1'^2+\left(\frac{1}{n_o^2}-2\gamma_{63}E_3\sin\alpha\cos\alpha\right)x_2'^2+\frac{1}{n_e^2}x_3'^2+2\gamma_{63}E_3(\cos^2\alpha-\sin^2\alpha)x_1'x_2'=1 \tag{4-135}$$

由于 x_1'、x_2'、x_3'为感应折射率椭球的三个主轴方向,所以上式中的交叉项为零,即应有

$$2\gamma_{63}E_3(\cos^2\alpha-\sin^2\alpha)x_1'x_2'=0 \tag{4-136}$$

因为该式中的 γ_{63}、E_3 不为零,只能是

$$\cos^2\alpha-\sin^2\alpha=0$$

所以 $\alpha=\pm45°$,故 x_3-切割晶片沿光轴方向外加电场后,感应折射率椭球的三个主轴方向为原折射率椭球的三个主轴绕 x_3 轴旋转 45°得到,该转角与外加电场的大小无关,但转动方向与电场方向有关。若取 $\alpha=45°$,折射率椭球方程为

$$\left(\frac{1}{n_o^2}+\gamma_{63}E_3\right)x_1'^2+\left(\frac{1}{n_o^2}-\gamma_{63}E_3\right)x_2'^2+\frac{1}{n_e^2}x_3'^2=1 \tag{4-137}$$

该方程是双轴晶体折射率椭球的方程式。这说明,KDP 型晶体的 x_3-切割晶片在外加电场 E_3 后,由原来的单轴晶体变成了双轴晶体。其折射率椭球与 x_1Ox_2 面的交线由原来的 $r=n_o$ 的圆,变成现在的主轴在 45°方向上的椭圆,如图 4.65 所示。

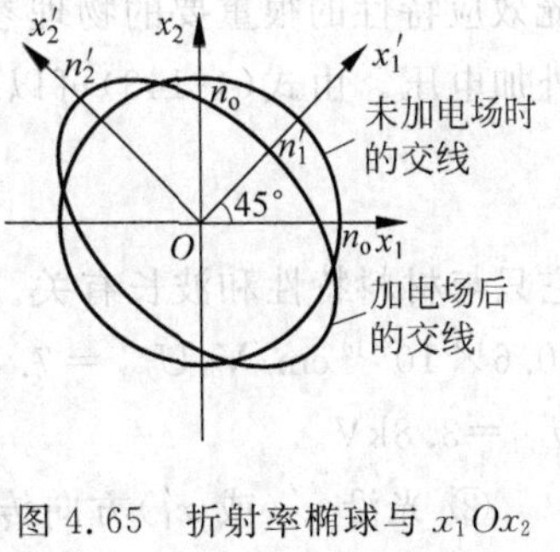

图 4.65 折射率椭球与 x_1Ox_2 面的交线

现在进一步确定感应折射率椭球的三个主折射率。首先,将式(4-137)变换为

$$\frac{1}{n_o^2}(1+n_o^2\gamma_{63}E_3)x_1'^2+\frac{1}{n_o^2}(1-n_o^2\gamma_{63}E_3)x_2'^2+\frac{1}{n_e^2}x_3'^2=1 \tag{4-138}$$

因为 γ_{63} 的数量级是 10^{-10} cm/V，E_3 的数量级是 10^4 V/cm，所以 $\gamma_{63}E_3 \ll 1$，故可利用幂级数展开，并只取前两项的关系，将上式变换成

$$\frac{x_1'^2}{n_o^2\left(1-\frac{1}{2}n_o^2\gamma_{63}E_3\right)^2}+\frac{x_2'^2}{n_o^2\left(1+\frac{1}{2}n_o^2\gamma_{63}E_3\right)^2}+\frac{x_3'^2}{n_e^2}=1 \tag{4-139}$$

由此得到感应折射率椭球的三个主折射率为

$$\left.\begin{aligned} n_1' &= n_o - \frac{1}{2}n_o^3\gamma_{63}E_3 \\ n_2' &= n_o + \frac{1}{2}n_o^3\gamma_{63}E_3 \\ n_3' &= n_e \end{aligned}\right\} \tag{4-140}$$

以上讨论了 x_3-切割晶片在外加电场 E_3 后，光学特性(折射率)的变化情况。下面，具体讨论两种通光方向上光传播的双折射特性。

① 光沿 x_3' 方向传播。在外加电场平行于 x_3 轴(光轴)，而光也沿 x_3(x_3')轴方向传播时，对于 γ_{63} 贡献的电光效应来说，叫 γ_{63} 的纵向应用。

由前面章节的讨论知道，在这种情况下，相应的两个特许偏振分量的振动方向分别平行于感应折射率椭球的两个主轴方向(x_1' 和 x_2')，它们的折射率由式(4-140)中的 n_1' 和 n_2' 给出，这两个偏振光在晶体中以不同的折射率(不同的速度)沿 x_3' 轴传播。当它们通过长度为 d 的晶体后，其间相位差由折射率差

$$\Delta n = n_2' - n_1' = n_o^3\gamma_{63}E \tag{4-141}$$

决定，表示式为

$$\varphi = \frac{2\pi}{\lambda}(n_2' - n_1')d = \frac{2\pi}{\lambda}n_o^3\gamma_{63}Ed \tag{4-142}$$

式中，Ed 恰为晶片上的外加电压 U，故上式可表示为

$$\varphi = \frac{2\pi}{\lambda}n_o^3\gamma_{63}U \tag{4-143}$$

通常把这种由外加电压引起的二偏振分量间的相位差叫做"电光延迟"。显然，γ_{63} 纵向应用所引起的电光延迟正比于外加电压，与晶片厚度 d 无关。实际上，可以通过改变晶体上的外加电压得到不同的电光延迟，因而就使得电光晶体可以等效为可控的可变波片。例如，当电光延迟为 $\varphi=\pi/2$、π 和 2π 时，电光晶体分别相应为 1/4 波片、半波片和全波片。由于外加电压的大小直接反映了晶体电光效应的优劣，因此在实际应用中，人们引入了一个表征电光效应特性的很重要的物理参量——半波电压 $U_{\lambda/2}$ 或 U_π，它是指产生电光延迟为 $\varphi=\pi$ 的外加电压。由式(4-143)可以求得半波电压为

$$U_{\lambda/2} = \frac{\lambda}{2n_o^3\gamma_{63}} \tag{4-144}$$

它只与材料特性和波长有关。例如，在 $\lambda=0.55\mu m$ 的情况下，KDP 晶体的 $n_o=1.512$，$\gamma_{63}=10.6\times10^{-10}$ cm/V，$U_{\lambda/2}=7.45$kV；KD^*P 晶体的 $n_o=1.508$，$\gamma_{63}=20.8\times10^{-10}$ cm/V，$U_{\lambda/2}=3.8$kV。

② 光沿 x_2'(或 x_1')方向传播。当外加电压平行于 x_3' 轴方向，光沿 x_2'(或 x_1')轴方向传播时，γ_{63} 贡献的电光效应叫 γ_{63} 的横向运用。这种工作方式通常对晶体采取 $45°$-x_3 切割，即如

图 4.66 所示，晶片的长和宽与 x_1、x_2 轴成 45°方向。晶体在电场方向上的厚度为 d，在传播方向上的长度为 l。

如前所述，当沿 x_3 方向外加电压时，晶体的感应折射率椭球的主轴方向系由原折射率椭球主轴绕 x_3 轴旋转 45°得到，因此，光沿感应折射率椭球的主轴方向 x_2' 传播时，相应的两个特许线偏振光的折射率为 n_1' 和 n_3'，该二光由晶片射出时的相位差（电光延迟）为

$$\begin{aligned}\varphi &= \frac{2\pi}{\lambda}(n_1' - n_3')l \\ &= \frac{2\pi}{\lambda}l\left[(n_o - n_e) - \frac{1}{2}n_o^3\gamma_{63}E_3\right] \\ &= \frac{2\pi}{\lambda}(n_o - n_e)l - \frac{\pi}{\lambda}\frac{l}{d}n_o^3\gamma_{63}U \qquad (4\text{-}145)\end{aligned}$$

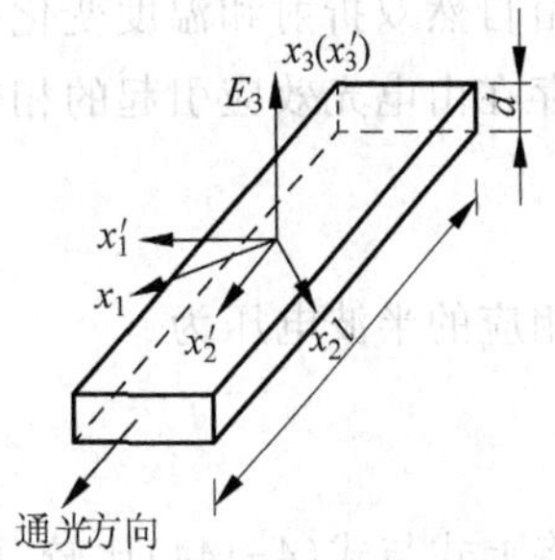

图 4.66　γ_{63} 横向运用的 KDP 晶片

上式中，等号右边第一项表示由自然双折射造成的相位差；第二项表示由线性电光效应引起的相位差。

与纵向运用相比，γ_{63} 横向运用有两个特点：第一，电光延迟与晶体的长厚比 l/d 有关，因此可以通过控制晶体的长厚比来降低半波电压，这是它的一个优点；第二，横向运用中存在着自然双折射作用，由于自然双折射（晶体的主折射率 n_o、n_e）受温度的影响严重，所以对相位差的稳定性影响很大。实验表明，KDP 晶体的 $(n_o - n_e)/\Delta T$ 约为 1.1×10^{-5}/℃，对于 0.6328μm 的激光通过 30mm 的 KDP 晶体，在温度变化 1℃时，将产生约 1.1π 的附加相位差。为了克服这个缺点，在横向运用时，一般均需采取补偿措施。经常采用两种办法：

其一，用两块制作完全相同的晶体，使之 90°排列，即使一块晶体的 x_1' 和 x_3' 轴方向分别与另一块晶体的 x_3' 和 x_1' 轴平行，如图 4.67(a)所示；

其二，使一块晶体的 x_1' 和 x_3' 轴分别与另一种晶体的 x_1' 和 x_3' 轴反向平行排列，在中间放置一块 1/2 波片，如图 4.67(b)所示。

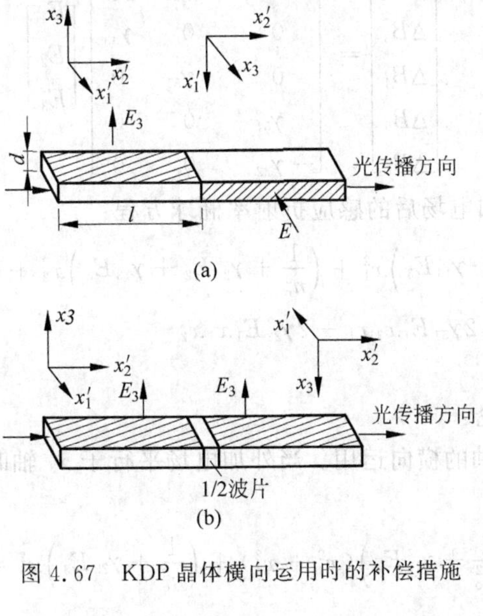

图 4.67　KDP 晶体横向运用时的补偿措施

就补偿原理而言，这两种方法相同，都是使第一块晶体中的 o 光进入第二块晶体变成 e 光，第一块晶体中的 e 光进入第二块晶体变为 o 光，而且二晶体长度和温度环境相同，所以，由自然双折射和温度变化引起的相位差相互抵消。因此，由第二块晶体射出的两光束间，只存在由电光效应引起的相位差：

$$\varphi = \frac{2\pi}{\lambda} n_o^3 \gamma_{63} U \frac{l}{d} \tag{4-146}$$

相应的半波电压为

$$U_{\lambda/2} = \left(\frac{\lambda}{2n_o^3\gamma_{63}}\right)\frac{d}{l} \tag{4-147}$$

将上式与式(4-144)比较，可得

$$(U_{\lambda/2})_{横} = (U_{\lambda/2})_{纵} \cdot \frac{d}{l} \tag{4-148}$$

显然，可以通过改变晶体的长厚比，降低横向运用的半波电压，使得横向运用时的半波电压低于纵向运用。但由于横向运用时必须采取补偿措施，结构复杂，对两块晶体的加工精度要求很高，所以，一般只有在特别需要较低半波电压的场合才采用。

2) LiN_bO_3 型晶体的线性电光效应

LiN_bO_3（铌酸锂）以及与之同类型的 $LiTaO_3$（钽酸锂）、$BaTaO_3$（钽酸钡）等晶体，属于同一晶体点群，为单轴晶体。它们在 0.4～5μm 波长范围内的透过率高达 98%，光学均匀性好，不潮解，因此在光电子技术中经常采用。其主要缺点是光损伤阈值较低。

$LiNbO_3$ 型晶体未加电场时的折射率椭球为旋转椭球，即

$$B_1^0(x_1^2 + x_2^2) + B_3^0 x_3^2 = 1 \tag{4-149}$$

式中，$B_1^0 = B_2^0 = 1/n_o^2$，$B_3^0 = 1/n_e^2$，n_o 和 n_e 分别为单轴晶体的寻常光和非常光的主折射率。查阅手册，可以得到 $LiNbO_3$ 型晶体的线性电光系数矩阵，代入式(4-126)，可以得到

$$\begin{bmatrix}\Delta B_1\\ \Delta B_2\\ \Delta B_3\\ \Delta B_4\\ \Delta B_5\\ \Delta B_6\end{bmatrix} = \begin{bmatrix}0 & -\gamma_{22} & \gamma_{13}\\ 0 & \gamma_{22} & \gamma_{13}\\ 0 & 0 & \gamma_{33}\\ 0 & \gamma_{51} & 0\\ \gamma_{51} & 0 & 0\\ -\gamma_{22} & 0 & 0\end{bmatrix}\begin{bmatrix}E_1\\ E_2\\ E_3\end{bmatrix} \tag{4-150}$$

得到 $LiNbO_3$ 型晶体外加电场后的感应折射率椭球方程：

$$\begin{aligned}&\left(\frac{1}{n_o^2} - \gamma_{22}E_2 + \gamma_{13}E_3\right)x_1^2 + \left(\frac{1}{n_o^2} + \gamma_{22}E_2 + \gamma_{13}E_3\right)x_2^2 + \left(\frac{1}{n_e^2} + \gamma_{33}E_3\right)x_3^2 +\\ &2\gamma_{51}E_2x_2x_3 + 2\gamma_{51}E_1x_3x_1 - 2\gamma_{22}E_1x_1x_2\\ &= 1\end{aligned} \tag{4-151}$$

下面分两种情况进行讨论：

(1) 电场平行于 x_3 轴的横向运用。当外加电场平行于 x_3 轴时，$E_1 = E_2 = 0$，式(4-151)变为

$$\left(\frac{1}{n_o^2} + \gamma_{13}E_3\right)(x_1^2 + x_2^2) + \left(\frac{1}{n_e^2} + \gamma_{22}E_3\right)x_3^2 = 1 \tag{4-152}$$

上式还可以写成

$$\frac{x_1^2+x_2^2}{n_o^2\left(1-\frac{1}{2}n_o^2\gamma_{13}E_3\right)^2}+\frac{x_3^2}{n_e^2\left(1-\frac{1}{2}n_e^2\gamma_{33}E_3\right)^2}=1 \tag{4-153}$$

该式中没有交叉项，因此在 E_3 电场中，$LiNbO_3$ 型晶体的三个主轴方向不变，仍为单轴晶体，只是主折射率的大小发生了变化，取一级近似，为

$$\left.\begin{aligned} n'_1=n'_o=n_o-\frac{1}{2}n_o^3\gamma_{13}E_3 \\ n'_2=n'_o=n_o-\frac{1}{2}n_o^3\gamma_{13}E_3 \\ n'_3=n'_e=n_e-\frac{1}{2}n_e^3\gamma_{33}E_3 \end{aligned}\right\} \tag{4-154}$$

上式等号右边第一项是自然双折射；第二项是外加电场 E_3 后的感应双折射。

$LiNbO_3$ 型晶体加上电场 E_3 后，由于 x_3 轴仍为光轴，因而其纵向运用没有电光延迟。但可以横向运用，即光波沿垂直 x_3 轴的方向传播，如图 4.68 所示。

当光波沿 x_1 轴(或 x_2 轴)方向传播时，出射沿 x_2 轴和 x_3 轴(或沿 x_1 轴和 x_3 轴)方向振动的二线偏振光之间，将产生受电场控制的相位差：

$$\begin{aligned}\varphi&=\frac{2\pi}{\lambda}(n'_o-n'_e)l\\&=\frac{2\pi}{\lambda}(n_o-n_e)l+\frac{\pi lU_3}{\lambda d}(n_e^3\gamma_{33}-n_o^3\gamma_{13})\\&=\frac{2\pi}{\lambda}(n_o-n_e)l+\frac{\pi n_o^3\gamma^* U_3}{\lambda}\frac{l}{d}\end{aligned} \tag{4-155}$$

其中，l 为光传播方向上的晶体长度，d 为电场方向上的晶体厚度，U_3 为沿 x_3 方向的外加电压，$\gamma^*=(n_e/n_o)^3\gamma_{33}-\gamma_{13}$ 称为有效电光系数。该式表明，$LiNbO_3$ 型晶体 x_3 轴方向上外加电压的横向运用，与 KDP 型晶体 $45°$-x_3 切片的 γ_{63} 横向运用类似，有自然双折射的影响。

(2) 电场在 x_1Ox_2 平面内的横向运用。这种工作方式是电场加在 x_1Ox_2 平面内的任意方向上，而光沿着 x_3 方向传播，如图 4.69 所示。此时，E_1、$E_2\neq0$，$E_3=0$，代入式(4-151)，可得感应折射率椭球为

$$\begin{aligned}&\left(\frac{1}{n_o^2}-\gamma_{22}E_2\right)x_1^2+\left(\frac{1}{n_o^2}+\gamma_{22}E_2\right)x_2^2+\left(\frac{1}{n_e^2}\right)x_3^2+\\&2\gamma_{51}E_2x_2x_3+2\gamma_{51}E_1x_3x_1-2\gamma_{22}E_1x_1x_2\\&=1\end{aligned} \tag{4-156}$$

显然，外加电场后，晶体由单轴晶体变成了双轴晶体。

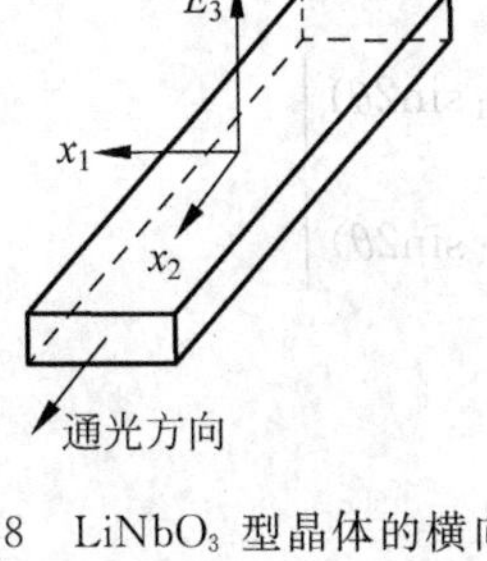

图 4.68 $LiNbO_3$ 型晶体的横向运用(电场平行于 x_3 轴)

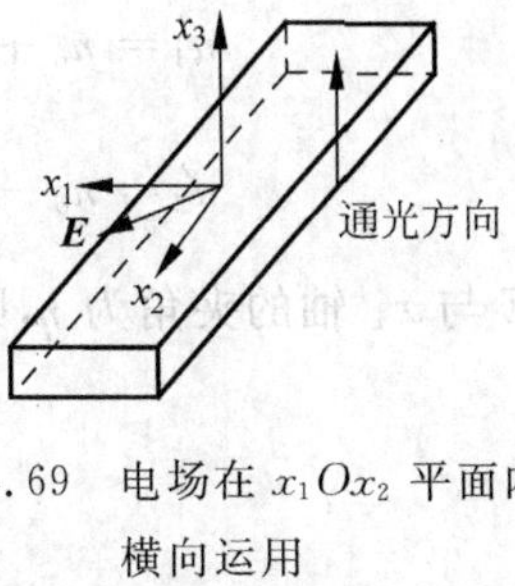

图 4.69 电场在 x_1Ox_2 平面内的横向运用

为了求出相应于沿 x_3 方向传播的光波折射率，根据折射率椭球的性质，需要确定垂直于 x_3 轴的平面与折射率椭球的截线。这只需在式(4-156)中令 $x_3=0$ 即可。由此可得截线方程为

$$\left(\frac{1}{n_o^2}-\gamma_{22}E_2\right)x_1^2+\left(\frac{1}{n_o^2}+\gamma_{22}E_2\right)x_2^2-2\gamma_{22}E_1x_1x_2=1 \tag{4-157}$$

这是一个椭圆方程。为了方便地求出这个椭圆的主轴方向和主轴值，可将式(4-157)主轴化，使$(O\text{-}x_1x_2x_3)$坐标系绕 x_3 轴旋转 θ 角，变为$(O\text{-}x_1'x_2'x_3')$坐标系，其变换关系为

$$\left.\begin{aligned}x_1&=x_1'\cos\theta-x_2'\sin\theta\\x_2&=x_1'\sin\theta+x_2'\cos\theta\end{aligned}\right\} \tag{4-158}$$

将上式代入式(4-157)，并整理得到

$$\left(\frac{1}{n_o^2}-\gamma_{22}(E_2\cos2\theta+E_1\sin2\theta)\right)x_1'^2+\left(\frac{1}{n_o^2}+\gamma_{22}(E_2\cos2\theta+E_1\sin2\theta)\right)x_2'^2+2\gamma_{22}(E_2\sin2\theta-E_1\cos2\theta)x_1'x_2'=1 \tag{4-159}$$

x_1'、x_2'为主轴方向，上式中的交叉项应等于零，有

$$E_2\sin2\theta-E_1\cos2\theta=0$$

即

$$\tan2\theta=\frac{E_1}{E_2} \tag{4-160}$$

因为 E_1、E_2 是外加电场 $\boldsymbol{E}$ 在 x_1、x_2 方向上的分量，$\boldsymbol{E}$ 的取向不同，则 E_1、E_2 不同，所以截线椭圆的主轴取向也不同。当电场 $\boldsymbol{E}$ 沿 x_1 方向时，$E_1=E$，$E_2=0$，则相应的 $\theta=45°$，即截线椭圆的主轴相对原方向 x_1、x_2 旋转了 45°；当电场 E 沿 x_2 方向时，$E_1=0$，$E_2=E$，$\theta=0°$，即截线椭圆主轴方向不变。实际上，当 $E=E_1$ 时，感应折射率椭球的主轴除绕 x_3 轴旋转 45°外，还再绕 x_1'轴旋转一个小角度 α，当 $E=E_2$ 时，感应折射率椭球的主轴绕 x_1 轴旋转一个小角度 β，由于 α 和 β 都很小，通常均略去不计。于是，在感应主轴坐标系中，截线椭圆方程为

$$\left[\frac{1}{n_o^2}-\gamma_{22}(E_2\cos2\theta+E_1\sin2\theta)\right]x_1'^2+\left[\frac{1}{n_o^2}+\gamma_{22}(E_2\cos2\theta+E_1\sin2\theta)\right]x_2'^2=1 \tag{4-161}$$

利用$(1\pm x)^n\approx1\mp nx$ 的关系，上式可写成

$$\frac{x_1'^2}{n_o^2\left[1+\frac{1}{2}n_o^2\gamma_{22}(E_2\cos2\theta+E_1\sin2\theta)\right]^2}+\frac{x_2'^2}{n_o^2\left[1-\frac{1}{2}n_o^2\gamma_{22}(E_2\cos2\theta+E_1\sin2\theta)\right]^2}=1 \tag{4-162}$$

所以

$$\left.\begin{aligned}n_1'&=n_o+\frac{1}{2}n_o^3\gamma_{22}(E_2\cos2\theta+E_1\sin2\theta)\\n_2'&=n_o-\frac{1}{2}n_o^3\gamma_{22}(E_2\cos2\theta+E_1\sin2\theta)\end{aligned}\right\} \tag{4-163}$$

若外加电场 $\boldsymbol{E}$ 与 x_1 轴的夹角为 η，则

$$\left.\begin{aligned}E_1&=E\cos\eta\\E_2&=E\sin\eta\end{aligned}\right\} \tag{4-164}$$

$$\cot\eta = \frac{E_1}{E_2} \tag{4-165}$$

将上式与式(4-160)对比，可以得到

$$\eta = 90° - 2\theta \tag{4-166}$$

将式(4-166)、式(4-164)代入式(4-163)，得

$$\left.\begin{aligned} n_1' &= n_o + \frac{1}{2}n_o^3\gamma_{22}E \\ n_2' &= n_o - \frac{1}{2}n_o^3\gamma_{22}E \end{aligned}\right\} \tag{4-167}$$

当光沿 x_3 方向传过 l 距离后，由于线性电光效应引起的电光延迟为

$$\varphi = \frac{2\pi}{\lambda}(n_1' - n_2')l = \frac{2\pi}{\lambda}n_o^3\gamma_{22}El \tag{4-168}$$

相应的半波电压为

$$U_{\lambda/2} = \frac{\lambda}{2n_o^3\gamma_{22}}\frac{d}{l} \tag{4-169}$$

式中，l 是光传播方向上晶体的长度；d 为外加电场方向上晶体的厚度。由此可见，在 $LiNbO_3$ 型晶体 x_1Ox_2 平面内外加电场，光沿 x_3 方向传播时，可以避免自然双折射的影响，同时半波电压较低。因此，一般情况下，若用 $LiNbO_3$ 晶体作电光元件，多采用这种工作方式。在实际应用中应注意，外加电场的方向不同(例如，沿 x_1 方向或 x_2 方向)，其感应主轴的方向也不相同。

3) GaAs、BGO 型晶体的线性电光效应

与 GaAs(砷化镓)晶体属于同一类型的晶体，还有 InAs(砷化铟)、CuCl(氯化铜)、ZnS(硫化锌)、CdTe(碲化镉)等。与 BGO(锗酸)晶体属于同一类型的晶体还有 BSO(硅酸)等。它们都是立方晶体，在电光调制、光信息处理等领域内，有着重要的应用。

这类晶体未加电场时，光学性质是各向同性的，其折射率椭球为旋转球面，方程式为

$$x_1^2 + x_2^2 + x_3^2 = n_0^2 \tag{4-170}$$

式中，x_1、x_2、x_3 坐标取晶轴方向。这些晶体的线性电光系数矩阵为

$$[\gamma_{ij}] = \begin{bmatrix} 0 & 0 & 0 \\ 0 & 0 & 0 \\ 0 & 0 & 0 \\ \gamma_{41} & 0 & 0 \\ 0 & \gamma_{41} & 0 \\ 0 & 0 & \gamma_{41} \end{bmatrix} \tag{4-171}$$

因此，在外加电场后，感应折射率椭球变为

$$\frac{x_1^2 + x_2^2 + x_3^2}{n_0^2} + 2\gamma_{41}(E_1x_2x_3 + E_2x_3x_1 + E_3x_1x_2) = 1 \tag{4-172}$$

在实际应用中，外加电场的方向通常有三种情况，如图 4.70 所示。在晶体光学中，这些方向分别被称为电场垂直于(001)面(即沿 x_3 轴方向)，垂直于(110)面和垂直于(111)面。

(1) 电场垂直于(001)面的情况。当外加电场垂直于(001)面时，如图 4.71 所示，其情况与 KDP 型晶体沿 x_3 轴方向加电场相似，用类似的处理方法可以得到如下结论：晶体的光学性质由各向同性变为双轴晶体，感应折射率椭球的三个主轴方向由原折射率椭球的三

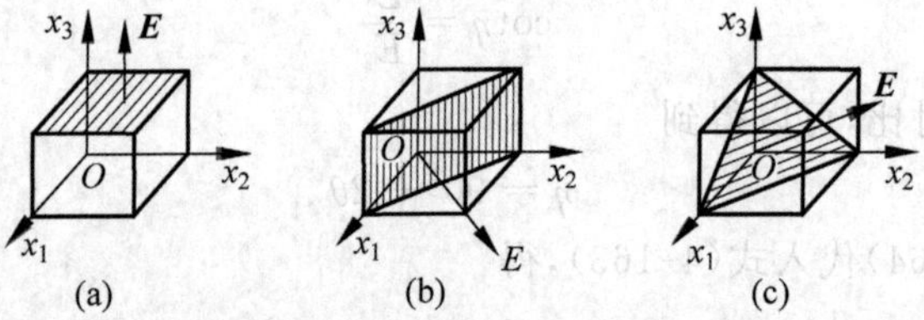

图 4.70 外加电场的方向

(a) 垂直于 001 面；(b) 垂直于 110 面；(c) 垂直于 111 面

个主轴绕 x_3 轴旋转 45°得到。感应主折射率分别为

$$\left.\begin{aligned} n_1' &= n_o + \frac{1}{2}n_o^3\gamma_{41}E_3 \\ n_2' &= n_o - \frac{1}{2}n_o^3\gamma_{41}E_3 \\ n_3' &= n_o \end{aligned}\right\} \tag{4-173}$$

当光沿 x_3 轴方向传播时，电光延迟为

$$\varphi = \frac{2\pi}{\lambda}n_o^3\gamma_{41}U_3 \tag{4-174}$$

式中，U_3 是沿 x_3 轴方向的外加电压。当光沿 x_1'轴方向（或 x_2'轴方向）传播时，电光延迟为

$$\varphi = \frac{\pi}{\lambda}\frac{l}{d}n_o^3\gamma_{41}U \tag{4-175}$$

式中，l 是沿光传播方向上晶体的长度；d 是沿外加电压方向上晶体的厚度。

(2) 电场垂直于(110)面的情况。当外加电场方向垂直于(110)面时，感应主轴 x_3'的方向如图 4.72 所示，x_1'和 x_2'的夹角为(001)面所等分，三个感应主折射率分别为

$$\left.\begin{aligned} n_1' &= n_o + \frac{1}{2}n_o^3\gamma_{41}E \\ n_2' &= n_o - \frac{1}{2}n_o^3\gamma_{41}E \\ n_3' &= n_o \end{aligned}\right\} \tag{4-176}$$

这时晶体由各向同性变为双轴晶体，当光沿 x_3'方向传播时，电光延迟为

$$\varphi = \frac{2\pi}{\lambda}\frac{l}{d}n_o^3\gamma_{41}U \tag{4-177}$$

式中，l 是晶体沿 x_3'轴方向的长度；d 是晶体沿垂直于(110)面的厚度。

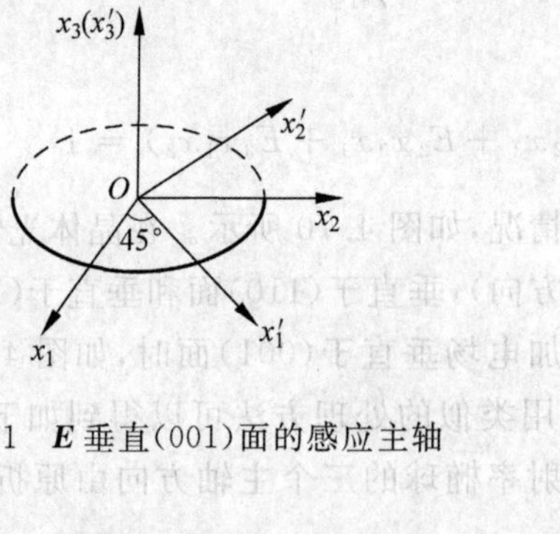

图 4.71 **E** 垂直(001)面的感应主轴

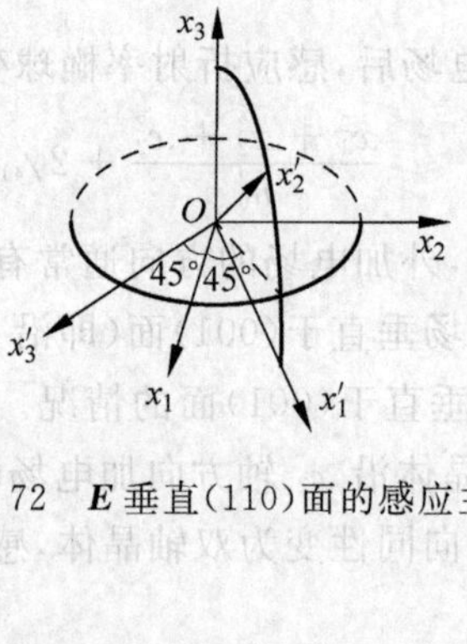

图 4.72 **E** 垂直(110)面的感应主轴

(3) 电场垂直于(111)面的情况。当外加电场方向垂直于(111)面时，晶体由各向同性变为单轴晶体，光轴方向(x_3')就是外加电场的方向，另外两个感应主轴 x_1'和 x_2'的方向可以在垂直于 x_3'轴的(111)面内任意选取，如图 4.73 所示。相应的三个主折射率为

$$\left.\begin{aligned} n_1' = n_2' = n_o + \frac{1}{2\sqrt{3}} n_o^3 \gamma_{41} E = n_o' \\ n_3' = n_o - \frac{1}{\sqrt{3}} n_o^3 \gamma_{41} E = n_e' \end{aligned}\right\} \tag{4-178}$$

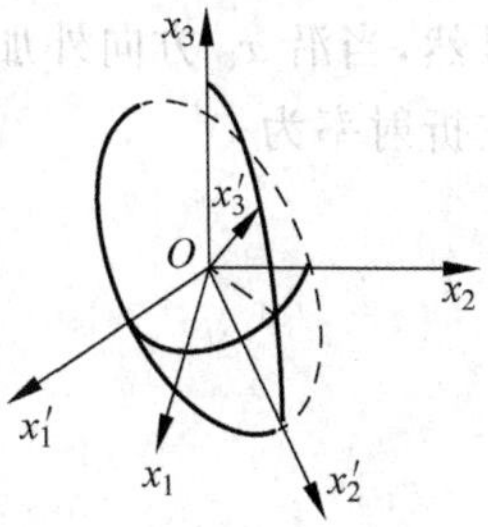

图 4.73 **E** 垂直(111)面的感应主轴

当光沿 x_3'轴方向传播时，没有电光延迟。当光沿垂直于 x_3'轴方向传播时，电光延迟为

$$\varphi = \frac{\sqrt{3}\pi}{\lambda} \frac{l}{d} n_o^3 \gamma_{41} U \tag{4-179}$$

式中，l 为晶体沿光传播方向的长度；d 为晶体沿外加电场方向的厚度。

4.7.2 晶体的二次电光效应——克尔效应

实验证明，自然界有许多光学各向同性的固体、液体和气体在强电场(电场方向与光传播方向垂直)作用下会变成各向异性，而且电场引起的双折射和电场强度的平方成正比，这就是众所周知的克尔效应，或称为二次电光效应。实际上，克尔效应是三阶非线性光学效应，可以存在于所有电介质中，某些极性液体(如硝基苯)和铁电晶体的克尔效应很强。

所有晶体都具有二次电光效应，但是在没有对称中心的 20 类压电晶体中，它们的线性电光效应远较二次电光效应显著，所以对于这类晶体的二次电光效应一般不予考虑。在具有对称中心的晶体中，它们最低阶的电光效应就是二次电光效应，但通常我们感兴趣的只是属于立方晶系的那些晶体的二次电光效应。因为这些晶体在未加电场时，在光学上是各向同性的，这一点在应用上很重要。

这一类晶体的有 KTN(钽酸铌钾)、$KTaO_3$(钽酸钾)、$BaTiO_3$(钛酸钡)、NaCl(氯化钠)、LiCl(氯化锂)、LiF(氟化锂)、NaF(氟化钠)等。

未加电场时，这些晶体在光学上是各向同性的，折射率椭球为旋转球面，当晶体外加电场时，折射率椭球发生变化，它们的二次电光系数矩阵为

$$[g_{ij}] = \begin{bmatrix} g_{11} & g_{12} & g_{12} & 0 & 0 & 0 \\ g_{12} & g_{11} & g_{12} & 0 & 0 & 0 \\ g_{12} & g_{12} & g_{11} & 0 & 0 & 0 \\ 0 & 0 & 0 & g_{44} & 0 & 0 \\ 0 & 0 & 0 & 0 & g_{44} & 0 \\ 0 & 0 & 0 & 0 & 0 & g_{44} \end{bmatrix} \tag{4-180}$$

讨论一种简单的情况：外电场沿着[001]方向(x_3 轴方向)作用于晶体，即 $E_1 = E_2 = 0, E_3 = E$。此时折射率椭球方程可以写为

$$\left(\frac{1}{n_o^2} + g_{12}\varepsilon_0^2\chi^2E^2\right)x_1^2 + \left(\frac{1}{n_o^2} + g_{12}\varepsilon_0^2\chi^2E^2\right)x_2^2 + \left(\frac{1}{n_o^2} + g_{11}\varepsilon_0^2\chi^2E^2\right)x_3^2 = 1 \tag{4-181}$$

显然，当沿 x_3 方向外加电场时，由于二次电光效应，折射率椭球由球变成一个旋转椭球，其主折射率为

$$\left.\begin{aligned} n_1' &= n_o - \frac{1}{2}n_o^3 g_{12}\varepsilon_0^2\chi^2 E^2 \\ n_2' &= n_o - \frac{1}{2}n_o^3 g_{12}\varepsilon_0^2\chi^2 E^2 \\ n_3' &= n_o - \frac{1}{2}n_o^3 g_{11}\varepsilon_0^2\chi^2 E^2 \end{aligned}\right\} \tag{4-182}$$

当光沿 x_3 方向传播时，无双折射现象发生；当光沿 x_1 方向传播时，通过晶体产生的电光延迟为

$$\begin{aligned} \varphi &= \frac{2\pi}{\lambda}(n_2' - n_3')l = \frac{\pi n_o^3\varepsilon_0^2\chi^2 E^2 l}{\lambda}(g_{11} - g_{12}) \\ &= 2\pi E^2 l\frac{n_o^3\varepsilon_0^2\chi^2(g_{11} - g_{12})}{2\lambda} \end{aligned} \tag{4-183}$$

令 $\kappa = \dfrac{n_o^3\varepsilon_0^2\chi^2(g_{11} - g_{12})}{2\lambda}$，则上式可以写为

$$\varphi = 2\pi\kappa E^2 l \tag{4-184}$$

习惯上，把 κ 称为克尔系数。

4.7.3 电光效应的应用

1. 电光调制

将信息电压（调制电压）加载到光波上的技术叫光调制技术。利用电光效应实现的调制叫电光调制。图 4.74 是一种典型的电光强度调制器示意图，电光晶体（例如 KDP 晶体）放在一对正交偏振器之间，对晶体实行纵向运用，则加电场后的晶体感应主轴 x_1'、x_2' 方向，相对晶轴 x_1、x_2 方向旋转 45°，并与起偏器的偏振轴 P_1 成 45°夹角。

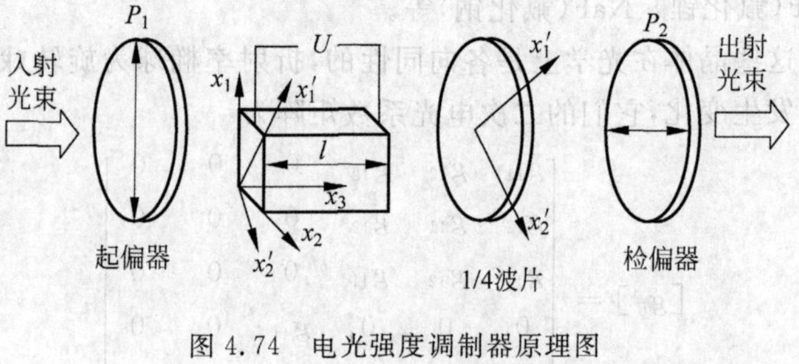

图 4.74 电光强度调制器原理图

根据式(4-92)，通过检偏器输出的光强 I 与通过起偏器输入的光强 I_0 之比为

$$\frac{I}{I_0} = \sin^2\frac{\varphi}{2} \tag{4-185}$$

当光路中未插入 1/4 波片时，上式的 φ 即是电光晶体的电光延迟。由式(4-143)、式(4-144)，有 $\varphi = \pi U/U_{\lambda/2}$。所以式(4-184)变为

$$\frac{I}{I_0} = \sin^2\left(\frac{\pi}{2}\frac{U}{U_{\lambda/2}}\right) \tag{4-186}$$

称 I/I_0 为光强透过率(%)，它随外加电压的变化如图 4.75 所示。

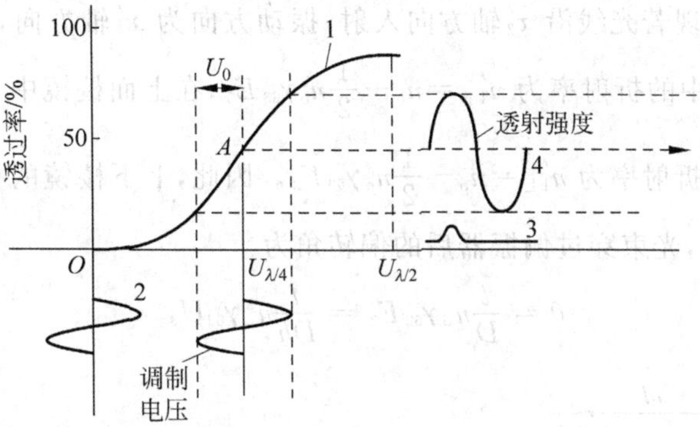

图 4.75　透过率与外加电压关系图

如果外加电压是正弦信号

$$U = U_0\sin(\omega_m t)$$

则透过率为

$$\frac{I}{I_0} = \sin^2\left[\frac{\pi}{2}\frac{U}{U_{\lambda/2}}\sin(\omega_m t)\right] \tag{4-187}$$

该式说明，一般的输出调制信号不是正弦信号，它们发生了畸变，如图 4.75 中曲线 3 所示。

如果在光路中插入 1/4 波片，则光通过调制器后的总相位差是($\pi/2+\varphi$)，因此式(4-186)变为

$$\frac{I}{I_0} = \sin^2\left[\frac{\pi}{4}+\frac{\pi}{2}\frac{U_0}{U_{\lambda/2}}\sin(\omega_m t)\right] \tag{4-188}$$

工作点由 O 移到 A 点。在弱信号调制时，$U \ll U_{\lambda/2}$，上式可近似表示为

$$\frac{I}{I_0} \approx \frac{1}{2}+\frac{\pi}{2}\frac{U_0}{U_{\lambda/2}}\sin(\omega_m t) \tag{4-189}$$

可见，当插入 1/4 波片后，一个小的正弦调制电压将引起透射光强在 50%透射点附近作正弦变化，如图 4.75 中的曲线 4 所示。

2. 电光偏转

为了说明电光偏转原理，首先分析光束通过玻璃光楔的偏转原理。如图 4.76 所示，设入射波前与光楔 ABB' 的 AB 面平行，由于光楔的折射率 $n>1$，因而 AB 面上各点的振动传到 $A'B'$($//AB$)面上时，通过了不同的光程：由 $A\sim A'$，整个路程完全在空气中，光程为 l；由 $B\sim B'$，整个路程完全在玻璃中，光程为 nl；A 和 B 之间的其他各点都通过一段玻璃，例如，由 $C\sim C'$，光程为 $nl'+(l-l')=l+(n-1)l'$。从上到下，光在玻璃中的路程 l' 线性增加，所以整个光程是线性增加的。因此，透射波的波阵面发生倾斜，偏角为 θ，由

$$\theta \approx (n-1)\frac{l}{h} = \frac{\Delta nl}{h} \tag{4-190}$$

决定。

电光偏转器就是根据上述原理制成的。图 4.77 是一种由两块 KDP 楔形棱镜组成的双 KDP 楔形棱镜偏转器，棱镜外加电压沿着图示 x_3 方向，两块棱镜的光轴方向(x_3)相反，x_1'、x_2'为感应主轴方向。现若光线沿 x_2'轴方向入射，振动方向为 x_1'轴方向，则根据前面的分析可知：光在下面棱镜中的折射率为 $n'_{1下}=n_o+\frac{1}{2}n_o^3\gamma_{63}E_3$，在上面棱镜中，由于电场与该棱镜的 x_3 方向相反，所以折射率为 $n'_{1上}=n_o-\frac{1}{2}n_o^3\gamma_{63}E_3$。因此，上下棱镜的折射率之差为 $\Delta n=n'_{1上}-n'_{1下}=-n_o^3\gamma_{63}E_3$，光束穿过偏振器后的偏转角为

$$\theta=\frac{l}{D}n_o^3\gamma_{63}E_3=\frac{l}{Dh}n_o^3\gamma_{63}U_3 \tag{4-191}$$

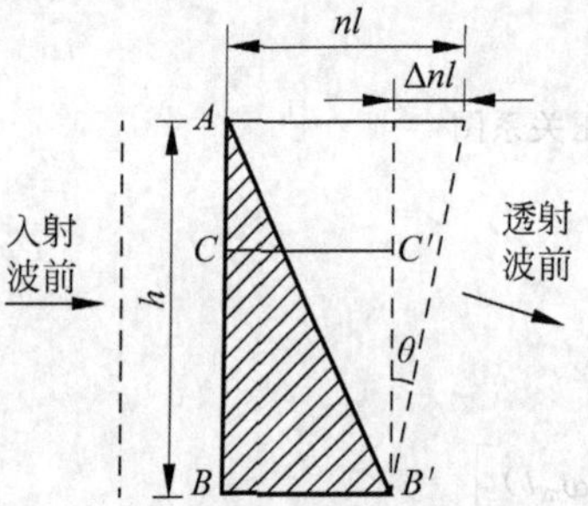

图 4.76 光束通过光楔的偏转

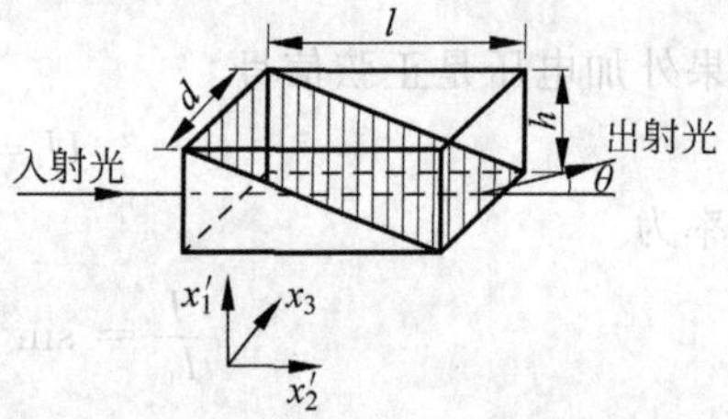

图 4.77 双 KDP 楔形棱镜偏转器

4.8 晶体的旋光效应与法拉第效应

4.8.1 晶体的旋光效应

1. 旋光现象

线偏振光通过某些晶体和一些液体、气体时，其振动平面会相对原方向转过一个角度，这种现象称为旋光性。旋光现象是阿喇果(Arago)在 1811 年，在研究石英晶体的双折射特性时首先发现的。由于石英晶体是单轴晶体，光沿着光轴方向传播不会发生双折射，因而阿喇果发现的现象应属另外一种新现象，这就是旋光现象，如图 4.78 所示。稍后，比奥(Biot)在一些蒸气和液态物质中也观察到了同样的旋光现象。

实验证明，一定波长的线偏振光通过旋光介质时，光振动方向转过的角度 θ 与在该介质中通过的距离 l 成正比：

$$\theta=\alpha l \tag{4-192}$$

比例系数 α 表征了该介质的旋光本领，称为旋光率，它与光波长、介质的性质及温度有关。介质的旋光本领

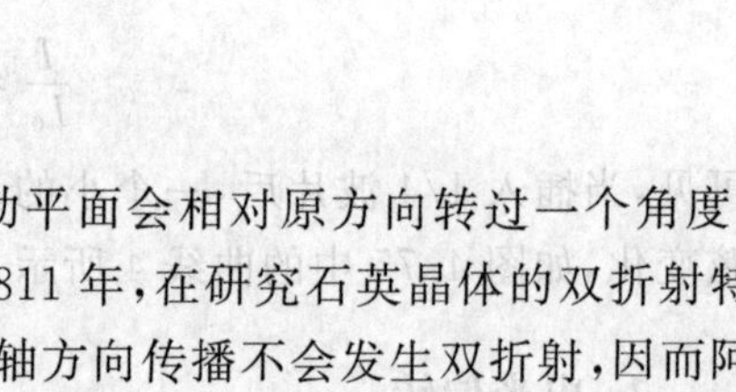

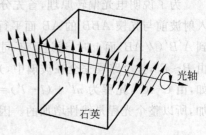

图 4.78 旋光现象

因波长而异的现象称为旋光色散，石英晶体的旋光率 α 随光波长的变化规律如图 4.79 所示。例如，石英晶体的 α 在光波长为 0.4μm 时，为 49°/mm；在 0.5μm 时，为 31°/mm；在 0.65μm 时，为 16°/mm。而胆甾相液晶的 α 约为 18000°/mm。

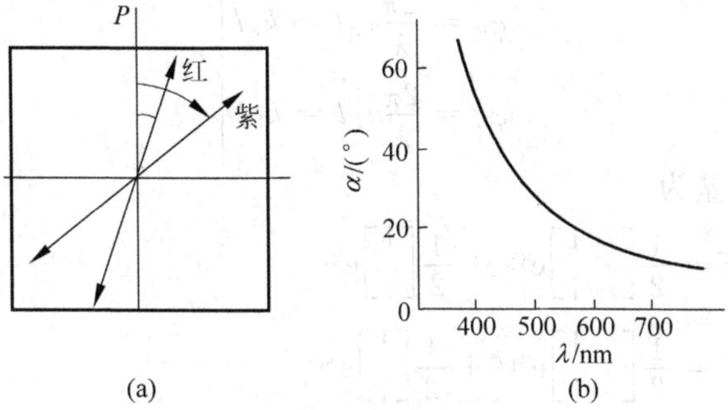

图 4.79　石英晶体的旋光色散

对于具有旋光特性的溶液，光振动方向旋转的角度还与溶液的浓度成正比，

$$\theta = \alpha c l \tag{4-193}$$

式中，α 称为溶液的比旋光率；c 为溶液浓度。在实际应用中，可以根据光振动方向转过的角度，确定该溶液的浓度。

实验还发现，不同旋光介质光振动矢量的旋转方向可能不同，并因此将旋光介质分为左旋和右旋。当对着光线观察时，使光振动矢量顺时针旋转的介质叫右旋光介质，逆时针旋转的介质叫左旋光介质。例如，葡萄糖溶液是右旋光介质，果糖是左旋光介质。自然界存在的石英晶体既有右旋的，也有左旋的，它们的旋光本领在数值上相等，但方向相反。之所以有这种左、右旋之分，是由于其结构不同造成的，右旋石英与左旋石英的分子组成相同，都是 SiO_2，但分子的排列结构是镜像对称的，反映在晶体外形上即是图 4.80 所示的镜像对称。

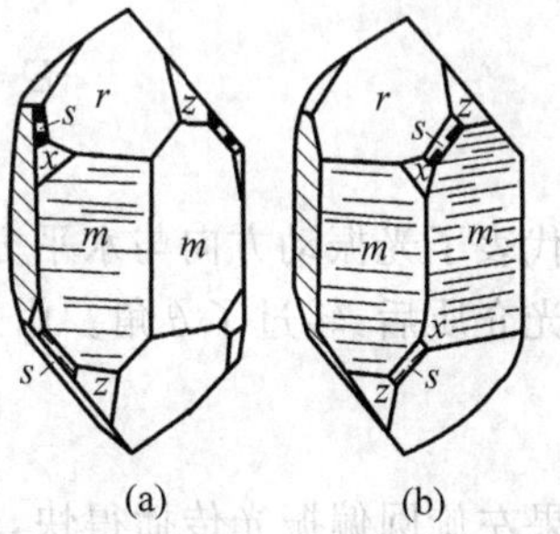

图 4.80　右旋石英与左旋石英

(a) 左旋；(b) 右旋

正是由于旋光性的存在，当将石英晶片（光轴与表面垂直）置于正交的两个偏振器之间观察其会聚光照射下的干涉图样时，图样的中心不是暗点，而几乎总是亮的。

2. 旋光现象的解释

1825 年，菲涅耳对旋光现象提出了一种唯象的解释。按照他的假设，可以把进入旋光介质的线偏振光看作是右旋圆偏振光和左旋圆偏振光的组合。菲涅耳认为：在各向同性介质中，线偏振光的右、左旋圆偏振光分量的传播速度 v_R 和 v_L 相等，因而其相应的折射率 $n_R = c/v_R$ 和 $n_L = c/v_L$ 相等；在旋光介质中，右、左旋圆偏振光的传播速度不同，其相应的折射率也不相等。在右旋晶体中，右旋圆偏振光的传播速度较快，$v_R > v_L$（$n_R < n_L$）；左旋晶体中，左旋圆偏振光的传播速度较快，$v_L > v_R$（$n_L < n_R$）。根据这一种假设，可以解释旋光现象。

假设入射到旋光介质上的光是沿水平方向振动的线偏振光，则按照归一化琼斯矩阵方法，根据菲涅耳假设，可将入射光波琼斯矢量表示为

$$\begin{bmatrix}1\\0\end{bmatrix}=\frac{1}{2}\begin{bmatrix}1\\-\mathrm{i}\end{bmatrix}+\frac{1}{2}\begin{bmatrix}1\\\mathrm{i}\end{bmatrix} \tag{4-194}$$

如果右旋和左旋圆偏振光通过厚度为 l 的旋光介质后，其相位滞后分别为

$$\left.\begin{aligned}\varphi_{\mathrm{R}}&=\frac{2\pi}{\lambda}n_{\mathrm{R}}l=k_{\mathrm{R}}l\\ \varphi_{\mathrm{L}}&=\frac{2\pi}{\lambda}n_{\mathrm{L}}l=k_{\mathrm{L}}l\end{aligned}\right\} \tag{4-195}$$

则其合成波的琼斯矢量为

$$\begin{aligned}E&=\frac{1}{2}\begin{bmatrix}1\\-\mathrm{i}\end{bmatrix}\mathrm{e}^{\mathrm{i}\varphi_{\mathrm{R}}}+\frac{1}{2}\begin{bmatrix}1\\\mathrm{i}\end{bmatrix}\mathrm{e}^{\mathrm{i}\varphi_{\mathrm{L}}}\\ &=\frac{1}{2}\begin{bmatrix}1\\-\mathrm{i}\end{bmatrix}\mathrm{e}^{\mathrm{i}k_{\mathrm{R}}l}+\frac{1}{2}\begin{bmatrix}1\\\mathrm{i}\end{bmatrix}\mathrm{e}^{\mathrm{i}k_{\mathrm{L}}l}\\ &=\frac{1}{2}\mathrm{e}^{\mathrm{i}(k_{\mathrm{R}}+k_{\mathrm{L}})\frac{l}{2}}\left(\begin{bmatrix}1\\-\mathrm{i}\end{bmatrix}\mathrm{e}^{\mathrm{i}(k_{\mathrm{R}}-k_{\mathrm{L}})\frac{l}{2}}+\begin{bmatrix}1\\-\mathrm{i}\end{bmatrix}\mathrm{e}^{-\mathrm{i}(k_{\mathrm{R}}-k_{\mathrm{L}})\frac{l}{2}}\right)\end{aligned} \tag{4-196}$$

引入

$$\left.\begin{aligned}\varphi&=(k_{\mathrm{R}}+k_{\mathrm{L}})\frac{l}{2}\\ \theta&=(k_{\mathrm{R}}-k_{\mathrm{L}})\frac{l}{2}\end{aligned}\right\} \tag{4-197}$$

合成波的琼斯矢量可以写为

$$E=\mathrm{e}^{\mathrm{i}\varphi}\begin{bmatrix}\frac{1}{2}(\mathrm{e}^{\mathrm{i}\theta}+\mathrm{e}^{-\mathrm{i}\theta})\\ -\frac{1}{2}(\mathrm{e}^{\mathrm{i}\theta}-\mathrm{e}^{-\mathrm{i}\theta})\end{bmatrix}=\mathrm{e}^{\mathrm{i}\varphi}\begin{bmatrix}\cos\theta\\ \sin\theta\end{bmatrix} \tag{4-198}$$

它代表了光振动方向与水平方向成 θ 角的线偏振光。这说明，入射的线偏振光光矢量通过旋光介质后，转过了 θ 角。由式(4-194)和式(4-195)可以得到

$$\theta=\frac{\pi}{\lambda}(n_{\mathrm{R}}-n_{\mathrm{L}})l \tag{4-199}$$

如果左旋圆偏振光传播得快，$n_{\mathrm{L}}<n_{\mathrm{R}}$，则 $\theta>0$，即光矢量是向逆时针方向旋转的；如果右旋圆偏振光传播得快，$n_{\mathrm{R}}<n_{\mathrm{L}}$，则 $\theta<0$，即光矢量是向顺时针方向旋转的，这就说明了左、右旋光介质的区别。而且，式(4-199)还指出，旋转角度 θ 与 l 成正比，与波长有关(旋光色散)，这些都是与实验相符的。为了验证旋光介质中左旋圆偏振光和右旋圆偏振光的传播速度不同，菲涅耳设计了图 4.81 所示的三棱镜组，这个棱镜是由左旋石英和右旋石英交替胶合制成的，棱镜的光轴均与入射面 AB 垂直。一束单色线偏振光射入 AB 面，在棱镜 1 中沿光轴方向传播，相应的左、右旋圆偏振光的速度不同，$v_{\mathrm{R}}>v_{\mathrm{L}}$(即 $n_{\mathrm{R}}<n_{\mathrm{L}}$)；在棱镜 2 中，$v_{\mathrm{L}}>v_{\mathrm{R}}$(即 $n_{\mathrm{L}}<n_{\mathrm{R}}$)；在棱镜 3 中，$v_{\mathrm{R}}>v_{\mathrm{L}}$(即 $n_{\mathrm{R}}<n_{\mathrm{L}}$)。所以，在界面 AE 上，左旋光远离法线方向折射，右旋光靠近法线方向折射，于是左、右旋光分开了。在第二个界面 CE 上，左旋光靠近法线方向折射，右旋光远离法线方向折射，于是两束光更加分开了。在界面 CD 上，两束光经折射后进一步分开。这个实验结果证实了左、右旋圆偏振光传播速度不同的假设。

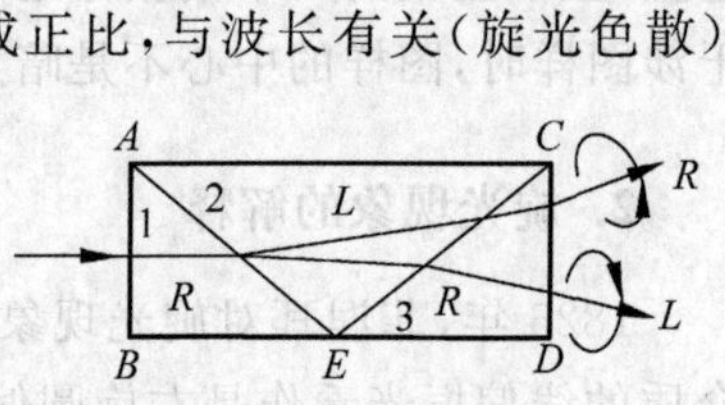

图 4.81 菲涅耳棱镜组

当然,菲涅耳的解释只是唯象理论,它不能说明旋光现象的根本原因,不能回答为什么在旋光介质中二圆偏振光的速度不同。这个问题必须从分子结构去考虑,即光在物质中传播时,不仅受分子的电矩作用,还要受到诸如分子的大小和磁矩等次要因素的作用,考虑到这些因素后,入射光波的光矢量振动方向旋转就是必然的了。

进一步,如果我们将旋光现象与前面讨论的双折射现象进行对比,就可以看出它们在形式上的相似性,只不过一个是指在各向异性介质中的二正交线偏振光的传播速度不同,一个是指在旋光介质中的二反向旋转的圆偏振光的传播速度不同。因此,可将旋光现象视为一种特殊的双折射现象——圆双折射,而将前面讨论的双折射现象称为线双折射。

4.8.2 法拉第效应

上述旋光现象是旋光介质固有的性质,因此可以叫作自然圆双折射。与感应双折射类似,也可以通过人工的方法产生旋光现象。介质在强磁场作用下产生旋光现象的效应叫磁致旋光效应,或法拉第(Faraday)效应。

1846 年,法拉第发现,在磁场的作用下,本来不具有旋光性的介质也产生了旋光性,能够使线偏振光的振动面发生旋转,这就是法拉第效应。观察法拉第效应的装置结构如图 4.82 所示:将一根玻璃棒的两端抛光,放进螺线管的磁场中,再加上起偏器 P_1 和检偏器 P_2,让光束通过起偏器后顺着磁场方向通过玻璃棒,光矢量的方向就会旋转,旋转的角度可以用检偏器测量。

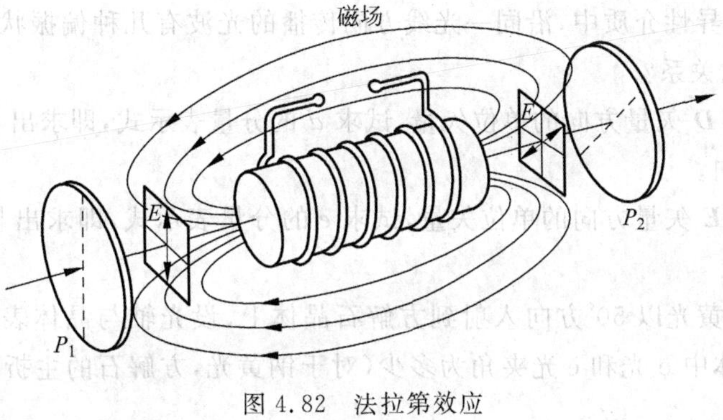

图 4.82 法拉第效应

后来,维尔德(Verdet)对法拉第效应进行了仔细的研究,发现光振动平面转过的角度与光在物质中通过的长度 l 和磁感应强度 B 成正比,即

$$\theta = VBl \tag{4-200}$$

式中,V 是与物质性质有关的常数,叫维尔德常数。一些常用物质的维尔德常数列于表 4.1。

表 4.1 一些物质的维尔德常数

物质	$V/(\text{rad}/(\text{T}\cdot\text{m}))$	物质	$V/(\text{rad}/(\text{T}\cdot\text{m}))$
冕玻璃	4.86	磷	38.57
轻火石玻璃	9.22	二硫化碳	12.30
氯化钠	10.44	金刚石	3.49
水	3.81		

实验表明，法拉第效应的旋光方向取决于外加磁场方向，与光的传播方向无关，即法拉第效应具有不可逆性，这与具有可逆性的自然旋光效应不同。例如，线偏振光通过天然右旋介质时，迎着光看去，振动面总是向右旋转，所以，当从天然右旋介质出来的透射光沿原路返回时，振动面将回到初始位置。但线偏振光通过磁光介质时，如果沿磁场方向传播，迎着光线看，振动面向右旋转角度 θ，而当光束沿反方向传播时，振动面仍沿原方向旋转，即迎着光线看振动面向左旋转角度 θ，所以光束沿原路返回，一来一去两次通过磁光介质，振动面与初始位置相比，转过了 2θ 角度。

由于法拉第效应的这种不可逆性，使得它在光电子技术中有着重要的应用。例如，在光传输系统中，为了避免光路中各光学界面的反射光对光源产生干扰，可以利用法拉第效应制成光隔离器，只允许光从一个方向通过，而不允许反向通过。在图 4.82 中，让偏振片 P_1 与 P_2 的透振方向成 45°，调整磁感应强度 B，使从法拉第盒出来的光振动面相对 P_1 转过 45°，刚好能通过 P_2；但对于从后面光学系统各界面反射回来的光，经 P_2 和法拉第盒后，其光矢量与 P_1 垂直，因此被隔离而不能返回到光源。

习题

4.1　在各向异性介质中，沿同一法线方向传播的光波有几种偏振状态？它们的 $\boldsymbol{D}$、$\boldsymbol{E}$、$\boldsymbol{k}$、$\boldsymbol{s}$ 矢量间有什么关系？

4.2　在各向异性介质中，沿同一光线方向传播的光波有几种偏振状态？它们的 $\boldsymbol{D}$、$\boldsymbol{E}$、$\boldsymbol{k}$、$\boldsymbol{s}$ 矢量间有什么关系？

4.3　设 d 为 $\boldsymbol{D}$ 矢量方向的单位矢量，试求 d 的分量表示式，即求出与给定波法线方向 k 相应的 $\boldsymbol{D}$ 的方向。

4.4　设 e 为 $\boldsymbol{E}$ 矢量方向的单位矢量，试求 e 的分量表示式，即求出与给定波法线方向 k 相应的 $\boldsymbol{E}$ 方向。

4.5　一束钠黄光以 50°方向入射到方解石晶体上，设光轴与晶体表面平行，并垂直于入射面。问在晶体中 o 光和 e 光夹角为多少(对于钠黄光，方解石的主折射率 $n_o=1.6584$，$n_e=1.4864$)？

4.6　设有主折射率 $n_o=1.5246$，$n_e=1.4792$ 的晶体，光轴方向与通光面法线成 45°，如图 4.83 所示。现有一自然光垂直入射晶体，求在晶体中传播的 o、e 光光线的方向，两光夹角 α 以及它们从晶体后表面出射时的相位差($\lambda=0.5\mu$m，晶体厚度 $d=2$cm)。

4.7　一束光掠入射单轴晶体，晶体的光轴与入射面垂直，晶体的另一面与折射表面平行。实验测得 o、e 光在第二个面上分开的距离是 2.5mm，若 $n_o=1.525$，$n_e=1.479$，计算晶体厚度。

4.8　一束线偏振的钠黄光($\lambda=589.3$nm)垂直通过一块厚度为 1.618mm 的石英晶片。镜片折射率为 $n_o=1.54424$，$n_e=1.55335$，光轴沿 x 轴方向(图 4.84)，试对于以下三种情况，确定出射光的偏振状态。

(1) 入射线偏振光的振动方向与 x 轴成 45°；

(2) 入射线偏振光的振动方向与 x 轴成 $-45°$；

(3) 入射线偏振光的振动方向与 x 轴成 $30°$。

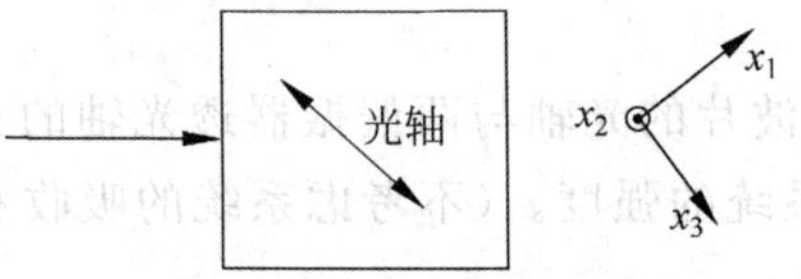

图 4.83 习题 4.6 用图

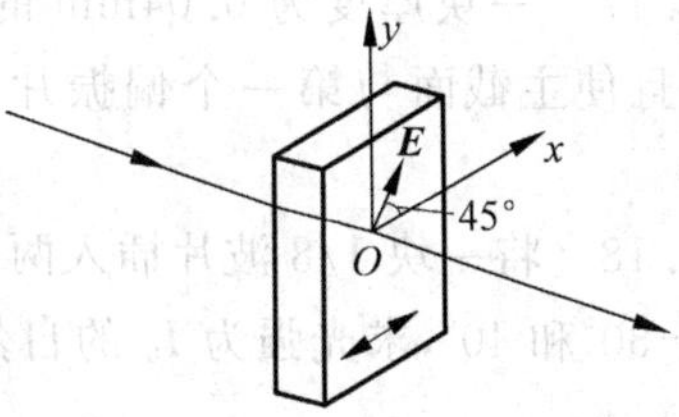

图 4.84 习题 4.8 用图

4.9 为使单轴晶体中的 o、e 折射光线的分离角度最大，在正入射的情况下，晶体应该如何切割？

4.10 一块负单轴晶体按图 4.85 方式切割。一束单色自然光从左方通光面正入射，经两个 45°斜面全内反射后从右方通光面射出。设晶体主折射率为 n_o、n_e，试计算 o、e 光线经第一个 45°反射面反射后与光轴的夹角，画出光路并标上振动方向。

4.11 如图 4.86 所示，方解石渥拉斯顿棱镜的顶角 $\alpha=15°$，试计算两出射光的夹角 γ 为多少？

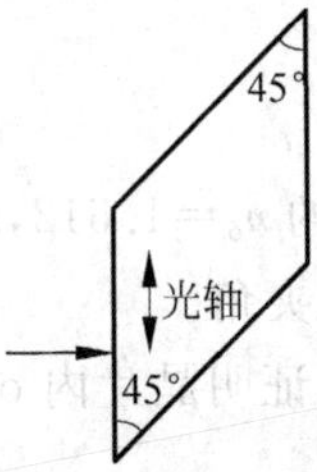

图 4.85 习题 4.10 用图

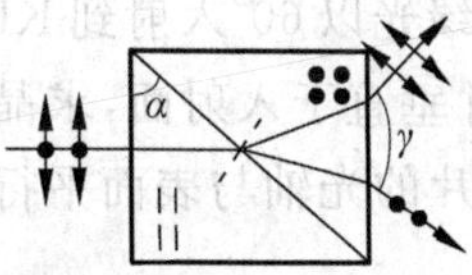

图 4.86 习题 4.11 用图

4.12 设正入射的线偏振光方向与半波片的快、慢轴成 45°，分别画出在半波片中距离入射表面为：①0；②$d/4$；③$d/2$；④$3d/4$；⑤d 的各点处，两偏振光叠加后的振动形式。按迎着光射来的方向观察画出。

4.13 通过检偏器观察一束椭圆偏振光，其强度随着检偏器的旋转而改变。当检偏器在某一位置时，强度为极小，此时在检偏器前插入一块 1/4 波片，转动该 1/4 波片，使其快轴平行于检偏器的透光轴，再把检偏器沿顺时针方向转过 20°就完全消光。试问：

(1) 该椭圆偏振光是右旋还是左旋？

(2) 椭圆的长短轴之比是多少？

4.14 为了确定一束圆偏振光的旋转方向，可将 1/4 波片置于检偏器之前，再将后者旋转至消光位置。此时 1/4 波片快轴的方位是这样的：须将它沿着逆时针方向转 45°才能与检偏器的透光轴重合。问该圆偏振光是右旋还是左旋？

4.15 用一石英薄片产生一束椭圆偏振光，要使椭圆的长轴或短轴在光轴方向，长短轴之比为 2∶1，而且是左旋的。问石英片应多厚？如何放置（$\lambda=0.5893\mu m$，$n_o=1.5442$，$n_e=1.5533$）？

4.16　两块偏振片透振方向夹角为60°，中间插入一块1/4波片，波片主截面平分上述夹角。今有一光强为I_0的自然光入射，求通过第二个偏振片后的光强。

4.17　一块厚度为0.04mm的方解石晶片，其光轴平行于表面，将它插入正交偏振片之间，且使主截面与第一个偏振片的透光轴方向成(0°、90°)角。试问哪些光不能透过该装置？

4.18　将一块1/8波片插入两个偏振器之间，波片的光轴与两偏振器透光轴的夹角分别为−30°和40°，求光强为I_0的自然光通过这一系统的强度。(不考虑系统的吸收和反射损失。)

4.19　在两个正交偏振器之间插入一块$\lambda/2$波片，强度为I_0的单色光通过这一系统。如果将波片绕光的传播方向旋转一周，问：

(1) 将看到几个光强的极大和极小值？相应的波片方位及光强数值。

(2) 用$\lambda/4$波片和全波片替代$\lambda/2$片，结果又如何？

4.20　KDP是负单轴晶体，它对于波长546nm的光波的折射率分别为$n_o=1.512$和$n_e=1.470$，试求光波在晶体内沿着与光轴成30°的方向传播时两个许可的折射率。

4.21　波长$\lambda=632.3$nm的氦-氖激光垂直入射到方解石晶片，晶片厚度$d=0.013$mm，晶片表面与光轴成60°(图4.87)。求：

(1) 晶片内o光和e光的夹角；

(2) o光和e光的振动方向；

(3) o光和e光通过晶片后的位相差。

4.22　一束汞绿光以60°入射到KDP晶体表面，晶体的$n_o=1.512$，$n_e=1.470$。设光轴与晶体表面平行，并垂直于入射面，求晶体中o光于e光的夹角。

4.23　一块晶片的光轴与表面平行，且平行于入射面，证明晶片内o光和e光的折射角之间有如下关系：

$$\frac{\tan\theta_{2o}}{\tan\theta_{2e}}=\frac{n_o}{n_e}$$

对于ADP(磷酸二氢铵)晶片，$n_o=1.5265$，$n_e=1.4808$(对波长546nm)，若光波入射角为50°，晶片内o光线和e光线的夹角是多少？

4.24　石英晶体切成如图4.88所示，问钠黄光以30°入射到晶体时晶体内o光线和e光线的夹角是多少？

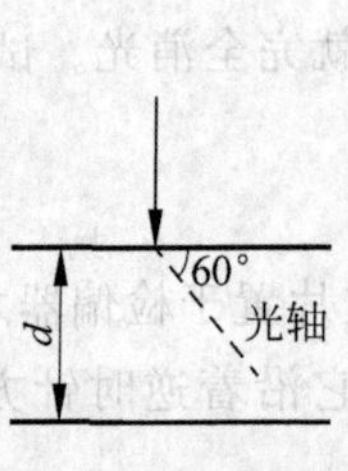

图4.87　习题4.21用图

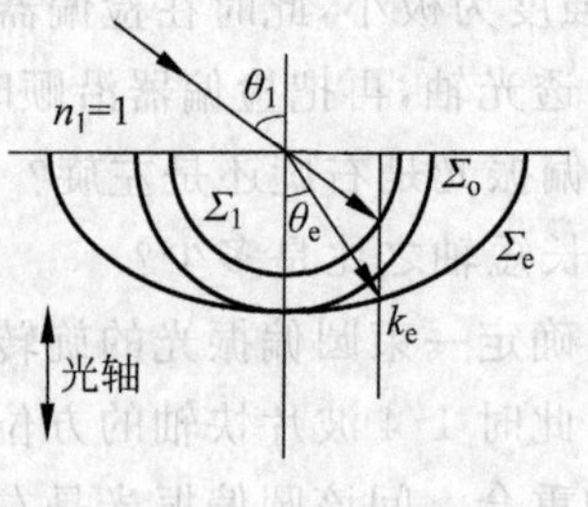

图4.88　习题4.24用图

4.25　钠黄光以45°入射到方解石晶体表面。晶体光轴与表面成30°，并且方向与入射面平行，如图4.89所示。试求晶体中e光线的折射角。

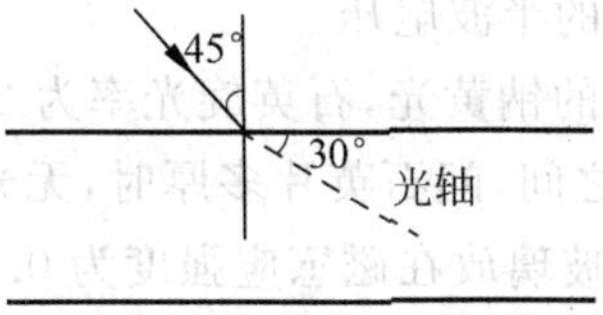

图 4.89　习题 4.25 用图

4.26　一块负单轴晶体制成的棱镜如图 4.90 所示，自然光从左方正入射到棱镜。试证明 e 光线在棱镜斜面上反射后与光轴夹角 θ'_e 由下式决定：

$$\tan\theta'_e = \frac{n_o^2 - n_e^2}{2n_e^2}$$

并画出 o 光和 e 光的光路，以及它们的振动方向。

4.27　图 4.91 所示是用石英晶体制成的塞拿蒙棱镜，每块棱镜的顶角是 20°，光束正入射。求光束从棱镜出射后，o 光线和 e 光线之间的夹角。

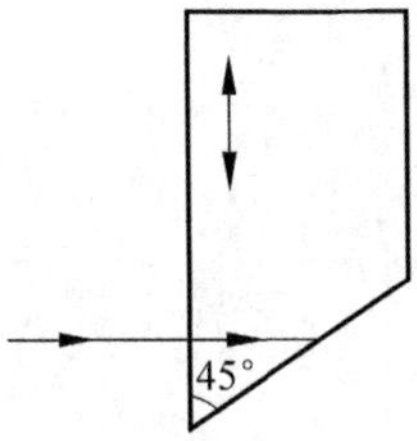

图 4.90　习题 4.26 用图

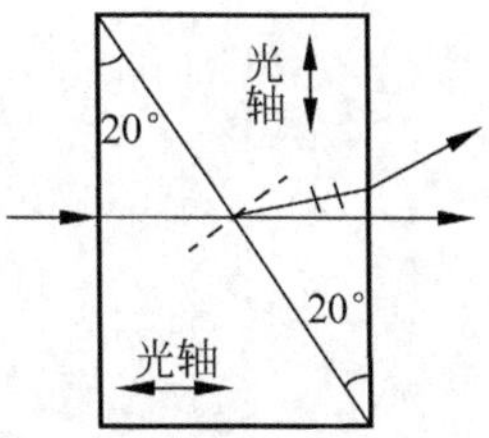

图 4.91　习题 4.27 用图

4.28　给出下面四个光学元件：①两个线起检偏器；②一个 1/4 波片；③一个半波片；④一个圆偏振器。问在只用一灯（自然光光源）和一观察屏的情形下如何鉴别上述元件？如果只有一个线偏振器，又如何鉴别？

4.29　一束自然光通过偏振片后再通过 1/4 波片入射到反射镜上，要使反射光不能透过偏振片，问波片的快、慢轴与偏振片的透光轴应该成多大角度？试用琼斯计算法给以解释。

4.30　在两个线偏振器之间放入位相延迟角为 δ 的一块波片，波片的光轴与起偏器的透光轴成 α 角，与检偏器的透光轴成 β 角。试利用下式

$$I = A^2\cos^2(\alpha - \beta) - A^2\sin 2\alpha\sin 2\beta\sin^2\frac{\delta}{2}$$

证明：当转动检偏器时，从系统输出的光强最大值对应的 β 角为

$$\tan 2\beta = (\tan 2\alpha)\cos\delta$$

4.31　将巴俾涅补偿器放在两正交线偏振器之间，并使补偿器光轴与线偏振器透光轴成 45°。补偿器用石英晶体制成，其光楔楔角为 2°30′。问：

（1）在钠黄光灯照射下，补偿器产生的条纹间距是多少？

（2）当在补偿器上放一块方解石波片时（波片光轴与补偿器平行），发现条纹移动了 1/2 条纹间距，方解石波片的厚度是多少？

4.32　ADP 晶体的电光系数 $\gamma = 8.5\times10^{-12}\,\mathrm{m/V}$，$n_o = 1.52$，试求以这种晶体制作的泡

克耳斯盒在光波长 $\lambda=500\text{nm}$ 时的半波电压。

4.33　对波长为 $0.5893\mu\text{m}$ 的钠黄光，石英旋光率为 $21.7°/\text{mm}$。若将一石英晶片垂直其光轴切割，置于两平行偏振片之间，问石英片多厚时，无光透过偏振片 P_2？

4.34　一个长 10cm 的磷冕玻璃放在磁感应强度为 0.1T 的磁场内，一束线偏振光通过时，问：偏振面转过多少度？若要使偏振片转过 45°，外加磁场需要多大？为了减小法拉第工作物质的尺寸或者磁场强度，可以采取什么措施？

第5章 光的吸收、色散和散射

光的吸收、色散和散射都是日常生活中常见的现象，属于光与物质相互作用的范畴。研究这类现象，有助于对光的本性的了解。

5.1 光的吸收

所谓光的吸收，就是指光波通过介质后，光强度随穿进媒质的深度而减弱的现象。

光吸收是介质的普遍性质，除了真空，没有一种介质能对任何波长的光波都是完全透明的，只能是对某些波长范围内的光透明，对另一些范围的光不透明。例如石英介质，它对可见光几乎是完全透明的，而对波长自 3.5～5.0μm 的红外光却是不透明的。所谓透明，并非没有吸收，只是吸收较少。

5.1.1 光吸收定律

设平行光沿 x 方向在均匀介质中传播，经过薄层 $\mathrm{d}x$ 后，由于介质的吸收，光强从 I 减少到 $(I-\mathrm{d}I)$（图 5.1）。朗伯(Lambert)总结了大量的实验结果指出，$-\mathrm{d}I/I$ 应与吸收层厚度 $\mathrm{d}x$ 成正比，即有

$$\frac{\mathrm{d}I}{I}=-\alpha\mathrm{d}x \tag{5-1}$$

式中，α 是一个与光强无关的量，为这种物质的吸收系数，负号表示光强减少。求解该微分方程可得

$$I=I_0\mathrm{e}^{-\alpha l} \tag{5-2}$$

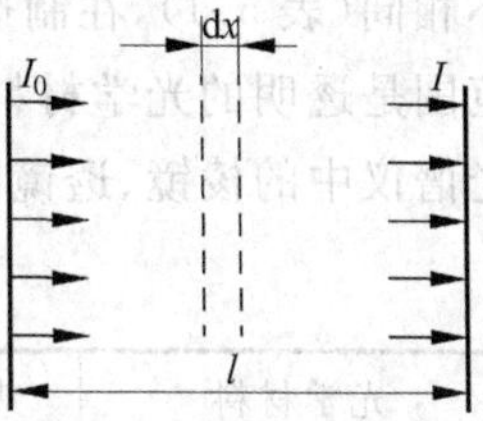

图 5.1 光的吸收

其中，I_0 是 $l=0$ 处的光强。这个关系式就是著名的朗伯定律或吸收定律。在激光未被发明之前，大量实验证明，这个定律是相当精确的，并且也符合金属介质的吸收规律。

由式(5-2)可见，吸收系数 α 越大，光波被吸收得越强烈，当 $l=1/\alpha$ 时，光强减少为原来的 $1/\mathrm{e}$。各种介质的吸收系数差别很大，对于可见光，金属的 $\alpha\approx10^6\,\mathrm{cm}^{-1}$，玻璃的 $\alpha\approx10^{-2}\,\mathrm{cm}^{-1}$，而一个大气压下空气的 $\alpha\approx10^{-5}\,\mathrm{cm}^{-1}$。这就表明，非常薄的金属片就能吸收掉通过它的全部光能，因此金属片是不透明的，而光在空气中传播时，很少被吸收，透明度很高。

当光被透明溶剂中溶解的物质所吸收时，吸收系数 α 与溶液的浓度 C 成正比(当溶液浓

度不太大)：

$$\alpha = KC \tag{5-3}$$

式中，K 是比例常数，因此，由式(5-2)，溶液的吸收可以表示为

$$I = I_0 e^{-KCl} \tag{5-4}$$

这一规律称为比尔定律。比尔定律表明，被吸收的光能量是与光路中吸收光的分子数成正比的，这只有每个分子的吸收本领不受周围分子的影响时才成立。当溶液浓度很高，大到足以使分子间的相互作用影响到它们的吸收本领时，就会发生对比尔定律的偏离。在比尔定律成立的条件下，可以利用式(5-4)来测定溶液的浓度，这就是吸收光谱分析的原理。

5.1.2 吸收与波长的关系

吸收系数 α 是波长的函数，根据 α 随波长变化规律的不同，将吸收分为一般性吸收和选择性吸收。在一定波长范围内，若吸收系数 α 很小，并且近似为常数，这种吸收叫一般性吸收；反之，如果吸收较大，且随波长有显著变化，称为选择性吸收。图 5.2 所示的 α-λ 曲线，在 λ_0 附近是选择性吸收带，而远离 λ_0 区域为一般性吸收。例如，在可见光范围内，一般的光学玻璃吸收都较小，且不随波长变化，属一般性吸收，而有色玻璃则具有选择性吸收，红玻璃对红光和橙光吸收少，而对绿光、蓝光和紫光几乎全部吸收。所以当白光射到红玻璃上时，只有红光能够透过，我们看到它呈红色。如果红玻璃用绿光照射，玻璃看起来将是黑色的。

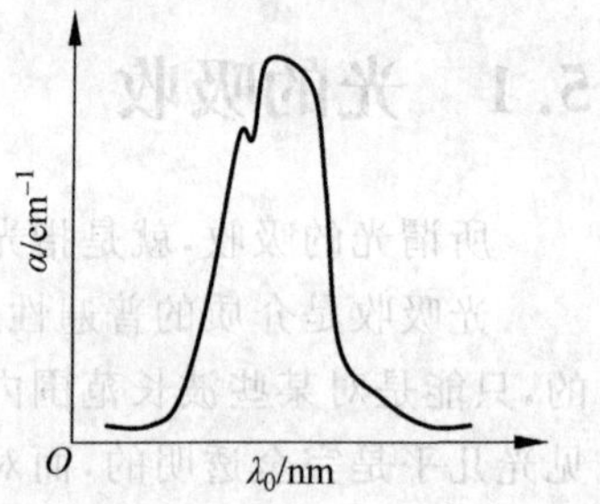

图 5.2 吸收带示意图

应当指出的是，普通光学材料在可见光区都是相当透明的，它们对各种波长的可见光都吸收很少。但是在紫外和红外光区，它们则表现出不同的选择性吸收，它们的透明区可能很不相同(表 5.1)，在制造光学仪器时，必须考虑光学材料的吸收特性，选用对所研究的波长范围是透明的光学材料制作零件。例如，紫外光谱仪中的棱镜、透镜需用石英制作，而红外光谱仪中的棱镜、透镜则需用萤石等晶体制作。

表 5.1 几种光学材料的透光波长范围

光学材料	紫外波长～红外波长/nm	光学材料	紫外波长～红外波长/nm
冕牌玻璃	350～2000	萤石(CaF_2)	125～9500
火石玻璃	380～2500	岩盐(NaCl)	175～14500
石英(SiO_2)	180～4000	氯化钾(KCl)	180～23000

5.1.3 吸收光谱

介质的吸收系数 α 随光波长的变化关系曲线称为该介质的吸收光谱。如果使一束连续光谱的光通过有选择性吸收的介质，再通过分光仪，即可测出在某些波段上或某些波长上的光被吸收，形成吸收光谱。

不同介质吸收光谱的特点不同。气体吸收光谱的主要特点是：吸收光谱是清晰、狭窄的吸收线，吸收线的位置正好是该气体发射光谱线的位置。对于低气压的单原子气体，这种狭窄吸收线的特点更为明显。例如氦、氖等惰性气体及钠等碱金属蒸气的吸收光谱就是这种情况，如图5.3所示。

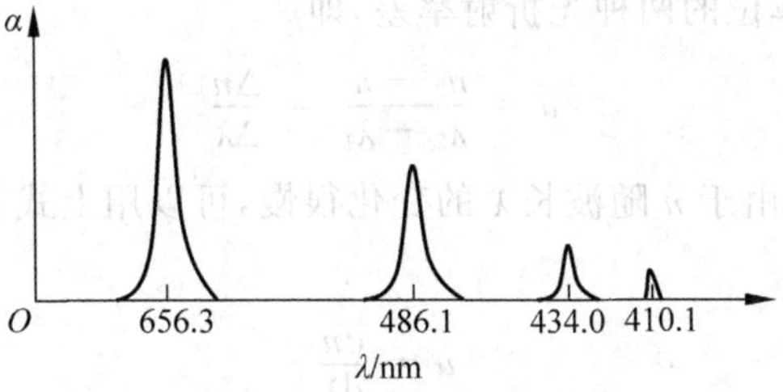

图5.3　氢的吸收光谱

如果气体是由二原子或多原子分子组成的，这些狭窄的吸收线就会扩展为吸收带。由于这种吸收带特征决定于组成气体的分子，它反映了分子的特性，所以可由吸收光谱研究气体分子的结构。气体吸收的另一个主要特点是吸收和气体的压力、温度、密度有关，一般是气体密度愈大，它对光的吸收愈严重。对于固体和液体，它们对光吸收的特点主要是具有很宽的吸收带。固体材料的吸收系数主要是随入射光波长变化，其他因素的影响较小。

5.2　光的色散

介质中的光速(或折射率)随光波波长变化的现象叫光的色散现象。在理论上，光的色散可以通过介质折射率的频率特性描述。

观察色散现象的最简单方法是利用棱镜的折射。图5.4示出了观察色散的交叉棱镜法实验装置：三棱镜 P_1、P_2 的折射棱互相垂直，狭缝 M 平行于 P_1 的折射棱。通过狭缝 M 的白光经透镜 L_1 后，成为平行光，该平行光经 P_1、P_2 及 L_2，会聚于屏 N 上。如果没有棱镜 P_2，由于 P_1 棱镜的色散所引起的分光作用，在光屏上将得到水平方向的连续光谱 ab。如果放置棱镜 P_2，则由 P_2 的分光作用，使得通过 P_1 的每一条谱线都向下移动。若两个棱镜的材料相同，它们对于任一给定的波长谱线产生相同的偏向。因棱镜分光作用对长波长光的偏向较小，使红光一端 a_1 下移最小，紫光一端 b_1 下移最大，结果整个光谱 a_1b_1 仍为一直线，但已与 ab 成倾斜角。如果两个棱镜的材料不同，则连续光谱 a_1b_1 将构成一条弯曲的彩色光带。

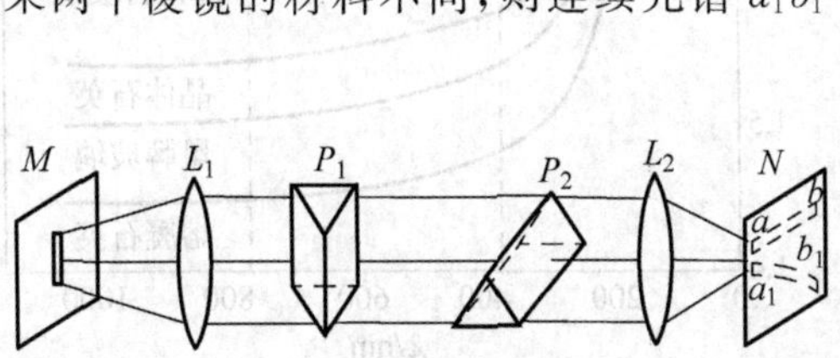

图5.4　观察色散的交叉棱镜法

5.2.1 色散率

色散率 u 是用来表征介质色散程度，即量度介质折射率随波长变化快慢的物理量。它定义为：波长差为 1 个单位的两种光折射率差，即

$$u=\frac{n_2-n_1}{\lambda_2-\lambda_1}=\frac{\Delta n}{\Delta\lambda} \tag{5-5}$$

对于透明区工作的介质，由于 n 随波长 λ 的变化很慢，可以用上式表示。对于 n 变化较快的区域，色散率定义为

$$u=\frac{\mathrm{d}n}{\mathrm{d}\lambda} \tag{5-6}$$

在实际工作中，选用光学材料时，应特别注意其色散的大小。例如，同样一块三棱镜，若用做分光元件，应采用色散大的材料(例如火石玻璃)，若用来改变光路方向，则需采用色散小的材料(例如冕牌玻璃)。

5.2.2 正常色散与反常色散

1. 正常色散

折射率随着波长增加(或光频率的减少)而减小的色散叫正常色散。正如 5.1.2 节所指出的，远离固有波长 λ_0 的区域为正常色散区。所有不带颜色的透明介质，在可见光区域内都表现为正常色散。图 5.5 给出了几种常用光学材料在可见光范围内的正常色散曲线，这些色散曲线的特点是：

① 波长越短，折射率越大；

② 波长越短，折射率随波长的变化率越大，即色散率 $|u|$ 越大；

③ 波长一定时，折射率越大的材料，其色散率也越大。

描述介质的色散特性，除了采用色散曲线外，经常利用实验总结出来的经验公式。对于

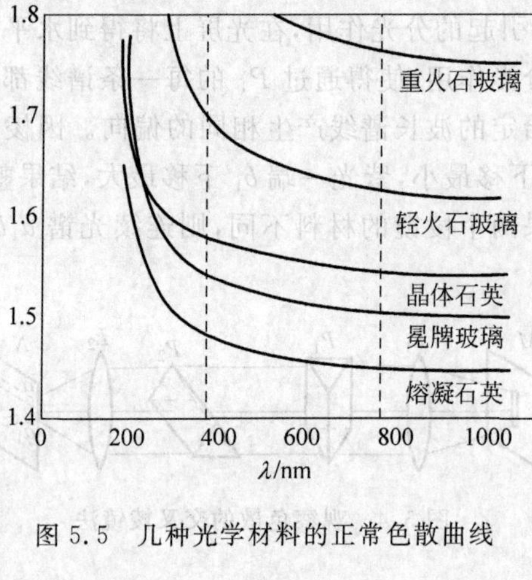

图 5.5 几种光学材料的正常色散曲线

正常色散的经验公式是1836年由科希(Cauchy)提出来的：

$$n = A + \frac{B}{\lambda^2} + \frac{C}{\lambda^4} \tag{5-7}$$

式中，A、B和C是由所研究的介质特性决定的常数。对于通常的光学材料，这些常数值可由手册查到。在实验上，可以利用三种不同波长测出三个n值，代入式(5-7)，然后联立求解三个方程，即可得到这三个常数值。当波长间隔不太大时，可只取式(5-7)的前两项，即

$$n = A + \frac{B}{\lambda^2} \tag{5-8}$$

并且，根据色散率定义可得

$$u = \frac{\mathrm{d}n}{\mathrm{d}\lambda} = -\frac{2B}{\lambda^3} \tag{5-9}$$

由于A、B都为正值，因而当λ增加时，折射率n和色散率u都减小。

2. 反常色散

1862年，勒鲁(Le Roux)用充满碘蒸气的三棱镜观察到了紫光的折射率比红光的折射率小，由于这个现象与当时已观察到的正常色散现象相反，勒鲁称它为反常色散，该名字一直沿用至今。以后孔脱(Kundt)系统地研究了反常色散现象，发现反常色散与介质对光的选择吸收有密切联系。实际上，反常色散并不“反常”，它也是介质的一种普遍现象。如果把色散曲线的测量向光吸收区延伸，就会观察到这种“反常”色散。例如，在石英色散曲线测量中，如图5.6所示，在可见光区域内，测得曲线PQR段，其结果与由科希公式计算的结果一致。当从R开始向红外波段延伸时，n值的测量结果比计算结果下降要快得多。图中实线是测量结果，虚线是计算结果。在吸收区，由于光无法通过，n值也就测不出来了。当入射光波长越过吸收区后，光又可通过石英介质，这时折射率数值很大，而且随着波长的增加急剧下降。在远离吸收区时，n值变化减慢，这时又进入了另一个正常色散区，即曲线中的ST段，这时科希公式又适用了，不过其常数A、B值要相应地变化。显然，上述吸收区所对应的即是所谓的“反常”色散区。

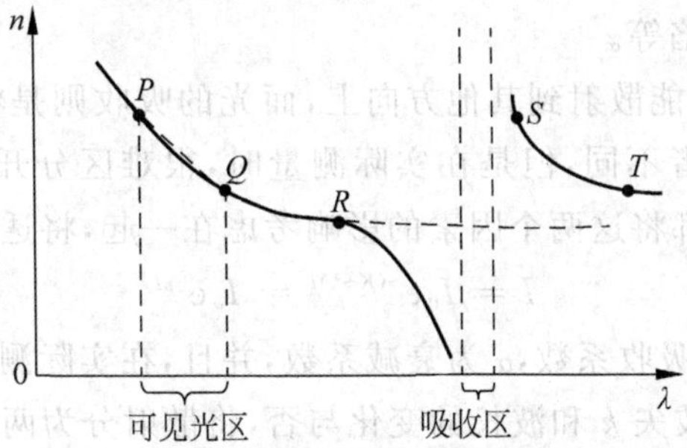

图5.6　石英的吸收曲线

需要说明的是，对于任何介质，在一个较大的波段范围内都不只有一个吸收带，而是有几个吸收带，这一点已由它的吸收光谱所证实。其相应的色散曲线如图5.7所示，它表示了介质在整个波段内的色散特性。

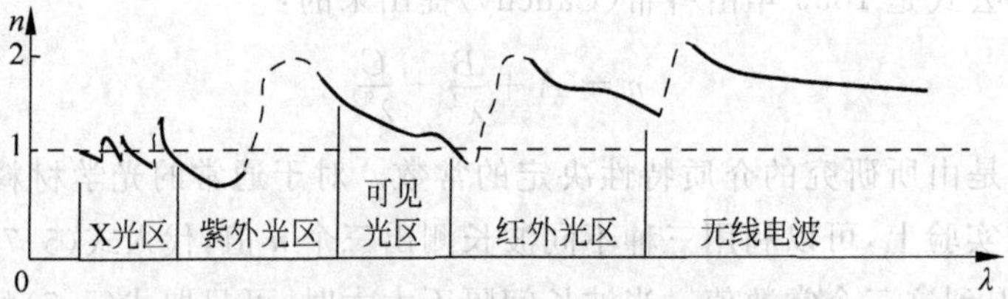

图 5.7 一种介质的全波段色散曲线

最后，由图 5.7 可以看出，在反常色散区的短波部分，介质的折射率出现 $n<1$ 的情况，即介质中的光速大于真空光速，这似乎是与相对论完全对立的结果，因为根据相对论，任何速度都不可能超过真空中的光速。实际上，只要考虑到这里讨论的光速是光波的相速度，就能够解释这种现象了。相对论中指出的任何速度都不可能超过真空中的光速，是针对能量传播速度而言的，而光的相速度是指光的等相位面的传播速度，光在介质中的群速度才表征其能量传播速度。并且严格来说，只有真空中(或色散小的区域)群速度才可与能量传播速度视为一致，在反常色散区内，由于色散严重，能量传播速度与群速度显著不同，它永远小于真空中的光速。实际上，由于反常色散区的严重色散，不同波长的单色光在传播中弥散严重，群速度已不再有实际意义了。

5.3 光的散射

5.3.1 光的散射现象

当光束通过均匀的透明介质时，除传播方向外，是看不到光的。而当光束通过混浊的液体或穿过灰尘弥漫的空间时，就可以在侧面看到光束的轨迹，即在光线传播方向以外能够接收到光能。这种光束通过不均匀介质所产生的偏离原来传播方向，向四周散射的现象，就是光的散射。所谓介质不均匀，指的是气体中有随机运动的分子、原子或烟雾、尘埃，液体中混入小微粒，晶体中存在缺陷等。

由于光的散射是将光能散射到其他方向上，而光的吸收则是将光能转化为其他形式的能量，因而从本质上说二者不同，但是在实际测量时，很难区分开它们对透射光强的影响。因此，在实际工作上通常都将这两个因素的影响考虑在一起，将透射光强表示为

$$I = I_0 e^{-(K+h)l} = I_0 e^{-\alpha l} \tag{5-10}$$

式中，h 为散射系数，K 为吸收系数，α 为衰减系数，并且，在实际测量中得到的都是 α。

通常，根据散射光的波矢 k 和波长的变化与否，将散射分为两大类：一类散射是散射光波矢 k 变化，但波长不变化，属于这种散射的有瑞利散射，米氏(Mie)散射和分子散射；另一类是散射光波矢 k 和波长均变化，属于这种散射的有喇曼(Raman)散射，布里渊(Brillouin)散射等。

由于光的散射现象涉及面广，理论分析复杂，许多现象必须采用量子理论分析，因而在这里仅简单介绍瑞利散射、米氏散射、分子散射和喇曼散射的基本特性和结论。

5.3.2　瑞利散射

有些光学不均匀性十分显著的介质能够产生强烈的散射现象，这类介质一般称为"浑浊介质"。它是指在一种介质中悬浮有另一种介质，例如含有烟、雾、水滴的大气，乳状胶液、胶状溶液等。

亭达尔(Tyndell)等人最早对浑浊介质尤其是微粒线度比光波长小的散射进行了大量的实验研究，并且从实验上总结出了一些规律，因此，这一类现象叫亭达尔效应。这些规律其后为瑞利在理论上说明，所以又叫瑞利散射。

通过大量的实验研究表明，瑞利散射的主要特点是：

(1) 散射光强度与入射光波长的四次方成反比，即

$$I(\theta) \propto \frac{1}{\lambda^4} \tag{5-11}$$

式中，$I(\theta)$为相应于某一观察方向(与入射光方向成θ角)的散射光强度。该式说明，光波长越短，其散射光强度越大，由此可以说明许多自然现象。

众所周知，整个天空之所以呈现光亮，是由于大气对太阳光的散射，如果没有大气层，白昼的天空也将是一片漆黑。那么，天空为什么呈现蓝色呢？由瑞利散射定律可以看出，在由大气散射的太阳光中，短波长光占优势，例如，红光波长($\lambda=0.72\mu m$)为紫光波长($\lambda=0.4\mu m$)的1.8倍，因此紫光散射强度约为红光的$(1.8)^4\approx10$倍。所以，太阳散射光在大气层内层，蓝色的成分比红色多，使天空呈蔚蓝色。另外，为什么正午的太阳基本上呈白色，而旭日和夕阳却呈红色？这可以通过图5.8进行分析，正午太阳直射，穿过大气层厚度最小，阳光中被散射掉的短波成分不太多，因此垂直透过大气层后的太阳光基本上呈白色或略带黄橙色。早晚的阳光斜射，穿过大气层的厚度比正午时厚得多，被大气散射掉的短波成分也多得多，仅剩下长波成分透过大气到达观察者，所以旭日和夕阳呈红色。

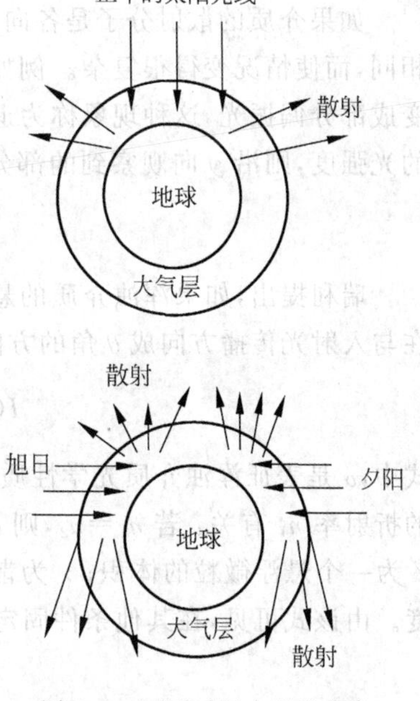

图5.8　不同时间太阳的颜色

因为红光透过散射物的穿透力比蓝光强，所以在拍摄薄雾景色时，可在照相机物镜前加上红色滤光片以获得更清晰的照片。红外线穿透力比可见光强，常被用于远距离照相或遥感技术。

(2) 散射光强度随观察方向变化。自然光入射时，散射光强$I(\theta)$与$(1+\cos^2\theta)$成正比。

(3) 散射光是偏振光，不论入射光是自然光还是偏振光都是这样，该偏振光的偏振度与观察方向有关。

瑞利散射光的光强度角分布和偏振特性起因于散射光是横电磁波，可简单分析如下：如图5.9所示，自然光沿z方向入射到介质的带电微粒e上，使其作受迫振动。由于自然光可以分解为两个振幅相等、振动方向互相垂直、无固定相位关系的光振动，因而图中的入射

光可分解为沿 x 方向和 y 方向的两个光振动，其振幅相等，$A_x=A_y=A_0$。因此，带电微粒 e 的受迫振动方向以及因受迫振动在 e 点辐射的球面波光振动方向，都沿着 x、y 方向。由于光波是横电磁波，光振动方向总是垂直于传播方向，所以，任意散射光的光振动方向都与其传播方向垂直，而振幅则是 e 点处振幅在该散射光振动方向上的投影。

由于体系是以入射光方向为轴旋转对称的，因而散射光强度的角分布是图 5.10 所示的、以入射光方向为轴的旋转面。

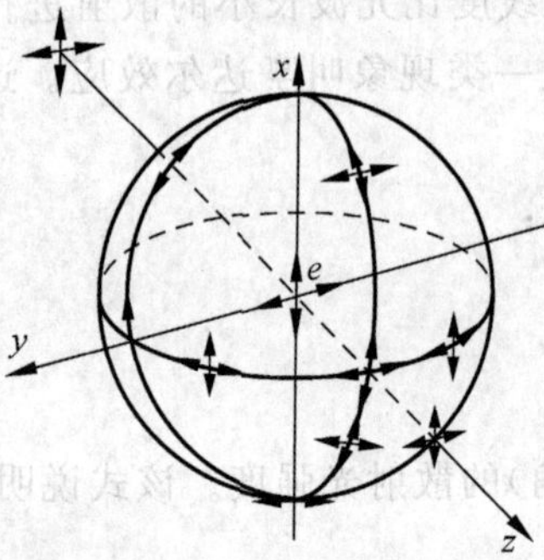

图 5.9 散射光的偏振

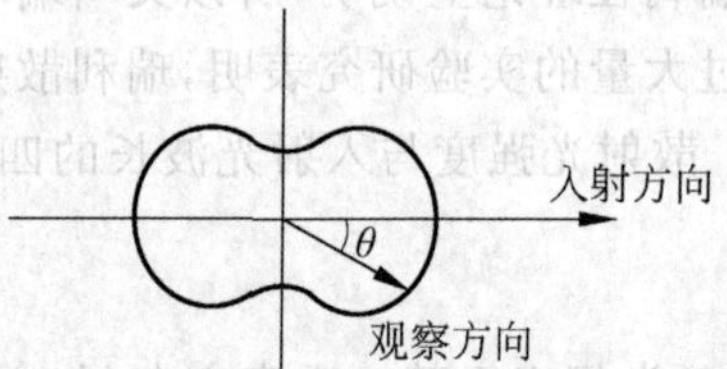

图 5.10 散射光强度的角分布

如果介质的散射分子是各向异性的，则由于电极化矢量一般与入射光电场矢量方向不相同，而使情况变得很复杂。例如，当线偏振光照射某些气体或液体，从侧向观察时，散射光变成部分偏振光，这种现象称为退偏振。若以 I_x 和 I_z 表示散射光沿 x 轴和 y 轴方向振动的光强度，则沿 y 向观察到的部分偏振光的偏振度为

$$P=\left|\frac{I_z-I_x}{I_z+I_x}\right| \tag{5-12}$$

瑞利提出，如果浑浊介质的悬浮微粒线度为波长的 1/10，不吸收光能，呈各向同性，则在与入射光传播方向成 θ 角的方向上，单位介质中的散射光强度为

$$I(\theta)=\alpha\frac{N_0V^2}{r^2\lambda^4}I_i(1+\cos^2\theta) \tag{5-13}$$

式中，α 是表征浑浊介质光学性质非均匀程度的因子，与悬浮微粒的折射率 n_2 和均匀介质的折射率 n_1 有关：若 $n_1=n_2$，则 $\alpha=0$，否则，$\alpha\neq0$；N_0 为单位体积介质中悬浮微粒的数目；V 为一个悬浮微粒的体积；r 为散射微粒到观察点的距离；λ 为光的波长；I_i 为入射光强度。由该式可见，在其他条件固定的情况下，散射光强与波长的四次方成反比：

$$I(\theta)\propto\frac{1}{\lambda^4} \tag{5-14}$$

这就是瑞利散射定律，其瑞利散射光强的百分比与 $(1+\cos^2\theta)$ 成正比。这些结论与实验结果完全一致。

5.3.3 米氏散射

当散射粒子的尺寸接近或大于波长时，其散射规律与瑞利散射不同。这种大粒子散射的理论，目前还很不完善，只是对球形导电粒子(金属的胶体溶液)所引起的光散射，米氏进

行了较全面的研究,并在1908年提出了悬浮微粒线度可与入射光波长相比拟时的散射理论。因此,目前关于大粒子的散射,称为米氏散射。

米氏散射的主要特点是:

(1) 散射光强与偏振特性随散射粒子的尺寸变化。

(2) 散射光强随波长的变化规律是与波长 λ 的较低幂次成反比,即

$$I(\theta) \propto \frac{1}{\lambda^n} \tag{5-15}$$

其中,$n=1,2,3$。n 的具体取值取决于微粒尺寸。

(3) 散射光的偏振度随 r/λ 的增加而减小,这里 r 是散射粒子的线度,λ 是入射光波长。

(4) 当散射粒子的线度与光波长相近时,散射光强度对于光矢量振动平面的对称性被破坏,随着悬浮微粒线度的增大,沿入射光方向的散射光强将大于逆入射光方向的散射光强。

利用米氏散射也可以解释许多自然现象。例如,蓝天中飘浮着白云,是因为组成白云的小水滴线度接近或大于可见光波长,可见光在小水滴上产生的散射属于米氏散射,其散射光强与光波长关系不大,所以云雾呈现白色。

5.3.4 分子散射

如前所述,光在浑浊介质中传播时,由于介质光学性质的不均匀性,将产生散射,这就是悬浮微粒的散射。其中,当悬浮微粒的线度小于1/10波长时,称为瑞利散射;当悬浮微粒的线度接近或大于波长时,称为米氏散射。实际上,还有另一类散射,这就是在纯净介质中,或因分子热运动引起密度起伏,或因分子各向异性引起分子取向起伏,或因溶液中浓度起伏引起介质光学性质的非均匀所产生光的散射,称为分子散射。在临界点时,气体密度起伏很大,可以观察到明显的分子散射,这种现象称为临界乳光。

通常,纯净介质中由于分子热运动产生的密度起伏所引起折射率不均匀区域的线度比可见光波长小得多,因而分子散射中,散射光强与散射角的关系与瑞利散射相同。例如,理想气体对自然光的分子散射光强为

$$I(\theta) = \frac{2\pi^2 (n-1)^2}{r^2 N_0 \lambda^4} I_i (1+\cos^2\theta) \tag{5-16}$$

式中,n 为气体折射率,N_0 为单位体积气体中的分子数目,r 为散射点到观察点的距离,I_i 为入射光强度。

由上式可见,对于分子散射仍有

$$I(\theta) \propto \frac{1}{\lambda^4}$$

关系。由分子各向异性起伏产生的分子散射光强度,比密度起伏产生的分子散射光强度还要弱得多。

5.3.5 喇曼散射

一般情况下,一束准单色光被介质散射时,散射光和入射光是同一频率。但是,当入射

光足够强时，就能够观察到很弱的附加分量旁带，即出现新频率分量的散射光。喇曼散射就是散射光的方向和波长相对入射光均发生变化的一种散射。

1928 年，印度科学家喇曼和苏联科学家曼杰利斯塔姆(Мандельштам)几乎同时分别在研究液体和晶体散射时，发现了散射光中除有与入射光频率 ν_0 相同的瑞利散射线外，在其两侧还伴有频率为 ν_1、ν_2、ν_3、…、ν_1'、ν_2'、ν_3'、…的散射线存在。如果如图 5.11(a)所示，当用单色性较高的准单色光源照射某种气体、液体或透明晶体，在入射光的垂直方向上用光谱仪摄取散射光，就会观察到上述散射，这种散射现象就是喇曼散射。

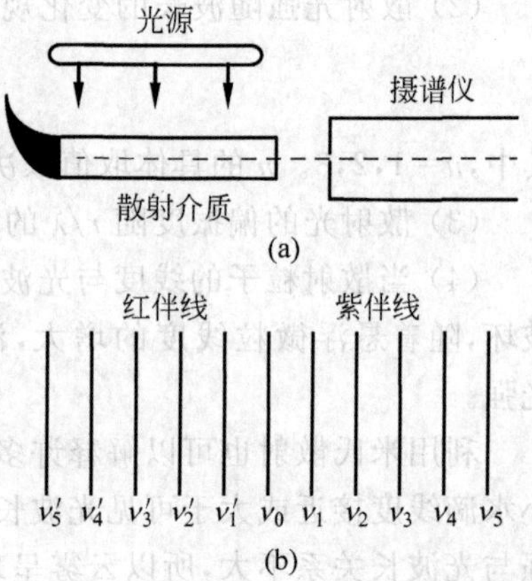

图 5.11 喇曼散射的实验装置及现象

喇曼散射的特点是：

(1) 在每一条原始的入射光谱线旁边都伴有散射线(图 5.11(b))，在原始光谱线的长波长方向的散射谱线称为红伴线或斯托克斯(Stokes)线，在短波长方向上的散射线称为紫伴线或反斯托克斯线，它们各自和原始光的频率差相同，只是反斯托克斯线相对斯托克斯线出现得少而弱。

(2) 这些频率差的数值与入射光波长无关，只与散射介质有关。

(3) 每种散射介质有它自己的一套频率差。

其中有些和红外吸收的频率相等，它们表征了散射介质的分子振动频率。

从经典电磁理论的观点看，分子在光的作用下发生极化，极化率的大小因分子热运动产生变化，引起介质折射率的起伏，使光学均匀性受到破坏，从而产生光的散射。由于散射光的频率是入射光频率 ν_0 和分子振动固有频率的联合，因而喇曼散射又叫联合散射。

设入射光电场为

$$E = E_0 \cos 2\pi\nu_0 t \tag{5-17}$$

分子因电场作用而产生的感应电偶极矩为

$$P = \varepsilon_0 \chi E \tag{5-18}$$

式中，χ 为分子极化率。若 χ 不随时间变化，则 P 以入射光频率 ν_0 作周期性变化，由此得到的散射光频率也为 ν_0，这就是瑞利散射。若分子以固有频率 ν 振动，则分子极化率不再为常数，也随 ν 作周期变化，可表示为

$$\chi = \chi_0 + \chi_\nu \cos 2\pi\nu t \tag{5-19}$$

式中，χ_0 为分子静止时的极化率；χ_ν 为相应于分子振动所引起的变化极化率的振幅。将此式代入式(5-18)，得

$$\begin{aligned} P &= \varepsilon_0 \chi_0 E_0 \cos 2\pi\nu_0 t + \varepsilon_0 \chi_\nu E_0 \cos 2\pi\nu_0 t \cos 2\pi\nu t \\ &= \varepsilon_0 \chi_0 E_0 \cos 2\pi\nu_0 t + \frac{1}{2}\varepsilon_0 \chi_\nu E_0 [\cos 2\pi(\nu_0 + \nu)t + \cos 2\pi(\nu_0 - \nu)t] \end{aligned} \tag{5-20}$$

上式表明，感应电偶极矩 P 的频率有三种：ν_0、$\nu_0 \pm \nu$，所以散射光的频率也有三种。频率为 ν_0 的谱线为瑞利散射线；频率为 $\nu_0 - \nu$ 的谱线称为喇曼红伴线，又称为斯托克斯线；频

率为 $\nu_0+\nu$ 的谱线称为喇曼紫伴线，又称反斯托克斯线。

若分子的固有频率不只一个，有 ν_1、ν_2、…，则喇曼散射线中也将产生频率为 $\nu_0\pm\nu_1$、$\nu_0\pm\nu_2$、$\nu_0\pm\nu_3$ 等谱线。实验发现，反斯托克斯线出现得少，且强度很弱，利用经典电子理论无法解释这种现象，这也正是喇曼散射经典理论的不完善之处，只有量子理论才能对喇曼散射作出圆满的解释。

由于喇曼散射光的频率与分子的振动频率有关，因而喇曼散射是研究分子结构的重要手段，利用这种方法可以确定分子的固有频率，研究分子对称性及分子动力学等问题。分子光谱属于红外波段，一般都采用红外吸收法进行研究。而利用喇曼散射法的优点是将分子光谱转移到可见光范围进行观察、研究，可与红外吸收法互相补充。

随着激光的出现，利用激光器作光源进行的喇曼散射光谱研究，由于其喇曼散射谱中的瑞利线很细，其两侧频率差很小的喇曼散射线也清晰可见，因此，使得分子光谱的研究更加精密。特别是当激光强度增大到一定程度时，出现受激喇曼散射效应，而由于受激喇曼散射光具有很高的空间相干性和时间相干性，强度也大得多，因而在研究生物分子结构，测量大气污染等领域内获得了广泛的应用。相对于这种受激喇曼散射而言，通常将上述的喇曼散射叫自发喇曼散射。

习题

5.1　有一均匀介质，其吸收系数 $K=0.45\text{cm}^{-1}$，求出射光强为 0.4、0.5、0.6 时的介质厚度。

5.2　一长为 3.50m 的玻璃管，内盛标准状态下的某种气体。若其吸收系数为 0.2650m^{-1}，求激光透过此玻璃管后的相对强度。

5.3　一个 60°的棱镜由某种玻璃制成，其色散特性可用科希公式中的常数 $A=1.416$，$B=1.72\times10^{-10}\text{cm}^2$ 表示，棱镜的放置使它对 0.6μm 波长的光产生最小偏向角，问这个棱镜的角色散率(rad/μm)为多大？

5.4　光学玻璃对水银蓝光 0.4358μm 和水银绿光 0.5461μm 的折射率分别为 $n=$ 1.65250 和 1.62450。用科希公式计算：

(1) 此玻璃的 A 和 B；

(2) 它对钠黄光 0.5890μm 的折射率；

(3) 在此黄光处的色散。

5.5　同时考虑吸收和散射损耗时，透射光强表示式为 $I=I_0\exp[-(K+h)l]$。若某介质的色散系数等于吸收系数的 1/2，光通过一定厚度的这种介质，只透过 20%的光强。现若不考虑散射，其透射光强可增加多少？

5.6　一个长为 35cm 的玻璃管，由于管内细微烟粒的散射作用，使透过光强只为入射光强的 65%。待烟粒沉淀后，透过光强为入射光强的 88%。试求该管对光的散射系数和吸收系数(假设烟粒对光只有散射而无吸收)。

5.7 太阳光束由小孔射入暗室，室内的人沿着与光束垂直及成45°的方向观察此光束时，见到由于瑞利散射所形成的光强之比等于多少？

5.8 一束光通过液体，用尼克尔检偏器正对这束光进行观察。当偏振轴竖直时，光强达到最大值；当偏振轴水平时，光强为零。在从侧面观察散射光，当偏振轴为竖直和水平两个位置时，光强之比为20：1，计算散射光的退偏程度。

习题答案

第 1 章

1.1 略

1.2 (1) 5×10^{14} Hz; (2) 0.6μm; (3) 1.538

1.3 $-\boldsymbol{i}+\sqrt{3}\boldsymbol{j}$; $\boldsymbol{k}=-(\sqrt{3}\boldsymbol{i}+\boldsymbol{j})$; $v=3\times10^8$ m/s; 4V/m; $\frac{3}{\pi}\times10^8$ Hz; πm

1.4 $E=E_0\cos[\omega t-k(x\cos\alpha+y\cos\beta+z\cos\gamma)]$

1.5 5×10^{-6} m; 20π

1.6 $\boldsymbol{k}=\frac{2}{\sqrt{29}}\boldsymbol{x}_0+\frac{3}{\sqrt{29}}\boldsymbol{y}_0+\frac{4}{\sqrt{29}}\boldsymbol{z}_0$

1.7 $E=-2E_0\exp\left[-i\left(\omega t-\frac{\pi}{2}\right)\right]\sin kz, E=-2E_0\sin kz\sin\omega t$

1.8 $E=10\cos(2\pi\times10^{15}t-53°7')$

1.9 右旋椭圆偏振光,椭圆长轴与 x 轴倾斜 135°

1.10 (1) 右旋圆偏振光;

(2) 右旋椭圆偏振光,椭圆长轴沿 $y=x$;

(3) 线偏振光,振动方向沿 $y=-x$

1.11 $v=1.96662\times10^8$ m/s; $v_g=1.90052\times10^8$ m/s

1.12 c^2/v

1.13 略

1.14 (1) $v_g=v/2$; (2) $v_g=3v/2$; (3) $v_g=\frac{c}{n}\left(1-\frac{2b}{n^2\lambda^2}\right)$; (4) $v_g=2v$

1.15 $r=-0.3034$; $t=0.6966$

1.16 $T=83\%$

1.17 略

1.18 $I_s=0.789I_0$; $I_P=0.997I_0$

1.19 略

1.20 略

1.21 略

1.22 $r_s=0.2, r_p=-0.2, t_s=t_p=1.2, R=0.04, T=0.96$

1.23 $I=0.92I_0$

1.24 0.2; 0.04

1.25 $0.04I_0$; $0.037I_0$; $0.922I_0$; $0.0015I_0$

1.26 $n=1.63$

1.27 入射角	0°	20°	45°	56°40′	90°
折射角	0°	13°	27°43′	33°20′	41°8′
反射光偏振度	0	0.167	0.823	1	0
折射光偏振度	0	0.0074	0.046	0.085	

1.28 右旋椭圆偏振光；左旋椭圆偏振光

1.29 53°15′或 50°13′

1.30 略

1.31 (1) 略；(2) 68°

1.32 (1) 略；(2) 66°28′

第 2 章

2.1 略

2.2 0.49mm

2.3 0.08cm；$\pi/4$；0.854

2.4 $t=1.67\times10^{-2}$mm

2.5 $\lambda=0.588\mu$m

2.6 6×10^{-3}mm

2.7 1mm；3 条

2.8 $d=0.426\mu$m

2.9 略

2.10 略

2.11 0.588μm

2.12 $R_2=506.6$mm

2.13 0.000422/℃

2.14 $n=1.0002925$

2.15 $\theta_5=4.36°$；$\theta_{20}=8.8°$；$r_5=3.81$cm；$r_{20}=7.67$cm；$m_5=1690$；$m_{20}=1675$

2.16 反射光：81.0，2.93，1.92，1.26，0.825，$R^{(2n-3)}T^2I_0$

折射光：3.61，2.37，1.55，1.02，0.669，$T^2R^{(2n-2)}I_0$

2.17 $\Delta\lambda=9\times10^{-3}$nm

2.18 (1) 0.448；(2) $2\pi/0.448$

2.19 (1) 0.0075；(2) 0.01；(3) 0.009；(4) 0.047

2.20 0.02mm

2.21 $\Delta\nu=1.5\times10^4$Hz；$\Delta_C=2\times10^4$m

2.22 $\Delta L=2nh\cos\theta_2\left[1-\frac{\sin\theta_1\cos\theta_1}{(n^2-\sin^2\theta_1)}-\frac{\beta}{2}\right]+\frac{\lambda}{2}$

2.23 (1) 略；(2) 13.4mm；(3) 0.67mm

2.24 略

2.25 (1) $m_0=40.5$；(2) $\theta_5=0.707$rad

2.26 (1) 略；(2) 126.56nm

2.27 $R_A=6.275\text{m}, R_B=4.637\text{m}, R_C=12.339\text{m}$

2.28 (1) $0.707\sqrt{N}$mm；(2) $0.25N$mm

2.29 (1) $n=1.000271$；(2) 2.9×10^{-7}

第 3 章

3.1 10km

3.2 略

3.3 $z\gg900$m

3.4 (1) 236km；(2) 236m

3.5 6.69×10^{-3}°；6.1μm

3.6 (1) 2 倍；(2) 0.19μm；(3) 0.12μm

3.7 (1) 500mm^{-1}；(2) $D/f=0.34$

3.8 物镜分辨本领为 429mm^{-1}，所以选用分辨本领为 500mm^{-1} 的感光底片是合适的

3.9 0.126mm

3.10 1.1cm

3.11 17.9%

3.12 0.748

3.13 16.775m

3.14 0.5mm

3.15 63μm

3.16 16；0.0413cm

3.17 (1) 0.21mm，0.05mm；(2) 0.811，0.405，0.090

3.18 $I=I_0\left(\frac{\sin\alpha}{\alpha}\right)^2\left(\frac{\sin6N\alpha}{\sin6\alpha}\right)^2, I=4I_0\left(\frac{\sin\alpha}{\alpha}\cdot\cos2\alpha\right)^2\left(\frac{\sin6N\alpha}{\sin6\alpha}\right)^2, \alpha=\frac{\pi b\sin\theta}{\lambda}$

3.19 (1) $2\theta=0.104$rad；(2) 7；(3) 1.52×10^{-5}rad

3.20 $A=2\times10^4, 4\times10^4, 6\times10^4$；$\theta=33.5°, 55.9°$；$m=4, 7$

3.21 标准具：$A=3.34\times10^6$；$\Delta\lambda=0.005$nm；$d\theta/d\lambda=0.355$rad/nm

光栅：$A=3.6\times10^4$；$\Delta\lambda=0.01758$nm；$d\theta/d\lambda=1.846\times10^{-3}$rad/nm

3.22 1.01cm

3.23 987.09

3.24 (1) 0.625×10^{-3}mm；(2) 10^{-5}rad；(3) 1.25×10^{-2}nm；(4) 0.36×10^{-2}nm

3.25 (1) 3.34×10^{-3}mm，4.08×10^{-3}mm；(2) 0.13mm，0.32mm

3.26 1，0.87，0.57，0.25，0.05，0

3.27 −1，0，+1，+2

3.28 3°27′

3.29 (1) $\approx10^6$；(2) 38.5nm；(3)略

3.30 (1) 10^4；(2) $d\theta/d\lambda=10^{-2}$rad/nm；$\lambda/\Delta\lambda=2\times10^5$

3.31 $I=I_0\left(\frac{\sin\beta}{\beta}\right)^2\left[\frac{\sin N\frac{\delta}{2}}{\sin\frac{\delta}{2}}\right]^2\left\{1+\cos\left[\frac{2\pi}{\lambda}t(n-1)+\frac{\delta}{2}\right]\right\}$

3.32 暗点，3.26mm 或 1.88mm

3.33 亮点，移近 250mm 或移远 500mm

3.34 2 倍

3.35 (1) 0.795mm；(2) 50cm

3.36 (1) 16；(2) ～3.2mm

3.37 4∶1

3.38 0.78mm，1.1mm

3.39 (1) 16；(2) 3.2mm

第 4 章

4.1 见图 4.8

4.2 两种，满足光线菲涅耳方程

4.3 $$d_i=\frac{k_i}{\frac{1}{\varepsilon_{ii}}-\frac{1}{n^2}}\left[\sum_i\left(\frac{k_i}{\frac{1}{\varepsilon_{ii}}-\frac{1}{n^2}}\right)^2\right]^{-\frac{1}{2}}$$

4.4 $$e_i=\frac{k_i}{1-\frac{\varepsilon_{ii}}{n^2}}\left[\sum_i\left(\frac{k_i}{1-\frac{\varepsilon_{ii}}{n^2}}\right)^2\right]^{-\frac{1}{2}}$$

4.5 3°31′

4.6 o 光线沿界面法线方向，e 光线比 o 光线远离光轴，$\alpha=1°43'$；$\varphi=1857\pi$

4.7 5.1cm

4.8 (1) 右旋圆偏振光；(2) 左旋圆偏振光；(3) 右旋椭圆偏振光

4.9 略

4.10 略

4.11 5.42°

4.12 略

4.13 (1) 右旋圆偏振光；(2) 2.747

4.14 左旋

4.15 $d=0.081$mm；$\theta=26.565°$

4.16 $\frac{5}{16}I_0$

4.17 $\lambda_9=764.4$nm，$\lambda_{10}=688.0$nm，$\lambda_{11}=625.5$nm，$\lambda_{15}=458.7$nm，$\lambda_{16}=430.0$nm，$\lambda_{17}=404.7$nm

4.18 $0.12I_0$

4.19 (1) 4 个极大，$I_{\max}=I_0/2$；(2) 4 个极小，$I_{\min}=0$

4.20 1.512，1.501

4.21 (1) 5°42′；(2) 略；(3) ≈2π

4.22 1°10′

4.23 49′

4.24　$14'$

4.25　$20°15'$

4.26　略

4.27　$11'16''$

4.28　略

4.29　45°

4.30　略

4.31　(1) 0.74mm；(2) 1.7×10^{-3}mm

4.32　8.4kV

4.33　4.15mm

4.34　2.78°；$B=1.62$T

第 5 章

5.1　7.1960cm；5.0295cm；2.1661cm

5.2　56.1%

5.3　-2.34×10^{-2}rad/μm

5.4　(1) $A=1.5754$，$B=1.46432\times10^{-4}$nm^2；(2) 1.61761；(3) -1.4332×10^{-5}nm

5.5　14%

5.6　0.866/m；0.365/m

5.7　2/3

5.8　9.5%

参考文献

[1] 石顺祥，王学恩，刘劲松．物理光学与应用光学[M]．2版．西安：西安电子科技大学出版社，2008.

[2] 梁铨廷．物理光学[M]．4版．北京：电子工业出版社，2012.

[3] 宋贵才．物理光学原理与应用[M]．北京：北京大学出版社，2010.

[4] 谢敬辉，赵达尊，阎吉祥．物理光学教程[M]．北京：北京理工大学出版社，2005.

[5] 赵凯华，钟锡华．光学（上、下册）[M]．北京：北京大学出版社，2008.

[6] 波恩 M，沃耳夫 E．光学原理（上、下册）[M]．7版．杨葭荪，译．北京：电子工业出版社，2005.

[7] 廖延彪．光纤光学[M]．北京：清华大学出版社，2000.

[8] 周炳琨，高以智，陈倜嵘．激光原理[M]．5版．北京：国防工业出版社，2000.

[9] 姚启钧．光学教程[M]．4版．北京：高等教育出版社，2008.

[10] 马文蔚．物理学（下册）[M]．6版．北京：高等教育出版社，2014.

[11] 倪志耀．晶体光学[M]．3版．北京：地质出版社，2011.

[12] 冯国英．波动光学[M]．北京：科学出版社，2013.

[13] 叶玉堂，饶建珍，肖俊．光学教程[M]．北京：清华大学出版社，2005.

[14] 郁道银，谈恒英．工程光学[M]．3版．北京：机械工业出版社，2011.

[15] 王庆有．光电技术[M]．3版．北京：电子工业出版社，2013.

[16] 李淳飞．非线性光学——原理及应用[M]．上海：上海交通大学出版社，2015.

[17] Hefé C. Lefèvre．光纤陀螺仪[M]．张桂才，王巍，译．北京：国防工业出版社，2004.

[18] 秦善．晶体学基础[M]．北京：北京大学出版社，2004.

[19] 卢进军．薄膜光学技术[M]．2版．北京：电子工业出版社，2011.

[20] 钟锡华．现代光学基础[M]．2版．北京：北京大学出版社，2012.